GROSSES HANDBUCH
TECHNISCHE FORMELN

GROSSES HANDBUCH

TECHNISCHE FORMELN

Compact Verlag

Text: Stefan Betz, Manfred Hoffmann,
Dipl.-Ing. Ingo Lachmann, Dr. Jörn Ramschütz
Chefredaktion: Evelyn Boos
Redaktion: Bianca Müller
Produktion: Wolfram Friedrich
Umschlaggestaltung: Inga Koch

ISBN 3-8174-7425-3
7174252

Besuchen Sie uns im Internet: www.compactverlag.de

Vorwort

Wie in jedem anderen naturwissenschaftlichen Gebiet liegt mittlerweile auch im Bereich der Technik eine große Fülle an Material vor. Bei der Vermittlung der wichtigsten Sachverhalte und Themengebiete ist daher eine übersichtliche Darstellungsweise von großer Bedeutung. Im vorliegenden Handbuch wurde darauf besonders Wert gelegt.

Es bietet eine umfassende Sammlung technischer Formeln. Da technische Sachverhalte mit der Mathematik und der Physik vielfach verknüpft sind, finden Sie darüber hinaus mathematische und physikalische Gesetzmäßigkeiten, die für das Verständnis und die Beherrschung technischer Probleme notwendig sind. Diesen beiden Kerngebieten wurden deshalb eigene Kapitel gewidmet.

Besonders anwenderfreundlich sind in diesem Band das umfassende Inhaltsverzeichnis, das beim schnellen Auffinden des gewünschten Teilgebietes hilft, und das detaillierte Register für den direkten Zugriff auf eine bestimmte technische Formel oder ein spezielles Stichwort.

Das Handbuch „Technische Formeln“ dient Studenten, Technikern und Ingenieuren sowie allen an Technik Interessierten als handliches Nachschlagewerk. Die qualifizierten Fachautoren haben ihr Wissen zu den verschiedenen Themenbereichen – von der technischen Mechanik über die technische Informatik und Elektrotechnik bis hin zur Werkstoff- und Energietechnik – in den grundlegenden Formeln und mit erklärenden Abbildungen ausführlich und praxisnah dargestellt. Es sei jedoch darauf hingewiesen, dass die Abbildungen nicht zur direkten Umsetzung gedacht sind, sondern der Veranschaulichung dienen.

Durch ihre Aktualität und Zuverlässigkeit erweist sich diese Formelsammlung als unentbehrlicher Begleiter für alle, die sich in Praxis und Theorie mit Technik beschäftigen.

1. Mathematik

1.1 Elementarmathematik

Binomische Formeln

Die Binome stellen einen Sonderfall bei der Multiplikation von algebraischen Termen dar. (Ein Binom ist ein Term mit zwei verschiedenen Variablen.)

$$(a+b)^2 = (a+b)(a+b) = a^2 + 2ab + b^2$$

$$(a-b)^2 = (a-b)(a-b) = a^2 - 2ab + b^2$$

$$(a+b)(a-b) = a^2 - b^2$$

$$(a+b)^3 = (a+b)(a+b)(a+b) = a^3 + 3a^2b + 3ab^2 + b^3$$

$$(a-b)^3 = (a-b)(a-b)(a-b) = a^3 - 3a^2b + 3ab^2 - b^3$$

$$a^3 + b^3 = (a+b)(a^2 - ab + b^2)$$

$$a^3 - b^3 = (a-b)(a^2 + ab + b^2)$$

…

$$a^n - b^n = (a-b)(a^{n-1} + a^{n-2}b + \ldots + ab^{n-2} + b^{n-1})$$

Rechnen mit Potenzen, Wurzeln und Logarithmen

Potenzen mit natürlichen Exponenten

Multipliziert man eine reelle Zahl *n*-mal mit sich selbst, so entsteht eine Potenz, die sich durch das Symbol a^n abkürzen lässt. Die reelle Zahl *a* ist die Basis, die natürliche Zahl *n* ist der Exponent der Potenz. ($n \in N^*$)

Für das Rechnen mit Potenzen mit natürlichen Exponenten gelten folgende Regeln:

$$a^m \cdot a^n = a^{m+n} \qquad \frac{a^m}{a^n} = a^{m-n}, m > n$$

$$(a \cdot b)^n = a^n \cdot b^n \qquad \left(\frac{a}{b}\right)^n = \frac{a^n}{b^n}$$

$$(a^m)^n = a^{mn}$$

Allgemeine Wurzel

Eine n-te Wurzel einer nichtnegativen Zahl a ist die nichtnegative Zahl b, deren n-te Potenz a ergibt. Die Zahl a heißt Radikand, n ist der Wurzelexponent. $(n > 1)$

Definition: $a \in \mathrm{R}^+{}_0 \wedge n \in \mathrm{N}^* \rightarrow (\sqrt[n]{a} = b \leftrightarrow a = b^n)$

Eigenschaften: $\sqrt[n]{a} \geq 0$ für alle $a \in \mathrm{R}^+{}_0$

$$\sqrt[n]{a^n} = a \text{ für alle } a \in \mathrm{R}^+{}_0$$

$$\sqrt[n]{a} \cdot \sqrt[n]{b} = \sqrt[n]{a \cdot b}$$

$$\frac{\sqrt[n]{a}}{\sqrt[n]{b}} = \sqrt[n]{\frac{a}{b}}$$

$$\sqrt[m]{\sqrt[n]{a}} = \sqrt[mn]{a}$$

$$\sqrt[n]{a} = \sqrt[mn]{a^m} \qquad m \geq 1$$

$$(\sqrt[n]{a})^m = \sqrt[n]{a^m} \qquad m \geq 1$$

Potenzen mit ganzen Exponenten

Damit die Regel $\frac{a^m}{a^n} = a^{m-n}, m > n$ auch für $m \leq n$ gültig wird, müssen Potenzen mit ganzzahligen Exponenten definiert werden.

Definition: $a \in R\backslash\{0\} \wedge n \in \mathrm{N}^* \rightarrow a^{-n} = \frac{1}{a^n}$ und $a^0 = 1$

Beispiel: $2^{-3} = \frac{1}{2^3} = \frac{1}{8}$

Das Zeichen 0^0 ist nicht definiert.
Die für die Potenzen mit natürlichen Exponenten aufgestellten Rechenregeln sind auch hier gültig.

Potenzen mit rationalen Exponenten

Definition: $a \in \mathrm{R}^+, m \in \mathrm{Z}, n \in \mathrm{N}^* \rightarrow a^{\frac{m}{n}} = \sqrt[n]{a^m}$

$$a \in \mathrm{R}^+, m \in \mathrm{N}, n \in \mathrm{N}^* \rightarrow 0^{\frac{m}{n}} = \sqrt[n]{0^m} = 0$$

Für $m = 1$ lassen sich die Wurzeln schreiben: $a^{\frac{1}{2}} = \sqrt{a}$, $a^{\frac{1}{3}} = \sqrt[3]{a}$, usw.
Die für die Potenzen mit natürlichen Exponenten aufgestellten Rechenregeln sind auch hier gültig.

Rechnen mit Logarithmen
Aus den Regeln für die Potenzen lassen sich folgende Rechenregeln für Logarithmen herleiten:

$$u, v \in \mathrm{R}^+ \rightarrow \log_a(uv) = \log_a u + \log_a v$$

$$u, v \in \mathrm{R}^+ \rightarrow \log_a \frac{u}{v} = \log_a u - \log_a v$$

$$u \in \mathrm{R}^+, v \in \mathrm{R}^+ \rightarrow \log_a u^v = v \cdot \log_a u$$

Außerdem gilt: $\log_a 1 = 0$ und $\log_a a = 1$ für alle definierten Basen a.

Vektorrechnung

Verschiebung
Eine Verschiebung entsteht durch Zweifachspiegelung an parallelen Achsen. Dabei wird jeder Punkt der Figur um dieselbe Strecke mit demselben Durchlaufungssinn verschoben.

Eine Strecke mit Durchlaufungssinn wird allgemein als Pfeil dargestellt. Da es unendlich viele Punktzuordnungen gibt, gibt es auch eine Schar von unendlich vielen entsprechenden Verschiebungspfeilen. Sie sind alle parallel und gleich lang.

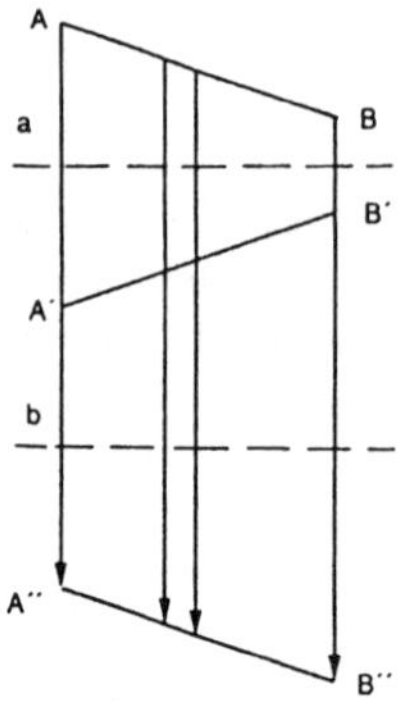

Vektor

Ein Repräsentant der Schar von Verschiebungspfeilen heißt Vektor.

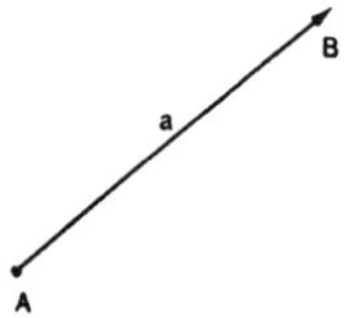

$\vec{a} = \overrightarrow{AB}$ mit der Länge $|\vec{a}| = a$

Die Länge eines Vektors $\vec{a}$, sein Betrag, wird durch a angegeben.

Rechnen mit Vektoren

Vektoraddition: Zwei Vektoren $\vec{a}$ und $\vec{b}$ werden addiert, indem der Fuß des Pfeils von $\vec{b}$ an die Spitze von $\vec{a}$ angesetzt wird. Der Summenpfeil $\vec{c}$ weist vom Fuß von $\vec{a}$ zur Spitze von $\vec{b}$.

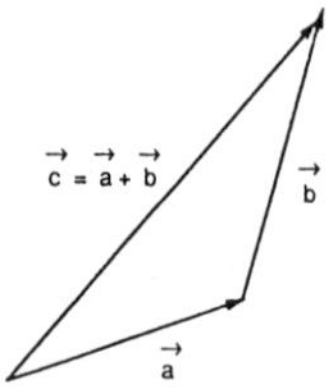

Für die Vektoraddition gelten folgende Regeln:

$\vec{a} + \vec{b} = \vec{b} + \vec{a}$

$(\vec{a} + \vec{b}) + \vec{c} = \vec{a} + (\vec{b} + \vec{c})$

$(\vec{a} + \vec{0}) = (\vec{0} + \vec{a}) = \vec{a}$

Vektorsubtraktion: Die Differenz $\vec{b} - \vec{a}$ der Vektoren $\vec{a}$ und $\vec{b}$ erhält man, indem zu $\vec{b}$ der Gegenvektor von $\vec{a}$ addiert wird: $\vec{b} - \vec{a} = \vec{b} + \overrightarrow{(-a)}$. Die Vektorsubtraktion ist die Umkehrung der Vektoraddition.

Die Differenz $\vec{c} = \vec{b} - \vec{a}$ wird gebildet, indem die Fußpunkte der Pfeile $\vec{b}$ und $\vec{a}$ aneinander gelegt werden. Der Differenzpfeil $\vec{c}$ weist von der Spitze von $\vec{a}$ zur Spitze von $\vec{b}$.

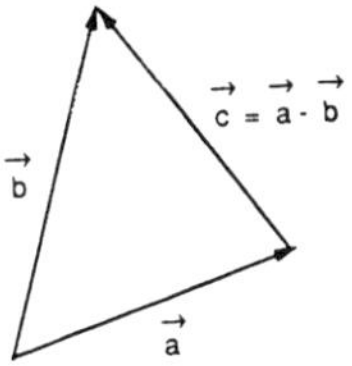

S-Multiplikation von Vektoren: Die Multiplikation eines Vektors $\vec{a}$ mit einer reellen Zahl n ergibt den kollinearen Vektor $\vec{b}$, geschrieben: $\vec{b} = \mathrm{n} \cdot \vec{a}$.

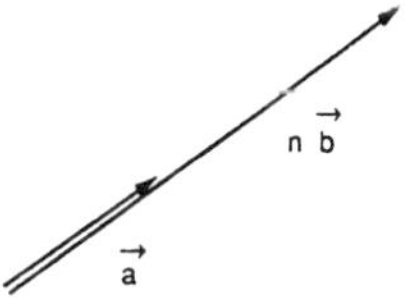

$$|\vec{b}| = |n \cdot \vec{a}| = |n| \cdot |\vec{a}|$$

Skalares Produkt: Unter dem skalaren Produkt zweier Vektoren versteht man eine Zahl, die sich aus dem Produkt der Vektorbeträge und dem Kosinus des von ihnen eingeschlossenen Winkels ergibt.

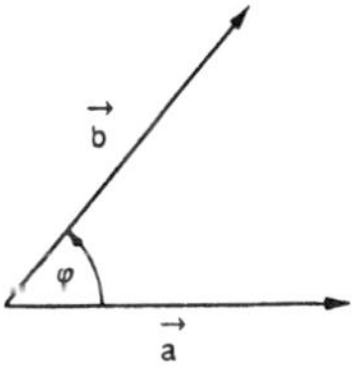

$$\vec{a} \cdot \vec{b} = |\vec{a}| \cdot |\vec{b}| \cdot \cos\gamma$$

$|\vec{b}| \cdot \cos\gamma$ ist die Projektion des Vektors $\vec{b}$ auf den Vektor $\vec{a}$.

Vektorprodukt (äußeres Produkt) von zwei Vektoren: Unter dem Vektorprodukt von zwei nichtkollinearen Vektoren $\vec{v_1}$ und $\vec{v_2}$ versteht man einen Vektor $\vec{v_1} \times \vec{v_2}$, der folgendermaßen festgelegt ist:

$\vec{v_1} \times \vec{v_2}$ ist orthogonal zu $\vec{v_1}$ und $\vec{v_2}$. $\vec{v_1}$, $\vec{v_2}$ und $\vec{v_1} \times \vec{v_2}$ bilden in dieser Reihenfolge ein Rechtsystem.

$$\left|\vec{v_1} \times \vec{v_2}\right| = \left|\vec{v_1}\right| \cdot \left|\vec{v_2}\right| \cdot \sin(\vec{v_1}, \vec{v_2})$$

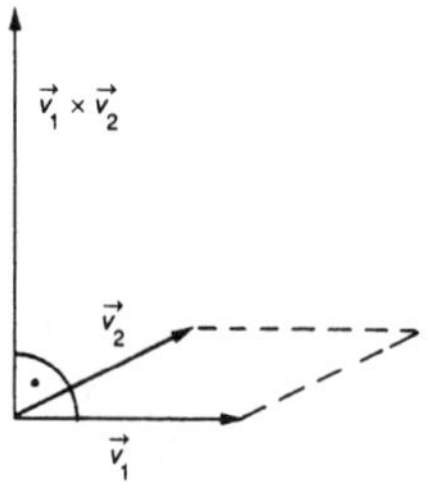

Ist einer der beiden Vektoren der Nullvektor oder sind $\vec{v_1}$ und $\vec{v_2}$ kollinear, so ist das Vektorprodukt der Nullvektor. Der Betrag von $\vec{v_1} \times \vec{v_2}$ ist gleich dem Zahlenwert der Parallelogrammfläche, die von $\vec{v_1}$ und $\vec{v_2}$ aufgespannt wird. Die wichtigsten Eigenschaften des Vektorprodukts sind:

$\vec{v_1} \times \vec{v_2} = -(\vec{v_2} \times \vec{v_1})$	Antikommutativität
$\vec{v_1} \times (\vec{v_2} + \vec{v_3}) = (\vec{v_1} \times \vec{v_2}) + (\vec{v_1} \times \vec{v_3})$	Distributivität
$k \cdot (\vec{v_1} \times \vec{v_2}) = (k \cdot \vec{v_1}) \times \vec{v_2} = \vec{v_1} \times (k \cdot \vec{v_2})$	Assoziativität

1.2 Gleichungen

Lineare Gleichungen

Eine Gleichung heißt linear (oder ersten Grades), wenn sie äquivalent auf die Form $ax + b = 0$ mit $a, b \in \mathrm{R}$, $a \neq 0$ gebracht werden kann.

Die Lösungsmenge einer linearen Gleichung ist: $\mathrm{L} = \left\{-\frac{b}{a}\right\}$.

Beispiel: $\frac{1}{2}x - 3 = 0$ $\qquad \mathrm{L} = \{6\}$

Quadratische Gleichungen

Eine Gleichung ist quadratisch (oder zweiten Grades), wenn sie äquivalent auf die Form $ax^2 + bx + c = 0$ mit $a, b \in R$, $a \neq 0$ gebracht werden kann.

Die Form $ax^2 + bx + c = 0$ nennt man Hauptform der Gleichung. Ihre Lösung erhält man durch äquivalente Umformungen, wobei die so genannte quadratische Ergänzung eines Terms eine wichtige Rolle spielt.

$$ax^2 + bx + c = 0 \Leftrightarrow x = \frac{-b \pm \sqrt{b^2 - 4ac}}{2a}$$

Den Term unter der Wurzel bezeichnet man als Diskriminante, da er die Zahl der Lösungselemente bestimmt.

$$b^2 - 4ac > 0 \Rightarrow L = \left\{\frac{-b \pm \sqrt{b^2 - 4ac}}{2a}\right\} \qquad \text{(2 Lösungen)}$$

$$b^2 - 4ac = 0 \Rightarrow L = \left\{\frac{-b}{2a}\right\} \qquad \text{(1 Lösung)}$$

$$b^2 - 4ac < 0 \Rightarrow L = \varnothing \qquad \text{(keine reelle Lösung)}$$

Wird als Grundmenge die Menge der komplexen Zahlen angenommen, dann hat die Gleichung im letzten Fall zwei komplexe Lösungen.

Normalform

Eine quadratische Gleichung kann auch in der so genannten Normalform einer Gleichung gegeben sein:

$x^2 + px + q = 0$ (der Koeffizient bei x^2 ist stets 1). Dann lauten Anfangs- und Schlussglied der äquivalenten Umformungskette:

$$x^2 + px + q = 0 \Leftrightarrow x = -\frac{p}{2} \pm \sqrt{\left(\frac{p}{2}\right)^2 - q}$$

Hat die quadratische Gleichung $x^2 + px + q = 0$ die Lösungen x_1 und x_2, so gelten folgende Beziehungen zwischen diesen Lösungen:

Satz von Vieta: $x_1 + x_2 = -p,\ x_1 \cdot x_2 = q$

Produktform
Hat die quadratische Gleichung $x^2 + px + q = 0$ die Lösungen x_1 und x_2, so lässt sich der Term $x^2 + px + q$ folgendermaßen in der Produktform einer Gleichung schreiben:

Linearfaktorzerlegung: $x^2 + px + q = (x - x_1) \cdot (x - x_2)$

Beispiel: Die quadratische Gleichung $x^2 - 5x + 6 = 0$ hat die Lösungen $x_1 = 2$, $x_2 = 3$. Dann lässt sich folgende Linearfaktorzerlegung durchführen: $x^2 - 5x + 6 = (x - 2) \cdot (x - 3)$

Sehr oft liegt ein Sonderfall der Hauptform vor: $ax^2 + bx = 0$. Dann werden zur Lösung folgende Äquivalenzumformungen durchgeführt:
$ax^2 + bx = 0 \Leftrightarrow x(ax + b) = 0 \Leftrightarrow x = 0 \vee ax + b = 0 \Leftrightarrow x = 0 \vee x = -\frac{b}{a}$ (Ausklammern von x)

Gleichungen höheren Grades
Gleichungen höheren Grades löst man nur dann durch äquivalente Umformungen, wenn Sonderfälle vorliegen. Im Allgemeinen werden sie näherungsweise mithilfe von geeigneten Computerprogrammen gelöst.

Ist von einer Gleichung 3. Grades bekannt, dass sie mindestens eine ganzzahlige Lösung hat, dann wird man diese durch Probieren suchen. Durch eine Polynomdivision reduziert man dann die Gleichung auf den 2. Grad.

Sehr oft hat man es mit Gleichungen zu tun, die kein x-freies Glied haben. In einem derartigen Fall ist der erste Äquivalenzschritt das Ausklammern von x.

Liegt eine symmetrische Gleichung 4. Grades vor (d. h. die x-Potenzen mit ungeraden Exponenten fehlen), dann wird die Gleichung durch Substitution gelöst.

Beispiel: $x^4 - 5x^2 + 4 = 0$ Substitution: $x^2 = z$

$z^2 - 5z + 4 = 0 \Leftrightarrow z = \frac{5 \pm \sqrt{25 - 16}}{2} \Leftrightarrow$

$z = 1 \vee z = 4$ Rücksubstitution: $x = \pm\sqrt{z}$

$x = -2 \vee x = -1 \vee x = 1 \vee x = 2$

$L = \{-2, -1, 1, 2\}$

Fundamentalsatz der Algebra:
Eine Gleichung n-ten Grades mit reellen oder komplexen Koeffizienten hat mindestens eine reelle oder komplexe Lösung.

Hat eine Gleichung n-ten Grades:
$a_n x^n + a_{n-1} x^{n-1} + ... + a_2 x^2 + a_1 x + a_0 = 0$ die Nullstellen $x_1, x_2, ... x_n \in C$, die nicht alle voneinander verschieden sein müssen, so lässt sich der Polynomterm auf der linken Seite der Gleichung in ein Produkt von n Linearfaktoren zerlegen: $a_N(x - x_1)(x - x_2) ... (x - x_n)$, $a_n \neq 0$

Bei einer normierten Gleichung n-ten Grades:
$x^n + a_{n-1} x^{n-1} + ... + a_2 x^2 + a_1 x + a_0 = 0$ mit ganzzahligen Koeffizienten ist jede rationale Lösung ganzzahlig und Teiler von a_0.

Wurzelgleichungen
Es handelt sich um Gleichungen, bei denen mindestens eine der Gleichungsvariablen mindestens einmal im Radikanden einer Wurzel auftritt. In der Regel führt ein Potenzieren der Wurzelgleichung zu einer linearen oder quadratischen Gleichung. Nachdem das Potenzieren eine nichtäquivalente Umformung sein kann, muss man bei jedem Schritt darauf achten, ob sich die Lösungsmenge geändert hat.

Exponentialgleichungen
Bei Exponentialgleichungen tritt die Gleichungsvariable im Exponenten auf. Man löst sie durch Logarithmieren oder, wenn möglich, durch Basisvergleich oder Substitution.

Logarithmusgleichungen
Gleichungen, bei denen die Gleichungsvariable als Numerus eines Logarithmus auftritt, heißen Logarithmusgleichungen. Sie werden entweder durch äquivalentes Umformen auf die Exponentialform oder durch Logarithmenvergleich gelöst.

1.3 Funktionen

Definition

Eine Funktion ist eine Relation f zwischen zwei Mengen D und Z, in der jedem Element aus D ein bestimmtes Element aus Z eindeutig zugeordnet ist. D heißt Definitionsmenge (Definitionsbereich), Z heißt Zielmenge (Wertebereich).

Ein beliebiges $x \in D$ heißt Funktionsstelle, das ihm entsprechende $x \in Z$ ist der Funktionswert an der Stelle x. Üblich ist folgende Funktionsdarstellung:

$$f: x \rightarrow f(x), x \in D$$

$f(x)$ ist der Funktionsterm oder die Funktionsvorschrift, $y = f(x)$ ist die Funktionsgleichung. Falls der Definitionsbereich R ist, gibt man lediglich die Funktionsgleichung an.

Beispiel: $f: x \rightarrow 3x^2 - 5x + 7, x \in R$ oder kurz $y = 3x^2 - 5x + 7$

Die Menge $G = \{(x; y) \mid x \in D \wedge y = f(x)\}$ ist der Graf der Funktion f.

In den meisten Fällen wird der Graf G einer Funktion im rechtwinkligen Koordinatensystem zeichnerisch dargestellt. Von der Art des Definitionsbereichs hängt es ab, ob der Graf aus einzelnen Punkten besteht oder eine zusammenhängende Linie ist.

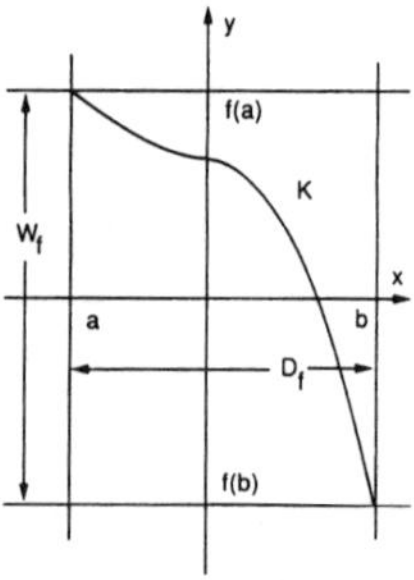

Definitionsmenge: D = [a;b]

Zielmenge: $Z = [f(b); f(a)]$

Der Graf ist eine zusammenhängende Linie. Er wird mit großen Buchstaben (G, K, C, ...) bezeichnet.

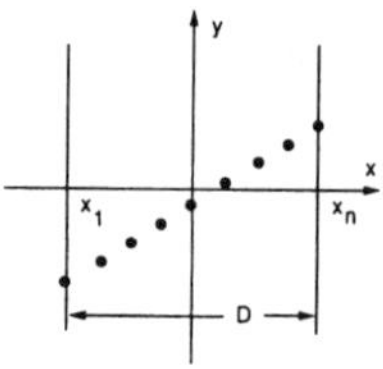

Definitionsmenge:

$D = \{x_1, x_2, \ldots, x_n\}$

Der Graf besteht aus isolierten Punkten.

Monotone Funktionen

Eine in D definierte Funktion *f* ist dort streng monoton zunehmend, wenn für alle $x_1, x_2 \in \mathrm{D} \wedge x_1 < x_2 \Rightarrow f(x_1) < f(x_2)$. Aus dieser Definition folgt ein wichtiges Kriterium für streng monoton zunehmende Funktionen:

$$x_1, x_2 \in \mathrm{D} \wedge x_1 \neq x_2 \Rightarrow \frac{f(x_1) - f(x_2)}{x_1 - x_2} > 0$$

Eine in D definierte Funktion *f* ist dort streng monoton abnehmend, wenn für alle $x_1, x_2 \in \mathrm{D} \wedge x_1 < x_2 \Rightarrow f(x_1) > f(x_2)$.
Aus dieser Definition folgt ein wichtiges Kriterium für streng monoton abnehmende Funktionen:

$$x_1, x_2 \in \mathrm{D} \wedge x_1 \neq x_2 \Rightarrow \frac{f(x_1) - f(x_2)}{x_1 - x_2} < 0$$

Beschränkte Funktionen

Eine in D definierte Funktion *f* ist dort beschränkt, wenn es zwei Zahlen $s, S \in \mathrm{R}$ gibt, sodass für alle $x_1, x_2 \in \mathrm{D} \Rightarrow s \leq f(x) \leq S$.

Operationen mit Funktionen

Summe, Differenz, Produkt und Quotient

Gegeben sind zwei Funktionen: $f_1\colon x \rightarrow f_1(x), x \in \mathrm{D}_1$ und $f_2\colon x \rightarrow f_2(x), x \in \mathrm{D}_2$. Folgende Operationen sind definiert:

Summe:	$f_1 + f_2\colon x \rightarrow f_1(x) + f_2(x), x \in \mathrm{D}_1 \cap D_2$
Differenz:	$f_1 - f_2\colon x \rightarrow f_1(x) - f_2(x), x \in \mathrm{D}_1 \cap D_2$
Produkt:	$f_1 \cdot f_2\colon x \rightarrow f_1(x) \cdot f_2(x), x \in \mathrm{D}_1 \cap D_2$
Quotient:	$\frac{f_1}{f_2}\colon x \rightarrow \frac{f_1(x)}{f_2(x)}, x \subset (D_1 \cap D_2) \setminus \{x \mid f_2 = 0\}$

Sind die Definitionsbereiche gleich (D1 = D2), so bleiben sie – bis auf die Nullstelle bei der Quotientenbildung – erhalten. Auf der Basis dieser Operationen wird die Überlagerung (Superposition) ausgeführt.

Verkettung von Funktionen

Gegeben sind zwei Funktionen: $f_1: x \rightarrow f_1(x), x \in D_1, f_2: x \rightarrow f_2(x)$, $x \in D_2$. Mit $f_1(D_1)$ sei die Wertemenge von D_1 bei f_1 bezeichnet. Ist $f_1(D_1) \subset D_2$, so lässt sich folgende Funktion durch Verkettung (oder Komposition) definieren: $f_2 \circ f_1 : x \rightarrow f_2(f_1(x)), x \in D_1$

$f_2 \circ f_1$ wird gelesen: f_2 nach f_1. f_1 nennt man innere Funktion, f_2 äußere Funktion.

Beispiel: $f_1: x \rightarrow x - 2, x \in [2, \infty[$ $\quad f_2: x \rightarrow \sqrt{x}, x \in R^+{}_0$

$f_2 \circ f_1 : x \rightarrow \sqrt{x-2}, x \in [2, \infty[$

$f_1 \circ f_2 : x \rightarrow \sqrt{x} - 2, x \in R^+{}_0$

Umkehrfunktion

Gegeben sind die Funktionen: $f_1: x \rightarrow f(x), x \in D$ und $f^*: x \rightarrow f^*(x)$, $x \in f(D)$.

Entsteht bei der Verkettung von f mit f^* die identische Funktion $x = f^*(f(x))$, so ist f^* die Umkehrfunktionen von f und umgekehrt.

Umkehrfunktionen heißen auch inverse Funktionen und werden auch mit f^{-1} bezeichnet. Spiegelt man den Graf von f an der ersten Winkelhalbierenden des Koordinatensystems, so erhält man den Graf von f^*.

Beispiel: $f: x \rightarrow 3x - 1, x \in R, f(R) = R$

$$f^* : x \rightarrow \frac{1}{3}(x+1), x \in R$$

$$f^*(f(x)) = \frac{1}{3}(3x - 1 + 1) = x$$

f und f^* sind also Umkehrfunktionen.

Rationale Funktionen

Ganzrationale Funktionen 1. Grades (lineare Funktionen)

$f: x \to mx + c,\ x \in$ D oder kürzer:

$f(x) = mx + c \Leftrightarrow y = mx + c$

Der Graf einer linearen Funktion ist eine Gerade oder ein Stück davon. m ist die Steigung der Geraden, c ist ihr Abschnitt auf der y-Achse. $m = \tan\alpha$, wobei α der Neigungswinkel der Geraden ist.

Ganzrationale Funktionen 2. Grades (quadratische Funktionen)

$f: x \to ax^2 + bc + c,\ x \in$ D, $a \neq 0$ oder:

$f(x) = ax^2 + bx + c \Leftrightarrow y = ax^2 + bx + c$

Man unterscheidet folgende Fälle von quadratischen Funktionen:

$f(x) = x^2 \Leftrightarrow y = x^2$

Der Graf ist die Normalparabel.

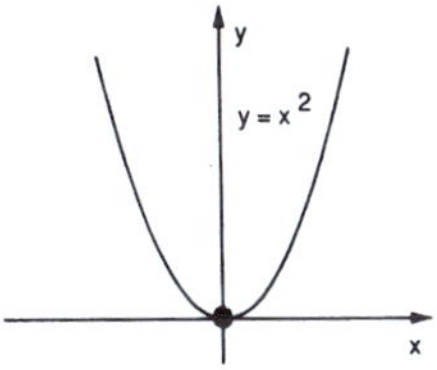

$f(x) = -x^2 \Leftrightarrow y = -x^2$

Der Graf ist die an der x-Achse gespiegelte Normalparabel.

$f(x) = x^2 + c \Leftrightarrow y = x^2 + c$

Der Graf ist die um c in y-Richtung verschobene Normalparabel.

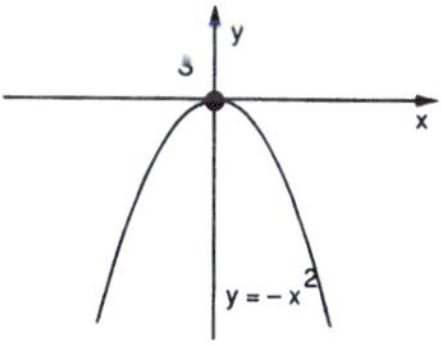

$f(x) = -x^2 + c \Leftrightarrow y = -x^2 + c$

Der Graf ist die um c in y-Richtung verschobene und um die x-Achse gespiegelte Normalparabel.

$f(x) = ax^2 + c \Leftrightarrow y = ax^2 + c$

Der Graf ist eine Parabel mit dem Scheitel S(0; c).

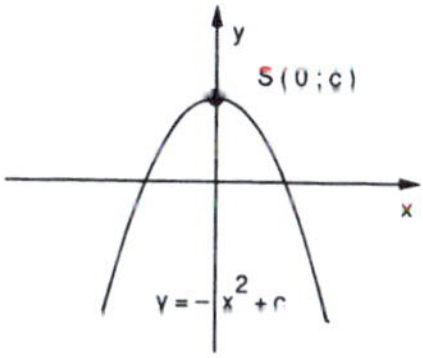

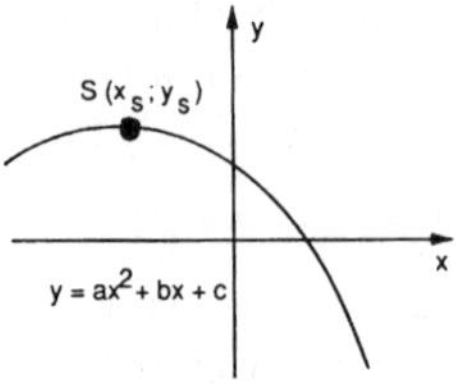

$f(x) = ax^2 + bx + c \Leftrightarrow y = ax^2 + bx + c$

Der Graf ist eine Parabel mit den Scheitelkoordinaten (x_S; y_S), wobei gilt:

$$x_S = -\frac{b}{2a} \qquad y_S = c - \frac{b^2}{4a}$$

Potenzfunktionen

$f\colon x \to x^n, x \in D \subset R, x \in R$

Ist $n \neq 0$, so hat f bei geeigneter Wahl von D eine Umkehrfunktion, und zwar

$f^*\colon x \to x^{\frac{1}{n}}, x \in f\,(D)$

Beispiele: $f(x) = x^0$ Konstante Funktion, $x \in R \setminus \{0\}$

$f(x) = x$ Identische Funktion, der Graf ist die erste Winkelhalbierende des Koordinatensystems.

$f(x) = x^2$ Quadratische Funktion, der Graf ist die Normalparabel.

$f(x) = x^4, f(x) = x^6, \ldots$

Die Grafen sind Parabeln höherer Ordnung.

$f(x) = x^3, f(x) = x^5, \ldots$

Die Grafen sind Wendeparabeln.

$f(x) = x^{-1}, f(x) = x^{-3}, \ldots \quad x \in R \setminus \{0\}$

Die Grafen sind punktsymmetrische Hyperbeln.

$f(x) = x^{-2}, f(x) = x^{-4}, \ldots \quad x \in R \setminus \{0\}$

Die Grafen sind achsensymmetrische Hyperbeln.

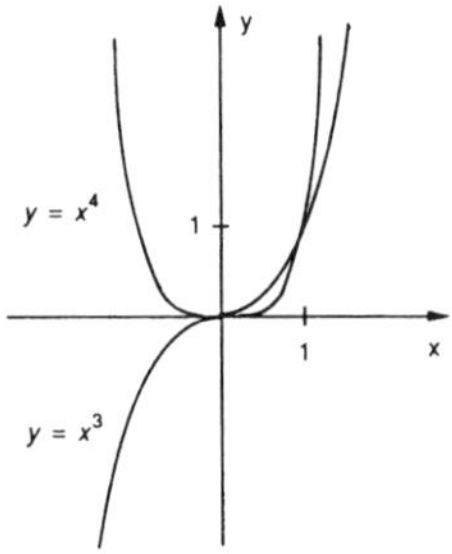

Potenzfunktionen mit geraden Exponenten sind symmetrisch zur y-Achse, Potenzfunktionen mit ungeraden Exponenten sind punktsymmetrisch zum Ursprung.

Nichtrationale Funktionen

Wurzelfunktionen

$$f: x \rightarrow a \sqrt[q]{x^p} = a x^{\frac{p}{q}}$$

Exponential- und Logarithmusfunktionen

Exponentialfunktionen: $f: x \rightarrow a^x, x \in \mathrm{R}, a \in \mathrm{R}^+ \setminus \{0\}$

Logarithmusfunktionen: $f^*: x \rightarrow \log_a x, x \in \mathrm{R}^+, a \in \mathrm{R}^+ \setminus \{0\}$

Handelt es sich bei f und f^* um dieselbe Konstante a, so sind diese Umkehrfunktionen.

Grafen der Exponentialfunktion und der Logarithmusfunktion:

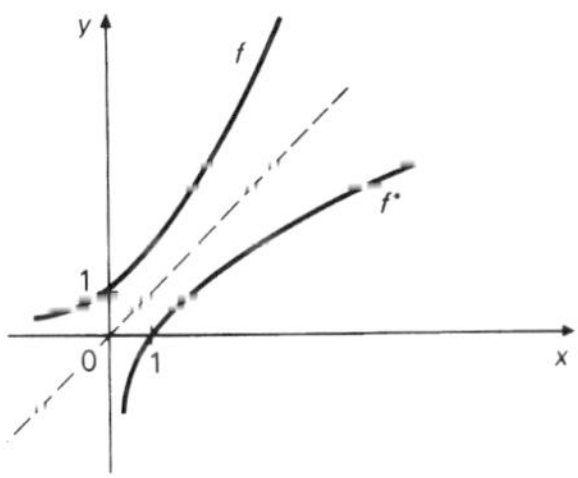

1.4 Geometrie

Planimetrie (ebene geometrische Körper)

Bezeichnungen:

A:	Fläche
d:	Diagonale
h:	Höhe
r:	Radius
U:	Umfang

Dreiecke

$\alpha + \beta + \gamma = 180°$

$$A = \frac{1}{2}\,ch = \frac{1}{2}\,bc \cdot \sin\alpha = \sqrt{s(s-a)(s-b)(s-c)} \qquad \text{wobei } s = \frac{U}{2}$$

$U = a + b + c$

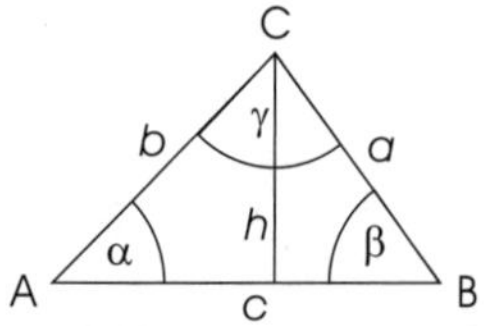

Schwerpunkt: Schnittpunkt der Seitenhalbierenden

Sinussatz: $$\frac{a}{\sin\alpha} = \frac{b}{\sin\beta} = \frac{c}{\sin\gamma}$$

Kosinussatz:
$$a^2 = b^2 + c^2 - 2bc \cdot \cos\alpha$$
$$b^2 = a^2 + c^2 - 2ac \cdot \cos\beta$$
$$c^2 = a^2 + b^2 - 2ab \cdot \cos\gamma$$

Inkreis eines Dreiecks

Mittelpunkt: Schnittpunkt der Winkelhalbierenden

$$r = \sqrt{\frac{(s-a)(s-b)(s-c)}{s}} \qquad \text{mit } s = \frac{U}{2}$$

Umkreis eines Dreiecks
Mittelpunkt: Schnittpunkt der Mittelsenkrechten

$$r = \frac{abc}{4\sqrt{s(s-a)(s-b)(s-c)}} \qquad \text{mit } s = \frac{U}{2}$$

Spezielle Dreiecke
$\gamma = 90°$ und $\alpha + \beta = 90°$

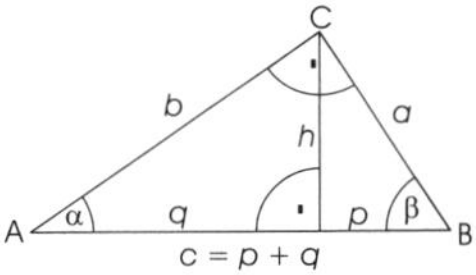

$$A = \frac{1}{2}ab$$

Pythagoras: $c^2 = a^2 + b^2$

Höhensatz: $h^2 = p \cdot q$

Kathetensatz: $a^2 = c \cdot p;\ b^2 = c \cdot q$

p, q: Hypothenusenabschnitte

Gleichschenkliges Dreieck
$a = b$ und $\alpha = \beta$

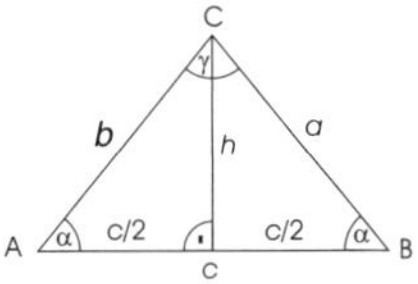

$$A = \frac{1}{4}c\sqrt{4a^2 - c^2}$$

$$U = 2a + c$$

$$h = \frac{1}{2}\sqrt{4a^2 - c^2}$$

Gleichseitiges Dreieck
$a = b = c$ und
$\alpha = \beta = \gamma = 60°$

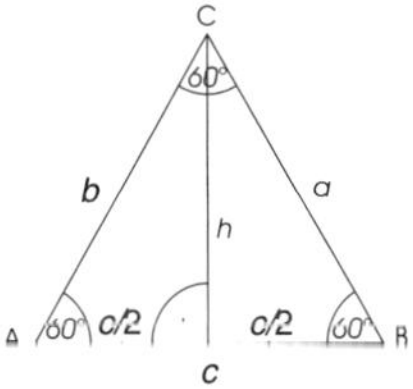

$$A = \frac{1}{4}a^2\sqrt{3}$$

$$U = 3a$$

$$h = \frac{1}{2}a\sqrt{3}$$

Vierecke

Quadrat

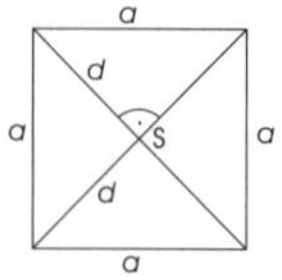

$A = a^2$

$U = 4a$

$d = a\sqrt{2}$

Schwerpunkt: Schnittpunkt der Diagonalen

Rechteck

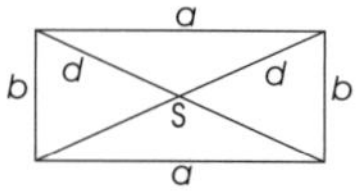

$A = ab$

$U = 2a + 2b$

$d = \sqrt{a^2 + b^2}$

Schwerpunkt: Schnittpunkt der Diagonalen

Parallelogramm

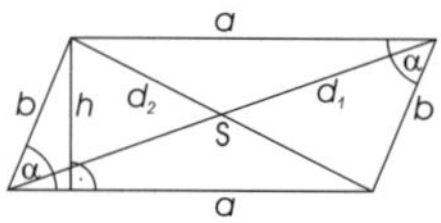

$A = ah = ab \cdot \sin\alpha$

$U = 2a + 2b$

$h = b \cdot \sin\alpha$

$$d_1 = \sqrt{a^2 + b^2 + 2a\sqrt{b^2 - h^2}}$$

$$d_2 = \sqrt{a^2 + b^2 - 2a\sqrt{b^2 - h^2}}$$

Schwerpunkt: Schnittpunkt der Diagonalen

Raute (Rhombus)
Parallelogramm mit
4 gleichen Seiten ($a = b$)

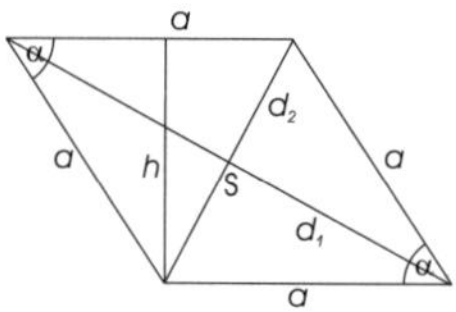

$A = ah = a^2 \cdot \sin\alpha = \frac{1}{2} d_1 d_2$

$U = 4a$

$h = a \cdot \sin\alpha$

$$d_1 = 2a \cdot \cos\left(\frac{\alpha}{2}\right)$$

$$d_2 = 2a \cdot \sin\left(\frac{\alpha}{2}\right)$$

Schwerpunkt: Schnittpunkt der Diagonalen

Trapez

$$m = \frac{1}{2}(a+b)$$

$$A = mh = \frac{1}{2}(a+b)h$$

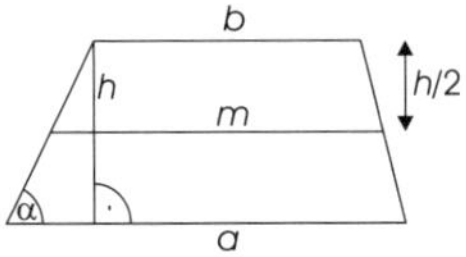

a,b: Grundlinien, wobei a ∥ b
m: Mittellinie

Reguläres n Eck

$$A = \frac{1}{4}na^2 \cdot \cot\left(\frac{\pi}{n}\right)$$

$$U = na$$

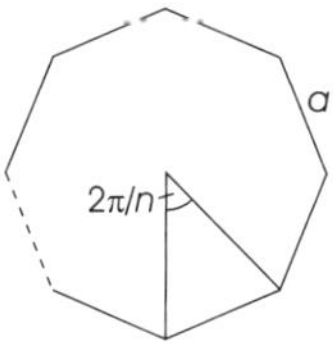

Kreis

$$A = \pi r^2$$

$$U = 2\pi r$$

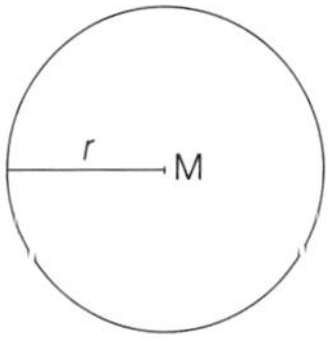

Kreissektor oder
Kreisausschnitt

$$A = \frac{1}{2}r^2$$

$$\varphi - \frac{1}{2}rs$$

$$s = r\varphi$$

(φ im Bogenmaß)

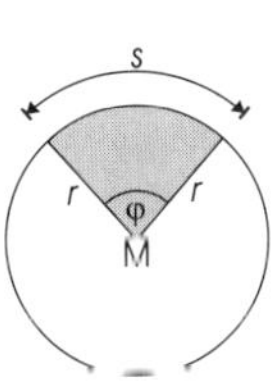

Kreissegment oder
Kreisabschnitt

$A = \frac{1}{2}r^2(\varphi - \sin\varphi)$

(φ im Bogenmaß)

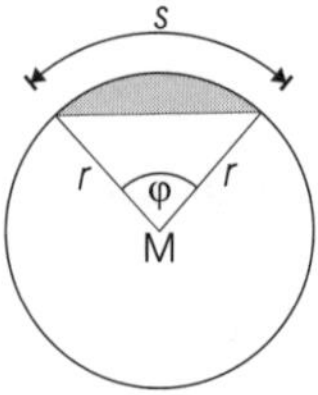

Kreisring

$A = \pi(R^2 - r^2)$

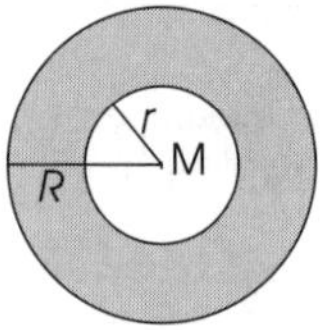

r: Innenradius
R: Außenradius

Ellipse

$A = \pi ab$

$U \approx \pi[1{,}5(a+b) - \sqrt{ab}]$

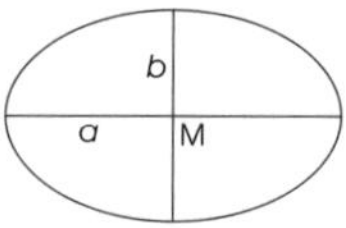

a: Große Halbachse
b: Kleine Halbachse

Strahlensätze

Zwei Strahlen a und b werden von zwei parallelen Geraden c und d geschnitten. Für die Streckenverhältnisse gilt dann:

1. Satz:

$\overline{ZC} : \overline{ZA} = \overline{ZD} : \overline{ZB}$

2. Satz:

$\overline{ZC} : \overline{ZA} = \overline{DC} : \overline{AB}$

$\overline{ZD} : \overline{ZB} = \overline{DC} : \overline{AB}$

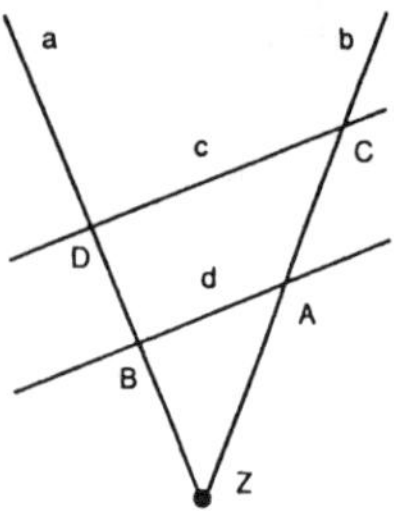

Stereometrie

Die Stereometrie ist eine Teildisziplin der euklidischen Geometrie und hat die Messung von räumlichen Körpern zur Aufgabe. Bei bestimmten Teilen der Stereometrie ist eine Beschränkung auf eine Ebene möglich. Daher bestehen enge Verbindungen zur Planimetrie.

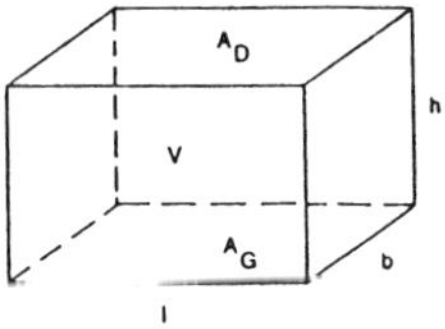

Bezeichnungen:

l: Länge
b: Breite
h: Höhe
A_G: Grundfläche
A_D: Deckfläche (parallel zur Grundfläche)
A_M: Mantelfläche
A_O: Oberfläche
V: Volumen

Würfel und Quader

Würfel

$$V = a \cdot a \cdot a = a^3$$

$$A_O = 6 \cdot a^2$$

$$d = a \cdot \sqrt{2}$$

$$e = a \cdot \sqrt{3}$$

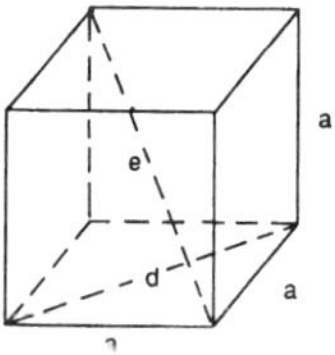

Schwerpunkt: Schnittpunkt der Raumdiagonalen

a: Kantenlänge
d: Flächendiagonale
e: Raumdiagonale

Quader

$$V = l \cdot b \cdot h$$

$$A_O = 2 \cdot (lh + lh + bh)$$

$$d = \sqrt{l^2 + b^2}$$

$$e = \sqrt{l^2 + b^2 + h^2}$$

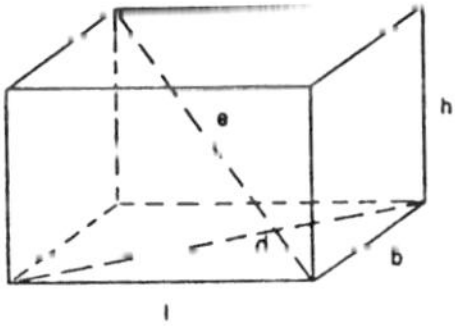

Schwerpunkt: Schnittpunkt der Raumdiagonalen

d: Flächendiagonale

e: Raumdiagonale

Prisma und Pyramide

Prisma

(gerade und schief)

$V = A_G \cdot h$

$A_O = A_M + 2A_G$

Die Mantelfläche ist die Summe aller Seitenflächen.

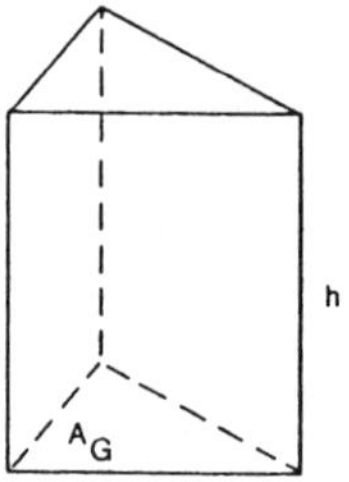

Pyramide

(gerade und schief)

$V = \frac{1}{3} \cdot A_G \cdot h$

$A_O = A_M + A_G$

Die Mantelfläche ist die Summe aller Seitenflächen.

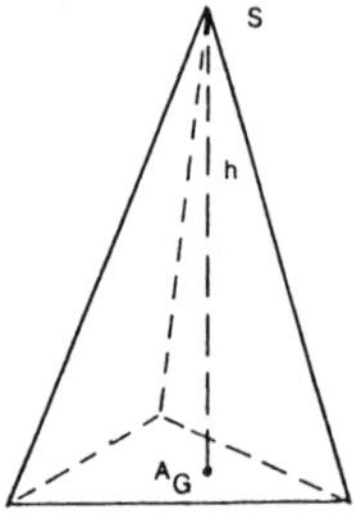

Grundfläche: Vieleck

Seitenflächen: Dreiecke, die in der Spitze zusammenlaufen

Pyramidenstumpf: Er ist eine parallel zur Grundfläche abgeschnittene Pyramide.

$V = \frac{1}{3} \cdot h \cdot (A_G + \sqrt{A_G A_D} + A_D) \qquad A_O = A_G + A_D + A_M$

Tetraeder (dreiseitige Pyramide): Spezialfall der Pyramide mit einem Dreieck als Grundfläche und einer Umkugel mit dem Radius *r* sowie einer Inkugel mit dem Radius ρ.

Volumen: $V = \frac{a^3}{12} \cdot \sqrt{2}$

Oberfläche: $A_O = a^2 \cdot \sqrt{3}$

Höhe: $h = \frac{a}{3} \cdot \sqrt{6}$

Umkugelradius: $r = \frac{a}{4} \cdot \sqrt{6}$

Inkugelradius: $\rho = \frac{a}{12} \cdot \sqrt{6}$

$$V = \frac{1}{3} A_A \cdot h$$

Reguläres Tetraeder: Alle vier Flächen sind gleichseitige Dreiecke mit der Seitenlänge a.

Kreiszylinder, Kreiskegel

Gerader Kreiszylinder

$$V = r^2 \cdot \pi \cdot h = \frac{d^2}{4} \cdot \pi \cdot h$$

$$A_M = 2r \cdot \pi \cdot h$$

$$A_O = 2r \cdot \pi \cdot (r + h)$$

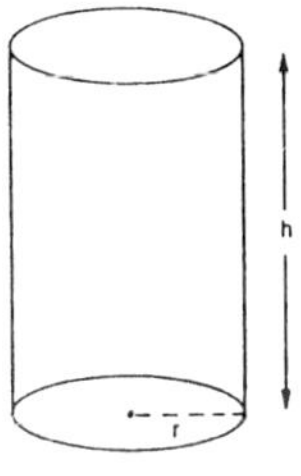

Gerader Kreiskegel: Ein gerader Kreiskegel entsteht durch Drehung eines Dreiecks um eine seiner Seiten. Die Mantellinie wird mit s bezeichnet.

$$V = \frac{1}{3} \cdot r^2 \cdot \pi \cdot h$$

$$A_M = r \cdot \pi \cdot h$$

$$A_O = r \cdot \pi \cdot (r + s)$$

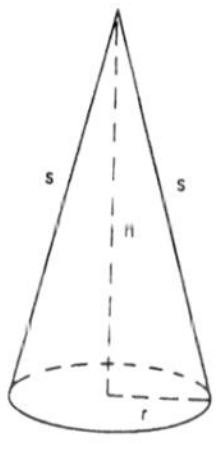

Gerader Kegelstumpf: Er ist ein parallel zur Grundfläche abgeschnittener Kegel.

$$V = \frac{1}{3}\pi h({r_1}^2 + r_1 r_2 + {r_2}^2)$$
$$A_M = \pi s(r_1 + r_2)$$
$$A_O = \pi {r_1}^2 + \pi {r_2}^2 + A_M$$

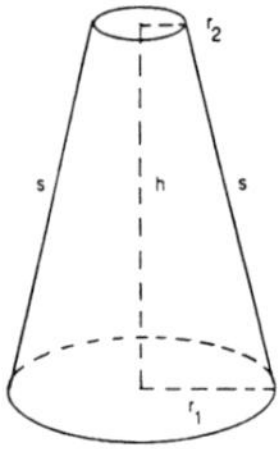

Kugel

Die Kugel entsteht durch Drehung eines Halbkreises um seinen Durchmesser.

$$V = \frac{4}{3} \cdot \pi \cdot r^3$$
$$A_O = 4\pi \cdot r^2$$

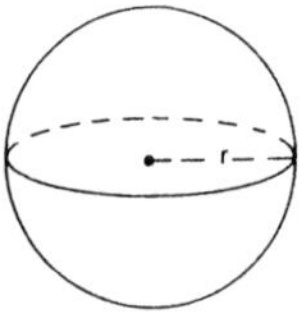

Kugelsektor (Kugelausschnitt): Der Abstand vom Schnittkreis zum Kugelmittelpunkt ist *r-h*, der Schnittkreisradius ist ρ.

$$V = \frac{2}{3}\pi \cdot r^2 \cdot h$$
$$A_O = \pi \cdot r \cdot (2h + \rho)$$

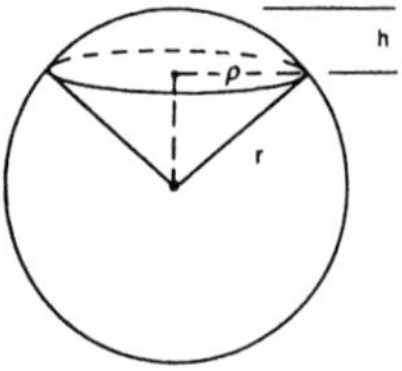

Kugelsegment (Kugelabschnitt oder Kugelkappe): h ist die Höhe des Segments und ρ ist der Schnittkreisradius.

$$V = \frac{1}{6}\pi h(3\rho^2 + h^2) \text{ oder:}$$
$$V = \frac{1}{3}\pi h^2(3r - h)$$
$$A_M = 2\pi r h$$

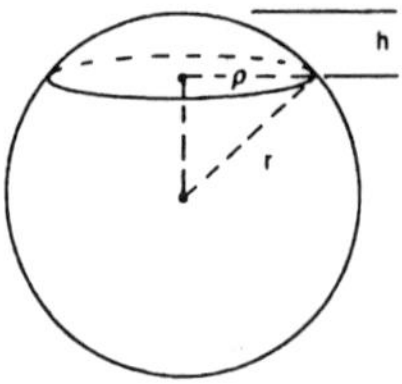

Kugelschicht: h ist der Abstand der beiden Schnittkreise, die Radien der beiden Schnittkreise sind ρ_1 und ρ_2.

$$V = \frac{1}{6}\pi h(3\rho_1^2 + 3\rho_2^2 + h^2)$$

$$A_M = 2\pi \cdot r \cdot h$$

$$A_O = \pi \cdot (2rh + \rho_1^2 + \rho_2^2)$$

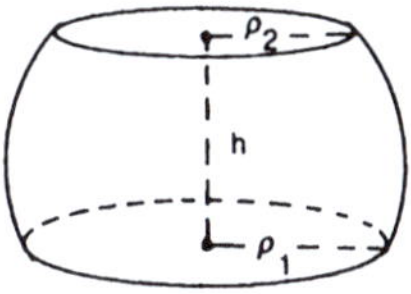

Kugelkeil: Der Keilwinkel ist φ, sein Bogenmaß ist x.

$$V = \frac{4}{3}\pi \cdot r^3 \cdot \frac{\varphi}{360°}$$

$$V = \frac{2}{3}r^3 \cdot x$$

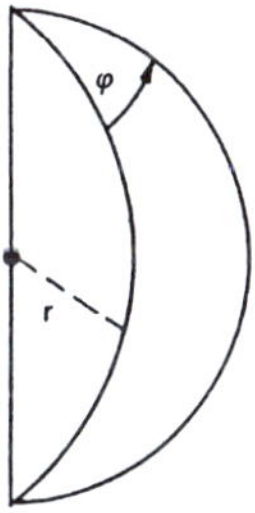

Das Bogenmaß eines Winkels wird aus dem Gradmaß durch folgende Formel errechnet:

$$x = \frac{2\pi}{360} \cdot \varphi \approx 0{,}017\varphi$$

Trigonometrie

Winkelfunktionen am rechtwinkligen Dreieck

Die längste Seite im rechtwinkligen Dreieck heißt Hypotenuse. Sie liegt dem rechten Winkel gegenüber. Die Katheten sind die Seiten, die den rechten Winkel bilden. Bezüglich eines spitzen Winkels unterscheidet man Ankathete und Gegenkathete.

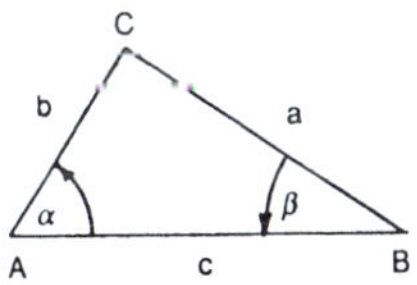

Sinus, Kosinus und Tangens für den Winkel α:

Sinus: $\sin\alpha = \frac{\text{Gegenkathete}}{\text{Hypotenuse}} = \frac{a}{c}$

Kosinus $\cos\alpha = \frac{\text{Ankathete}}{\text{Hypotenuse}} = \frac{b}{c}$

Tangens: $\tan\alpha = \frac{\text{Gegenkathete}}{\text{Ankathete}} = \frac{a}{b}$

Besondere Funktionswerte:

α	0	30	45	60	90
$\sin\alpha$	0	$\frac{1}{2}$	$\frac{1}{2}\sqrt{2}$	$\frac{1}{2}\sqrt{3}$	1
$\cos\alpha$	1	$\frac{1}{2}\sqrt{3}$	$\frac{1}{2}\sqrt{2}$	$\frac{1}{2}$	0
$\tan\alpha$	0	$\frac{1}{3}\sqrt{3}$	1	$\sqrt{3}$	n.d.

Wechselbeziehung von Sinus, Kosinus und Tangens

Direkt aus dem rechtwinkligen Dreieck ergeben sich die Beziehungen:

$\sin\alpha = \cos(90° - \alpha)$

$\cos\alpha = \sin(90° - \alpha)$

Grundregeln: $\tan\alpha = \frac{\sin\alpha}{\cos\alpha}$ $\quad \sin^2\alpha + \cos^2\alpha = 1$

Abgeleitete Formeln:

$$\sin\alpha = \sqrt{1 - \cos^2\alpha} = \frac{\tan\alpha}{\sqrt{1 + \tan^2\alpha}}$$

$$\cos\alpha = \sqrt{1 - \sin^2\alpha} = \frac{1}{\sqrt{1 + \tan^2\alpha}}$$

$$\tan\alpha = \frac{\sin\alpha}{\sqrt{1 - \sin^2\alpha}} = \frac{\sqrt{1 - \cos^2\alpha}}{\cos\alpha}$$

Für die Kotangensfunktion, die heute kaum mehr gebraucht wird, gilt:

$\cot\alpha = \frac{1}{\tan\alpha}$

Additionstheoreme für Winkelfunktionen

Darunter versteht man Formeln, mit denen man die Winkelfunktionen von Summen oder Differenzen von Winkeln in Funktionen einfacher Winkel umformen kann. Sie werden beim Auflösen von trigonometrischen Gleichungen gebraucht.

Summe:

$$\sin(\alpha+\beta) = \sin\alpha\cdot\cos\beta+\cos\alpha\cdot\sin\beta$$
$$\cos(\alpha+\beta) = \cos\alpha\cdot\cos\beta-\sin\alpha\cdot\sin\beta$$
$$\tan(\alpha+\beta) = \frac{\tan\alpha+\tan\beta}{1-\tan\alpha\cdot\tan\beta}$$

Differenz:

$$\sin(\alpha-\beta) = \sin\alpha\cdot\cos\beta-\cos\alpha\cdot\sin\beta$$
$$\cos(\alpha-\beta) = \cos\alpha\cdot\cos\beta+\sin\alpha\cdot\sin\beta$$
$$\tan(\alpha-\beta) = \frac{\tan\alpha-\tan\beta}{1+\tan\alpha\cdot\tan\beta}$$

Sonderfälle: Funktionen des doppelten Winkels:

$$\sin 2\alpha = 2\cdot\sin\alpha\cdot\cos\alpha$$
$$\cos 2\alpha = \cos^2\alpha-\sin^2\alpha$$
$$\tan 2\alpha = \frac{2\cdot\tan\alpha}{1-\tan^2\alpha}$$

Sonderfälle: Funktionen des halben Winkels:

$$\sin^2\frac{\alpha}{2} = \frac{1}{2}\cdot(1-\cos\alpha)$$
$$\cos^2\frac{\alpha}{2} = \frac{1}{2}\cdot(1+\cos\alpha)$$
$$\tan^2\frac{\alpha}{2} = \frac{1-\cos\alpha}{1+\cos\alpha}$$

Winkelfunktionen am allgemeinen Dreieck

Sinussatz: Das Verhältnis der Sinuswerte von zwei Winkeln ist gleich dem Verhältnis der gegenüberliegenden Seiten.

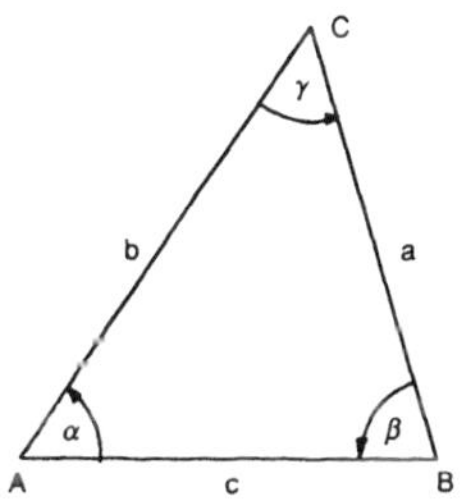

$$\frac{a}{\sin\alpha} = \frac{b}{\sin\beta} = \frac{c}{\sin\gamma}$$

Kosinussatz: Er wird auch der auf allgemeine Dreiecke erweiterte Satz des Pythagoras genannt.

Kosinussatz:

$$a^2 = b^2 + c^2 - 2bc \cdot \cos\alpha$$
$$b^2 = a^2 + c^2 - 2ac \cdot \cos\beta$$
$$c^2 = a^2 + b^2 - 2ab \cdot \cos\gamma$$

Flächensatz: Die Fläche eines Dreiecks ist das halbe Produkt aus zwei Seiten und dem Sinus des von ihnen eingeschlossenen Winkels.

Flächensatz:

$$A = \frac{1}{2}ab\sin\gamma = \frac{1}{2}ac\sin\beta = \frac{1}{2}bc\sin\alpha$$

Projektionssatz: Eine Seite des Dreiecks besteht aus zwei Abschnitten, nämlich den senkrechten Projektionen der anderen Seiten auf diese.

Projektionssatz:

$$a = b \cdot \cos\gamma + a \cdot \cos\beta$$
$$b = c \cdot \cos\alpha + a \cdot \cos\gamma$$
$$c = a \cdot \cos\beta + b \cdot \cos\alpha$$

1.5 Differenzialrechnung

Differenzialrechnung für Funktionen mit einer Variablen

Differenzenquotient

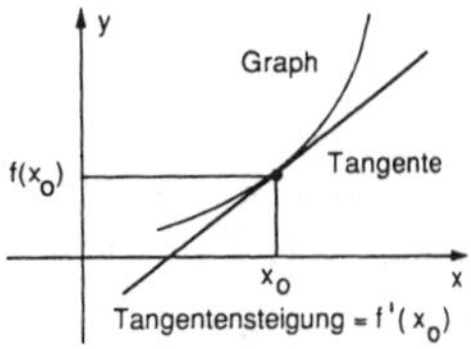

Gegeben ist die in einem offenen Intervall I definierte Funktion $f: x \rightarrow f(x)$ und eine Stelle $x_0 \in$ I. Man bezeichnet die kleinen Differenzen mit: $\Delta f = f(x) - f(x_0)$ und $\Delta x = x - x_0$. Der für die Variable $x \neq x_0$ definierte Quotient $\frac{\Delta f}{\Delta x} = \frac{f(x) - f(x_0)}{x - x_0}$ wird Differenzenquotient genannt.

Differenzialquotient

Der Differenzialquotient gibt die Steigung des Grafen an einer einzigen Stelle x_0 an. Die Steigung des Grafen an einem Punkt ist gleich der Steigung der Tangenten an diesem Punkt.

Differenzialquotient: $$f'(x_0) = \lim_{x \to x_0} \frac{f(x) - f(x_0)}{x - x_0} = \frac{dy}{dx}$$

Dieser Grenzprozess enthält die Aussage, dass der rechtsseitige gleich dem linksseitigen Grenzwert sein muss. dy und dx heißen Differenziale.

Ableitungen

Die Ableitungsfunktion $f'(x)$ der Funktion $f(x)$ gibt an jeder Stelle x_0 die Steigung des Grafen an.

Jede in einem Intervall I stetige und differenzierbare Funktion f hat eine dazugehörende Ableitungsfunktion f'. Die Definitionsbereiche von f und f' sind nicht immer gleich.

Die Ableitungsfunktion von f' ist f'', die von f'' ist f''' usw.

Ableitungsregeln

Potenzregel: $f(x) = x^n \Rightarrow f'(x) = n \cdot x^{n-1};\; n \in Q$

Summenregel: $f(x) = u(x) + v(x) \Rightarrow f'(x) = u'(x) + v'(x)$

Konstantenregel: $f(x) = c \cdot u(x) \Rightarrow f'(x) = c \cdot u'(x)$

Produktregel:

$$f(x) = u(x) \cdot v(x) \Rightarrow f'(x) = u'(x) \cdot v(x) + u(x) \cdot v'(x)$$

Quotientenregel:

$$f(x) = \frac{u(x)}{v(x)} \Rightarrow f'(x) = \frac{u'(x) \cdot v(x) - u(x) \cdot v'(x)}{(v(x))^2}$$

Kettenregel: $f(x) = u(v(x)) \Rightarrow f'(x) = u'(v(x)) \cdot v'(x)$

Um eine verkettete Funktion abzuleiten, bildet man zuerst die Ableitung der äußeren Funktion unter Beibehaltung der inneren Funktion und multipliziert die Ableitung der inneren Funktion dazu.
Ableitungen elementarer Funktionen:

$f(x) = c \Rightarrow f'(x) = 0$

$f(x) = x \Rightarrow f'(x) = 1$

$f(x) = mx \Rightarrow f'(x) = m$

$f(x) = x^2 \Rightarrow f'(x) = 2x$

$f(x) = \frac{1}{x} \Rightarrow f'(x) = -\frac{1}{x^2}$

$f(x) = \sqrt{x} \Rightarrow f'(x) = \frac{1}{2\sqrt{x}}$

$f(x) = \sin x \Rightarrow f'(x) = \cos x$

$f(x) = \cos x \Rightarrow f'(x) = -\sin x$

$f(x) = \tan x \Rightarrow f'(x) = \frac{1}{(\cos x)^2}$

$f(x) = e^x \Rightarrow f'(x) = e^x$

$f(x) = a^x \Rightarrow f'(x) = a^x \cdot \ln a$

Ableitung einer Parameterfunktion: Ein Parameter ist beim Ableiten wie eine Konstante zu behandeln.

Beispiel: $f_1(x) = (t^3 - 2)x^3 + t^4 \Rightarrow f_t'(x) = 3(t^3 - 2)x^2 + 0$

Kurvendiskussion

Monotonie, Extremstellen

$f'(x) > 0$ in einem Intervall bedeutet:
$f(x)$ ist dort monoton zunehmend.

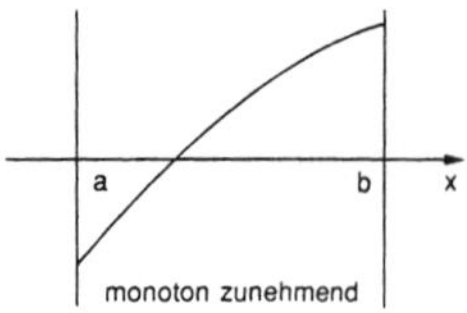

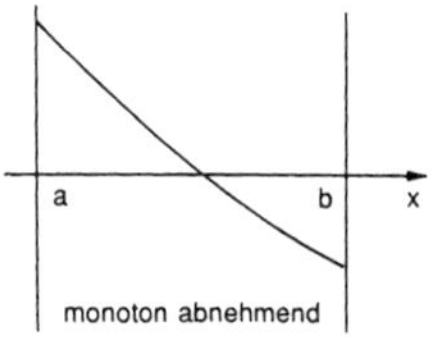

$f'(x) < 0$ in einem Intervall bedeutet:
$f(x)$ ist dort monoton abnehmend.

Jede in einem Intervall I differenzierbare und monotone Funktion besitzt eine Umkehrfunktion.

$f'(x_0) = 0$ bedeutet: f hat bei x_0 eine relative Extremstelle.

An einer relativen Extremstelle hat der Graf eine Tangente mit der Steigung 0 (waagrechte Tangente).

Beispiel: $f(x) = \frac{2}{3}x^3 - 2x^2 - 16x + 1$, $f'(x) = 2(x^2 - 2x - 8)$

Die Extremstellen erhält man durch $f'(x) = 0$:

$x^2 - 2x - 8 = 0 \Leftrightarrow x = -2 \vee x = 4$

$x < -2$	$f'(x) > 0$	f monoton zunehmend
$-2 < x < 4$	$f'(x) < 0$	f monoton abnehmend
$x > 3$	$f'(x) > 0$	f monoton zunehmend

Diese Aussagen erhält man durch probeweises Einsetzen von x-Werten in f.

$f'(x_0) = 0 \wedge f''(x_0) < 0 \Rightarrow f(x_0)$ ist ein lokales Maximum, der Graf hat dort einen Hochpunkt.

$f'(x_0) = 0 \wedge f''(x_0) > 0 \Rightarrow f(x_0)$ ist ein lokales Minimum, der Graf hat dort einen Tiefpunkt.

Krümmung, Wendepunkte

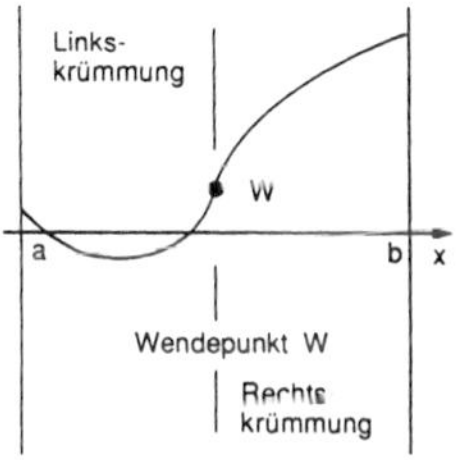

$f''(x_0) > 0$ in einem bestimmten Intervall bedeutet: Der Graf von f ist dort linksgekrümmt.
$f''(x_0) < 0$ in einem bestimmten Intervall bedeutet: Der Graf von f ist dort rechtsgekrümmt.
Der Graf von f hat bei x_W eine Wendestelle, wenn links und rechts von x_W unterschiedliches Krümmungsverhalten vorliegt.

$f''(x_W) = 0 \wedge f'''(x_W) \neq 0 \Rightarrow$ der Graf f hat bei $W(x_W;\ f(x_W))$ einen Wendepunkt.

$f'(x_T) = 0 \wedge f''(x_T) = 0 \wedge f'''(x_T) \neq 0 \Rightarrow$ bei x_T hat die Funktion eine Terrassenstelle (Sattelpunkt). Der Graf hat dort einen Terrassenpunkt. Der Terrassenpunkt liegt auf der x-Achse, wenn zusätzlich noch $f(x_T) = 0$ ist. Eine Terrassenstelle ist eine Extremstelle und eine Wendestelle.

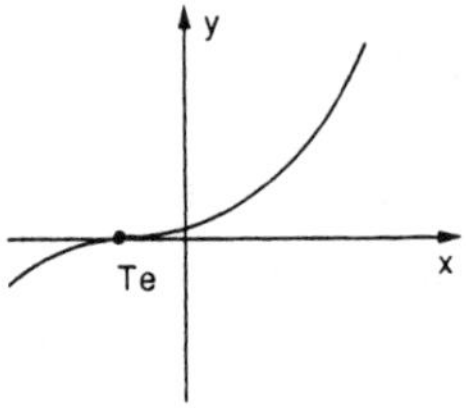

Terrassenpunkt Te

Kurvendiskussion

Grundsätzlich kann von jeder Funktion über eine genügend ausführliche Wertetabelle der Graf Punkt für Punkt gezeichnet werden. Mithilfe der Differenzialrechnung ist es aber möglich, den Graf über gewisse charakteristische Eigenschaften schneller zu skizzieren. Dabei geht man nach einem bestimmten Plan vor:

1. Aufsuchen von eventuell vorhandenen Symmetrien.
2. Bestimmung der Achsenschnittpunkte.
3. Verhalten der Funktion an Lücken oder nicht definierten Stellen.
4. Bestimmen von eventuell vorhandenen Asymptoten.
5. Berechnung der ersten und zweiten Ableitung einschließlich ihrer Nullstellen.
6. Bestimmung des Monotonie- und Krümmungsverhaltens.
7. Bestimmung von Art und Lage der Extrema.
8. Bestimmung der Wendepunkte.

In der Regel kann der Graf nach Kenntnis dieser Eigenschaften genügend genau gezeichnet werden. Ist das nicht der Fall, dann müssen noch einige „Stützpunkte“ berechnet werden.

Differenziation von Funktionen mit mehreren Variablen

$y = f(x_1, x_2, \ldots, x_n)$

Partielle Ableitung

Bei der partiellen Ableitung, z. B. nach x_1, werden die anderen Variablen vorübergehend als Konstanten betrachtet.

Schreibweise: $\dfrac{\partial f(x_1, x_2, \ldots, x_n)}{\partial x_1}$

Beispiel: $a = 4b^2 \cdot \dfrac{1}{c}$

$\dfrac{\partial a}{\partial b} = 8b \cdot \dfrac{1}{c}$

Satz von Schwarz

$\dfrac{\partial^2 y}{\partial x_1 \partial x_2} = \dfrac{\partial^2 y}{\partial x_2 \partial x_1}$ wenn die Ableitungen an der Stelle $(x_1; x_2)$ stetig sind.

Totales (vollständiges) Differenzial von y

$\mathrm{d}y = \dfrac{\partial y}{\partial x_1}\mathrm{d}x_1 + \dfrac{\partial y}{\partial x_2}\mathrm{d}x_2$ für $y = f(x_1, x_2)$

$$\mathrm{d}^2 y = \frac{\partial^2 y}{\partial x_1^2}\mathrm{d}_x^2 + 2\frac{\partial^2 y}{\partial x_1 \partial x_2}\mathrm{d}x_1 \mathrm{d}x_2 + \frac{\partial^2 y}{\partial x_2^2}\mathrm{d}x_2^2$$

$\mathrm{d}y = \dfrac{\partial y}{\partial x_1}\mathrm{d}x_1 + \dfrac{\partial y}{\partial x_2}\mathrm{d}x_2 + \ldots + \dfrac{\partial y}{\partial x_n}\mathrm{d}x_n$ für $y = f(x_1, x_2, \ldots, x_n)$

1.6 Integralrechnung

Stammfunktionen, unbestimmte Integrale

Gegeben ist $f(x)$ mit $x \in [a;b]$. Jede Funktion $F(x)$, für die in $[a;b]$ gilt $F'(x) = f(x)$, heißt Stammfunktion. Man stellt eine Stammfunktion symbolisch mit dem Integralzeichen $F(x) = \int f(x)\,\mathrm{d}x$ dar. Stammfunktionen werden auch unbestimmte Integrale genannt, $f(x)$ heißt Integrand und c Integrationskonstante.

Das Bilden der Stammfunktion ist die umgekehrte Operation zum Ableiten der Funktion. Zur Bezeichnung von Stammfunktionen verwendet man große Buchstaben, wie F, G, U, V. Ist F eine Stammfunktion von f, so sind auch $F_c = F + c$ Stammfunktionen von f.

Beispiel: Die Funktionen $F_c = \dfrac{1}{8}x^4 + c$ sind Stammfunktionen von $f(x) = \dfrac{1}{2}x^3$.

Regeln zum Auffinden der Stammfunktion

$$f(x) = x^{n} \Rightarrow F(x) = \frac{1}{n+1} \cdot x^{n+1} + c$$

$$f(x) = u(x) + v(x) \Rightarrow F(x) = U(x) + V(x)$$

$$f(x) = c \cdot u(x) \Rightarrow F(x) = c \cdot U(x)$$

Beispiel: $f(x) = 5x^{3} - \frac{1}{3}x^{2} + 4 \Rightarrow F_{c}(x) = \frac{5}{4}x^{4} - \frac{1}{9}x^{3} + 4x + c$

Grundintegrale

Es lassen sich wichtige Stammfunktionen (Grundintegrale) herleiten, bei anderen Integrationen muss der Integrand zunächst umgeformt werden, um zu einem Grundintegral zu gelangen. Bei vielen Funktionen findet man die Stammfunktion nur sehr schwer oder auch gar nicht.

$f(x) = \frac{1}{x}, x > 0$	$F_{c}(x) = \ln x + c$
$f(x) = \frac{1}{x^{2}}, x \neq 0$	$F_{c}(x) = -\frac{1}{x} + c$
$f(x) = \frac{1}{\sqrt{x}}, x > 0$	$F_{c}(x) = 2\sqrt{x} + c$
$f(x) = e^{x}$	$F_{c}(x) = e^{x} + c$
$f(x) = a^{x}, x > 0, x \neq 1$	$F_{c}(x) = a^{x} \cdot \frac{1}{\ln a} + c$
$f(x) = \frac{1}{1 + x^{2}}$	$F_{c}(x) = \arctan x + c$
$f(x) = \frac{1}{\sqrt{1 - x^{2}}}, \lvert x \rvert \leq 1$	$F_{c}(x) = \arcsin x + c$
$f(x) = \frac{1}{\sqrt{1 + x^{2}}}$	$F_{c}(x) = \ln(x + \sqrt{x^{2} + 1}) + c$
$f(x) = \frac{1}{\sqrt{x^{2} - 1}}, \lvert x \rvert > 1$	$F_{c}(x) = \lvert \ln(x + \sqrt{x^{2} - 1}) \rvert + c$
$f(x) = \sin x$	$F_{c}(x) = -\cos x + c$

$f(x) = \cos x$ $\quad F_c(x) = \sin x + c$

$f(x) = \dfrac{1}{\sin^2 x}$ $\quad F_c(x) = -\cot x + c$

$f(x) = \dfrac{1}{\cos^2 x}$ $\quad F_c(x) = \tan x + c$

Bestimmte Integrale

Definition

Ist f eine integrierbare Funktion und F eine ihrer Stammfunktionen im geschlossenen Intervall $[a;b]$, so schreibt man die Differenz der Werte der Stammfunktion als bestimmtes Integral: $\int_a^b f(x)\mathrm{d}x = F(b) - F(a)$. a und b heißen Grenzen. Diese so genannte Formel von Leibniz-Newton lässt sich streng beweisen. Für den praktischen Umgang dieser Formel führt man noch das Symbol $[F(x)]_a^b = F(b) - F(a)$ ein.

Formel von Leibniz-Newton: $\int_a^b f(x)\mathrm{d}x = [F(x)]_a^b = F(b) - F(a)$

Bestimmte Integrale sind also Zahlen, im Gegensatz zu unbestimmten Integralen, die Funktionen sind.

Beispiel: $\int_1^2 x^4\mathrm{d}x = \left[\dfrac{x^5}{5}\right]_1^2 = \dfrac{2^5}{5} - \dfrac{1^5}{5} = 6{,}2$

Das bestimmte Integral $\int_a^b f(x)\mathrm{d}x;\quad f(x) \geq 0$ lässt sich als Flächeninhalt zwischen der stetigen Funktion $f(x)$, der x-Achse sowie der zur y-Achse parallelen Geraden durch $x = a$ und $x = b$ veranschaulichen.

Elementare Integrationsregeln für bestimmte Integrale

1. Vertauschen der Integrationsgrenzen bewirkt einen Vorzeichenwechsel des Integrals.

$$\int_a^b f(x)\mathrm{d}x = -\int_b^a f(x)\mathrm{d}x$$

2. Summenregel: Eine endliche Summe von Funktionen darf gliedweise integriert werden.

$$\int_a^b [f(x) + g(x)]\mathrm{d}x = \int_a^b f(x)\mathrm{d}x + \int_a^b g(x)\mathrm{d}x$$

3. Faktorregel: Ein konstanter Faktor k darf vor das Integral gezogen werden.

$$\int_a^b k \cdot f(x)\mathrm{d}x = k \cdot \int_b^a f(x)\mathrm{d}x$$

4. Fallen die Integrationsgrenzen zusammen ($a = b$), so ist der Integralwert gleich Null.

$$\int_a^b f(x)\mathrm{d}x = 0 \text{ für } a = b$$

5. Für jede Stelle c aus dem Integrationsintervall $[a;b]$ gilt:

$$\int_a^b f(x)\mathrm{d}x = \int_a^c f(x)\mathrm{d}x = \int_c^b f(x)\mathrm{d}x$$

(Geometrische Deutung: Zerlegung der Fläche in zwei Teilflächen)

6. Für die Integrale der beiden Funktionen $f(x)$ und $g(x)$ gilt bei gleichem Integrationsintervall:

$$f(x) \leq g(x)\colon \int_a^b f(x)\mathrm{d}x \leq \int_a^b g(x)\mathrm{d}x \text{ für alle } x \in [a;b]$$

Für den Betrag eines Integrals gilt:

$$\left|\int_a^b f(x)\,\mathrm{d}x\right| \le \int_a^b |f(x)|\,\mathrm{d}x$$

Integrationsmethoden

Viele integrierbare Funktionen müssen zunächst noch umgeformt werden, bevor man eine Stammfunktion finden kann.

Integration durch Aufspalten des Integranden

Echt gebrochenrationale Funktionen werden in Partialbrüche zerlegt, anschließend wird entsprechend der Summenregel integriert. Falls eine unecht gebrochenrationale Funktion vorliegt, wird diese zuvor in eine ganzrationale Funktion und eine echt gebrochenrationale Funktion zerlegt.

Beispiel: $$\int_{-1}^{1} \frac{x^3 + x + 2}{x^2 + 1}\,\mathrm{d}x = \int_{-1}^{1} \frac{x(x^2 + 1) + 2}{x^2 + 1}\,\mathrm{d}x$$

$$= \int_{-1}^{1} \left(x + \frac{2}{x^2 + 1}\right)\mathrm{d}x = \left[\frac{1}{2}x^2 + 2\arctan x\right]_{-1}^{1}$$

$$= \left(\frac{1}{2} \cdot 1^2 + 2\arctan 1\right) - \left(\frac{1}{2} \cdot (-1)^2 + 2\arctan(-1)\right)$$

$$= \left(\frac{1}{2} + \frac{\pi}{2}\right) - \left(\frac{1}{2} - \frac{\pi}{2}\right) = \pi$$

Integration durch Substitution

Das vorgegebene Integral $\int f(x)\mathrm{d}x$ wird mithilfe einer geeigneten Substitution in ein Grund- oder Stammintegral überführt:

Aufstellung der Substitutionsgleichungen

$u = g(x)$

$$\frac{\mathrm{d}u}{\mathrm{d}x} = g'(x);\ \mathrm{d}x = \frac{\mathrm{d}u}{g'(x)}$$

bzw. $x = h(u)$

$$\frac{\mathrm{d}x}{\mathrm{d}u} = h'(u),\ \mathrm{d}x = h'(u)\mathrm{d}u$$

Durchführung der Integralsubstitution

$$\int f(x)\mathrm{d}x = \int \varphi(u)\mathrm{d}u$$

Integralberechnung

$$\int \varphi(u)\mathrm{d}u = \Phi(u)$$

Rücksubstitution

$$\int f(x)\mathrm{d}x = \int \varphi(u)\mathrm{d}u = \Phi(u) = \Phi(g(x)) = F(x)$$

Dieser Schritt kann bei bestimmten Integralen unterbleiben, wenn die Integrationsgrenzen mithilfe der Substitutionsgleichungen ($u = g(x)$ bzw. $x = h(u)$) mitsubstituiert werden.

Beispiel: $\int_0^3 x \cdot \sqrt{1+x}\ \mathrm{d}x$. Es wird eine andere Variable t eingeführt:

$$\sqrt{1+x} = t \Leftrightarrow 1 + x = t^2 \Leftrightarrow x = t^2 - 1,\ \mathrm{d}x = 2t\mathrm{d}t$$

Obere Grenze: $x = 3 \Rightarrow t = 2$

Untere Grenze: $x = 0 \Rightarrow t = 1$

In das Integral eingesetzt:

$$\int_1^2 (t^2 - 1) \cdot t \cdot 2t \cdot \mathrm{d}t = \left[2\left(\frac{1}{5}t^5 - \frac{1}{3}t^3\right)\right]_1^2 = \frac{116}{15}$$

Partielle Integration

Aus der Produktregel der Ableitungen entsteht die folgende Integralregel:

$$\int_a^b u(x) \cdot v'(x)\mathrm{d}x = [u(x) \cdot v(x)]_a^b - \int_a^b v(x) \cdot u'(x)\mathrm{d}x$$

Die Regel ist dann von Nutzen, wenn sich keine Stammfunktion von $u(x) \cdot v'(x)$, dafür aber eine Stammfunktion von $v(x) \cdot u'(x)$ angeben lässt.

Integration durch Potenzreihenentwicklung des Integranden

Der Integrand $f(x)$ wird in eine Potenzreihe entwickelt und anschließend gliedweise integriert. Der Integrationsbereich muss hierfür innerhalb des Konvergenzbereiches der Reihe liegen.

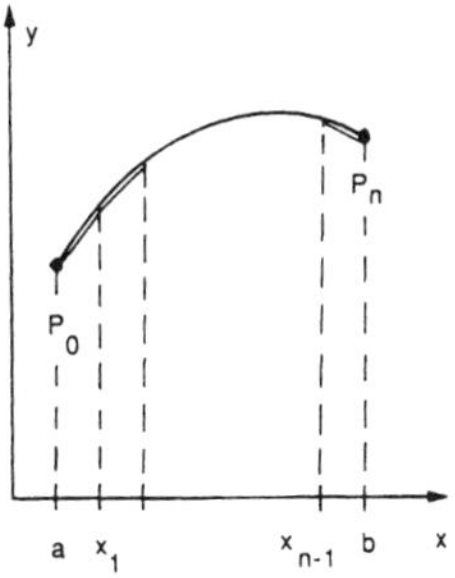

Numerische Integration

Bei der numerischen Integration wird die Kurve $y = f(x)$ durch einfachere Funktionen näherungsweise ersetzt.

Trapezformel

Die Fläche unter der Kurve wird in n Streifen gleicher Breite Δx zerlegt und die krummlinigen Begrenzungen der Streifen werden jeweils durch die Sekanten ersetzt, sodass die Teilflächen nun trapezförmig sind.

Für das Integral gilt dann:

$$\int_a^b f(x)\mathrm{d}x = \frac{\Delta x}{2} \cdot (y_0 + 2y_1 + 2y_2 + \ldots + 2y_{n-1} + y_n)$$

1.7 Gewöhnliche Differenzialgleichungen

Eine Gleichung, in der eine unbekannte Funktion einer Variablen $y = y(x)$ mit ihren Ableitungen bis zur n-ten Ordnung vorkommt, heißt gewöhnliche Differenzialgleichung n-ter Ordnung.

Implizite Form: $F(x; y; y'; \ldots; y^{(n)}) = 0$

Explizite Form: $y(n) = f(x; y; y'; \ldots; y^{(n-1)})$

Lösungen einer Differenzialgleichung

Eine Funktion $y = y(x)$ heißt Lösung der Differenzialgleichung, wenn sie beim Einsetzen in die Differenzialgleichung diese identisch erfüllt.

Allgemeine Lösung von Differenzialgleichungen:

Menge aller Lösungsfunktionen, die n willkürliche Parameter (Konstanten) enthalten.

Spezielle Lösung von Differenzialgleichungen (partikuläre Lösung):
Wenn durch Anfangs- und Randbedingungen den n Parametern feste Werte zugewiesen werden, erhält man aus der allgemeinen Lösung eine spezielle Lösung.

Singuläre Lösung von Differenzialgleichungen:
Lösung, die sich nicht aus der allgemeinen Lösung gewinnen lässt

Differenzialgleichungen 1. Ordnung

Differenzialgleichungen mit trennbaren Variablen

$$y' = \frac{\mathrm{d}u}{\mathrm{d}x} = f(x) \cdot g(x)$$

Lösung durch

1. Trennung der beiden Variablen und ihrer zugehörigen Differenziale
2. Integration auf beiden Seiten

$$\int \frac{1}{g(y)} \mathrm{d}y = \int f(x) \mathrm{d}x \quad \text{(mit g(y) } \neq 0\text{)}$$

Weitere Lösung: $g(y) = 0$, d. h. $y =$ konstant

Lösung von Differenzialgleichungen durch Substitution
Einige Differenzialgleichungen sind durch Substitution lösbar:

$y' = f(ax + bx + c)$

Lösungsschritte:

1. Substitution: $u = ax + bx + c$
neue Differenzialgleichung: $u' = a + b \cdot f(u)$
2. Trennung der Variablen
3. Integration
4. Rücksubstitution

Beispiel: $$y' = \frac{2y - x}{x} = 2 \cdot \left(\frac{y}{x}\right)^{-1}$$

$$y' = f\left(\frac{y}{x}\right)$$

Lösungsschritte:

1. Substitution: $u = \frac{y}{x}$	1. $u = \frac{y}{x};\ y = xu$
neue Differenzialgleichung:	
$u' = \frac{f(u) - u}{x}$	$u' = \frac{2u - 1 - u}{x} = \frac{u - 1}{x}$
2. Trennung der Variablen	2. $\frac{\mathrm{d}u}{x - 1} = \frac{\mathrm{d}x}{x}$
3. Integration	3. führt zu: $u = Cx + 1\ (C \in R)$
4. Rücksubstitution	4. $y = xu = Cx^2 + x\ (C \in R)$

Exakte Differenzialgleichungen 1. Ordnung

$g(x;y)\,\mathrm{d}x + h(x;y)\,\mathrm{d}y = 0$ mit $\frac{\partial g}{\partial y} = \frac{\partial h}{\partial x}$

Lösung: $\int g(x;y)\mathrm{d}x + \int\left[h(x;y) - \int\frac{\partial g}{\partial y}\mathrm{d}x\right]\mathrm{d}y = \text{const} = C$

Häufig lässt sich eine nicht-exakte Differenzialgleichung 1. Ordnung durch Multiplikation mit einer geeigneten Funktion in eine exakte Differenzialgleichung überführen. Dabei muss die Funktion $\lambda = \lambda(x;y)$ die Integrabilitätsbedingung erfüllen:

$$\frac{\partial}{\partial y}[\lambda(x;y) \cdot g(x;y)] = \frac{\partial}{\partial x}[\lambda(x;y) \cdot h(x;y)]$$

Lineare Differenzialgleichungen 1. Ordnung

$y' + f(x) \cdot y = g(x)$

$g(x)$: Störfunktion
Ist $g(x) \equiv 0$, so heißt die lineare Differenzialgleichung homogen, ansonsten inhomogen.

Lösung der homogenen linearen Differenzialgleichung $y' + f(x) \cdot y = 0$:

$y = C \cdot e^{-\int f(x)\mathrm{d}x}$ mit $C \in R$

Beispiel: $y' - 2xy = 0$

Lösung: $y = C \cdot e^{x^2}$ mit $C \in R$

Lösung der inhomogenen linearen Differenzialgleichung $y' + f(x) \cdot y = g(x)$:
1. Integration der zugehörigen homogenen Differenzialgleichung (siehe oben)
2. Variation der Konstanten: Die Konstante C wird durch eine Funktion $C(x)$ ersetzt:

$$y = C(x) \cdot e^{-\int f(x)\mathrm{d}x}$$

3. Einsetzen in die inhomogene lineare Differenzialgleichung, womit man eine Lösung für $C(x)$ erhält
oder nach Schritt 1 Aufsuchen einer partikulären Lösung y_p mithilfe eines geeigneten Lösungsansatzes mit einem oder mehreren Parametern. Die allgemeine Lösung ergibt sich dann aus
$y = y_0 + y_\mathrm{p}$ wobei y_0 die Lösung der zugehörigen homogenen Differenzialgleichung ist.

Differenzialgleichungen 2. Ordnung

Lineare Differenzialgleichung 2. Ordnung mit konstanten Koeffizienten

$y'' + ay' + by = g(x)$ g(x): Störfunktion
Ist $g(x) \equiv 0$, so heißt die lineare Differenzialgleichung homogen, ansonsten inhomogen.

Die allgemeine Lösung der homogenen Differenzialgleichung ist als Linearkombination zweier linear unabhängiger Lösungen y_1 und y_2 darstellbar.

$y = C_1 y_1 + C_2 y_2$

Die Basisfunktionen y_1 und y_2 lassen sich durch den Lösungsansatz $y = \mathrm{e}^{\lambda x}$ gewinnen. Zudem hängen y_1 und y_2 noch von der charakteristischen Gleichung $\lambda^2 + a\lambda + b = 0$ ab:

1. Fall: $\lambda_1 \neq \lambda_2$ (beide reell)

$$y_1 = \mathrm{e}^{\lambda_1 x};\ y_2 = \mathrm{e}^{\lambda_2 x}$$

allgemeine Lösung: $y = C_1 \cdot \mathrm{e}^{\lambda_1 x} + C_2 \cdot \mathrm{e}^{\lambda_2 x}$

2. Fall: $\lambda_1 = \lambda_2 = \lambda$ (beide reell)

$y_1 = e^{\lambda x}$; $y_2 = x \cdot e^{\lambda x}$

allgemeine Lösung: $y = (C_1 x + C_2)e^{\lambda x}$

3. Fall: $\lambda_{\frac{1}{2}} = \alpha \pm i\omega$ (konjugiert komplex)

$y_1 = e^{\alpha x}\sin(\omega x)$; $y_2 = e^{\alpha x}\cos(\omega x)$

allgemeine Lösung:

$y = e^{\alpha x}[C_1 \sin(\omega x) + C_2 \cos(\omega x)]$

Lösung der inhomogenen Differenzialgleichung $y'' + ay' + by = g(x)$:

1. Bestimmung der allgemeinen Lösung y_0 der zugehörigen homogenen Differenzialgleichung
2. Ermittlung einer partikulären Lösung y_p der inhomogenen Differenzialgleichung
3. Berechnung der allgemeinen Lösung y der inhomogenen Differenzialgleichung aus der Summe $y = y_0 + y_p$.

1.8 Unendliche Reihen

Potenzreihen

Potenzreihen sind unendliche Reihen der Form

$$a_0 + a_1 x + a_2 x^2 + \ldots = \sum_{n=0}^{\infty} a_n x^n$$

bzw.

$$a_0 + a_1(x - x_0) + a_2(x - x_0)^2 + \ldots = \sum_{n=0}^{\infty} a_n (x - x_0)^n$$

Konvergenzbereich $I = (-r, r)$

Die Reihe konvergiert absolut für $|x| < r$, $x \in (-r, r)$.

Die Reihe divergiert für $|x| > r$, $x \in (-\infty, -r), (r, \infty)$.

Unbestimmte Aussage für die Randpunkte $x = r$ und $x = -r$

Jede Potenzreihe kann im Konvergenzbereich gliedweise differenziert bzw. integriert werden, wobei der Konvergenzbereich erhalten bleibt.

Berechnung des Konvergenzradius r der Reihe $\sum_{n=0}^{\infty} a_n x^n$

$$r = \lim_{n \to \infty} \left| \frac{a_n}{a_{n+1}} \right| \quad \text{oder} \quad r = \frac{1}{\lim\limits_{n \to \infty} \sqrt[n]{a_n}}$$

Taylor'sche Reihe

$$f(x) = f(x_0) + \frac{f'(x_0)}{1!}(x - x_0) + \frac{f''(x_0)}{2!}(x - x_0)^2 + \ldots$$

$$= \sum_{n=0}^{\infty} \frac{f^{(n)}(x_0)}{n!}(x - x_0)^n$$

x_0: Entwicklungszentrum

Voraussetzungen: $f(x)$ ist in der Umgebung von x_0 beliebig oft differenzierbar.
Geometrische Deutung: Annäherung durch Näherungsparabeln an den Grafen $y = f(x)$ im Punkt $P_0(x_0, y_0)$.

Mac Laurin'sche Reihe
Die Mac Laurin'sche Reihe ist eine spezielle Form der Taylor'schen Reihe für das Entwicklungszentrum $x_0 = 0$.

$$f(x) = f(0) + \frac{f'(0)}{1!}x + \frac{f''(0)}{2!}x^2 + \ldots = \sum_{n=0}^{\infty} \frac{f^{(n)}(0)}{n!}x^n$$

Spezielle Reihenentwicklungen
Binomische Reihe

$$(a \pm x)^n = a^n \left(1 \pm \frac{x}{a}\right)^n$$ Konvergenzbereich: $n > 0$: $|x| \le |a|$; $n < 0$: $|x| < |a|$

auch gültig für $(a \pm x)^n = a^n\left(1 \pm \frac{x}{a}\right)^n$

$$\text{z. B.}\ (1 \pm x)^{\frac{1}{4}} = 1 \pm \frac{1}{4}x - \frac{1 \cdot 3}{4 \cdot 8}x^2 \pm \frac{1 \cdot 3 \cdot 7}{4 \cdot 8 \cdot 12}x^3 - \frac{1 \cdot 3 \cdot 7 \cdot 11}{4 \cdot 8 \cdot 12 \cdot 16}x^4 \pm \ldots$$

Konvergenzbereich: $|x| \leq 1$

Reihen für Exponentialfunktionen

$$e^x = 1 + \frac{x}{1!} + \frac{x^2}{2!} + \frac{x^3}{3!} + \frac{x^4}{4!} + \ldots$$ Konvergenzbereich: $|x| < \infty$

$$a^x = 1 + \frac{\ln a}{1!}x + \frac{(\ln a)^2}{2!}x^2 + \frac{(\ln a)^3}{3!}x^3 + \ldots$$ Konvergenzbereich: $|x| < \infty$

Reihen für logarithmische Funktionen

$$\ln x = (x-1) - \frac{1}{2}(x-1)^2 + \frac{1}{3}(x-1)^3 - \frac{1}{4}(x-1)^4 + \ldots$$

Konvergenzbereich: $0 < x \leq 2$

$$\ln x = 2\left[\left(\frac{x-1}{x+1}\right) + \frac{1}{3}\left(\frac{x-1}{x+1}\right)^3 + \frac{1}{5}\left(\frac{x-1}{x+1}\right)^5 + \frac{1}{7}\left(\frac{x-1}{x+1}\right)^7 + \ldots\right]$$

Konvergenzbereich: $x > 0$

$$\ln(1+x) = x - \frac{x^2}{2} + \frac{x^3}{3} + \frac{x^4}{4} + \ldots$$ Konvergenzbereich: $-1 < x \leq 1$

Reihen für trigonometrische Funktionen

$$\sin x = x - \frac{x^3}{3!} + \frac{x^5}{5!} - \frac{x^7}{7!} + \ldots$$ Konvergenzbereich: $|x| < \infty$

$$\cos x = 1 - \frac{x^2}{2!} + \frac{x^4}{4!} - \frac{x^6}{6!} + \ldots$$ Konvergenzbereich: $|x| < \infty$

$$\tan x = x + \frac{1}{3}x^3 + \frac{2}{15}x^5 + \frac{17}{315}x^7 + \frac{62}{2835}x^9 + \ldots$$

Konvergenzbereich: $|x| < \frac{\pi}{2}$

$$\cot x = \frac{1}{x} - \frac{1}{3}x - \frac{1}{45}x^3 - \frac{2}{945}x^5 - \ldots$$ Konvergenzbereich: $0 < |x| < \pi$

Fourierreihe

Bei vielen Problemen der Mathematik und der Physik ist es erforderlich, eine periodische Funktion $f(x)$ mit der Periode $p = 2\pi$ in eine trigonometrische Reihe der Form

$$f(x) = \frac{a_0}{2} + \sum_{n=1}^{\infty} [a_n \cdot \cos(nx) + b_n \cdot \sin(nx)]$$

zu entwickeln. Eine Reihe dieser Form heißt Fourierreihe. Die Entwicklung einer Funktion in ihre Fourierreihe bezeichnet man als Fourieranalyse oder harmonische Analyse einer Reihe.

a_0, a_n, b_n bezeichnet man als Fourierkoeffizienten.

Berechnung der Fourierkoeffizienten:

$$a_0 = \frac{1}{\pi} \cdot \int_0^{2\pi} f(x)\mathrm{d}x$$

$$a_n = \frac{1}{\pi} \cdot \int_0^{2\pi} f(x) \cdot \cos(nx)\mathrm{d}x \qquad n \in \mathrm{N}$$

$$b_n = \frac{1}{\pi} \cdot \int_0^{2\pi} f(x) \cdot \sin(nx)\mathrm{d}x \qquad n \in \mathrm{N}$$

Voraussetzungen für eine Fourieranalyse

Das Periodenintervall lässt sich in endlich viele Teilintervalle zerlegen, in denen die Funktion $f(x)$ stetig und monoton ist. Besitzt die Funktion Unstetigkeitsstellen, so existiert in ihnen sowohl der rechts- als auch der linksseitige Grenzwert (Dirichlet'sche Bedingungen).

Ist entweder $a_n = 0$ oder $b_n = 0$, so ist $f(x)$ eine ungerade bzw. eine gerade Funktion:

Die Funktion $f(x)$ ist eine ungerade Funktion:

$$f(x) = \sum_{n=1}^{\infty} b_n \cdot \sin(nx) \qquad (a_n = 0)$$

Die Funktion $f(x)$ ist eine gerade Funktion:

$$f(x) = \frac{a_0}{2} + \sum_{n=1}^{\infty} a_n \cdot \cos(nx) \qquad (b_n = 0)$$

Häufig wird die Fourieranalyse (harmonische Analyse) auf nicht sinusförmige Schwingungen angewandt. Die nicht sinusförmige Schwingung $y(t)$ mit der Kreisfrequenz ω_0 und der Periodendauer (Schwingungsdauer) $T = \frac{2\pi}{\omega_0}$ lässt sich nach Fourier folgendermaßen zerlegen:

$$y(t) = \frac{a_0}{2} + \sum_{n=1}^{\infty} [a_n \cdot \cos(n\omega_0 t) + b_n \cdot \sin(n\omega_0 t)]$$

ω_0: Kreisfrequenz der Grundschwingung

$n\omega_0$: Kreisfrequenzen der harmonischen Oberschwingungen

Die Fourierkoeffizienten werden wie folgt berechnet:

$$a_0 = \frac{2}{T} \cdot \int_{(T)} y(t) \mathrm{d}t$$

$$a_n = \frac{2}{T} \cdot \int_{(T)} y(t) \cdot \cos(n\omega_0 t) \mathrm{d}t \qquad n \in \mathrm{N}$$

$$b_n = \frac{2}{T} \cdot \int_{(T)} y(t) \cdot \sin(n\omega_0 t) \mathrm{d}t \qquad n \in \mathrm{N}$$

Die Integration erfolgt jeweils über ein beliebiges Periodenintervall der Länge T.

1.9 Fehlerrechnung

Messungen unterliegen zufälligen oder statistischen Fehlern.
Meist ergibt sich für die Messwerte einer Messreihe die Gauß'sche Normalverteilung:

$$\varphi(x) = \frac{1}{\sqrt{2\pi}\sigma} \cdot e^{-\frac{1}{2}\left(\frac{x-\mu}{\sigma}\right)^2}$$

μ: Mittelwert (Erwartungswert)
σ: Standardabweichung
σ^2: Varianz

Bei einer statistischen Verteilung der Messwerte liegen (bei hinreichend vielen Messungen) 68 % der Werte zwischen $x = \bar{x} - s$ und $x = \bar{x} + s$, 95,5 % zwischen $x = \bar{x} - 2s$ und $x = \bar{x} + 2s$, 99,7 % der Werte zwischen $x = \bar{x} - 3s$ und $x = \bar{x} + 3s$.

Mittelwert, Standardabweichung, relativer Fehler

$$\bar{x} = \frac{\sum_{i=1}^{n} x_i}{n}$$

x_i: Messwerte der Einzelmessungen

$\bar{x}$: Mittelwert einer Messreihe

$$s = \frac{1}{n-1}\sqrt{\sum_{i=1}^{n}(x_i - \bar{x})^2}$$

s: Standardabweichung (mittlerer quadratischer Fehler der Einzelmessung)

$$\Delta x = \frac{1}{n(n-1)}\sqrt{\sum_{i=1}^{n}(x_i - \bar{x})^2}$$

Δx: Standardabweichung des Mittelwerts (mittlerer quadratischer Fehler des Mittelwerts)

$\frac{s}{\bar{x}}$ relativer Fehler der Einzelmessung

$\frac{\Delta x}{\bar{x}}$ relativer Fehler des Mittelwerts

Darstellung des Messergebnisses

$$x = \bar{x} \pm \Delta x$$

oder

$$x = \bar{x} \pm \frac{\Delta x}{x}$$

Fehlerrechnung für eine Funktion von zwei unabhängigen Variablen

Gauß'sches Fehlerfortpflanzungsgesetz

Gegeben: Messergebnisse der direkt gemessenen Größen:

$x = \bar{x} \pm \Delta x$ $\qquad$ $y = \bar{y} \pm \Delta y$

Für die Größe $z = f(x;y)$ gilt:

$\bar{z} = f(\bar{x};\bar{y})$ $\qquad$ $\bar{z}$: Mittelwert

Beispiel: Rechteckfläche A; Seitenlängen l und b des Rechtecks

$$\bar{A} = \bar{l} \cdot \bar{b}$$

$$\Delta z = \sqrt{\left(\frac{\partial f(\bar{x};\bar{y})}{\partial x} \cdot \Delta x\right)^2 + \left(\frac{\partial f(\bar{x};\bar{y})}{\partial x} \cdot \Delta y\right)^2}$$

Δz: Standardabweichung des Mittelwerts

Darstellung des Messergebnisses

$z = \bar{z} \pm \Delta z$ oder $z = \bar{z} \pm \frac{\Delta z}{z}$

2. Physik

2.1 Physikalische Größen und Einheiten

Physikalische Größen

Alle Aussagen der Physik beruhen auf Messungen. Die zu messende Größe muss sich sowohl qualitativ zuordnen lassen, z. B. eine Länge oder Masse sein, als auch quantitativ vergleichbar sein, z. B. A ist doppelt so lang, besitzt ein Drittel der Masse wie B. Physikalische Größen sind messbare Eigenschaften von physikalischen Objekten, Vorgängen oder Zuständen. Die Platzhalter für physikalische Größen nennt man Formelzeichen. Diese sind, ähnlich wie die Variablen aus der Mathematik, durch große und kleine lateinische Buchstaben in kursiver Schreibweise, gelegentlich auch in griechischen Buchstaben angegeben.

Beispiele: Die Aussage „Eine Strecke ist 20 m lang" wird geschrieben: $s = 20$ m, wobei „s" das Größenzeichen und „20 m" die Größe ist.

Die Aussage „Die Geschwindigkeit beträgt 30 $\frac{\text{km}}{\text{h}}$" wird geschrieben: $v = 30\,\frac{\text{km}}{\text{h}}$, wobei „$v$" das Größenzeichen und der Messwert „$30\frac{\text{km}}{\text{h}}$" die physikalische Größe ist.

Einheiten

Eine Einheit ist eine aus der Menge von gleichartigen Größen durch bestimmte Festlegungen ausgewählte Größe. Sie hat den Zahlenwert 1. Ist a eine physikalische Größe, so gibt man ihre Einheit durch das Symbol $[a]$ an.

Beispiele: Die Einheit von Längengrößen ist z. B. 1 m oder 1 mm.

Die Einheit von Geschwindigkeiten ist z. B. 1 $\frac{\text{m}}{\text{s}}$ oder 1 $\frac{\text{km}}{\text{h}}$.

Alle Einheiten der Physik lassen sich auf die Einheiten von sieben Grundgrößen zurückführen. Die heute gebräuchlichen Grundgrößen sind die SI-Basisgrößen. Diese Einheiten wurden in den Jahren 1960 und 1971 mit dem Internationalen Einheitensystem (Système International d'Unités) beschlossen.

SI-Basiseinheiten:
(In Klammern stehen jeweils die Zeichen der Einheiten.)

1 Meter (1 m) ist die Länge der Strecke, die Licht im Vakuum während der Dauer von $\frac{1}{299\,792\,458}$ Sekunden durchläuft.

1 Kilogramm (1 kg) ist die Masse des internationalen Kilogrammprototyps aus Platin-Iridium in Paris.

1 Sekunde (1 s) ist das 9.192.631.770fache der Periodendauer der dem Übergang zwischen den beiden Hyperfeinstrukturniveaus des Grundzustandes von Atomen des Nuklids ^{133}Cs entsprechenden Strahlung.

1 Ampere (1 A) ist die Stärke eines zeitlich unveränderlichen elektrischen Stromes, der, durch zwei im Vakuum parallel im Abstand 1 m voneinander angeordnete, geradlinige, unendlich lange Leiter von vernachlässigbar kleinem, kreisförmigem Querschnitt fließend, zwischen diesen Leitern pro 1 m Leiterlänge die Kraft $2 \cdot 10^{-7}\,N$ hervorrufen würde.

1 Kelvin (1 K) ist der 273,16te Teil der thermodynamischen Temperatur des Tripelpunktes des Wassers.

1 Mol (1 mol) ist die Stoffmenge eines Systems, das aus ebenso viel Einzelteilchen besteht, wie Atome in 12 g des Kohlenstoffnuklids ^{12}C enthalten sind. Präzisionswert: 1 mol enthält $6,022 \cdot 10^{23}$ Teilchen. Bei Verwendung des Mol müssen die Einzelteilchen des Systems spezifiziert sein und können Atome, Moleküle, Ionen, Elektronen sowie andere Teilchen oder Gruppen solcher Teilchen genau angebbarer Zusammensetzung sein.

1 Candela (1 cd) ist die Lichtstärke, mit der $\frac{1}{600\,000}\,m^2$ der Oberfläche eines schwarzen Strahlers bei der Temperatur des beim Druck 101 325 Pa erstarrenden Platins senkrecht zu seiner Oberfläche leuchtet.

Alle anderen SI-Einheiten, wie 1 N, 1 Pa, 1 J, usw. sind aus den Basiseinheiten abgeleitet.

Aus allen Einheiten lassen sich nach dem Dezimalsystem durch Voransetzen bestimmter Vorsilben größere und kleinere Einheiten bilden.

Vorsätze			Vorsätze		
Name	Faktor	Vorsatz-zeichen	Name	Faktor	Vorsatz-zeichen
Deci	10^{-1}	d	Deka	10^{1}	da
Zenti	10^{-21}	c	Hekto	10^{2}	h
Milli	10^{-3}	m	Kilo	10^{3}	k
Mikro	10^{-6}	µ	Mega	10^{6}	M
Nano	10^{-9}	n	Giga	10^{9}	G
Piko	10^{-12}	p	Tera	10^{12}	T
Femto	10^{-15}	f	Peta	10^{15}	P
Atto	10^{-18}	a	Exa	10^{18}	E

Zahlenwert einer Größe
Eine physikalische Größe stellt sich als Produkt aus einem reinen Zahlenwert und einer Einheit dar.

Physikalische Größe: Größe = Zahlenwert mal Einheit

$$a = \{a\} \cdot [a]$$

Der Zahlenwert ist die Zahl, mit der man die Einheit vervielfachen muss, um die Größe zu erhalten.

Zahlenwerte einer variablen Größe lassen sich demnach auch allgemein ausdrücken, z.B. $\{s\} = \frac{s}{1\ \text{m}}$, $\{v\} = \frac{v}{1\frac{\text{m}}{\text{s}}}$, usw. Derartige Zeichen werden oft als Achsenbezeichnungen bei Diagrammen oder bei Tabellen verwendet.

Eine physikalische Größe ändert sich bei einem Wechsel der Einheit nicht, sie ist invariant gegenüber einem Wechsel der Einheit.

Beispiel: Die Größe 0,6 m hat den Zahlenwert 0,6 und die Einheit 1 m. Geht man zur 1000-mal kleineren Einheit 1 mm über, so muss der Zahlenwert mit 1000 vervielfacht werden, um dieselbe messbare Eigenschaft zu erhalten:

$$0,6 \text{ m} = 1000 \cdot 0,6 \text{ mm} = 600 \text{ mm}.$$

Rechnen mit physikalischen Größen

Die Beziehungen zwischen physikalischen Größen schreibt man als mathematische Gleichungen ihrer Formelzeichen und setzt dann die quantitativen Angaben ein (siehe Größengleichungen).

Addition und Subtraktion

Physikalische Größen lassen sich nur dann addieren bzw. subtrahieren, wenn sie gleicher Qualität sind. Im einfachsten Fall sind die Einheiten gleich, dann addieren bzw. subtrahieren sich die Zahlenwerte und die gemeinsame Einheit wird beibehalten. Bei unterschiedlichen Einheiten rechnet man die zu verrechnenden Größen zuvor in eine gemeinsame Einheit um. Nur in seltenen Fällen gibt man das Ergebnis in gemischten Einheiten an.

Beispiel: Gemessen wurden die Längen a, b, c dreier Teilstücke (a = 3,00 m; b = 54 cm; c = 200 mm. Berechnet werden soll die Gesamtlänge l.

$l = a + b + c$ = 3,00 m + 54 cm + 200 mm = 3,00 m + 0,54 m + 0,20 m = 3,74 m = 3 m 74 cm

Multiplikation einer Größe mit einer Zahl

Eine Größe multipliziert man mit einer Zahl, indem man den Zahlenwert der Größe mit der Zahl multipliziert und dieselbe Einheit beibehält. Ist a eine Größe und c eine reelle Zahl, so gilt: $c \cdot \{a\} \cdot [a] = \{ca\} \cdot [a]$

Beispiel: 3 · 20 km = 60 km

Multiplikation von zwei Größen

Zwei beliebige Größen lassen sich stets miteinander multiplizieren, wobei allerdings geprüft werden muss, ob das entstehende Produkt einen physikalischen Sinn hat. Das Ergebnis ist wieder eine physikalische Größe, deren Zahlenwert das Produkt der Zahlenwerte ist und deren Einheit aus dem Produkt der Einheiten gebildet wird. Sind a und b zwei beliebige Größen, dann gilt also:

Multiplikation von Größen: $a \cdot b = \{a\}\,[a] \cdot \{b\}\,[b] = \{a\,b\} \cdot [a\,b]$

Beispiele: $F = 25\text{ N}$, $s = 2{,}0\text{ m}$, $F \cdot s = 25\text{ N} \cdot 2{,}0\text{ m} = 50\text{ Nm}$
$m = 2{,}2\text{ kg}$, $U = 10\text{ V}$, $m \cdot U = 2{,}2\text{ kg} \cdot 10\text{ V} = 22\text{ kgV}$
Das Produkt $m \cdot U$ lässt sich zwar bilden, ist jedoch in der Physik nicht definiert.

Division von zwei Größen

Zwei beliebige Größen lassen sich stets durcheinander dividieren, wenn der Zahlenwert des Nenners nicht null ist. Nicht immer hat das Ergebnis der Division einen physikalischen Sinn.

Division von Größen: $\frac{a}{b} = \frac{\{a\} \cdot [a]}{\{b\} \cdot [b]} = \left\{\frac{a}{b}\right\} \cdot \left[\frac{a}{b}\right]$

Beispiele: $W = 20\text{ VAs}$, $Q = 0{,}1\text{ As}$, $\frac{W}{Q} = \frac{20\text{ VAs}}{0{,}1\text{ As}} = 200\text{ V}$

$F = 20\text{ N}$, $s = 3{,}0\text{ m}$, $t = 10\text{ s}$, $\frac{F \cdot s}{t} = \frac{20\text{ N} \cdot 3\text{ m}}{10\text{ s}} = 6\frac{\text{Nm}}{\text{s}}$

Gleiche Einheitenzeichen können dabei „gekürzt“ werden.

Größengleichungen

Physikalische Größengleichungen (Formeln) sind Gleichungen, in denen die Variablen als Größenzeichen bzw. Platzhalter für physikalische Größen stehen, soweit sie nicht als mathematische Zahlzeichen erklärt sind.

Mit physikalischen Größengleichungen lässt sich der zahlenmäßige Zusammenhang in einem physikalischen Gesetz mathematisch ausdrücken.
Gleichungen, in denen entweder nur feste Größen oder feste Größen und Größenzeichen vorkommen, nennt man spezielle Größengleichungen.

Beispiele: $R = \frac{U}{I}$ ist eine Größengleichung (oder Formel), aber $R = \frac{20\text{ V}}{2\text{A}}$ ist eine spezielle Größengleichung. $P = \frac{F \cdot s}{t}$ ist eine Größengleichung. $1\text{ km} = 1000\text{ m}$ ist eine spezielle Größengleichung.

Vektorielle Größen in der Physik

Definitionen

Es gibt Größen, die durch Angabe eines Zahlenwertes und einer Einheit vollständig beschrieben sind. Sie heißen Skalare. Größen, die zu ihrer eindeutigen Festlegung neben Zahlenwert und Einheit auch noch die Angabe einer Richtung erfordern, nennt man vektorielle Größen oder kurz Vektoren.

Beispiele: Skalare Größen sind z. B. $20\ \text{dm}^3$, 2,5 kW, 5,4 min, 30 V ...
Kraftgrößen, Geschwindigkeiten, elektrische Feldstärken, usw. sind vektorielle Größen.

Vektorielle Größen werden mit Kursivbuchstaben und darüber gesetztem Pfeil bezeichnet, zum Unterschied zu den Skalaren, für die Kursivbuchstaben ohne Pfeil verwendet werden.

Das Produkt aus dem nichtnegativen Zahlenwert und der Einheit einer vektoriellen Größe wird Betrag genannt. Den Betrag einer vektoriellen Größe $\vec{a}$ bezeichnet man mit $|\vec{a}|$ oder auch mit a, er ist ein Skalar.

Beispiele: $|\vec{F}| = 10\ \text{N},\ |\vec{E}| = 750\ \frac{\text{V}}{\text{m}},\ v = 30\ \frac{\text{km}}{\text{h}}$

Darstellung von vektoriellen Größen

Vektorielle Größen mit Richtungsangabe lassen sich in Orientierungszeichnungen darstellen und zwar als Vektorpfeile, die alle nötigen Angaben enthalten:

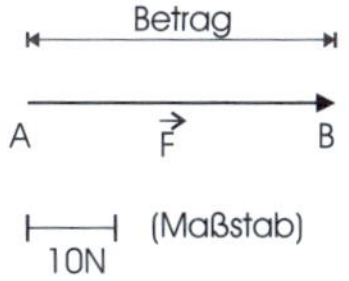

A ist der Ausgangspunkt oder Angriffspunkt des Pfeils, *B* ist der Zielpunkt. Die Länge des Pfeils ist ein Maß für den Betrag der vektoriellen Größe. Die Zeichnung muss einen Maßstab enthalten, aus dem hervorgeht, welcher Größe die Längeneinheit entspricht. Die Pfeilspitze deutet an, dass der Pfeil von *A* nach *B* gerichtet ist, dadurch ist die Richtung der vektoriellen Größe zum Ausdruck gebracht.

Bei vielen physikalischen Problemen treten nur Vektoren entlang einer Geraden auf. In diesen Fällen ist die Darstellung einfacher. Man führt eine Zählrichtung ein und setzt $-a$, wenn der Vektor $\vec{a}$ gegen die Zählrichtung zeigt und $+a$, wenn der Vektor $\vec{a}$ in Zählrichtung zeigt.

Beispiel:

Hier zählt man den Betrag von $\vec{a}$ negativ ($-a$), den von $\vec{b}$ positiv ($+b$).

Anmerkungen

In der Mathematik wird der Begriff „Vektor“ anders definiert. Ein Vektor ist hier die Bezeichnung für eine Äquivalenzklasse von gleich langen, gleich gerichteten Pfeilen. Einen Pfeil daraus wählt man als Repräsentanten, er ist im Raum beliebig parallel verschiebbar. Für die vektoriellen Größen gelten dieselben Regeln wie für Vektoren.

2.2 Kinematik (Bewegungslehre)

Um die Bewegungen starrer Körper einfach beschreiben zu können, bedient man sich der Modellvorstellung des „Massenpunktes“: Anstatt jedes einzelne Teilchen eines Körpers zu berücksichtigen, denkt man sich die Masse des Körpers im Massenmittelpunkt zusammengefasst. Diese Modellvorstellung kann man der Beschreibung einer Bewegung nur dann zugrunde legen, wenn man von Form, Größe und Drehungen absieht und nur die fortschreitende Bewegung des Körpers betrachtet.

Geradlinige Bewegungen

Geradlinige Bewegungen werden mit den Größen zurückgelegter Weg $\vec{s}$, benötigte Zeit t, Geschwindigkeit $\vec{v}$ und Beschleunigung $\vec{a}$ vollständig beschrieben.

Für deren Beträge gilt:

$$s = s(t)*$$

$$s = \int v \, \mathrm{d}t$$

$$\bar{v} = \frac{s_2 - s_1}{t_2 - t_1} = \frac{\Delta s}{\Delta t}$$

$$v_M = \frac{\mathrm{d}s}{\mathrm{d}t} = \dot{s}$$

s:	zurückgelegter Weg
v:	Geschwindigkeit
t:	Zeit
$\bar{v}$:	mittlere Geschwindigkeit
v_M:	Momentangeschwindigkeit
a:	Beschleunigung
$\bar{a}$:	mittlere Beschleunigung
a_M:	momentane Beschleunigung

$$v_M = \int a \, dt$$

$$\bar{a} = \frac{v_2 - v_1}{t_2 - t_1} = \frac{\Delta v}{\Delta t}$$

$$a_M = \frac{dv}{dt} = \dot{v}$$

**Anmerkung:* Um die Gleichungen übersichtlicher zu gestalten, werden im weiteren Text die von der Zeit abhängigen Größen nicht als Funktionen der Zeit geschrieben.

Gleichförmig geradlinige Bewegung

$\vec{v}$ ist zu jedem Zeitpunkt konstant.
Für beliebig große Weg- und Zeitabschnitte gilt:

$\Delta s \sim \Delta t$

Die Momentangeschwindigkeit ist gleich der Durchschnittsgeschwindigkeit.

$$v = v_M = \bar{v} = \frac{\Delta s}{\Delta t}$$

$s = v \cdot \Delta t + s_0$ — s_0: Anfangsweg (Weg, der bereits zu Beginn der Bewegung zurückgelegt worden war)
$v = \text{const}$
$a = 0$

Gleichmäßig beschleunigte Bewegung

Die Beschleunigung $\vec{a}$ ist während der Bewegung konstant.

Es gilt: $\Delta v \sim \Delta t$ — Die Geschwindigkeit ändert sich proportional zur Zeit.
Momentangeschwindigkeit und Durchschnittsgeschwindigkeit sind nicht gleich groß: $v_M \neq v$.

$a = a_M = \bar{a} = \frac{\Delta v}{\Delta t}$ — mittlere Beschleunigung = momentane Beschleunigung

Für Weg, Geschwindigkeit und Beschleunigung gilt:

$s = \frac{1}{2}a \cdot t^2 + v_0 \cdot t + s_0$ — v_0: Anfangsgeschwindigkeit

$s = \frac{1}{2}a \cdot t^2$, wenn $v_0 = 0$ und $s_0 = 0$ s_0: Anfangsweg

$v = a \cdot t + v_0$

$a = \text{const}$

Bremsbewegung

Während Geschwindigkeitszunahmen meist positiv gezählt werden (+ a), werden Verzögerungen meist negativ gezählt (– a).

$v_M = v_0 - at$ v_M: momentane Geschwindigkeit

$s = v_0 \cdot t - \frac{1}{2}a\,t^2 + s_0$ s: zurückgelegter Weg

Abbremsen auf Stillstand ($v_{End} = 0$):

$t = \frac{v_0}{a}$ t: Dauer des Bremsvorgangs

$s = \frac{1}{2}\frac{v_0^2}{a}$ s: Bremsweg

Freier Fall

Unter dem freien Fall versteht man die Fallbewegung eines Körpers, auf den nur seine Gewichtskraft wirkt. Die Fallbeschleunigung ist $a = g$, es handelt sich um eine gleichmäßig beschleunigte Bewegung.

$s = h_0 - \frac{1}{2}g \cdot t^2$ h_0: Anfangshöhe

$v_M = g \cdot t$ g: Fallbeschleunigung – in unseren Breiten gilt: $g = 9{,}81\ \frac{\text{m}}{\text{s}^2}$

Wurfbewegungen

Würfe können (näherungsweise) als ungestörte Überlagerung der Fallbewegung und der Anfangsbewegung betrachtet werden.

Senkrechter Wurf

Senkrechter Wurf nach oben

$$s = h_0 + v_0 \cdot t - \frac{1}{2} g \cdot t^2$$

$$v_M = v_0 - g \cdot t$$

$$s_m = \frac{v_0^2}{2g}$$

$$t_m = \frac{v_0}{g}$$

s: momentane Steighöhe
h_0 : Abwurfhöhe
v_0 : Abwurfgeschwindigkeit
s_m : maximale Steighöhe
t_m : maximale Steigzeit

Senkrechter Wurf nach unten

$$s = h_0 - v_0 \cdot t - \frac{1}{2} g \cdot t^2$$

$$v_M = v_0 + g \cdot t$$

v_0: Abwurfgeschwindigkeit (nach unten)

Waagrechter Wurf und schräger Wurf

Senkrechte Anteile werden mit dem Index *y*, waagerechte Anteile mit dem Index *x* gekennzeichnet.

Waagrechter Wurf

$$s_y = \frac{g}{2 v_0^2} s_x^2$$

$$s_x = v_0 \cdot \mathrm{t} = v_0 \cdot \sqrt{\frac{2h}{g}}$$

$$s_y = \frac{g \cdot t^2}{2}$$

$$v_M = \sqrt{v_0^2 + g^2 t^2}$$

$$\tan\alpha = \frac{g \cdot t}{v_0}$$

(Wurfparabel)
s_y : Fallhöhe
s_x : Wurfweite
v_M : Momentangeschwindigkeit
α: Winkel zwischen Horizontale und Richtung der Momentangeschwindigkeit

Schräger Wurf

$$s_y = s_x \tan\alpha - \frac{g}{2v_0^2 \cos^2\alpha} s_x^2$$

$$s_x = v_0 t \cos\alpha$$

$$s_y = v_0 \cdot t \cdot \sin\alpha - \frac{g \cdot t^2}{2}$$

$$s_{ym} = \frac{v_0^2 \sin^2\alpha}{2g}$$

$$s_{xm} = \frac{v_0^2 \sin 2\alpha}{g}$$

$$t_m = \frac{v_0 \sin\alpha}{g}$$

α: Abwurfwinkel gegen die Horizontale
v_0 : Abwurfgeschwindigkeit
s_{ym}: maximale Steighöhe
s_{xm}: maximale Wurfweite
t_m: Steigzeit
t_{ges}: Wurfdauer

$$t_{ges} = \sqrt{v_0^2 - 2g \cdot h}$$

$$v_M = \sqrt{v_0^2 - 2gh}$$

Gleichförmige Kreisbewegung

Der sich auf einer Kreisbahn bewegende Massenpunkt wird stets zum Kreismittelpunkt beschleunigt. Der Betrag dieser Zentripetalbeschleunigung ist konstant.

Charakteristische Größen der Kreisbewegung

$$\varphi = \frac{s}{r}$$

$$f = \frac{N}{t}$$

$$n = \frac{N}{t}$$

$$T = \frac{1}{f} = \frac{1}{n}$$

$$\varphi = 2\pi N$$

φ: Drehwinkel (im Bogenmaß)
s: Weg auf dem Kreisbogen
r: Radius
f: Umlauffrequenz
N: Anzahl der Umläufe
t: benötigte Zeit
n: Drehzahl
T: Umlaufdauer
ω: Kreisfrequenz (Winkelfrequenz)

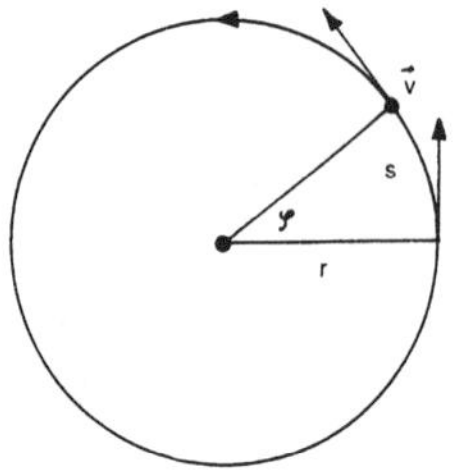

$$\omega = 2\pi f = \frac{2\pi}{T}$$

$$\omega = \frac{d\varphi}{dt} = \dot{\varphi}$$

2.3 Dynamik

Die Dynamik beschreibt den Zusammenhang zwischen Kräften und den durch sie verursachten Bewegungen. Grundlage der Dynamik ist das 2. Newton'sche Axiom (dynamisches Grundgesetz).

Newton'sche Axiome

1. Axiom (Trägheitsaxiom): Jeder Körper behält seine Geschwindigkeit nach Betrag und Richtung bei, wenn keine Kraft auf ihn einwirkt.

2. Axiom (dynamisches Grundgesetz): Die Beschleunigung $\vec{a}$ eines Körpers ist der auf ihn einwirkenden Kraft $\vec{F}$ proportional und erfolgt in die Richtung der Kraft.

$\vec{F} = m \cdot \vec{a}$

Das 2. Axiom besagt, dass nur Kräfte die Ursache von Beschleunigungen sein können. Aus der Formel des 2. Axioms leitet sich die SI-Einheit der Kraft ab: $[F] = 1\ \text{kg} \cdot 1\frac{\text{m}}{\text{s}^2} = 1\frac{\text{kgm}}{\text{s}^2} = 1\ \text{N}$

3. Axiom (Wechselwirkungsprinzip): Übt ein Körper *A* auf einen Körper *B* eine Kraft $\vec{F_1}$ aus, so übt der Körper *B* auf den Körper *A* eine Kraft $\vec{F_2}$ aus, deren Betrag gleich dem von $\vec{F_1}$ und deren Richtung entgegengesetzt zu dieser ist.

$\vec{F_1} = -\vec{F_2}$

$F_1 = F_2$

Kräfte treten also immer paarweise auf. $\vec{F_1}$ bezeichnet man als Kraft (actio), $\vec{F_2}$ als Gegenkraft (reactio).

Translation

Impuls

$\vec{p} = m \cdot \vec{v}$

$\vec{p}$: Impuls

m: Masse des Körpers

$\vec{v}$: Geschwindigkeit

$\overrightarrow{\Delta p} = F \cdot \Delta t = \int \vec{F}\, \mathrm{d}t$

$\vec{p}$: Impulsänderung

$\vec{F}$: auf den Körper einwirkende Kraft

t: Einwirkdauer der Kraft

$\vec{F} \cdot \Delta t$: Kraftstoß

Impulserhaltungssatz

Die Summe der Impulse bleibt in einem abgeschlossenen System konstant (abgeschlossenes System: es wirken keine äußeren Kräfte).

$\sum \vec{p}_\mathrm{i} = \text{konstant}$

$\vec{p}_\mathrm{i}$: Impulse sämtlicher Körper im abgeschlossenen System

Stöße

Gerader zentraler elastischer Stoß zweier Körper

Zwei Körper der Massen m_1 und m_2 bewegen sich mit den Geschwindigkeiten $\vec{v}_1$ und $\vec{v}_2$ aufeinander zu.

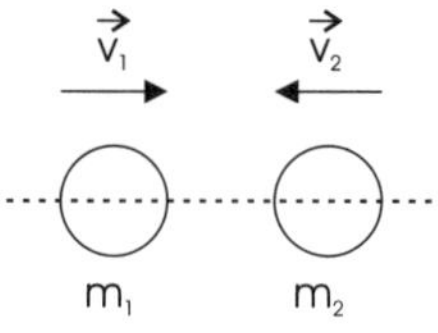

$\vec{p}_1, \vec{v}_1, \vec{p}_2, \vec{v}_2$: Impulse und Geschwindigkeiten der beiden Körper vor dem Stoß

$\vec{p}_1{}', \vec{v}_1{}', \vec{p}_2{}', \vec{v}_2{}'$: Impulse und Geschwindigkeiten der beiden Körper nach dem Stoß

Es gelten der Impulserhaltungssatz und der Energieerhaltungssatz.

Impulserhaltungssatz:

$$\vec{p_1} + \vec{p_2} = \vec{p_1}' + \vec{p_2}'$$

$$m_1 \cdot v_1 + m_2 \cdot v_2 = m_1 \cdot v_1' + m_2 \cdot v_2'$$

Energieerhaltungssatz:

$$\frac{1}{2}m_1 v_1^2 + \frac{1}{2}m_2 v_2^2 = \frac{1}{2}m_1 v_1'^2 + \frac{1}{2}m_2 v_2'^2$$

$$v_1' = \frac{2m_2 v_2 + (m_1 - m_2)v_1}{m_1 + m_2}$$

$$v_2' = \frac{2m_1 v_1 + (m_2 - m_1)v_2}{m_1 + m_2}$$

Geschwindigkeiten entgegengesetzter Richtungen bekommen entgegengesetzte Vorzeichen, meist werden Geschwindigkeiten nach rechts positiv gerechnet, Geschwindigkeiten nach links negativ.

Sonderfälle:

$m_1 = m_2$: $v_1' = v_2$ und $v_2' = v_1$

$m_1 = m_2, v_2 = 0$: $v_1' = 0$ und $v_2' = v_1$

$m_1 << m_2, v_2 = 0$: $v_1' \approx -v_1$ und $v_2' \approx 0$ (elastischer Ball fliegt gegen eine Wand)

Gerader zentraler voll unelastischer Stoß zweier Körper

Nach dem Stoß bewegen sich die Körper gemeinsam weiter.

Impulserhaltungssatz:

$$m_1 \cdot v_1 + m_2 \cdot v_2 = (m_1 + m_2) \cdot v'$$

$$v' = \frac{m_1 \cdot v_1 + m_2 \cdot v_2}{m_1 + m_2}$$

v': Geschwindigkeit der beiden Körper nach dem Stoß

Sonderfall:

$m_1 = m_2$ und $\vec{v_1} = -\vec{v_2}$: $v' = 0$

Für unelastische Stöße gilt der Energieerhaltungssatz nicht, kinetische Energie geht verloren.

$$\Delta E_{\mathrm{kin}} = \frac{m_1 \cdot m_2}{2(m_1 + m_2)}(v_1 - v_2)^2$$

ΔE_{kin}: Verlust an kinetischer Energie

Arbeit

$$W = \int_1^2 \vec{F} \mathrm{d}\vec{s}$$

W: Arbeit
F: Kraft längs des Weges s
s: Weg von Punkt 1 nach Punkt 2

für geradlinige Wege und konstante Kräfte:

$W = F \cdot s \cdot \cos\alpha$ — α: Winkel zwischen Weg- und Kraftrichtung

$W = F_{\mathrm{s}} \cdot \mathrm{s}$ — F_{s}: in Richtung des Weges wirkende Kraft

Hubarbeit

$$W_{\mathrm{hub}} = G \cdot h = m \cdot g \cdot h$$

m: Masse des Körpers
g: Fallbeschleunigung (Ortsfaktor)
h: Hubhöhe

Reibungsarbeit (Verschiebearbeit)

$$W_{\mathrm{R}} = \mu \cdot F_{\mathrm{N}} \cdot s$$

μ: Reibungszahl
F_{N}: Normalkraft

Spannarbeit

$$W_{\mathrm{Sp}} = \frac{1}{2} \cdot D \cdot s^2$$

D: Federkonstante
s: Länge, um die die Feder gedehnt wurde

Beschleunigungsarbeit (aus der Ruhe)

$$W_{\mathrm{B}} = \frac{1}{2} m \cdot v^2$$

v: Endgeschwindigkeit

Energie

Energie ist das Arbeitsvermögen eines Körpers.

Die Energie lässt sich durch dieselben Formeln wie die für die Arbeit berechnen, auch die Energieeinheit ist gleich der SI-Einheit für die Arbeit.
Je nach Art der vorher aufgewandten Arbeit unterscheidet man in der Dynamik folgende Arten der Energie:

Potenzielle Energie (Lageenergie): Sie ist die im Körper gespeicherte Hubarbeit oder Spannarbeit. In beiden Fällen ist die Lage des Körpers auf ein energiereicheres Niveau gebracht worden.
Kinetische Energie (Bewegungsenergie): Sie ist die im Körper gespeicherte Beschleunigungsarbeit oder die Arbeitsfähigkeit des bewegten Körpers.

Wird an einem Körper Reibungsarbeit verrichtet, so sinkt sein mechanisches Arbeitsvermögen. Dafür erhöht sich seine innere Energie. (Diese gehört nicht zu den mechanischen Energiearten.)

Allgemeiner Energieerhaltungssatz

$\sum_i E_\mathrm{i} = \text{konstant}$

In einem abgeschlossenen System bleibt die Summe der Energien erhalten. Abgeschlossene Systeme sind Systeme von Körpern, die keine Energie nach außen abgeben und denen keine Energie von außen zugeführt wird.

Leistung

$$P = \frac{\mathrm{d}W}{\mathrm{d}t} = \dot{W}$$

P: Leistung
W: Arbeit
t: betrachtete Zeitspanne, in der die Arbeit verrichtet wurde

Sonderfall:
$P = F \cdot v$

F: Kraft, mit der ein Körper der Geschwindigkeit v bewegt wird.

Wirkungsgrad

$$\eta = \frac{P_\mathrm{ab}}{P_\mathrm{zu}}$$

η: Wirkungsgrad
P_ab, P_zu: zugeführte bzw. abgegebene Leistung

Da keine Maschine mehr Leistung abgeben kann als ihr zugeführt wurde, gilt: $\eta \leq 1$.

Rotation (Dynamik der Drehbewegungen)

Zentripetalkraft
Ein Körper, der sich auf einer Kreisbahn bewegt, erfährt ständig eine zum Kreismittelpunkt gerichtete Zentripetalkraft. Für diese gilt ebenso das dynamische Grundgesetz $\vec{F} = m \cdot \vec{a}$, wobei $\vec{F}$ hier die Zentripetalkraft und $\vec{a}$ die zentral gerichtete Zentripetalbeschleunigung ist.

$$\vec{F_Z} = m \cdot \vec{a_Z}$$

$\vec{F_Z}$: Zentripetalkraft
$\vec{a_Z}$: Zentripetalbeschleunigung
m: Masse des Körpers

$$F_Z = \frac{m \cdot v^2}{r} = m \cdot \omega^2 r = p\omega$$

v: Bahngeschwindigkeit des Körpers
r: Bahnradius
ω: Winkelgeschwindigkeit
p: Impuls des Körpers

Trägheitskräfte
Zentrifugalkraft und Corioliskraft sind Kräfte, die für einen Beobachter in einem rotierenden Bezugssystem wirken.

Zentrifugalkraft (Fliehkraft)
Die Zentrifugalkraft ist gleich groß wie die Zentripetalkraft, aber entgegengesetzt gerichtet.

Corioliskraft
Ein Körper, der sich in einem rotierenden Bezugssystem radial bewegt, ändert dauernd seine Bahngeschwindigkeit und bewegt sich somit für den rotierenden Beobachter nicht geradlinig, sondern beschreibt einen Bogen. Im rotierenden Bezugssystem wirkt auf den Körper eine Tangentialkraft, die Corioliskraft.

$\overrightarrow{F_C} = 2m(\vec{v} \cdot \vec{\omega})$

$\overrightarrow{F_C}$: Corioliskraft
m: Körpermasse

Für den Betrag gilt:

$F_C = 2mv\omega$

v: Radialgeschwindigkeit des Körpers
ω: Winkelgeschwindigkeit des rotierenden Systems

$a_C = 2v\omega$

a_C: Coriolisbeschleunigung

Dynamisches Grundgesetz der Rotation

$\vec{M} = J \vec{\alpha}$

$\vec{M}$: auf den Körper wirkendes Gesamtdrehmoment
J: Trägheitsmoment des Körpers
$\vec{\alpha}$: Winkelbeschleunigung, die der Körper erfährt

Trägheitsmoment
bei kontinuierlicher Masseverteilung:

$J = \int r^2 \mathrm{d}m$

J: Trägheitsmoment
r: Abstand von der Drehachse
m: Masse

für homogene Körper:

$J = \rho \int r^2 \mathrm{d}V$

ρ: Dichte des Körpers
V: Volumen des Körpers

bei einem Körper, der aus n Masseelementen m_i besteht:

$$J = \sum_{i=1}^{n} r_i^2 m_i$$

für einen umlaufenden Massepunkt:

$J = r^2 \cdot m$

m: Masse des Massepunkts

Satz von Steiner

Das Trägheitsmoment um eine Achse A, die parallel zur Schwerpunktsachse verläuft, beträgt:

$$J_A = J_S + m \cdot s^2$$

J_A: Trägheitsmoment um die Achse A

J_S: Trägheitsmoment um die Schwerpunktsachse

m: Körpermasse

s: Abstand der Achse A von der Schwerpunktsachse

Trägheitsmomente einiger Körper um eine Schwerpunktsachse

$$J_S = \frac{1}{2} m r^2$$ Zylinder (voll), Längsachse

$$J_S = \frac{2}{5} m r^2$$ Kugel (voll)

$$J_S = \frac{1}{2} m r^2$$ dünne Kreisscheibe, Drehachse senkrecht zur Kreisscheibe

$$J_S = \frac{1}{12} m l^2$$ Stab der Länge l, Querachse

Arbeit, Leistung, Energie bei der Rotation

$$W = M \cdot \varphi$$

W: Arbeit

M: angreifendes Drehmoment, das die Drehung verursacht

φ: Drehwinkel des Körpers

$$W = \int M \, d\varphi$$ falls das Drehmoment vom Drehwinkel abhängt

$$P = M \cdot \omega$$

P: Leistung

M: Drehmoment

ω: Winkelgeschwindigkeit

$$E_{rot} = \frac{J\omega^2}{2}$$

E_{rot}: Rotationsenergie

Drehimpuls

$\vec{L} = J \cdot \vec{\omega}$

$\vec{L}$: Drehimpuls
J: Trägheitsmoment
$\vec{\omega}$: Winkelgeschwindigkeit

$\vec{M} = \frac{d\vec{L}}{dt} = \dot{\vec{L}}$

M: momentanes Drehmoment

Drehimpulserhaltungssatz

Wirken auf ein System keine äußeren Drehmomente (abgeschlossenes System), bleibt der Gesamtdrehimpuls konstant.

$\sum \vec{L}_i = \text{konstant}$

Gravitationsgesetz

$F = f\frac{m_1 \cdot m_2}{r^2}$

F: Gravitationskraft (Anziehungskraft zwischen zwei Körpern)
f: Gravitationskonstante

$f = 6,673 \cdot 10^{-11} \frac{\text{Nm}^2}{\text{kg}^2}$

m_1, m_2: Massen der Körper 1 und 2

Kepler'sche Gesetze

1. Kepler'sches Gesetz

Die Planeten bewegen sich auf Ellipsenbahnen, in deren gemeinsamem Brennpunkt die Sonne steht.

2. Kepler'sches Gesetz

Die Verbindungsstrecke Sonne - Planet überstreicht in gleichen Zeiten gleiche Flächen.

3. Kepler'sches Gesetz

Die Quadrate der Umlaufzeiten verhalten sich wie die Kuben der großen Halbachsen ihrer Bahn um die Sonne, also $\frac{r^3}{T^2} = \text{konstant}$.

2.4 Mechanik der Flüssigkeiten und Gase

Hydro- und Aerostatik (ruhende Flüssigkeiten und Gase)

Druck in Flüssigkeiten und Gasen

$p = \frac{F}{A}$

p: Druck
F: Kraft
A: Fläche, auf die die Kraft wirkt

Im Inneren einer Flüssigkeit bzw. eines Gases und an jeder Stelle der Gefäßwand ist der Druck gleich.

$p = p_1 = p_2 = p_3$

$p = \frac{F_1}{A_1} = \frac{F_2}{A_2} = \frac{F_3}{A_3}$

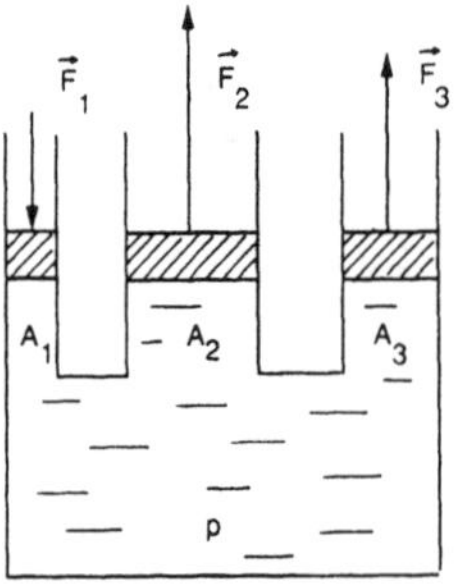

Die Beträge der Kräfte an den Kolben verhalten sich wie die Querschnittsflächen der Kolben.
Dieses Ergebnis findet in der Praxis vielfache Anwendung, z. B. bei hydraulischen Pressen, flüssigkeitsgesteuerten Bremsen, hydraulischen Steuerungen, Manometern usw.

Schweredruck
Druck, der durch die Gewichtskraft der darüber liegenden Flüssigkeits- bzw. Gasmenge verursacht wird.

$p = \rho \cdot g \cdot h$

ρ: Dichte der Flüssigkeit bzw. des Gases
g: Fallbeschleunigung (Ortsfaktor)
h: Höhe der darüber liegenden Flüssigkeitssäule bzw. Gasmenge

Faustregel für Taucher: pro 10 m Wassertiefe Druckzunahme um ca. 10^5 Pa (1 bar). Denn:

$$p = 1\frac{\text{kg}}{\text{l}} \cdot 9,81\frac{\text{m}}{\text{s}^2} \cdot 10\text{m} = 9,81 \cdot 10^4\frac{\text{N}}{\text{m}^2}$$

$$\approx 1 \cdot 10^5\text{Pa}$$

Barometrische Höhenformel

$p = p_0 \cdot e^{-\frac{\rho_0 g h}{p_0}}$

ρ_0, p_0: Dichte und Druck am Boden ($h_0 = 0$)
p: Druck in der Höhe h
g: Fallbeschleunigung

Auftrieb
in Flüssigkeiten:
$F_A = V \cdot \rho_{Fl} \cdot g = G_{Fl}$

in Gasen:
$F_A = V \cdot \rho_G \cdot g = G_G$

F_A: Auftriebskraft
V: Volumen des eingetauchten Körpers (= Volumen der verdrängten Flüssigkeit/des verdrängten Gases)
ρ_{Fl}: Dichte der Flüssigkeit
ρ_G: Dichte des Gases
G_{Fl}, G_G: Gewichtskraft der verdrängten Flüssigkeits- bzw. Gasmenge

Gesetz des Archimedes
Wenn ein Körper in eine Flüssigkeit eintaucht, erfährt er einen nach oben gerichteten Auftrieb, der ebenso groß ist wie die Gewichtskraft der von ihm verdrängten Flüssigkeitsmenge.

Sinken, Schweben, Steigen
$\rho_K > \rho_{Fl/G}$: Körper sinkt (ρ_K : Dichte des Körpers)
$\rho_K = \rho_{Fl/G}$: Körper schwebt
$\rho_K < \rho_{Fl/G}$: Körper steigt

Hydrostatisches Paradoxon
Für ruhende Flüssigkeiten gilt: In kommunizierenden Röhren stehen die Flüssigkeitsspiegel alle gleich hoch.

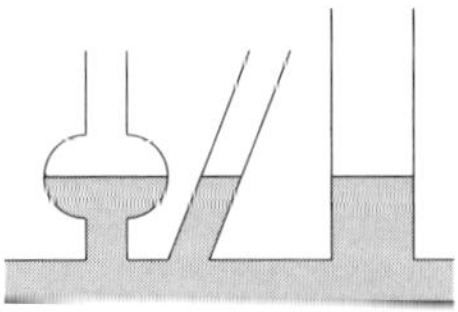

Hydro- und Aerodynamik (strömende Flüssigkeiten und Gase)

$$q_m = \frac{dm}{dt} = \rho \cdot v \cdot A$$

$$q_V = \frac{dV}{dt} = v \cdot A$$

q_m: Massenstrom
m: Masse des durchgeströmten Mediums
t: benötigte Zeit
ρ: Dichte
v: Geschwindigkeit
A: Querschnittsfläche
q_V: Volumenstrom

Kontinuitätsgleichung
gilt nur für inkompressible Flüssigkeiten

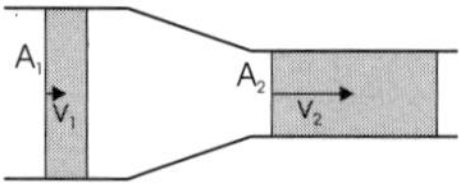

$$A_1 \cdot v_1 \cdot t = A_2 \cdot v_2 \cdot t$$

A_i : Querschnitte
v_i : Strömungsgeschwindigkeiten

oder:

$$\frac{V_1}{V_2} = \frac{A_2}{A_1}$$

In einer Rohrleitung mit wechselndem Querschnitt verhalten sich die Strömungsgeschwindigkeiten umgekehrt wie die Rohrquerschnitte.

Gleichung von Bernoulli
gültig für ideale Flüssigkeiten, näherungsweise auch für reale Flüssigkeiten und Gase

$$p + \frac{1}{2}\rho v^2 + \rho \cdot g \cdot h = p_{ges} = \text{konstant}$$

p: statischer Druck
$\frac{1}{2}\rho \cdot v^2$: Staudruck
$\rho \cdot g \cdot h$: Schweredruck
p_{ges} : Gesamtdruck

Hydrodynamisches Paradoxon
An Engstellen ist der statische Druck kleiner, an Ausbauchungen größer. (Dies ergibt sich aus der Kontinuitätsgleichung und der Bernoulli'schen Gleichung.)

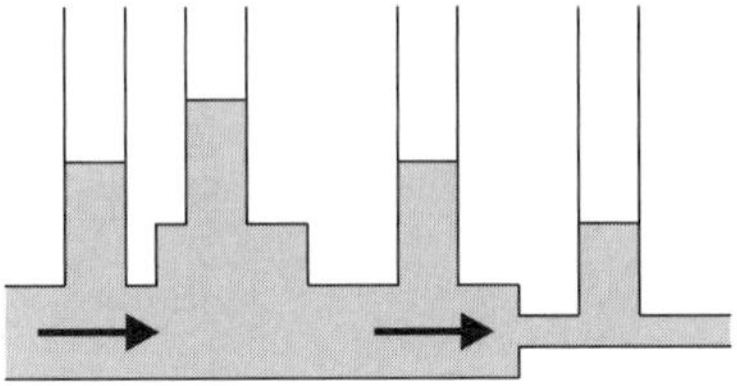

(von Reibung wurde abgesehen)

Anwendungen: Schiffsventilator, Vergaser, Wasserstrahlpumpe

Entsprechendes gilt für Gase, wenn die Kontinuitätsgleichung und die Bernoulli'sche Gleichung annähernd zutreffen.
Anwendung: Dynamischer Auftrieb bei Flugzeugtragflächen
Der statische Druck auf die Unterseite ist größer als auf die Oberseite der Tragfläche, dadurch wird die Tragfläche nach oben gedrückt.

Innere Reibung laminarer Strömungen

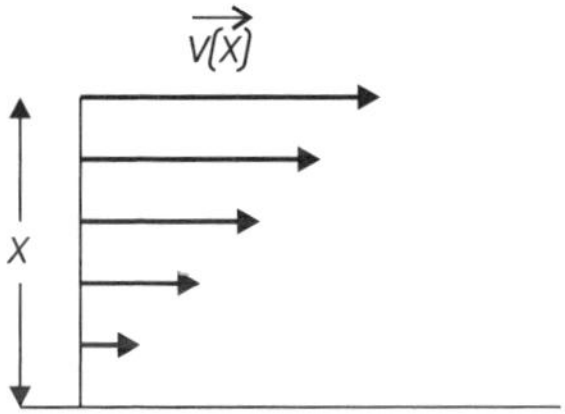

Aufgrund der Reibung bildet sich in der Flüssigkeit ein Geschwindigkeitsgefälle heraus.

$$F_R = \eta \cdot A \cdot \frac{dv}{dx}$$

F_R: Strömungswiderstand

η: dynamische Zähigkeit (Viskosität)

A: Berührungsfläche zwischen Körper und Flüssigkeit

$\frac{dv}{dx}$: Geschwindigkeitsabfall

Für ein lineares Geschwindigkeitsgefälle gilt die *Newton'sche Gleichung:*

$$F_R = \eta \cdot A \cdot \frac{v_0}{x}$$

F_R: Strömungswiderstand

x: Abstand zwischen Boden und Flüssigkeitsoberfläche

Luft: $\eta \approx 0,00002\ \frac{\text{kg}}{\text{ms}}$

Glycerin: $\eta \approx 1,50\ \frac{\text{kg}}{\text{ms}}$

Schmierseife: $\eta \approx 4000\ \frac{\text{kg}}{\text{ms}}$

Stokes'sche Widerstandsformel

$$F_R = 6\pi r\eta v$$

F_R: Strömungswiderstand einer Kugel in einer laminaren Strömung

Hagen-Poiseuille'sches Gesetz

$$\frac{\mathrm{d}V}{\mathrm{d}t} = \frac{\Delta p}{R} = \frac{A^2}{8\pi\eta} \cdot \frac{\Delta p}{\Delta l}$$

A: Rohrquerschnitt

$\frac{\Delta p}{\Delta l}$: Druckabfall pro Längeneinheit

F_R: Strömungswiderstand

$$F_R = \frac{8\pi\Delta l}{A^2} \cdot \eta$$

Strömungen realer Flüssigkeiten und Gase

$$F_R = C_W \frac{1}{2}\rho v^2 A_0$$

C_W: Widerstandsbeiwert (abhängig von der Form des umströmten Körpers)

A_0: angeströmte Fläche

Reynolds'sche Zahl

$$Re = \frac{\rho l v}{\eta} = \frac{l v}{\gamma}$$

Re: Reynolds'sche Zahl

$\gamma = \frac{\eta}{\rho}$: kinematische Zähigkeit

$Re << 1$: laminare Strömung
$Re >> 1$ (z. B. Re ≅ 1200): turbulente Strömung
$Re \rightarrow \infty$, d. h. $\eta \rightarrow 0$: Strömung einer idealen Flüssigkeit

Ausfluss von Flüssigkeiten und Gasen
Ausflussgeschwindigkeit (weites Gefäß, enge Austrittsöffnung)

$$v = \sqrt{\frac{2(p - p_a)}{\rho} + 2gh}$$

v: Ausströmgeschwindigkeit
p: Druck auf Flüssigkeitsoberfläche
p_a: Außendruck

Ausflussgesetz von Toricelli für $p = p_a$

$$v = \sqrt{2 \cdot g \cdot h}$$

Die ausfließende Flüssigkeit hat bei Vernachlässigung der Reibung genau dieselbe Geschwindigkeit wie ein aus der Höhe h des Flüssigkeitsspiegels herabfallender Körper.

$$q_v = A \cdot \sqrt{2 \cdot g \cdot h}$$

q_v: Volumenstrom einer idealen, reibungsfreien Flüssigkeit, wenn der Flüssigkeitsspiegel auf gleicher Höhe gehalten wird.

$$q_v = \mu A \cdot \sqrt{2 \cdot g \cdot h}$$

μ: Ausflussziffer, berücksichtigt Reibungsverlust an der Öffnung
($\mu = 0{,}62$ für scharfkantige Öffnung)

2.5 Schwingungen und Wellen

Schwingungen: zeitlich periodische Änderung einer oder mehrerer Zustandsgrößen eines physikalischen Systems. Diese Änderung tritt auf, wenn beim Stören eines Gleichgewichtszustandes Rückstellkräfte auftreten, die den Gleichgewichtszustand wiederherzustellen versuchen. Damit verbunden ist immer ein periodischer Wechsel zwischen zwei Energieformen.
Welle: räumlich und zeitlich periodischer Vorgang, bei dem ohne gleichzeitigen Massetransport Energie transportiert wird.

Schwingungen

Grundbegriffe

Harmonische Schwingungen: Die zeitliche Änderung der charakteristischen physikalischen Größe erfolgt sinusförmig.

Anharmonische Schwingungen: Die zeitliche Änderung der charakteristischen physikalischen Größe erfolgt nicht sinusförmig, z. B. Kippschwingung.

Ungedämpfte Schwingung: Schwingung mit konstanter Amplitude.

Gedämpfte Schwingung: Schwingung mit (gesetzmäßig) abnehmender Amplitude.

Kenngrößen einer Schwingung

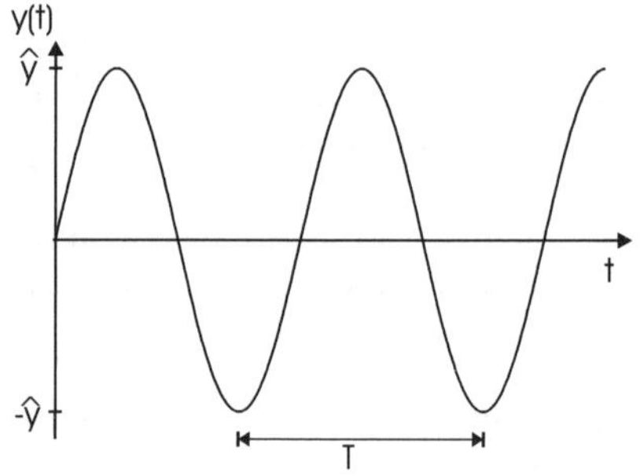

$y = y(t)$	y: Auslenkung (Elongation): momentaner Abstand von der Gleichgewichtslage
$\hat{y}$	$\hat{y}$: Amplitude: maximale Elongation
$T = \dfrac{1}{f}$	T: Periodendauer (Schwingungsdauer): Dauer einer vollen Schwingung
$\omega = 2\pi f = 2\pi\dfrac{1}{T}$	ω: Winkelfrequenz (Kreisfrequenz): Winkelgeschwindigkeit der Kreisbewegung, deren Projektion die harmonische Schwingung ergibt (siehe unten)
$\varphi = \omega t + \varphi_0$	φ: Phasenwinkel: bestimmt den Schwingungszustand zur Zeit t
	φ_0: Nullphasenwinkel (Phasenkonstante): Phasenwinkel zur Zeit $t = 0$

Im Folgenden werden mechanische Schwingungen herausgegriffen. Die Gleichungen lassen sich auf andere Schwingungen übertragen, indem die physikalischen Größen entsprechend ausgetauscht werden.

Mechanische Schwingungen

Ungedämpfte harmonische Schwingungen

Schwingungen als Projektion einer Kreisbewegung

Harmonische Schwingungen lassen sich auf Bewegungen von Massenpunkten um eine Ruhelage verallgemeinern, die sich wieder aus einer Kreisbewegung des Massenpunkts ableiten lassen. Dazu denkt man sich den Massenpunkt durch parallele Lichtstrahlen auf eine Gerade projiziert. Der Schatten des Massenpunkts führt dann eine harmonische Schwingung aus. Würde man die Gerade gleichmäßig nach rechts bewegen, so würde der schwingende Schatten eine Sinuskurve ausführen, welche die Weg-Zeit-Abhängigkeit der Schwingung wiedergibt.

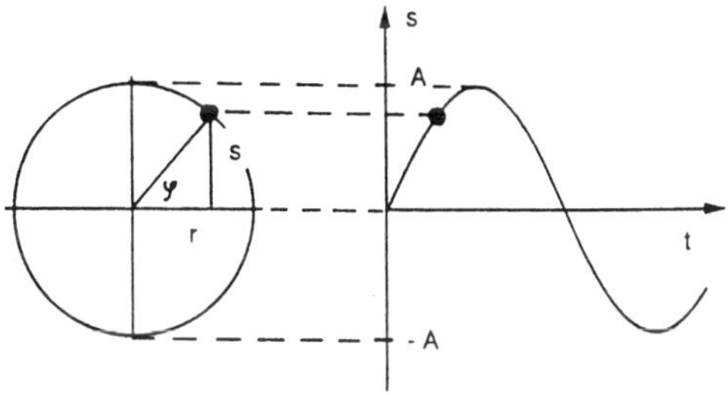

Kreisbewegung und harmonische Schwingung

Kreisbewegung	Schwingung
Radius r	Schwingungsweite, Amplitude A
Strecke $r \cdot \sin \varphi$	Momentane Auslenkung s
Drehwinkel φ	Schwingungsphase, Phasenwinkel φ
Umlaufszeit T	Schwingungsdauer T
Drehzahl n	Frequenz f, $f = \frac{1}{T}$, $[f] = \frac{1}{\mathrm{s}} = 1\,\mathrm{Hz}$
Winkelgeschwindigkeit ω	Kreisfrequenz ω, $\omega = 2\pi \cdot f$

Schwingungsgleichung

$\ddot{y} + y\omega^2 = 0$ — Differenzialgleichung

$y = y\sin(\omega t + \varphi_0)$ — Lösung der Differenzialgleichung

$v = \dot{y} = \hat{y}\omega\cos(\omega t + \varphi_0)$ — *v:* Geschwindigkeit (zeitliche Änderung der Elongation)

$\hat{v} = \hat{y}\omega$ — $\hat{v}$: maximale Geschwindigkeit

$a = \ddot{y} = -\hat{y}\omega^2\sin(\omega t + \varphi_0)$ — *a:* Beschleunigung

$\hat{a} = -\hat{y}\omega^2$ — $\hat{a}$: maximale Beschleunigung

Die Rückstellkraft ist proportional zur Elongation und wirkt in entgegengesetzter Richtung.

$F_R \sim -k \cdot y$

F_R: Rückstellkraft
y: Elongation
k: Proportionalitätsfaktor = Richtgröße

Lineare Federschwingung

$k = \frac{F}{\Delta l}$ — *k:* Federkonstante

$\omega = \sqrt{\frac{k}{m}}$ — *ω:* Eigenkreisfrequenz

$f = \frac{1}{2\pi}\sqrt{\frac{k}{m}}$ — *f:* Eigenfrequenz

$T = \frac{1}{f} = 2\pi\sqrt{\frac{m}{k}}$ — *T:* Schwingungsdauer

Drehschwingung

$\omega = \sqrt{\frac{D}{J}}$ — *ω:* Kreisfrequenz

D: Winkelrichtgröße (Richtmoment)

$D = \frac{M}{\varepsilon}$

$f = \frac{1}{2\pi}\sqrt{\frac{D}{J}}$ — *M:* Drehmoment, das die Auslenkung verursacht

ε: Auslenkung, Drehwinkel

$$T = 2\pi\sqrt{\frac{J}{D}}$$

J: Trägheitsmoment
f: Frequenz
T: Schwingungsdauer

Pendelschwingungen
Pendel führen Drehschwingungen aus.

Mathematisches Pendel
Fadenpendel mit punktförmiger Masse, Faden masselos
Für kleine Auslenkungen (< 8°) gilt:

$$T = 2\pi\sqrt{\frac{l}{g}}$$

T: Schwingungsdauer
l: Pendellänge
g: Fallbeschleunigung

Physisches Pendel (Physikalisches Pendel)
Pendel, die nicht die Bedingungen für Mathematische Pendel erfüllen.
Für kleine Auslenkungen (< 8°) gilt:

$$T = 2\pi\sqrt{\frac{J_D}{mgs}}$$

T: Schwingungsdauer
J_D: Trägheitsmoment des pendelnden Körpers (Trägheitsachse verläuft durch den Drehpunkt *D*)
s: Abstand Drehpunkt – Schwerpunkt

$$l' = \frac{J_A}{ms}$$

l': reduzierte Pendellänge: Länge eines mathematischen Pendels gleicher Schwingungsdauer

Flüssigkeitsschwingungen

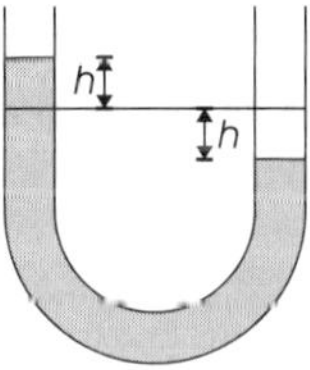

$$T = 2\pi\sqrt{\frac{l}{2g}}$$

T: Schwingungsdauer
l: Länge der Flüssigkeitssäule von Oberfläche zu Oberfläche
g: Fallbeschleunigung

Freie gedämpfte Schwingungen

während der Schwingung ständige Energieabgabe infolge von bremsenden Kräften wie z. B. Reibungskräften

Dämpfung: gesetzmäßiges Abnehmen der Amplitude im Verlauf des Schwingungsvorgangs

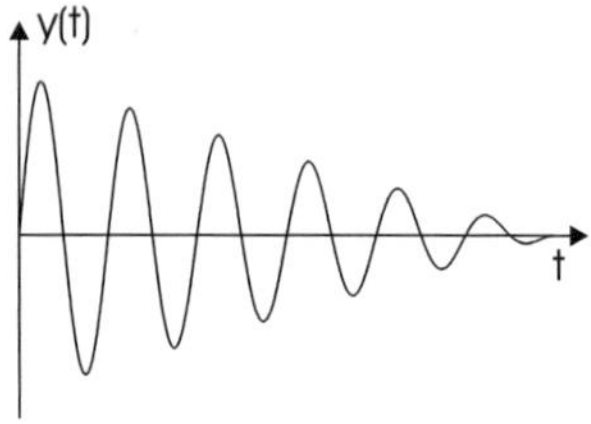

lineare Abnahme der Amplitude

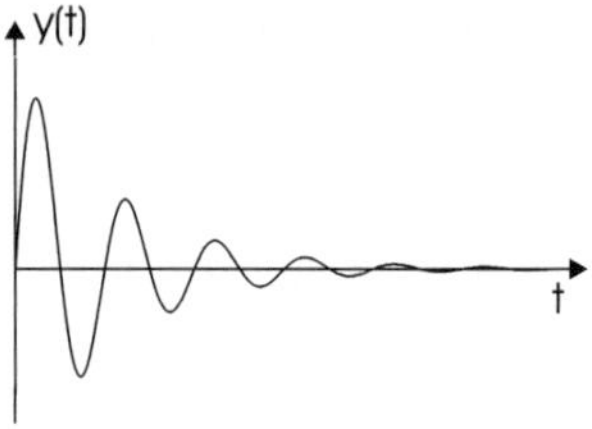

exponentielle Abnahme der Amplitude

Gedämpfte Schwingung, bei der die bremsende Kraft proportional zur Geschwindigkeit ist

$F_D \sim -v$ — β: Dämpfungskonstante

$F_D = -\beta \cdot v$ — y: Elongation

$\ddot{y} + 2\delta\dot{y} + \omega_0^2 y = 0$ — $\dot{y}$: Momentangeschwindigkeit

Differenzialgleichung

mit $\delta = \frac{\beta}{2m}$

$\ddot{y}$: Momentanbeschleunigung

δ: Abklingkoeffizient

ω_0: Eigenkreisfrequenz der entsprechenden ungedämpften Schwingung

Lösung der Differenzialgleichung

$y = \hat{y}_0 \cdot e^{-\delta t} \sin\varphi$ — y: Elongation

$\hat{y}_0$: Anfangswert der Amplitudenhüllkurve

Die Amplituden nehmen exponentiell mit der Zeit ab.

$\tau = \frac{1}{\delta}$ — τ: Abklingzeit. In dieser Zeit geht die Amplitude auf den e-ten Teil ihres Ausgangswertes zurück.

Die Dämpfung bewirkt eine Veränderung der Eigenfrequenzen:

$$\omega_d = \sqrt{\omega_0^2 - \delta^2} = \omega_0\sqrt{1 - \vartheta^2}$$

ω_d: Eigenkreisfrequenz der gedämpften Schwingung

ϑ: Dämpfungsgrad $\vartheta = \dfrac{\delta}{\omega_0}$

$$T_d = \frac{2\pi}{\sqrt{\omega_0^2 - \delta^2}} = \frac{T_0}{\sqrt{1 - \vartheta^2}}$$

T_d: Schwingungsdauer der gedämpften Schwingung

Aperiodischer Grenzfall (Kriechfall)
Ist $\delta \geq \omega_0$, so kehrt das System nach einmaliger Auslenkung asymptotisch in die Ausgangslage zurück. Es kommt nicht zu Schwingungen. Am schnellsten kehrt das System in seine Ausgangslage zurück, wenn der Abklingkoeffizient δ und die Eigenfrequenz der entsprechenden ungedämpften Schwingung gleich groß sind:

$\delta = \omega_0$ aperiodischer Grenzfall

Erzwungene Schwingungen
Im Gegensatz zur freien Schwingung wirkt bei einer erzwungenen Schwingung auf den Schwinger (Resonator) von außen eine periodisch veränderliche Kraft, die das System zum Mitschwingen zwingt.

$$\ddot{y} = 2\delta\dot{y} + \omega_0^2 y = \frac{\hat{F}_E}{m}\cos\omega t$$

y: Elongation
$\dot{y}$: Momentangeschwindigkeit
$\ddot{y}$: Momentanbeschleunigung
m: Masse des Schwingers (Resonators)
δ: Abklingkoeffizient
$\hat{F}_E$: Maximalwert der erregenden Kraft
ω: Erregerkreisfrequenz
ω_0: Eigenfrequenz des ungedämpften Schwingers

Lösung der Differenzialgleichung

$y = \hat{y} \cos(\omega t - \alpha)$ — y: Elongation

$\alpha = \arctan \frac{2\omega\delta}{\omega_0^2 - \omega^2}$ — α: Phasenverzögerung des Resonators gegenüber dem Erreger

Resonanz

Für $\omega \approx \omega_0$ erreicht die Amplitude des Schwingers sehr große Werte. Ist die Schwingung ungedämpft, so ist die Amplitude unendlich groß, was zur Zerstörung des Schwingers führt (Resonanzkatastrophe).

Resonanzfrequenz

Für gedämpfte Schwingungen liegt die Resonanzfrequenz nicht ganz bei der Eigenfrequenz ω_0 des (ungedämpften) Schwingers.

$\omega_R = \sqrt{\omega_0^2 - 2\delta^2}$ — α: Resonanzfrequenz

$\hat{y}_R = \frac{\hat{F}_E}{2\delta m \omega_d}$ — $\hat{y}_R$: Resonanzamplitude

Überlagerung von Schwingungen

Prinzip der ungestörten Überlagerung (Superpositionsprinzip)

Wird ein Schwinger zu mehreren Schwingungen angeregt, so überlagern sich diese unabhängig voneinander, die Schwingungen beeinflussen sich nicht gegenseitig.

Im Folgenden werden nur Schwingungen gleicher Richtung betrachtet. (Die Lissajous-Figuren erhält man für Bahnkurven von Schwingungen ungleicher Richtung.)

Schwingungen gleicher Richtung und Frequenz

Überlagern sich zwei harmonische Schwingungen gleicher Richtung und Frequenz, so entsteht wiederum eine harmonische Schwingung. Die Amplitude dieser resultierenden Schwingung hängt von den Amplituden der Einzelschwingungen und deren Phasenbeziehung zueinander ab.

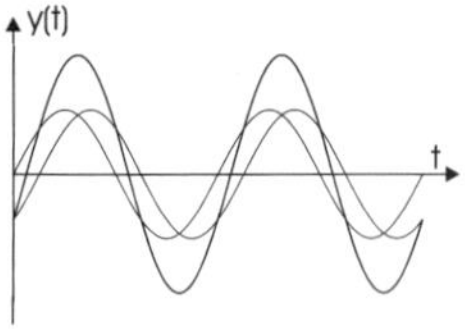

Amplituden und Elongationen können sowohl zeichnerisch als auch rechnerisch ermittelt werden.

$$y_{res} = \hat{y}_{res} \sin(\omega t + \varphi_{0,\ res})$$

y_{res}: Elongation der resultierenden Schwingung
$\hat{y}_{res}$: Amplitude der resultierenden Schwingung
ω: Kreisfrequenz der Schwingungen
t: Dauer der Schwingungen
$\varphi_{0,\ res}$: Nullphasenwinkel der resultierenden Schwingung

$$\hat{y}_{res} = \sqrt{\hat{y}_1^{\,2} + \hat{y}_2^{\,2} + 2\hat{y}_1\hat{y}_2 \cos(\varphi_{0,1} - \varphi_{0,2})}$$

$$\varphi_{0,\ res} = \arctan \frac{\hat{y}_1 \sin \varphi_{0,1} + \hat{y}_2 \sin \varphi_{0,2}}{\hat{y}_1 \cos \varphi_{0,1} + \hat{y}_2 \cos \varphi_{0,2}}$$

$\hat{y}_1$, $\varphi_{0,1}$: Amplitude und Nullphasenwinkel der Schwingung 1
$\hat{y}_2$, $\varphi_{0,2}$: Amplitude und Nullphasenwinkel der Schwingung 2

$$\hat{y}_{res} = 2\hat{y}_1 \cos \frac{\varphi_{0,1} - \varphi_{0,2}}{2}$$

für Schwingungen gleicher Amplitude $\hat{y}_1 = \hat{y}_2$

$$\varphi_{0,\ res} = \frac{\varphi_{0,1} + \varphi_{0,2}}{2}$$

Schwingungen gleicher Richtung, aber ungleicher Frequenz
Überlagern sich zwei Schwingungen gleicher Richtung aber ungleicher Frequenz, so entsteht eine nichtharmonische Schwingung.

Schwebung
Sind die Schwingungsamplituden und Nullphasenwinkel der beiden sich überlagernden Schwingungen gleich groß und ist ihr Frequenzunterschied gering, so ist die resultierende Schwingung eine Schwebung.

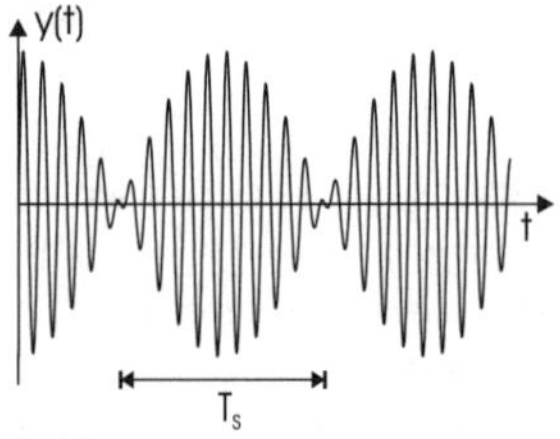

$$y_{res} = 2\hat{y}\cos\left(\frac{\omega_1 - \omega_2}{2}t\right)\ \sin\left(\frac{\omega_1 + \omega_2}{2}t\right) \quad \text{für} \quad \hat{y}_1 = \hat{y}_2 = \hat{y}$$

$$\varphi_{0,1} = \varphi_{0,2}$$

$$\omega_1 \approx \omega_2$$

$$f_{res} = \frac{f_1 + f_2}{2}$$

$$T_{res} = \frac{2T_1T_2}{T_1 + T_2}$$

y_{res}: Elongation der resultierenden Schwingung
$\hat{y}$: Amplitude der Schwingung 1 und Schwingung 2
ω_1, ω_2 : Kreisfrequenzen der Schwingungen 1 und 2

$$f_s = f_1 - f_2$$

f_s: Schwebungsfrequenz
f_1 , f_2: Frequenzen der Schwingungen 1 und 2

$$T_s = \frac{T_1T_2}{T_2 - T_1}$$

T_s: Schwebungsdauer

Wellen

Wellenarten
Querwellen (Transversalwellen):
Die Teilchen schwingen senkrecht zur Ausbreitungsrichtung.

Längswellen (Longitudinalwellen)
Die Teilchen schwingen in Ausbreitungsrichtung. Es wechseln Verdichtungen und Verdünnungen.

Schwingende Teilchen bei einer Längswelle

Lineare Wellen: Wellen, die sich nur entlang einer Geraden ausbreiten
Flächenwellen: Wellen, die sich flächig ausbreiten
Raumwellen: Wellen, die sich 3-dimensional ausbreiten

Wellenausbreitung

Wie Wellen sich ausbreiten, lässt sich mit dem Huygens'schen Prinzip anschaulich erklären.

Huygens'sches Prinzip

Jeder von einer Welle erfasste Punkt ist wiederum Ausgangspunkt einer neuen Welle, einer Elementarwelle. Die Elementarwellen überlagern sich, die Resultierende ist die beobachtbare Wellenfront.

Ausbreitungsgeschwindigkeit

$c = \lambda \cdot f$

c: Ausbreitungsgeschwindigkeit der Welle (Phasengeschwindigkeit)
f: Schwingungsfrequenz
λ: Wellenlänge (Abstand zweier benachbarter Teilchen gleicher Schwingungsphase)

Phasengeschwindigkeiten in verschiedenen Medien

Elastische Querwellen in Festkörpern

$$c = \sqrt{\frac{F}{\rho A}}$$

c: Phasengeschwindigkeiten
F: Spannkraft des Mediums (z. B. Seil)
A: Querschnittsfläche des Mediums
ρ: Dichte

Elastische Längswelle in Festkörpern (Stab)

$$c = \sqrt{\frac{E}{\rho}}$$

c: Phasengeschwindigkeit
E: Elastizitätsmodul
ρ: Dichte

Längswelle in Flüssigkeiten

$$c = \sqrt{\frac{K}{\rho}}$$

c: Phasengeschwindigkeit
K: Kompressionsmodul
ρ: Dichte

Längswelle in Gasen

$$c = \sqrt{\frac{\kappa p}{\rho}}$$

c: Phasengeschwindigkeit
κ: Isentropenexponent
p: Gasdruck
ρ: Dichte

Wellengleichung

$$\frac{\partial^2 y}{\partial x^2} - \frac{1}{c^2}\frac{\partial^2 y}{\partial t^2} = 0$$

c: Phasengeschwindigkeit (abhängig vom Medium)
y: Elongation
x: Weg in Ausbreitungsrichtung

$$y = \hat{y} \sin \omega \left(t \cdot \frac{x}{c}\right)$$
$$= \hat{y} \sin 2\pi \left(\frac{t}{T} - \frac{x}{\lambda}\right)$$

y: Elongation
$\hat{y}$: Amplitude
ω: Kreisfrequenz
x: Laufstrecke der Welle
c: Phasengeschwindigkeit
λ: Wellenlänge
T: Schwingungsdauer

Überlagerung von Wellen (Interferenz)
Auch bei der Überlagerung von Wellen gilt das Superpositionsprinzip (siehe Überlagerung von Schwingungen).

Überlagerung zweier Wellen gleicher Frequenz

$$y_{\text{res}} = \hat{y}_1 \sin \omega \left(t - \frac{x}{c}\right) + \hat{y}_2 \sin\left[\omega \left(t - \frac{x}{c}\right) + \Delta\varphi\right]$$

$$y_{\text{res}} = \hat{y}_1 \sin \omega \left(t - \frac{x}{c}\right) + \hat{y}_2 \sin \omega \left(t - \frac{x + \Delta x}{c}\right)$$

x: Ort
$\Delta\varphi$: Phasenwinkeldifferenz
Δx: Gangunterschied

Bedingung für maximale Amplitude der resultierenden Welle

$$\Delta\varphi = k \cdot 2\pi \qquad \text{mit } k = 0,\ \pm 1,\ \pm 2,\ \ldots$$
$$\Delta x = k \cdot \lambda$$

Bedingung für minimale Amplitude der resultierenden Welle

$$\Delta\varphi = \left(k + \frac{1}{2}\right) \cdot 2\pi \qquad \text{mit } k = 0,\ \pm 1,\ \pm 2,\ \ldots$$
$$\Delta x = \left(k + \frac{1}{2}\right)\lambda$$

falls $\hat{y}_1 = \hat{y}_2$, dann $\hat{y}_{res} = 0$ (Auslöschung)

Stehende Welle
Überlagern sich zwei Wellen gleicher Frequenz, Amplitude und Wellenlänge, aber entgegengesetzter Ausbreitungsrichtung, so ist die resultierende Welle eine stehende Welle. Häufig entstehen stehende Wellen durch Überlagerung einer einlaufenden Welle mit der reflektierten Welle.

B: Wellenbäuche: Stellen maximaler Teilchenschwingung
K: Wellenknoten: Orte, an denen die Teilchen ruhen

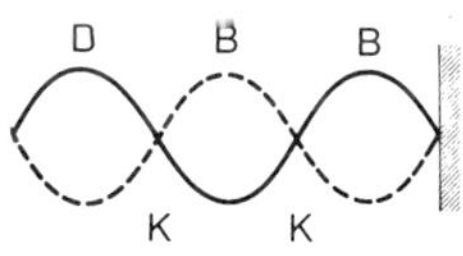

2.6 Schallwellen, Akustik

Schall
Schallwellen sind mechanische Longitudinalwellen.
Hörbereich des Menschen: 16 Hz bis 20 000 Hz
< 16 Hz: Infraschall
> 20 kHz: Ultraschall

Ton, Klang, Geräusch, Knall
Ton: reine Sinusschwingung
Klang: Überlagerung mehrerer Töne
Geräusch: Gemisch aus sehr vielen Frequenzen
Knall: kurzzeitiger starker Schalleindruck

Schallquellen (Schallsender)
Schallquellen sind schwingende Körper, die Schallwellen abstrahlen.

Schwingende Saiten
Die Frequenz der abgestrahlten Schallwelle kann durch die Saitenlänge verändert werden (Streichinstrumente, Klavier).

$$f = \frac{1}{2l}\sqrt{\frac{F}{\rho A}}$$

f: Frequenz der schwingenden Saite (Grundschwingung)
l: Saitenlänge
F: Kraft, mit der die Saite gespannt ist
ρ: Dichte des Saitenmaterials
A: Querschnittsfläche der Saite

Schwingende Luftsäulen
Die in Pfeifen eingeschlossenen Luftsäulen schwingen in stehenden Wellen.

Offene Pfeifen
am Mundstück: Wellenbauch; am Ende: Wellenbauch

$$f = \frac{c}{2l}$$

$$l = \frac{\lambda}{2}$$

f: Frequenz (Grundschwingung)
c: Schallgeschwindigkeit in Luft
l: Länge der schwingenden Luftsäule

Geschlossene Pfeifen
am Mundstück: Wellenbauch; am Ende: Wellenknoten

$$f = \frac{c}{4l}$$

$$l = \frac{\lambda}{4}$$

f: Frequenz (Grundschwingung)
c: Schallgeschwindigkeit in Luft
l: Länge der schwingenden Luftsäule

Oberschwingungen

Oberschwingungen treten neben der Grundschwingung (niedrigste Frequenz, mit der die Schallquelle schwingt) auf. Ihre Frequenzen sind ganzzahlige Vielfache der Grundfrequenz.

Schallausbreitung

Zur Schallausbreitung wird immer ein Medium benötigt, im Vakuum breitet sich Schall nicht aus.

Schallgeschwindigkeit

in Festkörpern:

$$c = \sqrt{\frac{E}{\rho}}$$

c: Schallgeschwindigkeit in einem langen Stab
E: Elastizitätsmodul
ρ: Dichte des Stabes

in Flüssigkeiten:

$$c = \sqrt{\frac{K}{\rho}}$$

$$K = \frac{1}{\kappa}$$

c: Schallgeschwindigkeit in einer Flüssigkeit
K: Kompressionsmodul
ρ: Dichte der Flüssigkeit
κ: Kompressibilität

in Gasen:

$$c = \sqrt{\frac{\kappa p}{\rho}}$$

$$c = \sqrt{\kappa RT}$$

c: Schallgeschwindigkeit in einem Gas
$\kappa = \frac{c_p}{c_v}$: Isentropenexponent
ρ: Gasdichte
p: Gasdruck
R: Gaskonstante
T: Gastemperatur

in Luft:

$c_0 = 331{,}2\ \frac{\text{m}}{\text{s}}$ für trockene Luft der Temperatur 0 °C

$c = (331{,}6 + 0{,}6\ \frac{t}{°\text{C}})\ \frac{\text{m}}{\text{s}}$ t: Temperatur der (trockenen) Luft in °C

Die Schallgeschwindigkeit ist aufgrund ihrer Abhängigkeit von der Dichte temperaturabhängig.

Doppler-Effekt

Bewegen sich Schallquelle und Schallempfänger relativ zueinander, so nimmt der Empfänger eine andere Frequenz wahr als die Schallquelle abstrahlt.

Bewegter Schallempfänger

Bewegt sich der Schallempfänger mit der Geschwindigkeit v auf die ruhende Schallquelle (Frequenz f) zu, so nimmt er die höhere Frequenz f'' wahr, bewegt er sich von der Schallquelle weg, dann nimmt er die tiefere Frequenz f' wahr.

$$f'' = f\left(1 + \frac{v}{c}\right) \qquad f' = f\left(1 - \frac{v}{c}\right)$$

Bewegte Schallquelle

Bewegt sich die Schallquelle (Frequenz f) mit der Geschwindigkeit v auf den ruhenden Schallempfänger zu, so nimmt dieser die höhere Frequenz f_2 wahr, bewegt er sich vom Schallempfänger weg, so nimmt er die tiefere Frequenz f_1 wahr.

$$f_2 = \frac{f}{1 - \frac{v}{c}} \qquad f_1 = \frac{f}{1 + \frac{v}{c}}$$

Schallfeldgrößen

Schallschnelle: Schwinggeschwindigkeit der Teilchen des Mediums (Wechselgeschwindigkeit)

$v = \hat{y} \cdot \omega \cos \omega t$

v: Schallschnelle
$\hat{y}$: Schwingungsamplitude der Teilchen
ω: Kreisfrequenz

Die Schallschnelle wird i. A. nicht gemessen, sondern aus dem Schalldruck berechnet.

Schalldruck: periodische Druckschwankungen, die in einer Schallwelle auftreten (Über- und Unterdruck; Wechseldruck)

$$p = \omega\rho c\hat{y}\cos 2\pi\left(\frac{t}{T} - \frac{x}{\lambda}\right)$$
$$\hat{p} = \rho c\omega\hat{y} = \rho c\hat{v}$$
$$Z = \frac{\hat{p}}{\hat{v}} = \rho \cdot c$$

p: Schalldruck
$\hat{p}$: maximaler Schalldruck (Druckamplitude)
Z: Schallwellenwiderstand (spezifische Schallimpedanz)

Der vom Ohr wahrnehmbare Schalldruck erstreckt sich von etwa 10^{-5} Pa bis über 10 Pa.

Schallintensität (Schallstärke): pro Zeiteinheit durch eine Flächeneinheit hindurchgetragene Schallenergie bzw. die Schalleistung pro Flächeneinheit.

$$I = \frac{P}{A} = \frac{\mathrm{d}W}{A\mathrm{d}t}$$

I: Schallintensität
P: Schalleistung, die auf die Fläche A trifft

$$[I] = \frac{\mathrm{W}}{\mathrm{m}^2}$$

$$I = \frac{\hat{p}^2}{2Z} \text{ mit } Z = \rho \cdot c$$
$$= \frac{p^2}{Z}$$

$\hat{p}$: maximaler Schalldruck
Z: Schallimpedanz
p: Schalldruck

untere Wahrnehmungsgrenze des Ohrs: $10^{-12}\,\frac{\mathrm{W}}{\mathrm{m}^2}$ bei der Schallfrequenz $f = 1000$ Hz

Schallpegel (Schalldruckpegel): Verhältniszahl, die den anzugebenden Schalldruck p_x mit dem (willkürlich festgelegten) Bezugsschalldruck p_0 vergleicht. Der Schallpegel wird in Dezibel (dB) angegeben.

$$L = \log_{10}\frac{p_x}{p_0}\,\mathrm{dB}$$

L: Schallpegel
p_0: Bezugsschalldruck $p_0 = 2 \cdot 10^{-5}\,\frac{\mathrm{N}}{\mathrm{m}^2}$

$[L] = \mathrm{dB}$

Beispiel: $p_x = 2 \cdot 10^{-1}\,\frac{\mathrm{N}}{\mathrm{m}^2}$, dann $L = 80$ dB

Relativer Schallpegel:

$\Delta L = L_1 - L_2$

ΔL: relativer Schallpegel

L_1, L_2: absolute Schallpegel

Schalldämm-Maß: kennzeichnet die Schwächung der Schallwellen beim Durchgang durch Bau- und Isolierstoffe

$$R = 10 \log_{10} \frac{I_1}{I_2} \mathrm{dB} = 20 \log_{10} \frac{p_1}{p_2} \mathrm{dB}$$

R: Schalldämm-Maß

I_1, p_1: Schallintensität, Schalldruck vor dem dämmenden Material

I_2, p_2: Schallintensität, Schalldruck nach dem dämmenden Material

Bewertung des Schalls durch das menschliche Gehör

Lautstärkepegel: Das menschliche Ohr ist für Töne unterschiedlicher Frequenzen verschieden empfindlich. Am empfindlichsten ist es für Töne im Bereich 2000 – 5000 Hz. Mit dem Lautstärkepegel wird diese unterschiedliche Empfindlichkeit berücksichtigt. Der Testton wird mit einem Vergleichston von 1000 Hz verglichen.

$$L_N = 20 \log_{10} \frac{p}{p_0} \text{ phon}$$

L_N: Lautstärkepegel

p: Schalldruck eines gleich laut empfundenen 1000 Hz-Tons

p_0: Bezugsschalldruck $p_0 = 2 \cdot 10^{-5}\,\mathrm{Pa}$

Für einen Ton von 1000 Hz stimmen die Werte des Schalldruckpegels und des Lautstärkepegels überein.

2.7 Optik

Über die Art des Lichts gibt es in der Physik zwei gegensätzliche Theorien, die jedoch beide anerkannt werden müssen, da es Experimente gibt, die für die eine Theorie sprechen und solche, welche die zweite Theorie bestätigen (Dualismus der Lichttheorien): Die erste Theorie besagt, dass Licht aus elektromagnetischen Transversalwellen besteht, also aus periodisch schwingenden elektrischen und magnetischen Feldern. Die zweite Theorie besagt, dass Licht aus kleinsten, schnell fliegenden Teilchen, den so genannten Photonen (oder Korpuskeln) besteht.

Das Gebiet der Optik kann man in zwei Teilgebiete unterteilen: die Strahlenoptik und die Wellenoptik.

Die Strahlenoptik (geometrische Optik) bedient sich der Modellvorstellung der Lichtstrahlen; optische Erscheinungen, z. B. Reflexion und Brechung, lassen sich mithilfe der Geometrie beschreiben.

Die Wellenoptik beschreibt optische Erscheinungen, die sich aus der Wellennatur des Lichts erklären lassen, z. B. Beugung, Interferenz und Polarisation.

Strahlenoptik

Regeln der Strahlenoptik:

Licht breitet sich allseitig und geradlinig aus.

Lichtstrahlen können sich durchsetzen, ohne sich gegenseitig zu stören.

Der Lichtweg ist umkehrbar.

Außerhalb seiner Bahn übt das Licht keine Wirkung aus. (Eine Fotoplatte wird nur dort geschwärzt, wo Licht auftrifft.)

Es gelten das Reflexions- und das Brechungsgesetz.

Ausbreitung des Lichts

Licht breitet sich geradlinig aus.

Verschiedene Lichtbündel

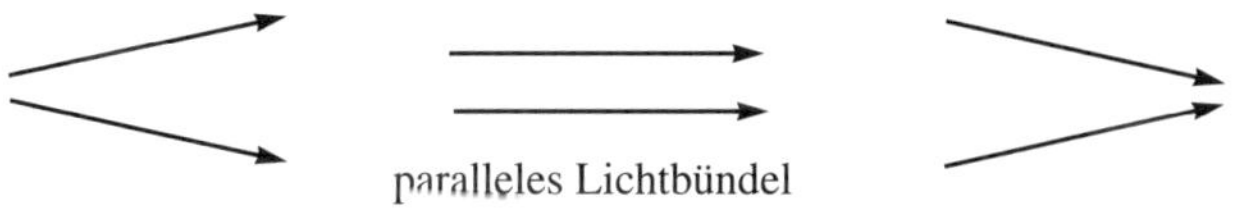

divergentes Lichtbündel

paralleles Lichtbündel

konvergentes Lichtbündel

Schatten

Bei punktförmiger Lichtquelle entsteht hinter einem undurchsichtigen Gegenstand ein Schatten.

Wird ein lichtundurchlässiger Körper von zwei punktförmigen Lichtquellen beleuchtet, die sich in einem bestimmten Abstand voneinander befinden (oder von einer ausgedehnten Lichtquelle von derselben Abmessung), so entstehen Eigenschatten am Körper, Kernschatten und die aufgehellten Halbschatten. Der Halbschatten ist nicht gleichmäßig, er geht nach außen allmählich in den schattenfreien Raum und nach innen allmählich in den Kernschatten über.

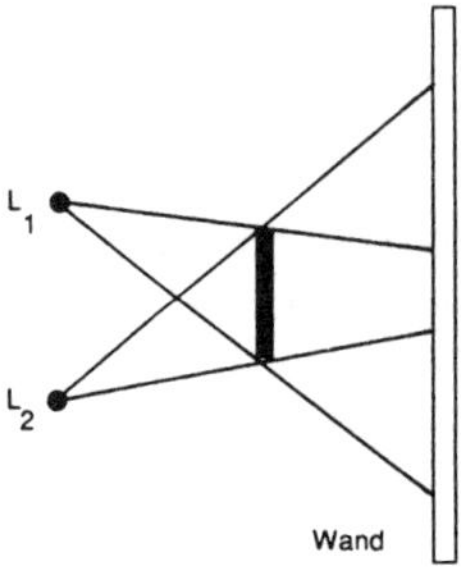

Durch Schattenbildungen finden die gelegentlich zu beobachtenden Sonnen- und Mondfinsternisse ihre Erklärung.

Lichtgeschwindigkeit

$c_0 = 299.792.458 \ \frac{m}{s} \approx 3,0 \cdot 10^8 \frac{m}{s}$ c_0: Lichtgeschwindigkeit im Vakuum

In Medien ist die Lichtgeschwindigkeit kleiner als im Vakuum.

Reflexion und Brechung

Reflexionsgesetz

Einfallender Strahl, Einfallslot und reflektierter Strahl liegen in derselben Ebene. Einfallswinkel ε_e und Reflexionswinkel ε_r haben dieselbe Größe: $\varepsilon_e = \varepsilon_r$

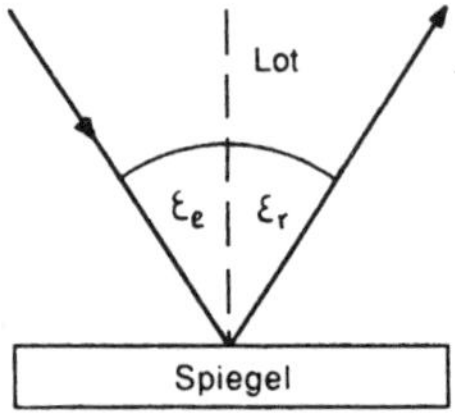

Streuung

Ist die Fläche, an der das Licht reflektiert wird, nicht glatt, so werden die Lichtstrahlen in verschiedene Richtungen reflektiert, man sagt, das Licht wird gestreut.

Ebener Spiegel

Ebene Spiegel sind glatte Flächen, an denen einfallende Parallelstrahlen auch nach der Reflexion parallel sind.

Der Beobachter hat den Eindruck, die reflektierten Strahlen kämen vom Punkt *B'*. Der Punkt *B'* ist der virtuelle Bildpunkt vom Punkt *B*, ebene Spiegel erzeugen virtuelle Bilder (scheinbare Bilder).

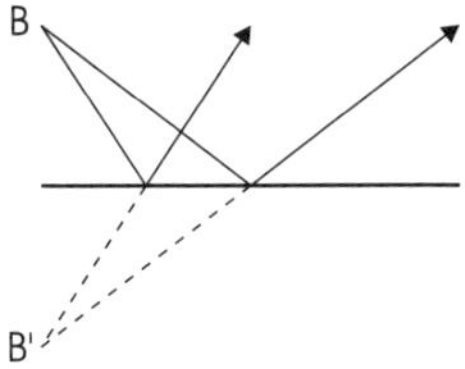

Konkavspiegel (Hohlspiegel)

Hohlspiegel sind entweder Teile von Kugelflächen (sphärische Spiegel) oder von Rotationsparaboloiden (Parabolspiegel).

Um den Strahlenverlauf beim Hohlspiegel beschreiben zu können, baut man um ihn herum ein geometrisches Bezugssystem auf: Die Spiegelfläche wird von der Scheitelebene begrenzt, senkrecht dazu verläuft die optische Achse durch den Scheitelpunkt *O*. Auf der optischen Achse liegt auch der Mittelpunkt *M* der Kugel. Der Brennpunkt *F* halbiert die Strecke *MO*. Die Länge der Strecke *FO* ist die Brennweite *f*.

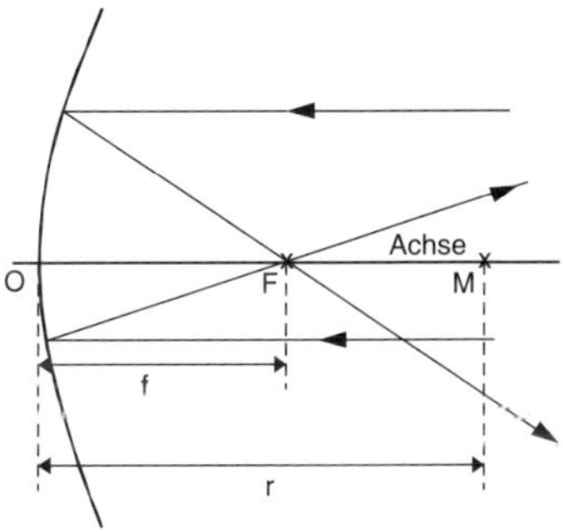

$$f = \frac{r}{2}$$

f: Brennweite
r: Krümmungsradius des Hohlspiegels

Parallel zur optischen Achse des Hohlspiegels auf einen Hohlspiegel fallende Strahlen (Parallelstrahlen) werden im Brennpunkt *F* gesammelt. (Sollen neben den achsennahen auch achsenferne Strahlen nach der Reflexion exakt durch den Brennpunkt gehen, so benötigt man einen Parabolspiegel.)

Durch den Brennpunkt einfallende Strahlen (Brennpunktstrahlen) verlaufen nach der Reflexion parallel zur optischen Achse.
Mittelpunktstrahlen werden in sich selbst reflektiert.

Abbildung
Befindet sich eine Lichtquelle oder ein beleuchteter Körper (Gegenstand) vor dem Hohlspiegel, so erzeugt dieser vom Körper eine optische Abbildung (Bild). Die Art des Bildes hängt von der Stellung des Gegenstands vor dem Hohlspiegel ab.

Lage des Gegenstands	Lage des Bildes	Art des Bildes
Zwischen F und O	hinter dem Spiegel	virtuell, aufrecht, vergrößert
Zwischen F und M	vor M	reell, umgekehrt, vergrößert
In der Ebene durch M	in der Ebene durch M	reell, umgekehrt, gleich groß
Vor M	zwischen F und M	reell, umgekehrt, verkleinert

Konvexspiegel (Wölbspiegel)

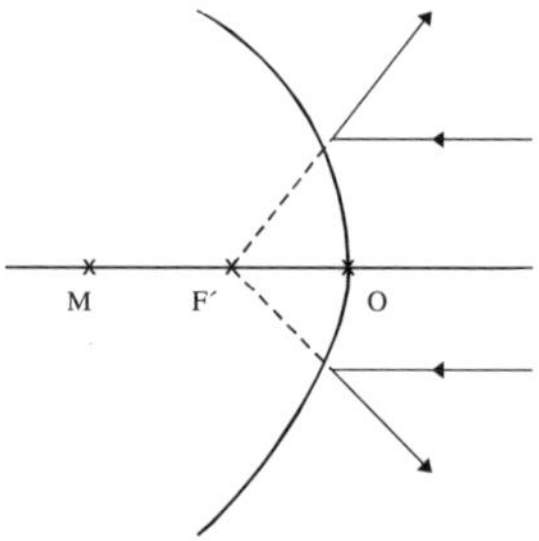

Brennweite und Bildweite sind negativ.
$f = \frac{r}{2}$ $\qquad$ f: Brennweite

Brechung
An der Grenzfläche zweier Medien wird ein Lichtstrahl nicht nur reflektiert, sondern tritt zu einem Teil auch in das andere Medium über, wobei sich seine Ausbreitungsrichtung ändert.

Einfallstrahl, Einfallslot, reflektierter und gebrochener Strahl liegen in einer Ebene. Der schräg einfallende Strahl wird so gebrochen, dass das Verhältnis

$\frac{\sin \varepsilon_e}{\sin \varepsilon_b} = n = \text{const}$ ist. Die Konstante n ist die Brechzahl, sie hängt von der Kombination der beiden Medien ab.

ε_e : Einfallswinkel
ε_r : Reflexionswinkel
ε_b : Brechungswinkel

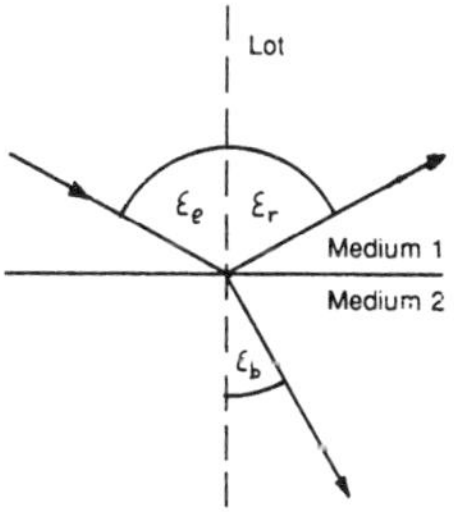

Tritt der Lichtstrahl in ein optisch dichteres (dünneres) Medium über, so wird er zum Lot hin (vom Lot weg) gebrochen.
Optisch dichter wird das Medium mit der kleineren Lichtgeschwindigkeit, optisch dünner das Medium mit der größeren Lichtgeschwindigkeit bezeichnet.

$$\frac{\sin \varepsilon_e}{\sin \varepsilon_b} = \frac{c_1}{c_2} = \frac{n_2}{n_1}$$

c_1: Lichtgeschwindigkeit im Medium 1
c_2: Lichtgeschwindigkeit im Medium 2
n_1: Brechzahl des Mediums 1
n_2: Brechzahl des Mediums 2
Für Vakuum und Luft kann $n = 1$ gesetzt werden.

Totalreflexion
Überschreitet der Einfallswinkel beim Übergang vom optisch dünneren in ein dichteres Medium einen bestimmten Grenzwert, den Grenzwinkel ε_G, sodass der Brechungswinkel 90° (und größer) betragen würde, tritt kein Licht in das optisch dichtere Medium über. Der Lichtstrahl wird total reflektiert. Für alle Einfallswinkel $\varepsilon_e > \varepsilon_G$ gilt dann das Reflexionsgesetz.

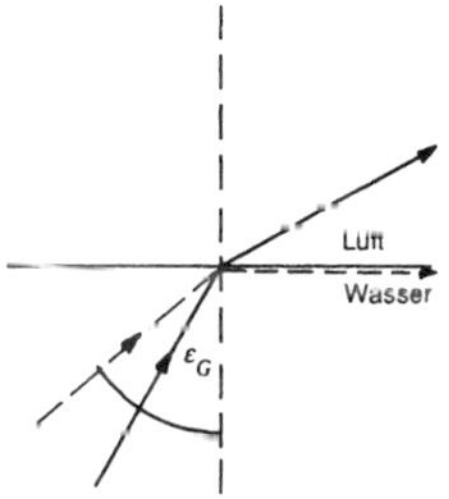

Für den Grenzwinkel ε_G gilt:

$$\sin \varepsilon_G = \frac{c_1}{c_2} = \frac{n_2}{n_1}$$

ε_G: Grenzwinkel
n_1: Brechzahl des optisch dichteren Mediums
n_2: Brechzahl des optisch dünneren Mediums
c_1: Lichtgeschwindigkeit im optisch dichteren Medium
c_2: Lichtgeschwindigkeit im optisch dünneren Medium

$\sin \varepsilon_G = \frac{1}{n}$, wenn das optisch dünnere Medium Luft oder Vakuum

Anwendung z. B. in der Glasfaseroptik

Planparallele Platte
Ein Lichtstrahl wird durch die Brechung an den beiden parallelen Grenzflächen einer planparallelen Platte parallel verschoben.

$$s = \frac{d \sin(\varepsilon - \varepsilon')}{\cos \varepsilon'}$$

s: Parallelverschiebung des Lichtstrahls
d: Dicke der Platte
ε: Einfallswinkel an der 1. Grenzfläche
ε´: Brechungswinkel an der 1. Grenzfläche = Einfallswinkel an der 2. Grenzfläche

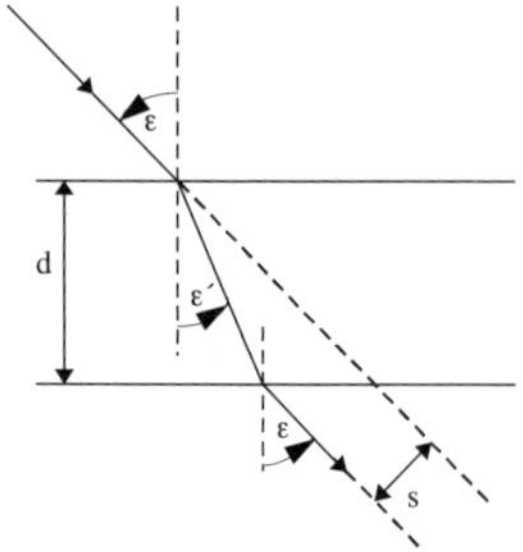

Prisma

$$\delta = \alpha_1 + \beta_2 - \omega$$

δ: Ablenkwinkel bei zweimaliger Brechung
α_1: Einfallswinkel an der 1. Grenzfläche
β_2: Ausfallswinkel an der 2. Grenzfläche
ω: brechender Winkel des Prismas

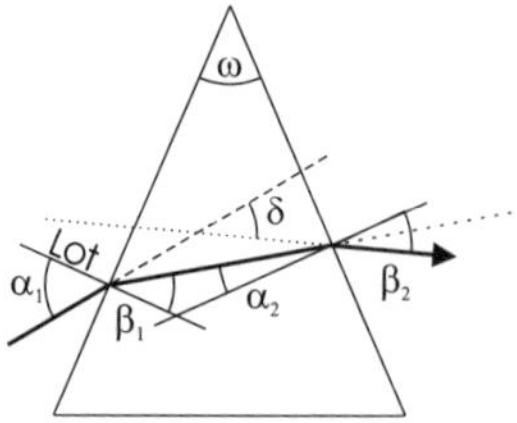

Beachte: Da die Brechzahl wellenlängenabhängig ist, werden Prismen zur Auffächerung eines Lichtstrahls in seine Spektralfarben eingesetzt.

Optische Abbildung

Linsen

Durchsichtige Körper mit kugelförmig gekrümmten Begrenzungsflächen nennt man sphärische Linsen. Es gibt Linsen, die in der Mitte dicker sind als am Rand, diese nennt man Sammellinsen oder Konvexlinsen. Linsen, die in der Mitte dünner sind als am Rand, heißen Zerstreuungslinsen oder Konkavlinsen. Die Bezeichnungen Sammellinsen und Zerstreuungslinsen leitet man aus dem Verhalten der Lichtbündel ab, die durch die Linsen hindurchlaufen.

Konvexlinsen

bi-konvexe Linse 

plan-konvexe Linse 

konkav-konvexe Linse 

Konkavlinsen

bi-konkave Linse 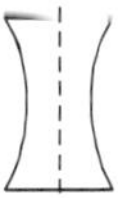

plan-konkave Linse 

konvex-konkave Linse 

Im Folgenden werden nur dünne Linsen betrachtet.

Strahlenverlauf

Der Brennpunkt *F* liegt im Abstand *f* von der (dünnen) Linse. *f* heißt Brennweite.

Konvexlinsen

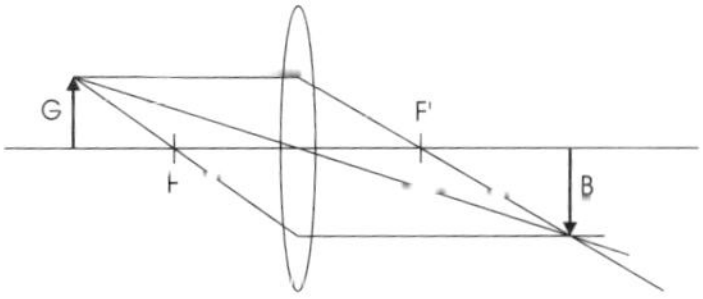

Parallel zur optischen Achse einfallende Strahlen (Parallelstrahlen) werden durch eine Sammellinse so gebrochen, dass sie im Brennpunkt vereinigt werden.
Mittelpunktstrahlen gehen ohne Richtungswechsel durch die Linse.
Brennpunktstrahlen, d. h. Strahlen, die durch den vor der Linse liegenden Brennpunkt F gehen, werden zu Parallelstrahlen.

Konkavlinsen

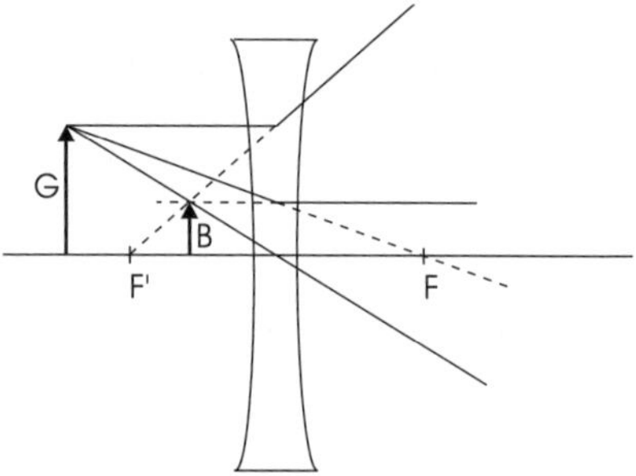

Parallelstrahlen werden durch eine Konkavlinse so gebrochen als kämen sie von einem vor der Linse liegenden Brennpunkt F', dessen Abstand von der Linsenmitte die Brennweite f der Linse beträgt.
Mittelpunktstrahlen passieren die Linse ohne Richtungswechsel.
Strahlen, die in Richtung des hinter der Linse liegenden Brennpunkts einfallen, werden zu Parallelstrahlen.

Bildkonstruktion

Parallelstrahlen, Mittelpunktstrahlen und Brennpunktstrahlen werden als Hauptstrahlen bezeichnet.
Zur Konstruktion des optischen Bildes einer Linse bedient man sich mindestens zweier Hauptstrahlen.
Der Bildpunkt eines Gegenstandpunkts liegt im Schnittpunkt der Hauptstrahlen.

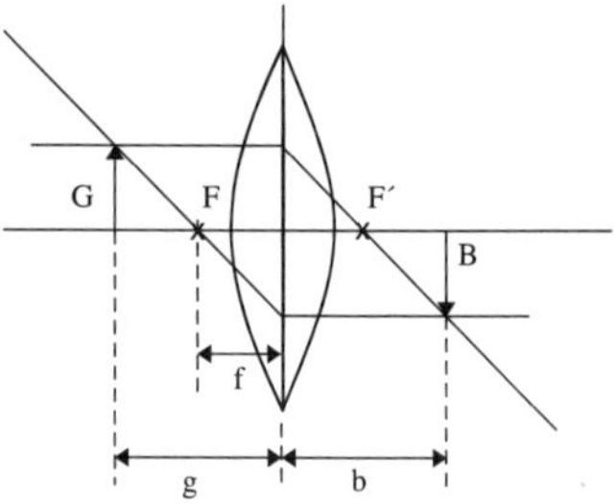

Abbildungsgesetze

Abbildungsmaßstab

$$\beta = \frac{B}{G} = \frac{b}{g}$$

β: Abbildungsmaßstab
B: Bildhöhe
G: Gegenstandshöhe
b: Bildweite (Abstand des Bildes von der Linsenmitte)
g: Gegenstandsweite (Abstand des Gegenstandes von der Linsenmitte)

Abbildungsgleichung

$$\frac{1}{f} = \frac{1}{g} + \frac{1}{b}$$

Bildweiten, die auf der Gegenstandsseite liegen, sind negativ. Es handelt sich um virtuelle Bilder. Bei Zerstreuungslinsen sind Bildweite und Brennweite negativ.

Übersicht über die Abbildungseigenschaften

Bilder der Sammellinse				
Gegenstandsweite g	Bildweite b	Bildgröße B	Abbildungsmaßstab β	Bildart
$g > 2f$	$2f > b > f$	$B < G$	$\beta < 1$	reell, umgek.
$g = 2f$	$b = 2f$	$B = G$	$\beta = 1$	reell, umgek.
$2f > g > f$	$b > 2f$	$B > G$	$\beta > 1$	reell, umgek.
$g = f$	$b = \infty$	$B = \infty$	$\beta = \infty$	-
$g < f$	$b < 0$	$B > G$	$\beta > 1$	virtuell, aufr.
Bild der Zerstreuungslinse				
g beliebig	$b < 0$	$B < G$	$\beta < 1$	virtuell, aufr.

Brechwert

$$D = \frac{1}{f}$$

D: Brechwert
f: Brennweite

$[D] = \frac{1}{\text{m}} = \text{dpt}$ (Dioptrie)

Der Brechwert von Zerstreuungslinsen ist negativ.

Systeme dünner Linsen

Ist der Abstand zweier dünner Linsen klein gegenüber ihren Brennweiten f_1 und f_2, so wirken die beiden Linsen wie eine Linse der Brennweite f.

$$\frac{1}{f} = \frac{1}{f_1} + \frac{1}{f_2} - \frac{d}{f_1 - f_2}$$

f, D: Brennweite und Brechkraft der Ersatzlinse

f_1, f_2, D_1, D_2: Brennweiten und Brechkräfte der eng beieinander liegenden Linsen

$$D = D_1 + D_2 + dD_1D_2$$

d: Abstand der beiden Linsen

Dispersion

Die Tatsache, dass der Brechungsindex eines Stoffes von der Frequenz des verwendeten Lichts abhängt, nennt man Dispersion.

Es gilt die Maxwell'sche Relation:

$$n = \sqrt{\varepsilon} = \sqrt{1 + \kappa_e}$$

ε: Dielektrizitätskonstante

κ_e: elektrische Suszeptibilität

Abbildungsfehler (Linsenfehler, Aberrationen)

Chromatische Aberration (Farbfehler)

Aufgrund der Dispersion wird kurzwelliges Licht von der Linse stärker gebrochen als langwelliges. Deshalb ist die Brennweite der Linse für längerwelliges Licht etwas größer als für kürzerwelliges. Der Bildpunkt weist deshalb Farbränder auf.

Die chromatische Aberration lässt sich durch Kombination mehrerer Linsen mit unterschiedlichen Brechungsindices und unterschiedlichen Dispersionen weit gehend beheben. Solche Linsensysteme nennt man Achromate.

Sphärische Aberration

Bei sphärischen Linsen haben Randstrahlen eine geringere Brennweite als achsennahe Strahlen; es werden also nicht alle parallel einfallenden Strahlen so gebrochen, dass sie sich hinter der Linse in einem Punkt schneiden.

Um die sphärische Aberration möglichst gering zu halten, sollte man die Randstrahlen durch Blenden möglichst ausblenden.

Astigmatismus

Ist die Krümmung der Oberfläche einer Linse nicht rotationssymmetrisch zur optischen Achse, so wird parallel zur optischen Achse einfallendes Licht nicht in einem Brennpunkt vereinigt. Vielmehr beobachtet man eine „Brennlinie“.

Dieser Linsenfehler kann durch Kombination der Linse mit einer Zylinderlinse behoben werden.

Optische Instrumente

Auge

Sehwinkel

Der Sehwinkel ist der Winkel, den die auf die Netzhaut fallenden Randstrahlen eines Gegenstandes an der Pupille bilden. Je größer der Sehwinkel ist, desto größer ist das Bild des Gegenstands auf der Netzhaut.

G: Gegenstand
ε: Sehwinkel

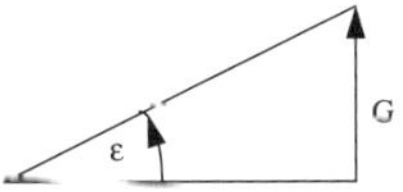

Deutliche Sehweite (Bezugssehweite)

$s_0 = 25$ cm s_0: deutliche Sehweite

Gegenstände, die sich mindestens in dieser Entfernung vom Auge befinden, können ermüdungsfrei betrachtet werden. Zum Lesen sollte deshalb die „deutliche Sehweite" nicht unterschritten werden.

Vergrößerung

Optische Instrumente dienen häufig der Vergrößerung.

$$V = \frac{\tan \varepsilon}{\tan \varepsilon_0}$$

V: Vergrößerung
ε: Sehwinkel mit optischem Instrument
ε_0: Sehwinkel ohne optisches Instrument

Lupe

Sammellinse zur Vergrößerung eines Gegenstandes

Das Auge sieht ein vergrößertes, virtuelles, aufrechtes Bild des Gegenstandes.

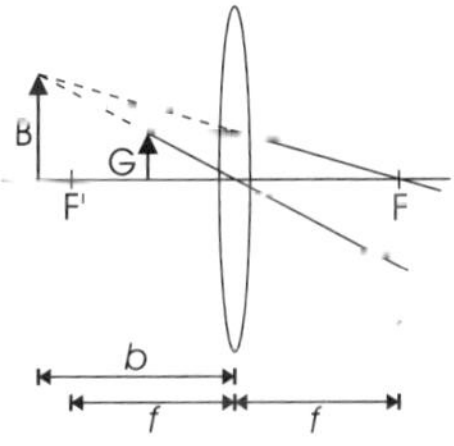

$$V = \frac{s_0}{f} \qquad \text{für } g = f$$

$$V = \frac{s_0}{f} + 1 \qquad \text{für } g < f$$

V: Vergrößerung
s_0: deutliche Sehweite
f: Brennweite der Linse

Mit Lupen lassen sich 20- bis 30fache Vergrößerungen erreichen.

Projektor (vereinfachter Aufbau)
Der Gegenstand befindet sich im Abstand von ein bis zwei Brennweiten einer Sammellinse (Linsensystem) entfernt. Das Bild liegt mehr als zwei Brennweiten hinter der Linse und ist reell, vergrößert und umgekehrt.

$$\beta = \frac{b}{f} - 1$$

β: Abbildungsmaßstab
b: Bildweite
f: Brennweite

Kamera (Fotoapparat)
Der abzubildende Gegenstand befindet sich mehr als zwei Brennweiten vom Objektiv (Sammellinse) entfernt. Das Bild ist reell, verkleinert und umgekehrt. Durch eine Blende wird der auf die Fotoplatte fallende Lichtstrahl begrenzt, wodurch die Schärfentiefe vergrößert, die einfallende Lichtmenge jedoch verringert wird.

$$\frac{1}{k} = \frac{d}{f}$$

k: Blendenzahl
d: Durchmesser des von der Blende begrenzten Lichtstrahls
f: Brennweite des Objektivs

Mikroskop

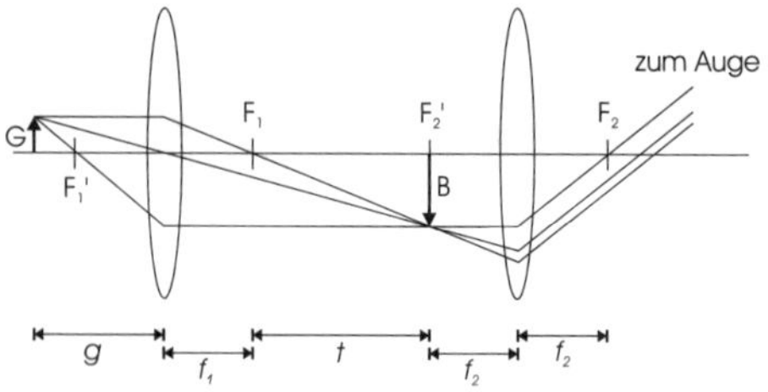

Das durch das Objektiv entworfene reelle, vergrößerte Zwischenbild wird mit dem Okular als Lupe betrachtet.

$$V = \frac{t \cdot s_0}{f_1 \cdot f_2}$$

V: Vergrößerung
t: Tubuslänge des Mikroskops
s_0: deutliche Sehweite
f_1: Brennweite des Objektivs
f_2: Brennweite des Okulars

$$V = \beta_{\text{Objektiv}} \cdot V_{\text{Okular}}$$

β_{Objektiv}: Abbildungsmaßstab des Objektivs
V_{Okular}: Vergrößerung des Okulars

Auflösungsgrenze

$$d = \frac{\lambda}{n \cdot \sin \alpha}$$

$$A = n \cdot \sin \alpha$$

d: Auflösungsgrenze; minimaler Punktabstand, um die Punkte gerade noch getrennt wahrnehmen zu können.
λ: Wellenlänge des verwendeten Lichts
n: Brechzahl
α: Winkel, unter dem die Objektivöffnung vom Objekt aus erscheint.
A: numerische Apertur

Kepler'sches Fernrohr (astronomisches Fernrohr)

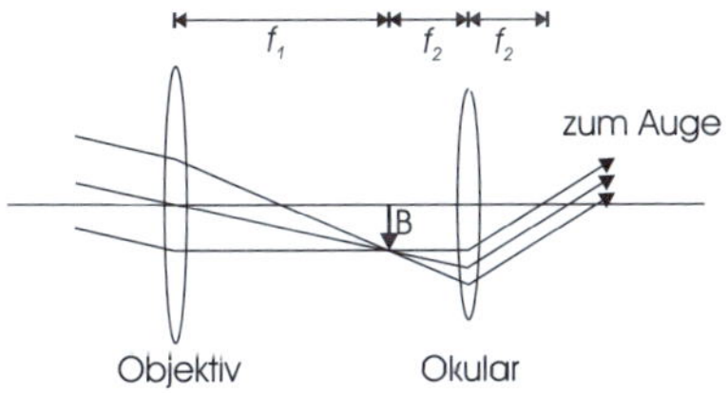

Eine langbrennweitige Sammellinse, das Objektiv, und eine kurzbrennweitige Sammellinse, das Okular, sind im Abstand der beiden Brennweiten ($f_1 + f_2$) angeordnet. Mit dem Okular wird das reelle, umgekehrte Bild wie mit einer Lupe betrachtet. Der Beobachter sieht vom Gegenstand ein umgekehrtes Bild.

$V = \frac{f_1}{f_2}$

V: Vergrößerung
f_1: Brennweite des Objektivs
f_2: Brennweite des Okulars

Galilei'sches Fernrohr (holländisches Fernrohr)

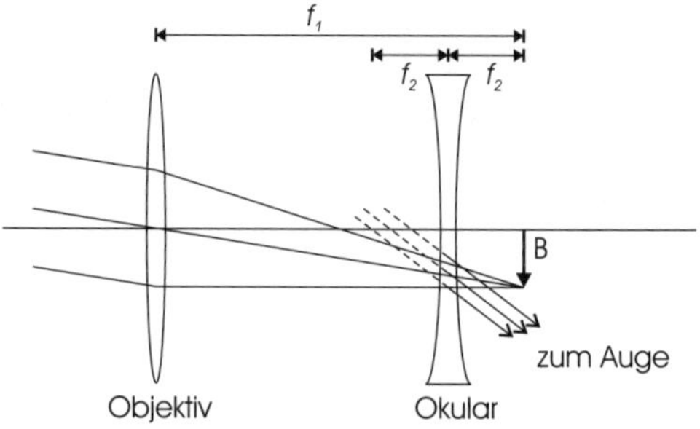

Eine Sammellinse großer Brennweite f_1 (Objektiv) und eine Zerstreuungslinse kurzer Brennweite f_2 (Okular) sind im Abstand $f_1 - f_2$ angeordnet. Der Beobachter sieht ein aufrechtes Bild des Gegenstands.

$V = \frac{f_1}{f_2}$

V: Vergrößerung
f_1: Brennweite des Objektivs
f_2: Brennweite des Okulars

Prismenferngläser
Der Grundaufbau von Prismenferngläsern entspricht dem des astronomischen Fernrohrs. Um jedoch aufrechte Bilder des Gegenstandes zu erhalten, sind zwei total reflektierende Umkehrprismen eingebracht.

Wellenoptik

Interferenzerscheinungen
Erscheinungen, die durch Überlagerung mehrerer Wellen zustande kommen.
Voraussetzung: Kohärenz

Beugung

An scharfen Kanten vorbeilaufende Wellen werden in den Schattenraum gebeugt. Die Beugung von Wellen kann mit dem Huygens'schen Prinzip erklärt werden. Hiernach ist jedes Teilchen wiederum Ausgangspunkt von Elementarwellen. Die Elementarwellen überlagern sich, je nach Phasenlage ergeben sich Maxima (Verstärkung) und Minima (Auslöschung).

Beugung am engen Spalt

Intensitätsminima

$$\sin \alpha_{min} = k \cdot \frac{\lambda}{b}$$

mit $k = \pm 1, \pm 2, \pm 3, \ldots$

α_{min}: Beugungswinkel für die Richtung der Minima
λ: Wellenlänge
b: Spaltbreite

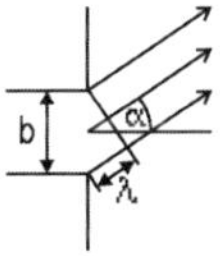

Intensitätsmaxima

$$\sin \alpha_{max} = \left(k + \frac{1}{2}\right)\frac{\lambda}{b}$$

mit $k = \pm 1, \pm 2, \pm 3, \ldots$

α_{max}: Beugungswinkel für die Richtung der Maxima
λ: Wellenlänge
b: Spaltbreite

Die Intensität der Maxima verringert sich mit zunehmendem k.

Beugung am Doppelspalt

Intensitätsmaxima

$$\sin \alpha_{max} = k \cdot \frac{\lambda}{b}$$

mit $k = 0, \pm 1, \pm 2, \ldots$

α_{max}: Beugungswinkel für die Richtung der Maxima
λ: Wellenlänge
d: Abstand der beiden Spalte

Intensitätsminima

$$\sin \alpha_{min} = \left(k + \frac{1}{2}\right)\frac{\lambda}{d}$$

mit $k = 0, \pm 1, \pm 2, \ldots$

α_{min}: Beugungswinkel für die Richtung der Minima
λ: Wellenlänge
d: Abstand der beiden Spalte

Beugungsgitter

$\sin \alpha_{max} = k \cdot \frac{\lambda}{g}$	α_{max}:	Beugungswinkel für die Richtung der Maxima
mit $k = 0, \pm 1, \pm 2, \ldots$	λ:	Wellenlänge
	g:	Gitterkonstante
mit $\tan \alpha = \frac{a}{l}$	l:	Entfernung Gitter - Auffangschirm
	a:	Abstand des Maximums k-ter Ordnung von der Mittellinie

Da die Beugungswinkel für die Maxima und Minima wellenlängenabhängig sind, kann man mithilfe von Beugungsgittern Licht spektral zerlegen.

Polarisation

Eine Transversalwelle ist polarisiert, wenn bestimmte Schwingungsrichtungen bevorzugt werden. (Longitudinalwellen lassen sich nicht polarisieren.)

linear polarisiert:	Der elektrische Feldvektor schwingt nur in einer Ebene.
zirkular polarisiert:	Die Spitze des elektrischen Feldvektors beschreibt einen Kreis. Zirkular polarisiertes Licht kann als Überlagerung zweier linearer Wellenzüge dargestellt werden.
elliptisch polarisiert:	Die Spitze des elektrischen Feldvektors beschreibt eine Ellipse. Elliptisch polarisiertes Licht kann ebenfalls als Überlagerung zweier linearer Wellenzüge dargestellt werden.
Polarisatoren:	Anordnungen, mit denen Licht polarisiert wird
Analysatoren:	Anordnungen, mit denen man die Polarisation von Licht nachweisen kann

Polarisatoren und Analysatoren sind in ihrer Wirkungsweise identisch. Sie lassen nur Licht bestimmter Schwingungsrichtung hindurch.

Polarisation durch Reflexion

Brewster'sches Gesetz

Trifft ein Lichtstrahl unter dem Brewster-Winkel α_p auf die Grenzfläche zweier Medien, dann ist der reflektierte Teil vollkommen linear polarisiert. Gebrochener und reflektierter Strahl bilden dann einen rechten Winkel.

$\tan \alpha_p = n$	α_p:	Brewster-Winkel
	n:	Brechzahl

Drehung der Schwingungsebene - optisch aktive Stoffe

Optisch aktive Stoffe drehen die Schwingungsebene.

$$\alpha = \alpha_s \cdot \frac{l \cdot m}{V}$$

α: Drehwinkel der Schwingungsebene
α_s: spezifische Drehung (stoffspezifisch)
l: Lichtweg in der Flüssigkeit
m: Masse des optisch aktiven Stoffs
V: Volumen der Lösung des optisch aktiven Stoffs

Über den Drehwinkel kann die Konzentration optisch aktiver Lösungen, z. B. von Zuckerlösungen, bestimmt werden.

Spezifische Drehung α_s von wässrigen Zuckerlösungen in $\frac{\text{cm}^3}{\text{dm} \cdot \text{g}}$

Rohrzucker: +66,4
Traubenzucker: +52,5
Fruchtzucker: –91,9
Das +(–)-Zeichen gibt an, dass die Lösung rechtsdrehend (linksdrehend) ist. Die Blickrichtung ist entgegengesetzt zur Ausbreitungsrichtung des Lichts.

Lichtstrahlung und Fotometrie

Strahlungsgrößen

(In Klammern stehen jeweils die Gleichungen bei ungleichmäßiger Verteilung der Energie.)

Strahlungsfluss (abgestrahlte oder aufgenommene Strahlungsleistung)

$$\Phi_e = \frac{W}{t}$$

$$\left(\Phi_e = \frac{dW}{dt}\right)$$

Φ_e: Strahlungsfluss
W: Energie
t: Zeit

Bestrahlung (auf Empfängerfläche bezogen)

$$H_e = \frac{W}{A_E}$$

$$\left(H_e = \frac{dW}{dA_E}\right)$$

H_e: Bestrahlung
W: Energie
A_E: Empfängerfläche

Bestrahlungsstärke (auf Empfängerfläche zugestrahlte Leistung)

$$E_e = \frac{\Phi_e}{A_E}$$ E_e: Bestrahlungsstärke

$$\left(E_e = \frac{d\Phi_e}{dA_E}\right)$$

Strahlstärke (je Raumwinkel von der Strahlungsquelle abgestrahlte Leistung)

$$I_e = \frac{\Phi_e}{\Omega}$$ I_e: Strahlstärke

$$\left(I_e = \frac{d\Phi_e}{d\Omega}\right)$$ Ω: Raumwinkel

Spezifische Ausstrahlung

$$M_e = \frac{\Phi_e}{A_S}$$ M_e: spezifische Ausstrahlung

$$\left(M_e = \frac{d\Phi_e}{dA_S}\right)$$ Φ_e: von der Strahlungsquelle abgestrahlte Leistung

A_S: Strahlerfläche

Strahldichte

$$L_e = \frac{\Phi_e}{W \cdot A_S} = \frac{I_e}{A_S}$$ L_e: Strahldichte

$$L_e = \frac{d^2\Phi_e}{d\Omega dA_S} = \frac{dI_e}{dA_S}$$

Fotometrie

Fotometrische Größen berücksichtigen die Empfindlichkeit des Auges und sind somit, im Gegensatz zu den Strahlungsgrößen, subjektiv. Da das menschliche Auge für Licht einer (ungefähren) Wellenlänge von $\lambda = 555$ nm am empfindlichsten ist, dient Licht dieser Wellenlänge als Bezugsgröße.

Lichtstärke

Die Lichtstärke ist eine SI-Basisgröße, ihre Einheit ist Candela.

Definition: Eine Candela ist die Lichtstärke einer Strahlungsquelle, die in einer bestimmten Richtung monochromatisches Licht der Vakuumwellenlänge 555 nm mit der Strahlstärke $\frac{1}{683}\frac{\text{W}}{\text{sr}}$ aussendet.

Leuchtdichte

$L = \frac{I}{A}$

L: Leuchtdichte
I: Lichtstärke
A: scheinbare Fläche (d. h. Projektion der eigentlichen Fläche auf eine Ebene senkrecht zur Beobachtungsrichtung)

Lichtstrom

$\Phi = \int I \, \mathrm{d}\Omega$

Φ: Lichtstrom
I: Lichtstärke
Ω: Raumwinkel

$\Phi = I \cdot \Omega$ bei im Raumwinkel konstanter Lichtstärke

$[\Phi]$ = lm (Lumen) = cd · sr

Spezifische Lichtausstrahlung

$M = \frac{\Phi}{A_S}$

M: spezifische Lichtausstrahlung
Φ: Lichtstrom (über Strahlerfläche konstant)
A_S: Strahlerfläche

Lichtmenge

$Q = \Phi \cdot t$

Q: Lichtmenge
Φ: (konstanter) Lichtstrom
t: Zeit

Beleuchtungsstärke

$E = \frac{\Phi}{A}$

E: Beleuchtungsstärke (bei gleichmäßiger Verteilung)
Φ: Lichtstrom
A: vom Lichtstrom getroffene Fläche

$[E] = \mathrm{lx}(\mathrm{Lux}) = \frac{\mathrm{lm}}{\mathrm{m}^2}$ (Sonnenlicht im Sommer: 100 000 lx)

Belichtung

$H = \int E \, \mathrm{d}t$ — H: Belichtung
E: Beleuchtungsstärke
Q: Lichtmenge
A: beleuchtete Fläche

$H = E \cdot t = \frac{Q}{A}$ — für zeitlich konstante Beleuchtungsstärke

2.8 Atomphysik

Unter der Atomphysik wird heute die Physik der Elektronenhülle und der Vorgänge, an denen die Atomelektronen beteiligt sind, zusammengefasst.

Beschreibungsgrößen

$m_\mathrm{A} = A_\mathrm{r}\,\mathrm{u}$ — m_A: absolute Atommasse: Die Masse eines Atoms wird in atomaren Masseneinheiten u oder in Kilogramm (kg) angegeben.

$m_\mathrm{M} = M_\mathrm{r}\,\mathrm{u}$ — m_M: absolute Molekülmasse
M_r: relative Molekülmasse

u — atomare Masseneinheit: 1 atomare Masseneinheit (1 u) ist der 12te Teil der Masse des Nuklids $^{12}\mathrm{C}$ (Kohlenstoff); 1 u = $1{,}6605519 \cdot 10^{-27}$ kg. Beträgt die Teilchenmasse x u, so beträgt die Masse eines Mols dieser Teilchen x g.

$A_\mathrm{r} = \frac{m}{12{,}000\,\mathrm{u}}$ — A_r: relative Atommasse (früher Atomgewicht)
Massenverhältnis eines Atoms zur Masse eines $^{12}\mathrm{C}$ - Atoms
Beispiele:
relative Atommasse des Wasserstoffs $A_\mathrm{rH} = 1{,}008$;
relative Atommasse des Sauerstoffs $A_\mathrm{rO} = 15{,}999$

M_r

relative Molekülmasse: Summe der relativen Atommassen der die das Molekül zusammensetzenden Atome
Beispiel:
$M_{rH_2O} = 2 \cdot M_{rH} + M_{rO} = 2 \cdot 1,008$
$+ 15,999 = 18,015$

V

V: Stoffmenge: Ein Körper hat die Stoffmenge $V = 1$ mol, wenn er aus ebenso vielen Teilchen besteht wie Atome in 12 g des Nuklids ^{12}C enthalten sind, also aus N_A Teilchen.

$M_m = \frac{m}{n}$

M_m: molare Masse: Masse von 1 mol eines Stoffes
m: Stoffmasse
n: Anzahl der Mole des Stoffes

$N_A = 6,022 \cdot 10^{23} \frac{1}{\text{mol}}$

N_A: Avogadro'sche Konstante: gibt an, wie viele Atome oder Moleküle 1 Mol eines Stoffes enthält und ist für alle Stoffe gleich.

$N = \frac{m}{A_r{}^u}$

N: Anzahl der in einem Stoff der Masse m enthaltenen Atome

$N = \frac{m}{M_r{}^u}$

N: Anzahl der in einem Stoff der Masse m enthaltenen Moleküle

$V_m = \frac{V}{n}$

V_m: Molvolumen (molares Volumen)
V: Volumen des Stoffes
n: Anzahl der Mole eines Stoffes

$V_{mn} = 22,414 \frac{\text{dm}^3}{\text{mol}}$

V_{mn}: Molnormvolumen (molares Normvolumen): Molvolumen eines idealen Gases im Normzustand

$e = 1,602 \cdot 10^{-19}$ As

e: elektrische Elementarladung: Ladung eines Elektrons

$m_e = 9{,}11 \cdot 10^{-31}$ kg $= 5{,}48 \cdot 10^{-4}$ u

m_e: Elektronenmasse
(1 u = $1822{,}89 \cdot m_e$)

$1 \text{ eV} = 1{,}602 \cdot 10^{-19}$ Ws — 1 Elektronenvolt (eV) entspricht der Energie, die ein Elektron beim Durchlaufen der Spannung 1 V erhält.

$$\frac{e}{m_e} = 1{,}7588 \cdot 10^{11} \frac{\text{C}}{\text{kg}}$$

$\frac{e}{m_e}$: spezifische Elektronenladung

Welle-Teilchen-Dualismus

Abhängig vom Experiment und der Beobachtungsart können sich mikrophysikalische Objekte als Teilchen oder als Welle verhalten. So kann man Licht weder als auf Bahnen fliegende Korpuskeln noch als Wellen kontinuierlicher Energieverteilung vollständig beschreiben.

Die Abgabe von Energie durch Licht der Frequenz *V* erfolgt immer in Energiequanten.

$E = h \cdot \nu$

E: Energie eines Quants
ν: Frequenz der Strahlung
h: Planck'sches Wirkungsquantum

$h = 6{,}62618 \cdot 10^{-34}$ Js $= 4{,}13570 \cdot 10^{-15}$ eVs

$$p = \frac{h}{\lambda}$$

p: Impuls des Lichtquants
λ: Wellenlänge

$$m = \frac{E}{c^2} = \frac{h \cdot \nu}{c^2}$$

m: Masse der Lichtquanten
E: Energie *E* der Lichtquanten

$m_0 = 0$

m_0: Ruhemasse der Lichtquanten

Fotoeffekt

Auf ein Target treffende Lichtquanten (Photonen) können aus diesem Elektronen herauslösen.

$h \cdot \nu = W_a + \frac{1}{2} m \cdot v^2$

$h \cdot \nu$: Energie des absorbierten Lichtquants
W_a: Arbeit zum Herauslösen des Elektrons
$\frac{1}{2} m \cdot v^2$: kinetische Energie des herausgelösten Elektrons

Comptoneffekt
Energiereiche Quanten (eines Röntgenstrahls) lösen beim Auftreffen auf Materie Elektronen heraus, zudem tritt eine Streustrahlung auf.

$\Delta\lambda = \lambda_c(1 - \cos\theta)$

$\Delta\lambda$: Differenz der Wellenlängen der eintreffenden und der gestreuten Strahlung (Comptonverschiebung)

mit $\Delta\lambda = 0,024$ Å

λ_c: Comptonwellenlänge

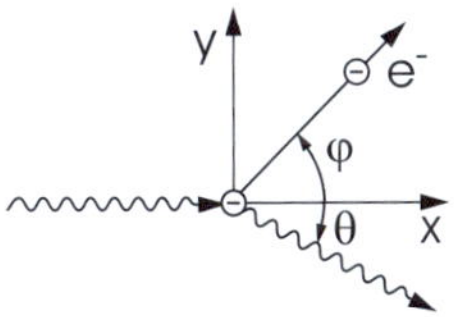

Unbestimmtheitsrelationen für Mikroteilchen
(Photonen, Elektronen und andere Elementarteilchen)
Heisenberg'sche Unbestimmtheitsrelation

$\Delta x \cdot \Delta p_x \geq h$

Δx, Δp_x: Mittelwerte der Unbestimmtheiten für Ort und Impuls, die zusammen registriert werden

Aufgrund der Heisenberg'schen Unbestimmtheitsrelation kann der Bahnbegriff in atomaren Bereichen nicht angewandt werden.
Für alle Mikroteilchen gilt:

$\lambda = \frac{h}{p}$

De-Broglie-Wellen (Materiewellen)
λ: Wellenlänge
p: Impuls

Energie-Zeit-Unschärferelation

$\Delta W \cdot \Delta t \geq h$ — ΔW: Energieunschärfe
Δt: Zeitdauer der Energiemessung

$\Delta \gamma \cdot \Delta t \geq 1$ — $\Delta \gamma$: Frequenzunschärfe

Atommodelle

Demokrit von Abdera (460–371 v. Chr.) hat den Begriff des Atoms als erster geprägt. Seine Idee ging von der Überlegung aus, dass man ein Stück Materie in zwei Hälften teilen kann. Eine Hälfte davon kann man wieder teilen, usw. Er stellte nun die Behauptung auf, dass man nach sehr vielen Teilungsschritten letztlich auf ein sehr kleines Teilchen stößt, das sich nicht mehr weiter teilen lässt, das Atom. Nach dieser Behauptung müssten also alle Körper dieser Welt aus solchen Atomen zusammengesetzt sein.

Mechanisches Atommodell (Kugelmodell)

Alle Körper bestehen aus einer großen Zahl äußerst kleiner, starrer, gleichmäßig mit Materie erfüllter und vollkommen elastischer Kugeln. Diese Kugeln ziehen einander durch Gravitationskräfte an. Die Atome der Grundstoffe unterscheiden sich durch Kugeln verschieden großer Masse und verschieden großem Volumen. Der Durchmesser eines Atoms liegt bei 1 Å.
Durch dieses Atommodell lassen sich alle Vorgänge, die nur auf der Bewegung von Atomen beruhen, beschreiben.
Beispiele: Abschätzungen von Atomdurchmesser, -volumen und -masse; Osmose und Diffusion; Brown'sche Molekularbewegung; kinetische Gastheorie

Thomson'sches Atommodell

In einer gleichmäßig verteilten positiven Ladung sind Elektronen eingebettet, die wie räumliche harmonische Oszillatoren um das Zentrum der positiven Ladungskugel schwingen.

Rutherford'sches Atommodell

Das Atom besteht aus einem Kern und einer Hülle. Der Atomkern mit einem Radius von ca. 10^{-12} cm enthält die positive Ladung und fast die gesamte Masse. Um den Atomkern kreisen, ähnlich wie die Planeten um die Sonne, kleine Elementarteilchen, die Elektronen. Jedes Elektron trägt eine negative Elementarladung. Die Geschwindigkeit der Elektronen ist gerade so groß, dass jeweils die Zentrifugalkraft der Coulomb'schen Anziehung durch den Kern das Gleichgewicht hält. Die einzelnen Atomarten unterscheiden sich durch die Menge der positiven Elementarladungen $Z \cdot e$ (Z = Ordnungszahl) im Kern.

Bohr'sches Atommodell

Bohr verfeinerte das Rutherford'sche Atommodell durch seine Postulate und beseitigte somit Widersprüche zur klassischen Physik.

Bohr'sche Postulate

1. Bohr'sches Postulat:

Ein Elektron kann sich nur auf bestimmten Bahnen um den Atomkern bewegen (den sog. Quantenbahnen oder stationären Bahnen), die durch Quantenbedingungen festgelegt sind. Jeder Quantenbahn entspricht eine bestimmte Energiestufe, d. h. auf jeder möglichen Bahn hat das Elektron eine bestimmte Gesamtenergie.

Es sind nur Bahnen möglich, für die gilt:

$2\pi \cdot r \cdot m \cdot v = h \cdot n$ (n = 1, 2, 3, ... Hauptquantenzahl)

Die den Quantenbahnen entsprechenden Energiestufen bezeichnet man mit E_1, E_2, E_3, ..., E_n, wobei E_1 die dem Atomkern am nächsten gelegene Bahn ist, dann folgen E_2, E_3 usw. Die Indices 1, 2, 3, ... heißen Hauptquantenzahlen. Befindet sich das Elektron auf der Energiestufe E_1, so hat es seinen größten negativen Energiewert (–13,53 eV), ist es dagegen sehr weit vom Kern entfernt, so hat es den Energiewert 0.

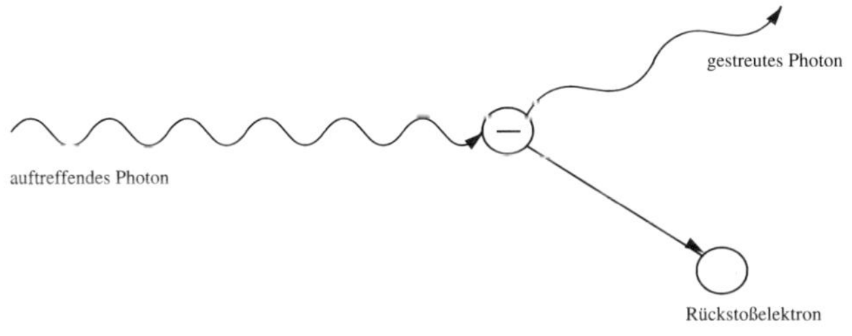

2. Bohr'sches Postulat:
Die Bewegung der Elektronen auf den Quantenbahnen erfolgt strahlungsfrei. E_n, E_k seien zwei Energiestufen mit $n > k$; $n, k, = 1, 2, 3,...$ (E_n hat den größeren Bahnradius.) Ein Elektron kann von k nach n springen, wenn es die Energie $E_n - E_k$ aufgenommen hat. Umgekehrt wird es beim Übergang von E_n auf die kernnähere Stufe E_k die aufgenommene Energie als elektromagnetischer Wellenzug (Photon) wieder abgeben. Die Frequenz f des Photons ergibt sich durch die Beziehung: $E_n - E_k = h \cdot f$.

h = Planck'sches Wirkungsquantum = 6,62 · 10–34 Js

Für die Energieterme E_n des Wasserstoffatoms gilt:

$$E_n = -\frac{R \cdot h \cdot c}{n^2}$$ *R:* Rydbergkonstante

Will man ein Atom ionisieren, so muss man mindestens die Energie E_n zuführen. E_n heißt dann Ionisierungsenergie.

Aufgrund der Bohr'schen Postulate gilt für die möglichen Bahnradien r_n:

$$r_n = \frac{n \cdot h^2 \cdot \varepsilon_0}{\pi \cdot Z \cdot e^2 \cdot m_0}$$

für $Z = 1$, $n = 1$ ergibt sich der kleinste Bahnradius r_1 des H-Atoms:
$r_1 = 0{,}529$ Å

Bohr-Sommerfeld'sches Atommodell
Die Elektronen können den Kern auch auf Ellipsenbahnen umkreisen. Um die Ellipsenbahnen von den Kreisbahnen zu trennen, braucht man eine zweite Quantenzahl, die Nebenquantenzahl k. Die Hauptquantenzahl n bestimmt die Gesamtenergie E_n des Terms, die Nebenquantenzahl $k (k \leq n)$ die Exzentrizität. Der Energieterm ist n-fach entartet. (Die Nebenquantenzahl wird heute mit l bezeichnet, wobei $l = k - 1$.)

$$E_n = -\frac{R \cdot h \cdot c \cdot Z^2}{n^2}$$

Verfeinertes Modell der Atomhüllen, Pauli-Prinzip

Die genaue Spektralanalyse des Lichts, das aus den Atomen ausgesandt wird, gibt Auskunft über den Aufbau der Atomhüllen. Im elektrischen Feld des Atomkerns gibt es zunächst die schon erwähnten Energiestufen, auf denen sich die Elektronen strahlungsfrei bewegen. Die Energiestufen heißen auch Schalen, denn sie liegen gleichsam wie Kugelschalen mit verschieden großen Radien um den Kern. Die Schalen werden von innen nach außen mit K, L, M, N, O, P, Q bezeichnet, dies entspricht den Hauptquantenzahlen von 1 bis 7. Jede Energiestufe (ausgenommen E_1) muss noch in weitere Unterstufen eingeteilt werden, deren Zahl nach außen wächst. Die Energiezustände der Unterschalen heißen der Reihe nach s, p, d, f, ... , sie entsprechen den Nebenquantenzahlen, bezeichnet mit l; $l = 0, 1, 2, 3, \ldots, (n - 1)$. Aber auch die Unterschalen müssen noch feiner eingeteilt werden. Die Elektronen können dort weitere Energiezustände annehmen, die durch die magnetische Quantenzahl m und die Spinquantenzahl s beschrieben werden. m ist eine ganze Zahl mit $-l \leq m \leq +l$ und s hat nur zwei Werte, $s = \pm\frac{1}{2}$.

Einem Elektron ordnet man also stets 4 Quantenzahlen zu: n, l, m, s.

Pauli-Prinzip: Es sagt aus, dass in einem Atom nie zwei oder mehr Elektronen vorhanden sein können, die in allen vier Quantenzahlen übereinstimmen. Daraus folgt, dass jede Schale nur eine bestimmte maximale Elektronenbesetzung haben kann, nämlich $2n^2$.

Wellenmechanisches Atommodell

Ausgehend von der Wellennatur der atomaren Teilchen entwickelte de Broglie ein grundlegend neues Atommodell, zu dem Schrödinger die mathematische Beschreibung lieferte.

Die stationären Quantenbahnen lassen sich als geschlossene stehende Elektronenwellen deuten.

$2\pi r_n = n \cdot \lambda$; $(n = 1, 2, 3, \ldots)$	Bedingung für stehende Wellen
$p = m \cdot v$	p: Impuls des Elektrons
$\lambda = \frac{h}{p}$	λ: Wellenlänge des Elektrons
$2\pi \cdot m \cdot v \cdot r_n = n \cdot h$	

Röntgenstrahlen
extrem kurzwellige energiereiche elektromagnetische Strahlung

$\lambda = 10^{-8}$ m bis 10^{-12} m — Wellenlängenbereich

$f = 3 \cdot 10^{16}$ Hz bis $3 \cdot 10^{20}$ Hz — Frequenzbereich

Erzeugung von Röntgenstrahlung

Röntgenbremsstrahlung: Schnelle geladene Teilchen, z. B. Elektronen, werden im Coulombfeld anderer geladener Teilchen, z. B. Atomkerne, abgebremst.

$$f_{\text{max}} = \frac{W_{\text{kin}}}{h} = \frac{q \cdot U}{h}$$

f_{max}: maximale Frequenz der Röntgenstrahlung (Grenzfrequenz)
W_{kin}: kinetische Energie des Teilchens
q: Ladung des schnellen Teilchens
U: Beschleunigungsspannung

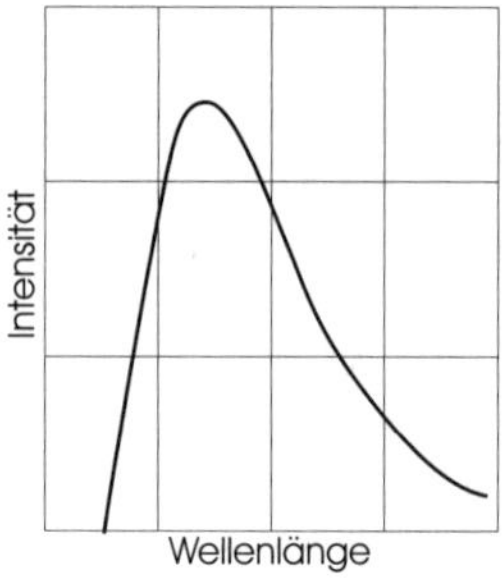

Charakteristische Röntgenstrahlung (Röntgenlinienstrahlung): entsteht beim Übergang von einem Elektron auf einen kernnahen Quantenzustand. Dies ist z. B. möglich, wenn zuvor ein schnelles Teilchen ein inneres Hüllenelektron herausgeschlagen hat und nun ein „Elektronenplatz“ auf einer kernnäheren Bahn frei ist. Die beobachtbaren Spektrallinien fasst man in mehreren Serien zusammen, je nach Endposition des Elektrons.

$n = 1$: K-Serie
$n = 2$: L-Serie
$n = 3$: M-Serie

Für die Frequenzen f der K-Linie gilt:
Moseley'sches Gesetz:

$\sqrt{f} = A \cdot (Z - s)$ Z: Kernladungszahl
A und s: material- und linienabhängige Konstanten

Absorption von Röntgenstrahlung
Beim Durchgang der Röntgenstrahlung durch eine Folie der Dicke d verringert sich die Intensität I_0 auf die Intensität I.

$I = I_0 \cdot e^{kd}$ k: Absorptionskonstante des Folienmaterials

Beugung der Röntgenstrahlung an Kristallen
Bragg'sche Interferenzbedingung
$2 \cdot d \cdot \cos \vartheta^* = n \cdot \lambda,\ n = 0, 1, 2, ...$ ϑ^*: Einfallswinkel
$2 \cdot d \cdot \sin \vartheta^* = n \cdot \lambda$ mit $\vartheta = \vartheta^* - 90°$

Atomkerne
Die Atomkerne enthalten die Protonen (Ladung $+e$, Masse 1,0073 u) und die Neutronen (keine Ladung, Masse 1,0087 u). Beide zusammen nennt man Nukleonen, der Kern heißt Nuklid.

Z ist die Zahl der Protonen (sie stimmt mit der Ordnungszahl des Periodensystems überein), N ist die Zahl der Neutronen und A ist die Massenzahl (die auf eine ganze Zahl auf- oder abgerundete relative Atommasse).
Es gilt: $A = Z + N$
Beispiel: Dem Periodensystem entnimmt man für das Atom Natrium $A = 23$ und $Z = 11$. Dann hat das Atom 23 – 11 = 12 Neutronen.

Um den Kernaufbau und spätere Kernumwandlungen leichter beschreiben zu können, gibt man den Kern (das Nuklid) in einer besonderen Darstellung an: An das chemische Formelzeichen des betreffenden Elements schreibt man links oben die Massenzahl und links unten die Protonenzahl an.

Beispiele: Stickstoff: ${}^{14}_{7}\mathrm{N}$, Natrium: ${}^{23}_{11}\mathrm{Na}$, Uran: ${}^{238}_{92}\mathrm{U}$

Elektron: ${}^{0}_{-1}\mathrm{e}$, Proton: ${}^{1}_{1}\mathrm{p}$, Neutron: ${}^{1}_{0}\mathrm{n}$

Isotope

Atome, deren Nuklide die gleiche Anzahl von Protonen, aber verschieden viele Neutronen besitzen, nennt man Isotope.

Beispiel: Wasserstoff hat drei Isotope:

$^{1}_{1}H$, stabiles Wasserstoffnuklid, Anteil 99,98 %

$^{2}_{1}H$, stabiles Wasserstoffnuklid, genannt Deuterium

$^{3}_{1}H$, instabiles Wasserstoffnuklid, genannt Tritium

Massendefekt

$\Delta M = Z \cdot m_P + N \cdot m_N - M$

ΔM: Differenz der Ruhemassen sämtlicher Nukleonen und der tatsächlichen Ruhemasse des Kerns
m_P: Ruhemasse eines freien Protons
m_N: Ruhemasse eines freien Neutrons
M: Ruhemasse des Kerns

$\Delta M > 0$: stabile Kerne
$\Delta M < 0$: spontan zerfallende Kerne (radioaktiv)

Aufgrund der Bindungskräfte wird beim Entstehen eines stabilen Kerns aus freien Protonen und Neutronen Energie frei.

$W = \Delta M \cdot c^2$

W: frei werdender Energiebetrag
c: Lichtgeschwindigkeit im Vakuum

Um einen Kern in seine Nukleonen zu zerlegen, muss die Kernbindungsenergie W_B aufgewandt werden.

$W_B = -\Delta M \cdot c^2$

Beispiel: $^{4}_{2}He$: $\Delta M = 0{,}0518 \cdot 10^{-27}$ kg; $W_B = -29$ MeV

$\frac{W_B}{A}$ mittlere Bindungsenergie je Nukleon

Meist beträgt die Bindungsenergie je Nukleon im Kern zwischen 7 MeV und 9 MeV

Radioaktivität

Spontaner Zerfall von Atomkernen unter Änderung von Masse, Kernladung und/oder Energie.

Natürliche Radioaktivität: zerfallendes Nuklid kommt natürlich vor; bei allen Elementen mit $Z > 80$

Künstliche Radioaktivität: zerfallendes Nuklid wurde künstlich erzeugt

Zerfallsgesetz

$$N(t) = N_0 \cdot e^{-\lambda t}$$

N(t): Anzahl der Atome zur Zeit t
N_0: Anzahl der Atome zur Zeit t = 0
λ: Zerfallskonstante

$$t_{\frac{1}{2}} = \frac{\ln 2}{\lambda}$$

$t_{\frac{1}{2}}$: Halbwertszeit: Die Hälfte der ursprünglich vorhandenen Kerne ist zerfallen.

Aktivität

$$A(t) = -\frac{dN}{dt}$$

$$[A] = 1\,\mathrm{Bq} = 1\frac{1}{\mathrm{s}}$$

A: Aktivität: Kernzerfälle je Zeiteinheit
Bq: Becquerel
(spezifische Aktivitäten werden pro Flächeneinheit, je Masseneinheit, je Volumeneinheit angegeben)

Strahlung radioaktiver Kerne

α-Strahlen: Sie bestehen aus einem Paket von zwei Protonen und zwei Neutronen, sind also Heliumkerne mit der Massenzahl $A = 4$. (Symbol: ${}^{4}_{2}He^{++}$ oder α). Sie können wegen ihrer elektrischen Ladung magnetisch und elektrisch abgelenkt werden. Beim Verlassen der radioaktiven Substanz haben sie Geschwindigkeiten von 5 % bis 10 % der Lichtgeschwindigkeit. Ihre Reichweite in Luft beträgt je nach kinetischer Energie bis ca. 6 cm, in festen Stoffen ist die Reichweite geringer.

Beispiel: ${}^{238}_{92}U \rightarrow {}^{234}_{90}Th + {}^{4}_{2}\alpha$. Das Isotop 238 Uran zerfällt unter Aussendung eines α-Teilchens in das Isotop 234 Thorium.

β-Strahlen: Sie sind Elektronen, die mit großer Geschwindigkeit (bis zu 99 % der Lichtgeschwindigkeit) aus dem Atomkern geschleudert werden. Sie entstehen durch den spontanen Zerfall eines Neutrons im Kern in ein Proton und eben dieses Elektron (Symbol: ${}^{0}_{-1}\mathrm{e}$ oder β). Wegen ihrer kleinen Masse werden sie in elektrischen oder magnetischen Feldern stärker abgelenkt als die α-Teilchen. Sie haben in Luft eine etwas größere Reichweite als die α-Teilchen.

Beispiel: ${}^{215}_{84}\mathrm{Po} \rightarrow {}^{215}_{85}\mathrm{At} + {}^{0}_{-1}\beta$. Das Isotop 215 Polonium zerfällt unter Aussendung eines β-Teilchens in 215 Astatium.

γ-Strahlen: Sie sind elektromagnetische Wellen mit noch viel kleinerer Wellenlänge als die Röntgenstrahlen, sie sind demnach noch reicher an Energie als die Röntgenstrahlen. Sie stammen aus dem Kern und begleiten einen α- oder β-Zerfall. Sie lassen sich durch elektrische oder magnetische Felder nicht ablenken.

Dosimetrie

W	W: Strahlungsenergie
$[W] = 1\ \mathrm{eV}$	$1\ \mathrm{eV} = 1{,}6 \cdot 10^{-19}\ \mathrm{J}$
$A = -\dfrac{\mathrm{d}N}{\mathrm{d}t}$	A: Aktivität

$[A] = 1\mathrm{Bq}$ (Becquerel) $= 1\dfrac{1}{\mathrm{s}}$ (alte Einheit 1 Ci (Curie); $1\ \mathrm{Ci} = 3{,}7 \cdot 10^{10}\ \mathrm{Bq}$)

$D = \dfrac{W}{m}$	D: Energiedosis: die vom Absorber der Masse m aufgenommene Energie W der Strahlung
$[D] = 1\ \mathrm{Gy}$ (Gray) $= 1\ \dfrac{\mathrm{J}}{\mathrm{kg}}$	(alte Einheit 1 rd (rad) $= 10^{-2}\ \mathrm{Gy}$)
$\dot{D} = \dfrac{\mathrm{d}D}{\mathrm{d}t}$	$\dot{D}$: Energiedosisleistung
$[\dot{D}] = 1\ \dfrac{\mathrm{Gy}}{\mathrm{s}} = 1\ \dfrac{\mathrm{W}}{\mathrm{kg}}$	(alte Einheit $1\ \dfrac{\mathrm{rd}}{\mathrm{h}} = 2{,}78 \cdot 10^{-6}\ \dfrac{\mathrm{Gy}}{\mathrm{s}}$)

$D_\mathrm{I} = \dfrac{Q}{m}$	D_I: Ionendosis: die im Absorber der Masse m durch Ionisation gebildete Ladungsmenge Q eines Vorzeichens
$[D_\mathrm{I}] = 1\,\dfrac{\mathrm{C}}{\mathrm{kg}}$	(alte Einheit $1\ \mathrm{R} = 2{,}58 \cdot 10^{-4}\,\dfrac{\mathrm{C}}{\mathrm{kg}}$)
$\dot{D}_\mathrm{I} = \dfrac{\mathrm{d}D_\mathrm{I}}{\mathrm{d}t}$	$\dot{D}_\mathrm{I}$: Ionendosisleistung
$[\dot{D}_\mathrm{I}] = 1\dfrac{\mathrm{A}}{\mathrm{kg}}$	(alte Einheit $1\,\dfrac{\mathrm{R}}{\mathrm{h}} = 7{,}16 \cdot 10^{-8}\,\dfrac{\mathrm{A}}{\mathrm{kg}}$)
$K = \dfrac{W_\mathrm{kin}}{m}$ $[K] = 1\ \mathrm{Gy}$	K: Kerma (die): die Summe der Anfangswerte der kinetischen Energie W_kin aller geladenen Teilchen, die von indirekt ionisierender Strahlung im Absorber der Masse m freigesetzt werden; für die meisten Anwendungen ist $D = K$.
$\dot{K} = \dfrac{\mathrm{d}K}{\mathrm{d}t}$	$\dot{K}$: Kermaleistung
$[\dot{K}] = 1\,\dfrac{\mathrm{Gy}}{\mathrm{s}}$	
$H = q \cdot D = N \cdot Q \cdot D$	H: Äquivalentdosis: Die biologische Strahlenwirkung hängt stark von der Strahlenart ab, da die verschiedenen Strahlungsarten eine unterschiedliche Ionisierungsdichte haben. Dieser Einfluss wird durch den Bewertungsfaktor q berücksichtigt, wobei $q = Q \cdot N$ (mit Q : Qualitätsfaktor; N : modifizierender Faktor).

$[H] = 1\ \mathrm{Sv}$ (Sievert) $= 1\,\dfrac{\mathrm{J}}{\mathrm{kg}}$ (alte Einheit $1\ \mathrm{rem} = 10^{-2}\ \mathrm{Sv}$)

Strahlungsart	Qualitätsfaktor Q in $\dfrac{\mathrm{Sv}}{\mathrm{Gy}}$
α-Strahlen	20
β-Strahlen	1
γ- und Röntgenstrahlen	1
Neutronenstrahlung unbekannter Energie	10

Verschiedene Äquivalentdosisarten

Ortsdosis: Dosis an einem bestimmten Ort.

Teilkörperdosis: Dosis eines bestimmten Körperabschnitts.

Effektive Äquivalentdosis: beschreibt die Belastung des Gesamtkörpers, wobei die Teilkörperdosen durch den Wichtungsfaktor w gewichtet und dann aufsummiert werden.

Wichtungsfaktoren:

Keimdrüsen: 0,25
Gebärmutter: 0,06
Brust: 0,15
rotes Knochenmark: 0,12
Lunge: 0,12
Schilddrüse: 0,03
Knochenoberfläche: 0,03
Blase, oberer Dickdarm, Dünndarm, Magen, Milz, Nebenniere, Niere, Bauchspeicheldrüse, Thymus: je 0,06
Gehirn: 0,06

Personendosis: Äquivalentdosis, die ein am Körper getragenes Dosimeter anzeigt.

Genetisch signifikante Äquivalentdosis = Gonadendosis: Teilkörperdosis der Keimdrüsen.

$$\dot{H} = \frac{\mathrm{d}H}{\mathrm{d}t}$$ $\dot{H}$: Äquivalentdosisleistung

$$[\dot{H}] = 1\,\frac{\mathrm{Sv}}{\mathrm{s}} = 1\,\frac{\mathrm{W}}{\mathrm{kg}}$$ (alte Einheit $1\,\frac{\mathrm{rem}}{\mathrm{h}} = 2{,}78 \cdot 10^{-6}\,\frac{\mathrm{Sv}}{\mathrm{s}}$)

3. Technische Mechanik

3.1 Statik

Die Statik ist die Lehre von Gleichgewichtszuständen von Systemen starrer Körper und der Bedingungen für Kräfte an und in derartigen Systemen im Gleichgewichtszustand.

Kraft

Dimension der Kraft, einem Vektor mit Angriffspunkt, Richtung und Betrag ist Masse $\cdot \dfrac{\text{Länge}}{\text{Zeit}^2}$, die SI-Einheit ist das Newton: $1\,\mathrm{N} = 1\,\mathrm{kg}\dfrac{\mathrm{m}}{\mathrm{s}^2}$.

Kennzeichnung einer Kraft durch den Vektor.

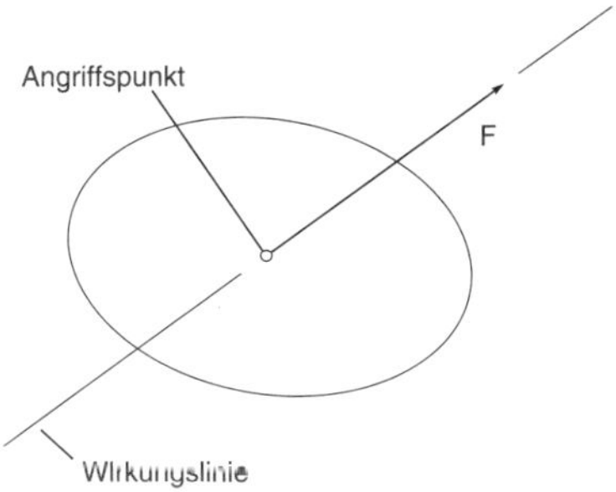

Moment: Vektorprodukt $\vec{M} = \vec{r} \times \vec{F}$ mit dem Vektor $\vec{r}$ vom Punkt A zu einem beliebigen Punkt der Wirkungslinie von $\vec{F}$.

SI: Nm.

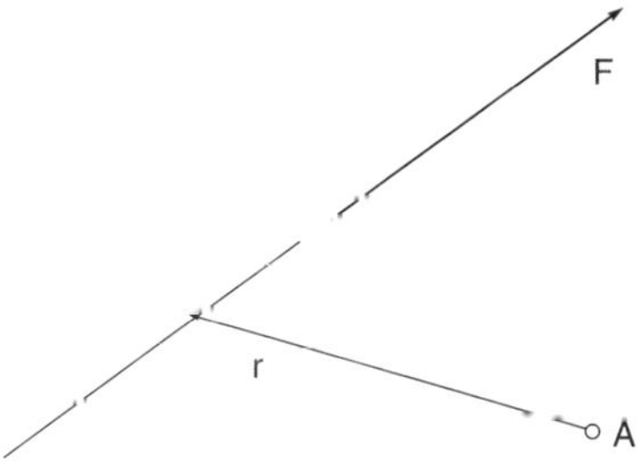

Zwei Kraftsysteme sind äquivalent, wenn sie die gleiche Beschleunigung hervorrufen.

Verschiebungsaxiom:
Zwei Kräfte sind äquivalent, wenn jede von beiden durch Verschiebung entlang ihrer Wirkungslinie in die andere überführt werden kann.

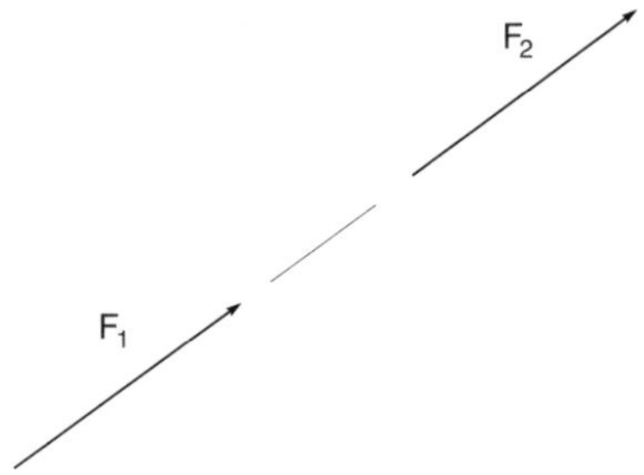

Parallelogrammaxiom:
Zwei Kräfte mit gemeinsamem Angriffspunkt sind der Diagonalen des Kräfteparallelogramms, der Resultierenden, äquivalent.

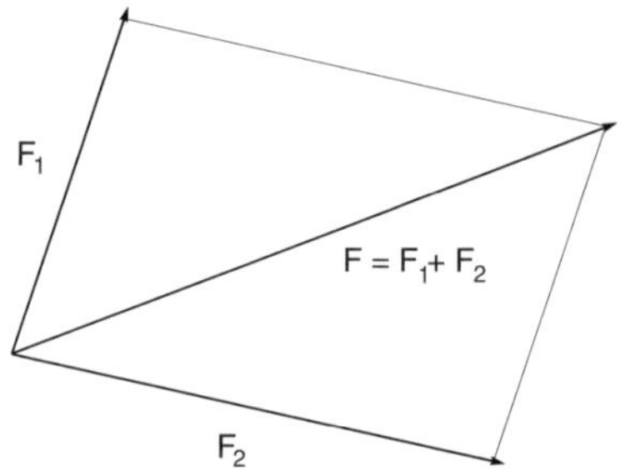

Ein Kräftepaar besteht aus zwei Kräften gleichen Betrages und entgegengesetzter Richtung auf parallelen Wirkungsrichtungen. Zwei Kräftepaare sind äquivalent, wenn sie in parallelen Ebenen liegen, denselben Drehsinn und dasselbe Produkt Kraftbetrag mal Abstand der Wirkungslinien haben.

Rechnerische Zerlegung von Kräften in Komponenten kartesischer Koordinaten:

$$F_i = \vec{F} \cdot \vec{e}_i = |\vec{F}| \cos \measuredangle(\vec{F}_i\, \vec{e}_i) \qquad i = x, y, z$$

Die Resultierende von Kräften mit gemeinsamem Angriffspunkt wird grafisch bestimmt, indem man die Kräfte der Reihe nach so verschiebt, dass jeweils ein Angriffspunkt auf einen Endpunkt zu liegen kommt (Kräftepolygon, Krafteck).

Jedes Kräftesystem lässt sich auf eine Einzelkraft, deren Angriffspunkt frei wählbar ist, und ein Kräftepaar reduzieren.
Beispiel: Streckenlast

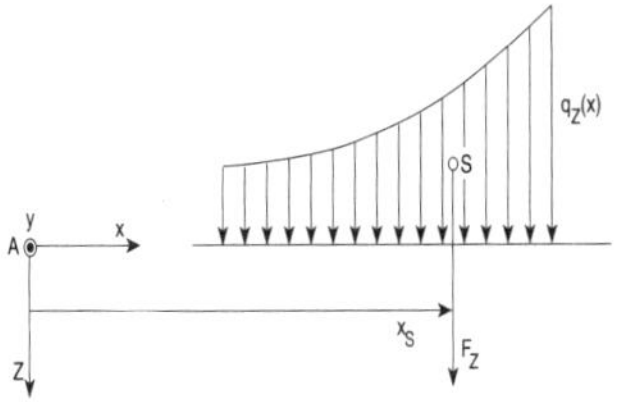

Schwerpunkt
Schwerpunkt ist der Angriffspunkt der resultierenden Gewichtskraft aller verteilt am Körper angreifenden Gewichtskräfte. Im homogenen Schwerefeld ist er gleich dem Massenmittelpunkt.

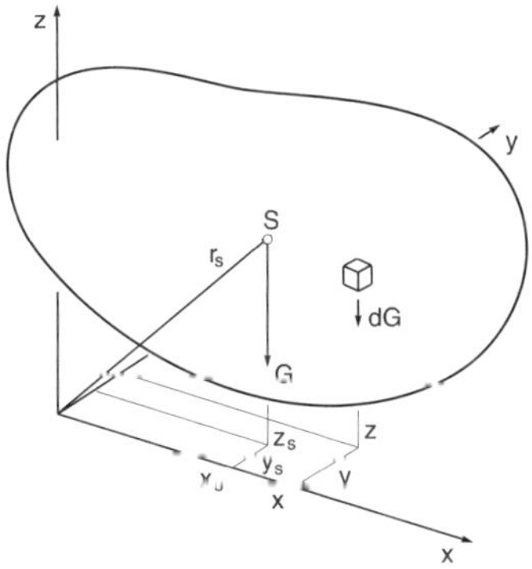

Volumenschwerpunkt:

$$\vec{r}_0 = \frac{1}{G}\int \vec{r}\,dg \quad \text{mit } \vec{r}\text{: Ortsvektor} \begin{bmatrix} x \\ y \\ z \end{bmatrix}$$

$$G = \sum Gi \qquad i = 1 \dots n$$

Flächenschwerpunkt bei homogenen flächenförmigen Körpern:

$$\vec{r}_S = \frac{1}{A}\int \vec{r}\,dA \quad A = \sum Ai \qquad i = 1 \ldots n$$

Schwerpunkt bei linienförmigen Körpern:

$$\vec{r}_S = \frac{1}{l}\int \vec{r}\,ds$$

Beispiel: Schwerpunkt des Halbkreises und des Halbkreisringes

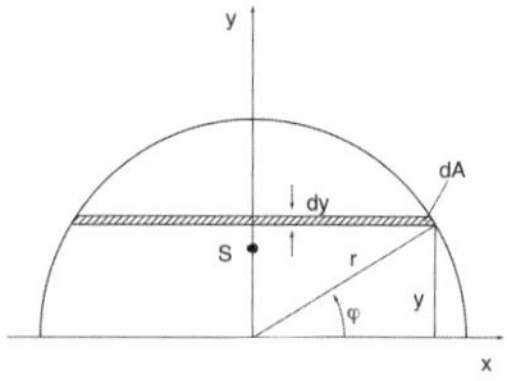

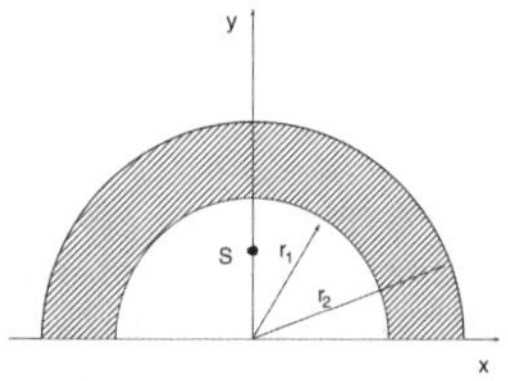

Schwerpunktlagen von Körpern und -oberflächen
Allgemeiner schiefer Zylinder und Prisma massiv und Mantelfläche:

$$z_S = \frac{h}{2}$$

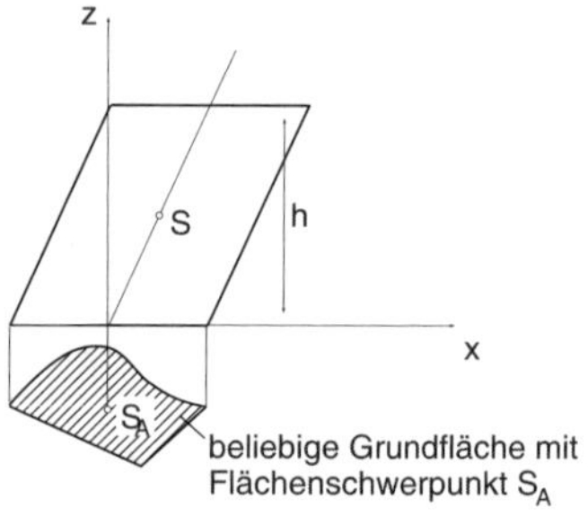

Kugelschicht

massiv:
$$z_S = \frac{3}{4} \cdot \frac{h_1^2(2r-h_1)^2 - h_2^2(2r-h_2)^2}{h_1^2(3r-h_1) - h_2^2(3r-h_2)}$$

Mantelfläche:
$$z_S = h_0 + \frac{h}{2}$$

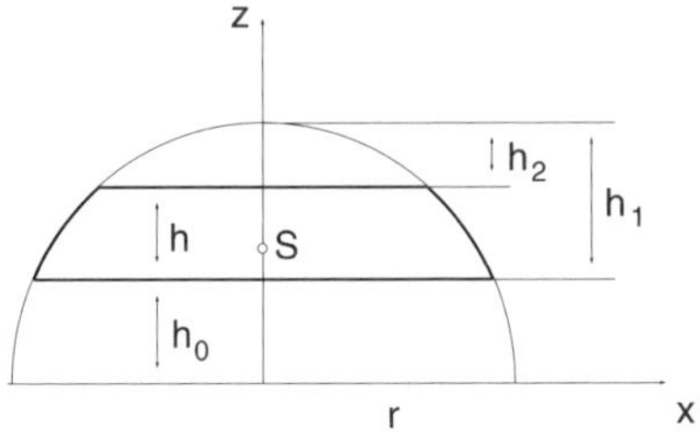

Kugelabschnitt

massiv: $$z_s = \frac{3 \cdot (2r-h)^2}{4 \cdot (3r-h)}$$

Halbkugel, massiv: $$z_s = \frac{3}{8}r$$

Mantelflächen: Abschnitt: $$z_s = h_0 + \frac{h}{2}$$

Halbkugel: $$z_s = \frac{r}{2}$$

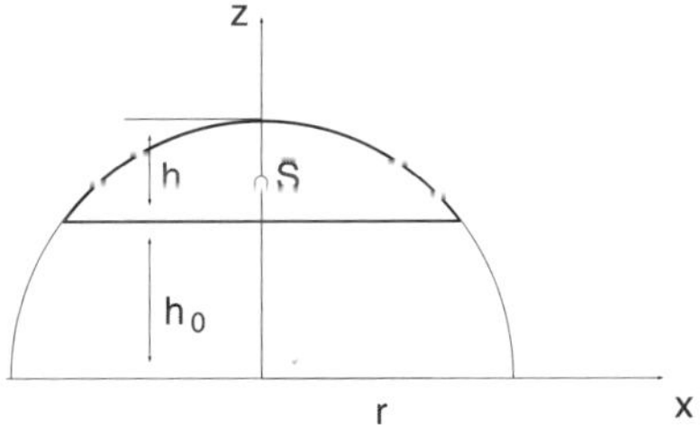

Gerader Kreiskegel (stumpf)

Stumpf, massiv: $$z_s = \frac{h}{4} \cdot \frac{r_1^2 + 2r_1r_2 + 3r_2^2}{r_1^2 + r_1r_2 + r_2^2}$$

Kegel, massiv: $$z_s = \frac{H}{4}$$

Mantelflächen: Stumpf: $z_s = \dfrac{h(r_1 + 2r_2)}{3(r_1 + r_2)}$

Kegel: $z_s = \dfrac{H}{3}$

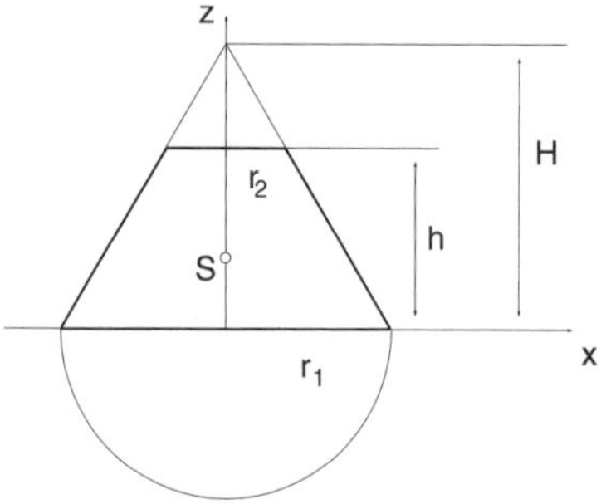

Schwerpunktlagen ebener Flächen

x_S, z_S:
x- bzw. z-Koordinate des Schwerpunktes

$x_s = \dfrac{b + c}{3}$

$z_s = \dfrac{h}{3}$

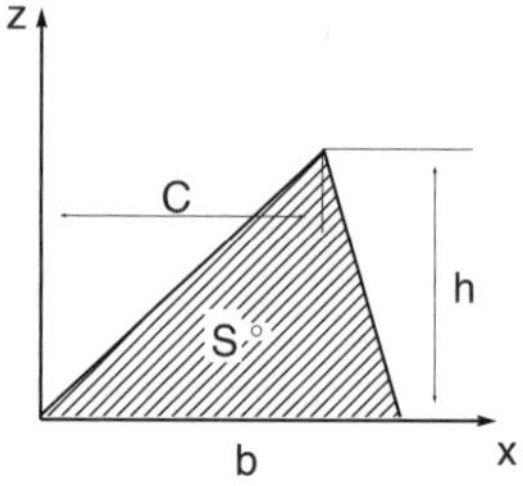

$$z_S = \frac{4r}{3\pi}$$

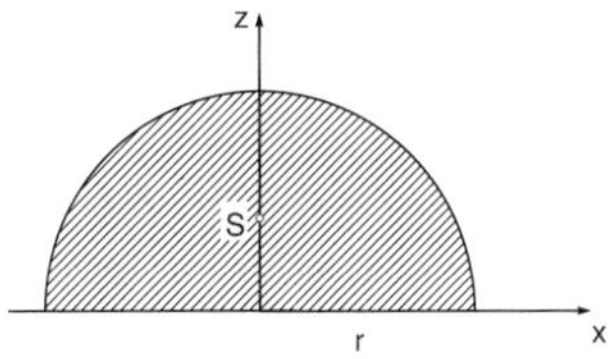

$$x_S = \left(1 - \frac{2}{\pi}\right) b$$

$$z_S = \frac{\pi}{8} h$$

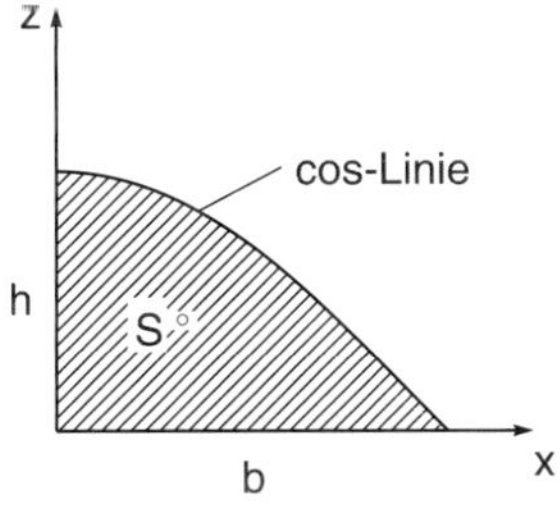

$$z_S = \frac{3}{5} h$$

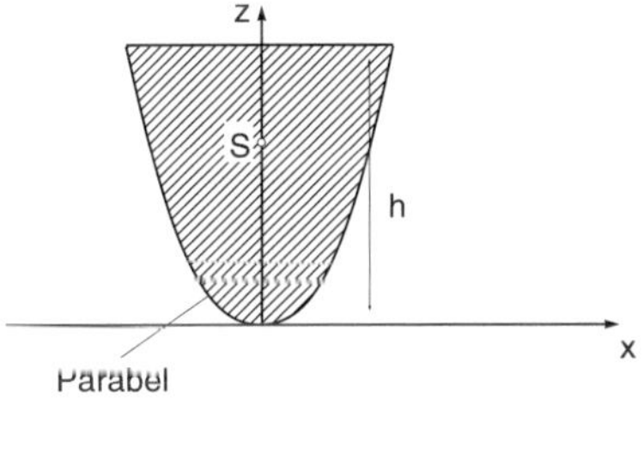

Schwerpunktlagen von Linien

$$x_s = \frac{b^2}{2(b+h)}$$

$$z_s = \frac{h^2}{2(b+h)}$$

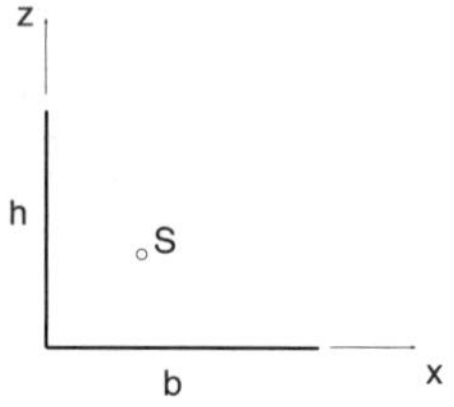

$$z_s = \frac{r \sin\alpha}{\alpha}$$

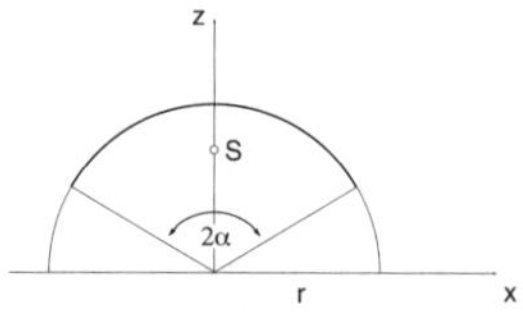

$$x_s = \frac{a'(a+a') - b'(b+b')}{2(a+b+c)}$$

$$z_s = \frac{h(a+b)}{2(a+b+c)}$$

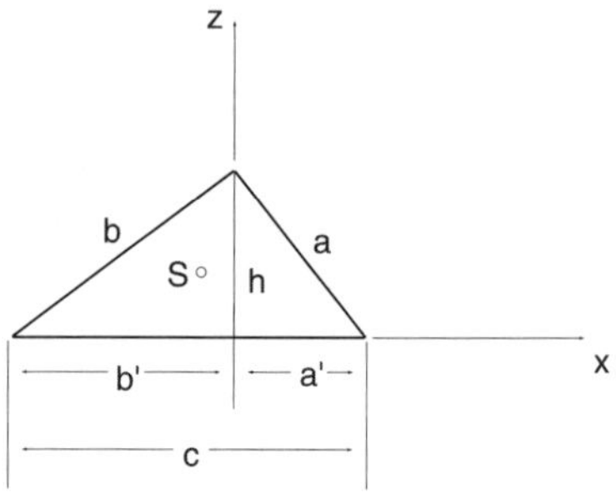

$$x_s = \frac{(a' + a)(a' + b') - (c' + c)(c' + b')}{2(a + b + c + d)}$$

$$z_s = \frac{h_a(a + b) + h_c(c + b)}{2(a + b + c + d)}$$

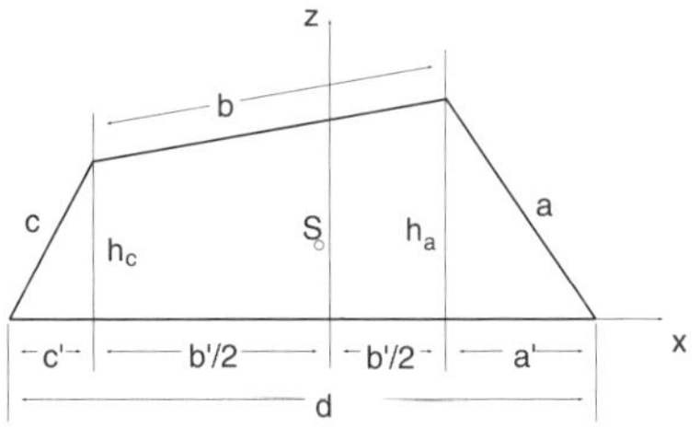

3. Newton'sches Axiom:
Zu jeder Kraft, mit der ein Körper auf einen anderen wirkt, gehört eine entgegengesetzt gerichtete Kraft mit gleichem Betrag.
Kräfte zwischen Körpern ein und desselben Systems heißen innere Kräfte. Alle anderen heißen äußere Kräfte. Alle Kräfte mit physikalischen Ursachen heißen eingeprägte Kräfte. Zwangskräfte sind Kräfte, die durch kinematische Bindungen, wie z. B. Gelenke, ausgeübt werden. Innere Zwangskräfte verrichten keine Arbeit.
Gleichgewicht eines Körpers ist:
Zustand der Ruhe im Inertialraum oder
Gleichförmig-geradlinige Translation oder
Gleichförmige Rotation um eine Trägheitshauptachse bei ruhendem Schwerpunkt oder
Überlagerung der ersten drei Fälle.

Gleichgewichtsbedingung: Resultierende Kraft und resultierendes Moment gleich null.

$\overrightarrow{F_R} = \vec{0} \qquad \overrightarrow{M_R} - \vec{0}$

Momentengleichgewichtsbedingungen im Raum in Komponentenschreibweise für kartesische Koordinaten:

$$\sum F_{ix} = 0 \quad \sum M_{ix} = 0$$
$$\sum F_{iy} = 0 \quad \sum M_{iy} = 0$$
$$\sum F_{iz} = 0 \quad \sum M_{iz} = 0$$

und in der Ebene:

$$\sum F_{ix} = 0 \quad \sum M_{ix} = 0$$
$$\sum F_{iy} = 0 \quad \sum M_{iy} = 0$$

Zwei Kräfte am starren Körper sind dann im Gleichgewicht, wenn sie die gleiche Wirkungslinie, entgegengesetzte Richtung und gleichen Betrag haben.

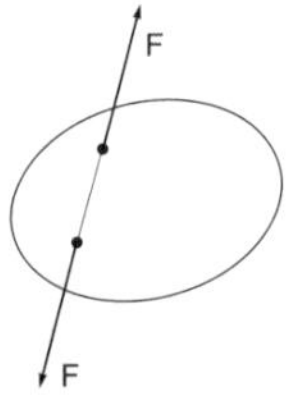

Mehrere komplanare Kräfte am starren Körper sind dann im Gleichgewicht, wenn sich ihre Wirkungslinien in einem Punkt schneiden und sich das Kräftepolygon schließt.

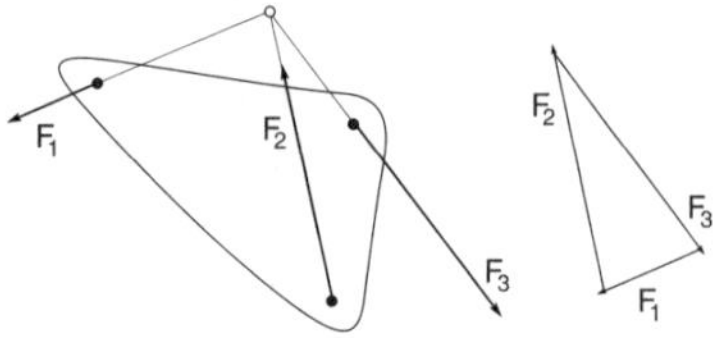

Schnittprinzip
Im Gleichgewichtszustand verhält sich jeder Teil des Systems wie ein starrer Körper. Der betrachtete Körper wird in Gedanken durch Schnitte vom Rest des Systems isoliert. Dadurch werden die inneren Kräfte an den Schnittstellen zu äußeren Kräften. Probleme, bei denen alle gesuchten Kräfte auf diese Weise bestimmt werden können, heißen statisch bestimmte Probleme.

Arbeit: $W_{12} = \int_{r_1}^{r_2} \vec{F}\,\mathrm{d}\vec{r}$ $\mathrm{d}\vec{r}$: infinitesimale Verschiebung

Leistung: $P = \vec{F} \cdot \vec{v}$ $\vec{v}$: Geschwindigkeit des Kraftangriffspunktes

Potenzialkraft: $F_\mathrm{i} = \dfrac{-\partial V}{\partial i}$ V(x,y,z): Potenzial i = x, y, z

Die Arbeit einer Potenzialkraft ist unabhängig von der Form der Bahnkurve zwischen zwei Punkten. Das Potenzial der Gewichtskraft heißt potenzielle Energie.

Virtuelle Arbeit, generalisierte Kräfte

Prinzip der virtuellen Arbeit

Bei einer virtuellen Verschiebung eines Systems starrer Körper aus einer Gleichgewichtslage heraus ist die virtuelle Arbeit der äußeren Kräfte am System insgesamt null. Dieses Prinzip stellt eine Gleichgewichtsbedingung dar.

Beispiel: statisches System

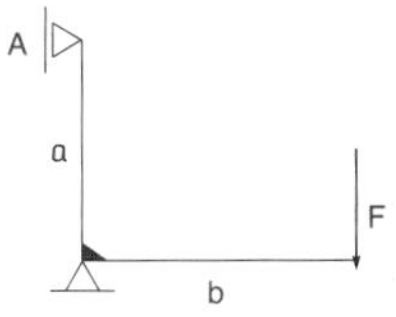

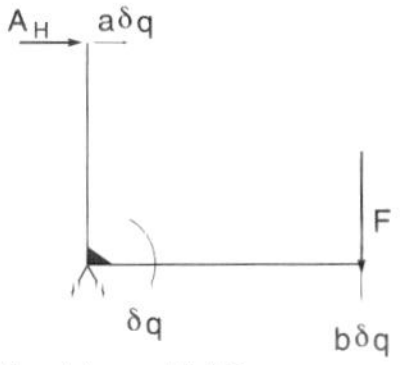

$\delta W_a = (A_H a + Fb)\,\delta q$

Lager, Gelenke

Lager bzw. Gelenke sind Verbindungselemente zweier Körper, an denen die Körper durch Berührung mit Kräften aufeinander wirken können. Die Komponenten der Lagerkräfte heißen Lagerreaktionen.

Lager können Feder- oder Dämpfereigenschaften haben (eingeprägte Kräfte) oder auch starr und reibungsfrei sein (Zwangskräfte). Letztere kennzeichnet man durch ihre Freiheitsgrade f oder ihre Wertigkeit $w = 6 - f$.

Die wichtigsten Lagerarten für ebene Lastfälle: (siehe Seite 149)

Lagerreaktionen werden mit dem Schnittprinzip oder dem Prinzip der virtuellen Arbeit berechnet.

Fachwerke sind ebene oder räumliche Stabsysteme mit reibungsfreien Gelenkverbindungen (Knoten) an den Stabenden. Alle Kräfte greifen an Knoten an, sodass die Stäbe nur durch Längskräfte belastet werden. Nullstäbe sind Stäbe mit der Stabkraft null.

Ein Fachwerk heißt innerlich statisch bestimmt, wenn sich aus den Gleichgewichtsbedingungen (GGW-Bed.) der freigeschnittenen Knoten alle Lagerreaktionen und alle Stabkräfte bestimmen lassen. Einfache Fachwerke sind innerlich statisch bestimmt, wenn sie statisch bestimmt gelagert sind.

Beispiel:
einfaches Fachwerk

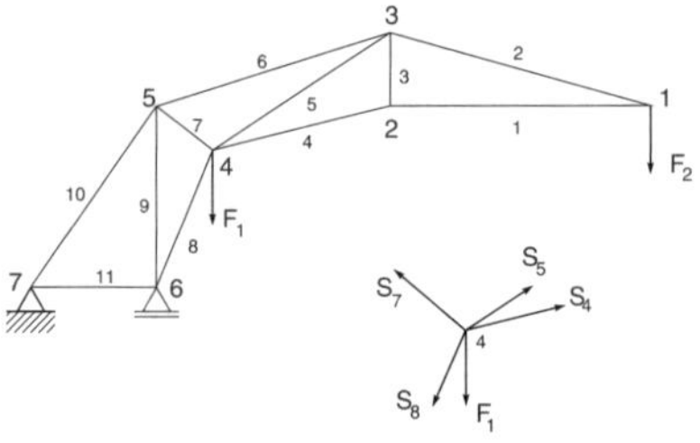

Knotenschnittverfahren

Nach dem Bestimmen der Lagerreaktionen alle Knoten freischneiden und für jeden Knoten im ebenen Fall zwei (im räumlichen drei) Gleichgewichtsbedingungen formulieren.

Lagerbezeichnung und Symbol	Konstruktionsbeispiel	Lagerreaktionen	W
verschiebliches Gelenklager 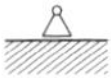 oder 	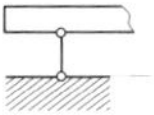		1
festes Gelenklager  oder 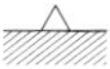	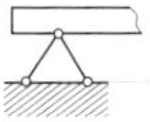	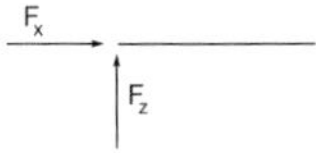	2
(feste) Einspannung 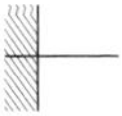 oder 	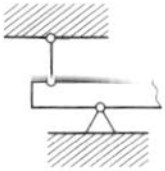	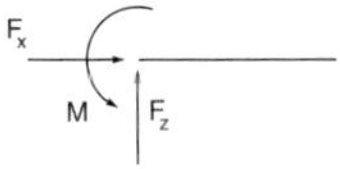	3
Schiebehülse; längskraftfreie Einspannung 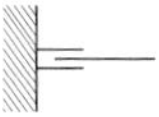	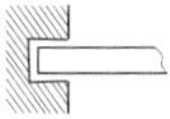	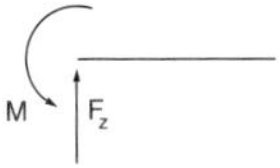	2
Schiebehülse; querkraftfreie Einspannung 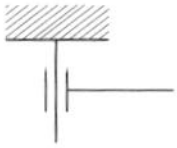	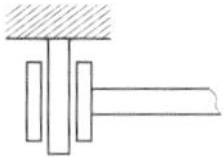	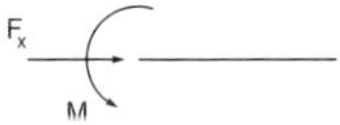	2
kräftefreie Einspannung 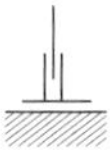	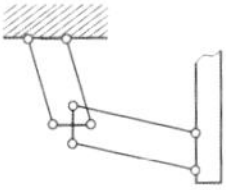	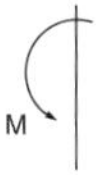	1

Ritter'sches Schnittverfahren

Das Fachwerk wird durch einen Schnitt durch geeignet gewählte Stäbe in zwei Teile zerlegt. Für einen Teil werden GGW-Bedingungen formuliert und nach Kräften in den geschnittenen Stäben aufgelöst.

Methode der Stabvertauschung

Aus einem nichteinfachen Fachwerk wird ein einfaches erzeugt, indem man geeignet gewählte Stäbe eliminiert und gleich viele an anderen Stellen zwischen geeignet gewählten Knoten einsetzt.

Coulomb'sche Reibungskräfte

Die Haftreibungskraft (Ruhereibungskraft, Haftung) H wirkt an Berührungsflächen zweier ruhender Körper tangential.
Sie beschreibt den Widerstand bis zum Einsetzen einer Bewegung.
Es gilt:

$H = \mu_0 \cdot N$ N: Normalkraft

μ_0: Haftreibungszahl

Gleiten zwei Körper beschleunigt oder unbeschleunigt aufeinander, so wirkt an der Berührungsfläche tangential die Gleitreibungskraft R.
Es gilt:

$R = \mu N$ N: Normalkraft

$\mu < \mu_0$ μ: Gleitreibungszahl

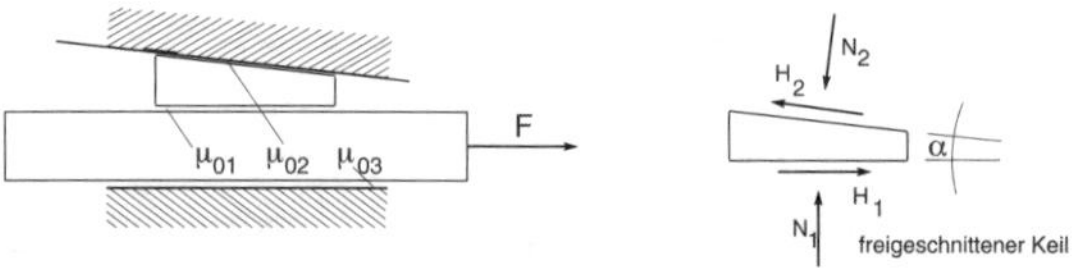

Tabelle: Gleitreibungszahlen bei Festkörperreibung technisch trockener Oberflächen in Luft (Anhaltswerte).

Werkstoff	auf gleichem Stoff	auf Stahl
Aluminium	1,3	0,5
Blei	1,5	1,2
Chrom	0,4	0,5
Eisen	1,0	
Kupfer	1,3	0,8
Nickel	0,7	0,5
Silber	1,4	0,5
Gusseisen	0,4	0,4
Stahl (austenitisch)	1,0	
Werkzeugstahl	0,4	
Konstantan		0,4
Lagermetall (Pb-Basis)		0,5
Lagermetall (Sn-Basis)		0,8
Messing		0,5
Phosphorbronze		0,3
Gummi (Polyurethan)		1,6
Gummi (Isopren)		3-10
Plexiglas (PMMA)		0,5
Polyamid (Nylon)	1,2	0,4
Polyethylen (HDPE)	0,4	0,008
Polypropylen (PP)		0,3
Polytyrol (PS)		0,5
Polyvinylchlorid (PVC)		0,5
Teflon	0,12	0,05
Al-oxid-Keramik	0,4	0,7
Diamant	0,1	
Saphir	0,2	
Titancarbid	0,15	
Wolframcarbid	0,15	

3.2 Festigkeitslehre, Elastizitätstheorie

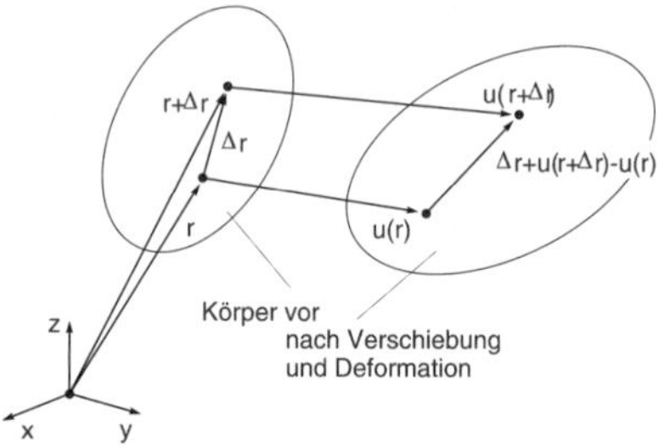

Kinematik des deformierbaren Körpers

Verschiebungen und Verzerrungen eines Körpers werden in einem raumfesten *x,y,z*-System beschrieben.

Euler'scher Deformations- oder Verzerrungstensor:

$$[\varepsilon] = \begin{bmatrix} \varepsilon_x & \frac{1}{2}\gamma_{xy} & \frac{1}{2}\gamma_{xz} \\ \frac{1}{2}\gamma_{yx} & \varepsilon_y & \frac{1}{2}\gamma_{yz} \\ \frac{1}{2}\gamma_{zx} & \frac{1}{2}\gamma_{zy} & \varepsilon_z \end{bmatrix}$$

$$\varepsilon_x = \frac{\partial_u}{\partial_x} \qquad \gamma_{xy} = \gamma_{yx} = \frac{\partial_u}{\partial_y} + \frac{\partial_v}{\partial_x}$$

$$\varepsilon_y = \frac{\partial_v}{\partial_y} \qquad \gamma_{yz} = \gamma_{zy} = \frac{\partial_v}{\partial_z} + \frac{\partial_w}{\partial_y}$$

$$\varepsilon_z = \frac{\partial_w}{\partial_z} \qquad \gamma_{zx} = \gamma_{xz} = \frac{\partial_w}{\partial_x} + \frac{\partial_u}{\partial_z}$$

$\vec{u}$: Verschiebungsfaktor

$$\vec{u} = \begin{bmatrix} u \\ v \\ w \end{bmatrix}$$

$\varepsilon_x, \varepsilon_y, \varepsilon_z$: Dehnungen

$\gamma_{xy}, \gamma_{yz}, \gamma_{zx}$: Scherungen

Die sechs Verzerrungen müssen aus nur drei stetigen Funktionen ableitbar sein.

Hauptdehnungen, Dehnungshauptachsen

Die Eigenwerte der Matrix $[\varepsilon]$ heißen Hauptdehnungen bzw. Dehnungshauptachsen. Im Hauptachsensystem sind alle Scherungen null.

Mohr'scher Dehnungskreis

Ist die z-Achse die Dehnungshauptachse, dann sind entsprechend Bild:

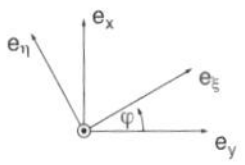

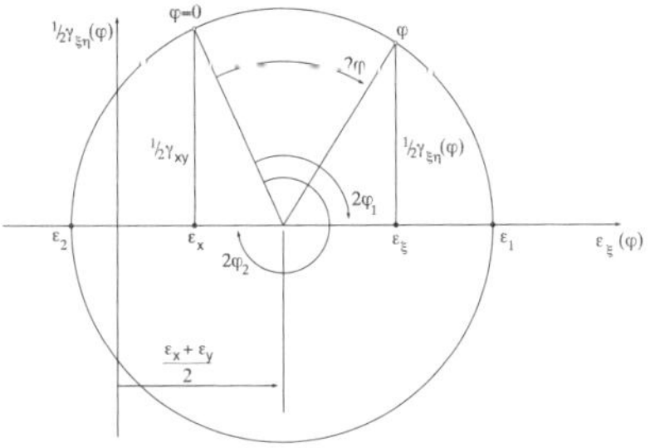

$$\varepsilon_\xi(\varphi) = \frac{1}{2}(\varepsilon_x + \varepsilon_y) + \frac{1}{2}(\varepsilon_x - \varepsilon_y)\cos 2\varphi + \frac{1}{2}\gamma_{xy}\sin 2\varphi$$

$$\frac{1}{2}\gamma_{\xi y}(\varphi) = -\frac{1}{2}(\varepsilon_x - \varepsilon_y)\sin 2\varphi + \frac{1}{2}\gamma_{xy}\cos 2\varphi$$

Die Hauptdehnungen ε_1, ε_2 und die Winkel φ_1, φ_2 der Dehnungshauptachsen gegen die x-Achse werden wie folgt bestimmt:

$$\varepsilon_{1,2} = \frac{1}{2}\left\{\varepsilon_x + \varepsilon_y \pm \left[(\varepsilon_x - \varepsilon_y)^2 + \gamma^2{}_{xy}\right]^{\frac{1}{2}}\right\} \quad , \tan 2\varphi_{1,2} = \frac{\gamma_{xy}}{(\varepsilon_x - \varepsilon_y)}$$

Spannungen

Komponenten des Spannungstensors:

$$[\sigma] = \begin{bmatrix} \sigma_x & \tau_{xy} & \tau_{xz} \\ \tau_{yx} & \sigma_y & \tau_{yz} \\ \tau_{zx} & \tau_{zy} & \sigma_z \end{bmatrix}$$

σ_i: Normalspannung
τ_i: Schubspannung

Hooke'sches Gesetz

Bei isotropen Körpern bestehen zwischen Spannungen, Verzerrungen und Temperaturänderungen die Beziehungen:

$$\varepsilon_i = \frac{\sigma_i - \nu(\sigma_j + \sigma_k)}{E} + \alpha \Delta T_i \; \gamma_{ij} = \frac{\tau_{ij}}{G}$$

E: Elektrizitätsmodul
G: Schubmodul
i, j, k: x, y, z, verschieden
ν: Poisson-Zahl

und speziell für Spannungen:

$$\sigma_i = \frac{E}{1+\nu}\left[\varepsilon_i + \frac{\nu}{1-2\nu}(\varepsilon_x + \varepsilon_y + \varepsilon_z)\right] - \frac{E}{1-2\nu}\alpha \Delta T$$

$$\tau_{ij} = \Gamma_{\gamma ij}$$

Zwischen E (Elastizitätsmodul), G (Schubmodul) und ν (Poisson-Zahl) besteht die Beziehung:

$$E = 2(1+\nu)G$$

Tabelle Elastizitätsmodul E und Poisson-Zahl ν für verschiedene Werkstoffe

Werkstoff	$E \frac{\text{kW}}{\text{mm}^2}$	ν
Aluminium	71	0,34
Eisen	206	0,28
Kupfer	125	0,34
Silber	80	0,38
Titan	108	0,36
Beton	22 ... 39	0,15 ... 0,22
Eis (– 4° C)	9,8	0,33
Glas	39 ... 98	0,10 ... 0,28
Kalkstein	40 ... 90	0,28
Marmor	60 ... 90	0,25 ... 0,30
Porzellan	60 ... 90	
Ziegelstein	10 ... 40	0,20 ... 0,35
glasf.-verstärkte Kunststoffe	7 ... 45	
Plexiglas	2,7 ... 3,2	0,35
PVC	1 ... 3	

3.3 Kinematik

In der Kinematik werden Lagen und Bewegungen von Punkten und Körpern mit den Mitteln der analytischen Geometrie beschrieben.
Die Lage eines Punktes P in der Basis e ist durch Orts- und Radiusvektor oder drei skalare Lagekoordinaten bestimmt. Es gibt kartesische, Zylinder- und Kugelkoordinaten. In der Ebene heißen r und φ der Zylinderkoordinaten Polarkoordinaten. Bogenlänge s. Krümmungsradius ρ.

Umrechnung zw. kartesischen und Zylinderkoordinaten:

$$\rho = (x^2 + y^2)^{\frac{1}{2}}, \tan\varphi = \frac{y}{x}$$

$$x = \rho\cos\varphi,\ y = \rho\sin\varphi,\ z \equiv z$$

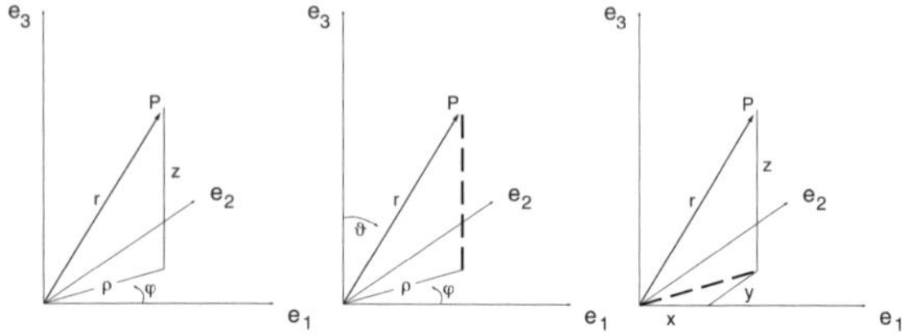

Umrechnung zw. kartesischen und Kugelkoordinaten:

$$r = (x^2 + y^2 + z^2)^{\frac{1}{2}}, \tan\vartheta = \frac{(x^2 + y^2)^{\frac{1}{2}}}{z}; \tan\varphi = \frac{y}{x}$$

$$x = r \sin\vartheta \cos\varphi; \; y = r \sin\vartheta \sin\varphi; z = r \cos\vartheta$$

Umrechnung zw. Zylinder- und Kugelkoordinaten:

$$r = (\rho^2 + z^2)^{\frac{1}{2}}; \; \tan\vartheta = \frac{\rho}{z} \; \varphi \equiv \varphi$$

$$\rho = r \sin\vartheta; \; z = r \cos\vartheta$$

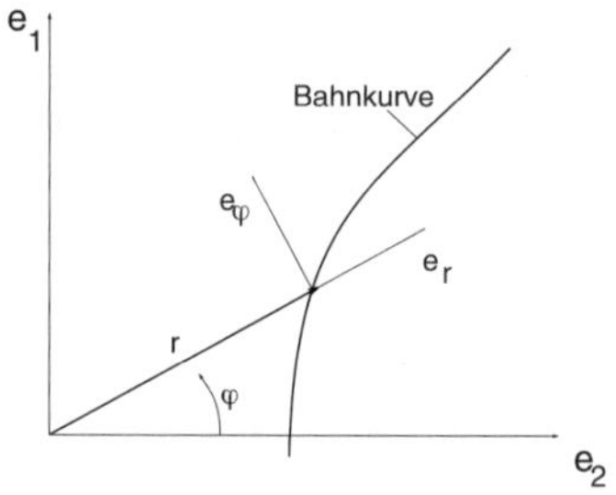

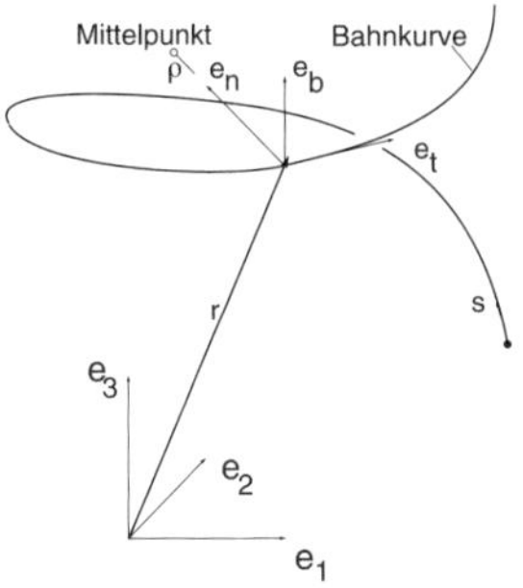

Die Geschwindigkeit $\vec{v}(t)$ und die Beschleunigung $\vec{a}(t)$ von P relativ zur Basis $\overrightarrow{e^0}$ sind die erste bzw. zweite Ableitung von $\vec{r}(t)$.

$$\vec{v}(t) = \frac{d\vec{r}}{dt};\ \vec{a}(t) = \frac{d^2\vec{r}}{dt^2} = \frac{d\vec{v}}{dt}$$

Komponentendarstellung für v und a in kartesischen, Zylinder- und Kugelkoordinaten, Bogenlänge.

kartesische Koordinaten: $\vec{v}(t) = \begin{bmatrix} x \\ y \\ z \end{bmatrix}$ $\vec{v}(t) = \begin{bmatrix} \dot{x} \\ \dot{y} \\ \dot{z} \end{bmatrix}$ $\vec{a}(t) = \begin{bmatrix} \ddot{x} \\ \ddot{y} \\ \ddot{z} \end{bmatrix}$

Zylinder: $\vec{v}(t) = \begin{bmatrix} \rho \\ \varphi \\ z \end{bmatrix}$ $\vec{v}(t) = \begin{bmatrix} \dot{\rho} \\ \rho\dot{\varphi} \\ \dot{z} \end{bmatrix}$ $\vec{a}(t) = \begin{bmatrix} (\ddot{\rho} - \rho\dot{\varphi}^2) \\ \rho\ddot{\varphi} + 2\dot{\rho}\dot{\varphi} \\ \ddot{z} \end{bmatrix}$

Kugel: $\vec{v}(t) = \begin{bmatrix} \rho \\ \vartheta \\ \varphi \end{bmatrix}$ $\vec{v}(t) = \begin{bmatrix} \dot{r} \\ r\dot{\vartheta} \\ r\dot{\varphi}\sin\vartheta \end{bmatrix}$

$$\vec{a}(t) = \begin{bmatrix} \ddot{r} - r(\dot{\varphi}^2\sin^2\vartheta + \dot{\vartheta}^2) \\ r(\ddot{\vartheta} - \dot{\varphi}^2\sin\vartheta\cos\vartheta) + 2\dot{r}\dot{\vartheta} \\ r(\ddot{\varphi}\sin\vartheta + 2\dot{\varphi}\dot{\vartheta}\cos\vartheta) + 2\dot{r}\dot{\varphi}\sin\vartheta \end{bmatrix}$$

Bogenlänge: $\vec{v}(t) = \dot{s}\vec{e}_t \qquad \vec{a}(t) = \ddot{s}\vec{e}_t + \left(\frac{\dot{s}^2}{\rho}\right)\vec{e}_n$

v ist stets tangential zur Bahn und *a* hat eine Komponente normal zur Bahn.

Starrer Körper

Seine Lage und Bewegung relativ zur Basis *e* sind durch drei translatorische und drei rotatorische Größen beschrieben: *r, v, a,* Winkellage, Winkelgeschwindigkeit und Winkelbeschleunigung.

Winkellage

Eigenschaften der Tranformationsmatrix bezüglich der Basis *e*:

$\vec{e}^{\,1} = [\mathbf{A}]\vec{e}^{\,0}$ mit $A_{ij} = \cos\angle(\vec{e}_i^{\,1}, \vec{e}_j^{\,0}) = \vec{e}_i^{\,1} \cdot \vec{e}_j^{\,0}$ (Richtungskosinus)

$\det[\mathbf{A}] = 1;\ [\mathbf{A}]^{-1} = \vec{A}^{T};\ \vec{A}$ hat den Eigenwert 1

Wenn $\vec{e}_3^{\,1} \,||\, \vec{e}_3^{\,0}$ gilt: $[\mathbf{A}] = \begin{bmatrix} \cos\varphi & \sin\varphi & 0 \\ -\sin\varphi & \cos\varphi & 0 \\ 0 & 0 & 1 \end{bmatrix}$

Winkelgeschwindigkeit

Ihr Vektor $\vec{\omega}(t)$ ist an keinen Punkt gebunden.
Eindimensional: $\vec{\omega}(t)$ ist $\dot{\varphi}(t)$, Drehzahl. Mehrdimensional: $\vec{\omega}$ ist keine Ableitung.

Matrix für Eulerwinkel:

$$\vec{\omega} = \begin{bmatrix} s_\vartheta s_\varphi & c_\varphi & 0 \\ s_\vartheta c_\varphi & -s_\varphi & 0 \\ c_\vartheta & 0 & 1 \end{bmatrix} \begin{bmatrix} \dot{\psi} \\ \dot{\vartheta} \\ \dot{\varphi} \end{bmatrix}$$

mit den Abkürzungen:

$s_\varphi = \sin\varphi$

$c_\varphi = \cos\varphi$

$$\begin{bmatrix} \dot{\psi} \\ \dot{\vartheta} \\ \dot{\varphi} \end{bmatrix} = \begin{bmatrix} \frac{s_\varphi}{s_\vartheta} & \frac{c_\varphi}{s_\vartheta} & 0 \\ c_\varphi & -s_\varphi & 0 \\ \frac{-s_\varphi c_\vartheta}{s_\vartheta} & \frac{-c_\varphi c_\vartheta}{s_\vartheta} & 1 \end{bmatrix} \vec{\omega}$$

Matrix für Kardanwinkel:

$$\vec{\omega} = \begin{bmatrix} c_2 c_3 & s_3 & 0 \\ -c_2 s_3 & -c_3 & 0 \\ s_2 & 0 & 1 \end{bmatrix} \begin{bmatrix} \dot{\varphi}_1 \\ \dot{\varphi}_2 \\ \dot{\varphi}_3 \end{bmatrix}$$

mit den Abkürzungen:

$$s_i = \sin\varphi$$

$$c_i = \cos\varphi$$

$$\begin{bmatrix} \dot{\varphi}_1 \\ \dot{\varphi}_2 \\ \dot{\varphi}_3 \end{bmatrix} = \begin{bmatrix} \frac{c_3}{c_2} & \frac{-s_3}{c_2} & 0 \\ s_3 & c_3 & 0 \\ \frac{-c_3 s_2}{c_2} & \frac{s_3 s_2}{c_2} & 1 \end{bmatrix} \vec{\omega}$$

Geschwindigkeitsverteilung am starren Körper: $\vec{\omega}$ und $\vec{v}_A$ des körperfesten Punktes A bestimmen die Geschwindigkeit jedes anderen körperfesten Punktes P am Radiusvektor $\overrightarrow{AP} = \vec{\rho}$.

$$\vec{v}_p = \vec{v}_A + \vec{\omega} \cdot \vec{\rho}$$

Ebene Bewegung: $\vec{\omega}$ hat konstante Richtung. Eine Bewegungsebene $v = \vec{\omega} \cdot r$. Fester Punkt heißt Momentanpol der Geschwindigkeit. Winkelbeschleunigung ist die zeitliche Ableitung von $\vec{\omega}$ in der Basis $\vec{e}^{\,0}$.
Darstellung in Eulerwinkel:

$$\dot{\vec{\omega}} = \begin{bmatrix} s_\vartheta s_\varphi & c_\varphi & 0 \\ s_\vartheta c_\varphi & -s_\varphi & 0 \\ c_\vartheta & 0 & 1 \end{bmatrix} \begin{bmatrix} \ddot{\psi} \\ \ddot{\vartheta} \\ \ddot{\varphi} \end{bmatrix} + \begin{bmatrix} c_\vartheta s_\varphi \dot{\psi}\dot{\vartheta} - s_\varphi \dot{\varphi}\dot{\vartheta} + s_\varphi c_\varphi \dot{\varphi}\dot{\Psi} \\ c_\vartheta c_\varphi \dot{\psi}\dot{\vartheta} - c_\varphi \dot{\vartheta}\dot{\varphi} - s_\vartheta s_\varphi \dot{\varphi}\dot{\psi} \\ -s_\vartheta \dot{\psi}\dot{\vartheta} \end{bmatrix}$$

Kardanwinkel:

$$\dot{\vec{\omega}} = \begin{bmatrix} c_2 c_3 & s_3 & 0 \\ -c_2 s_3 & c_3 & 0 \\ s_2 & 0 & 1 \end{bmatrix} \begin{bmatrix} \ddot{\varphi}_1 \\ \ddot{\varphi}_2 \\ \ddot{\varphi}_3 \end{bmatrix} + \begin{bmatrix} -s_2 c_3 \dot{\varphi}_1 \dot{\varphi}_2 + c_3 \dot{\varphi}_2 \dot{\varphi}_3 - c_2 s_3 \dot{\varphi}_3 \dot{\varphi}_1 \\ s_2 s_3 \dot{\varphi}_1 \dot{\varphi}_2 - s_2 \dot{\varphi}_2 \dot{\varphi}_3 + c_2 c_3 \dot{\varphi}_3 \dot{\varphi}_1 \\ c_2 \dot{\varphi}_1 \dot{\varphi}_2 \end{bmatrix}$$

Beschleunigungsverteilung:

$$\vec{a}_P = \vec{a}_A + \dot{\vec{\omega}} \cdot \vec{\rho} + \vec{\omega} \cdot (\vec{\omega} \cdot \vec{\rho}) = \vec{a}_A + \dot{\vec{\omega}} \cdot \vec{\rho} + (\vec{\omega} \cdot \vec{\rho})\vec{\omega} - \vec{\omega}^2 \vec{\rho}$$

Kinematik des Punktes mit Relativbewegung:

$$\vec{a}_P = \vec{a}_A + \dot{\vec{\omega}} \cdot \vec{\rho} + \vec{\omega} \cdot (\vec{\omega} \cdot \vec{\rho}) + 2\vec{\omega} \cdot \vec{v}_{rel} + \vec{a}_{rel}$$

mit $\vec{r}_P = \vec{r}_A + \vec{\rho}$ $\quad \vec{v}_P = \vec{v}_A + \vec{\omega} \cdot \vec{\rho} + \vec{v}_{rel}$

Anzahl der Freiheitsgrade der Bewegung ist gleich der Anzahl unabhängiger generalisierter Lagekoordinaten.

Virtuelle Verschiebungen sind infinitesimal kleine, mit allen Bindungen des Systems verträgliche, aber ansonsten beliebige Verschiebungen.

$\delta\vec{r}_P = \delta\vec{r}_A + \delta\vec{\pi} \cdot \vec{\rho}$ mit $\vec{\rho} = \overrightarrow{AP}$ $\quad \delta\vec{\pi}$: Drehvektor

$\delta\vec{r}$: virtuelle Verschiebung

3.4 Kinetik

Ein Inertialsystem ist ein Bezugssystem, das sich ohne Beschleunigung bewegt. Geschwindigkeiten und Beschleunigungen relativ zu einem Inertialsystem heißen absolute Geschwindigkeiten und Beschleunigungen. Punkte und Koordinatensysteme, die im Inertialsystem fest sind, heißen auch raumfest.

Newton'sche Axiome

Für einen rein translatorisch bewegten Körper der konstanten Masse m gilt das zweite Newton'sche Axiom

$m \cdot a = F$

In der Verallgemeinerung folgt aus dem dritten Axiom für beliebige Systeme mit konstanter Masse für beliebige Bewegungen

$m_{ges}\, a_s = F_{res}$ $\quad$ x: Verlängerung

l: Länge im statischen Gleichgewicht

Federkraft $\vec{A} = -(mg + kx)\vec{e}_r$

$$\vec{a} = [\ddot{x} - (l + x)\dot{\varphi}^2]\vec{e}_r + [(l + x)\ddot{\varphi} + 2\dot{x}\dot{e}]\vec{e}_\varphi$$

Impulssatz

Beispiel: Federpendel

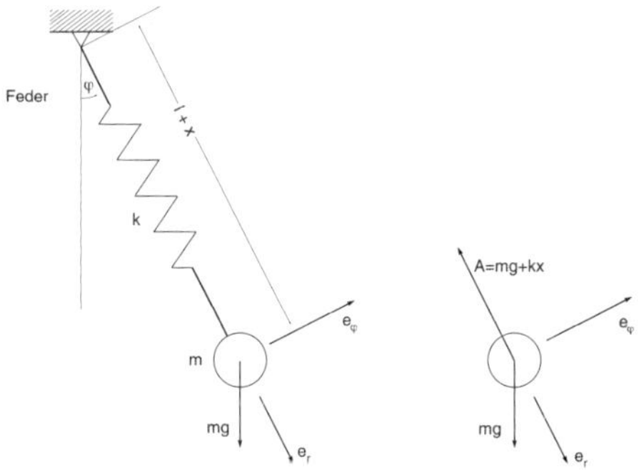

$$m_{\mathrm{ges}}[\vec{v}_s(t) - \vec{v}_s(t_0)] = \int_{t_0}^{t} \vec{F}_{\mathrm{res}} \mathrm{d}t$$

Das Integral liefert Größe und Richtung der Schwerpunktsgeschwindigkeit $\vec{v}_{\mathrm{s}}(\mathrm{t})$.

Impulserhaltungssatz

Beispiel: Fadenpendel

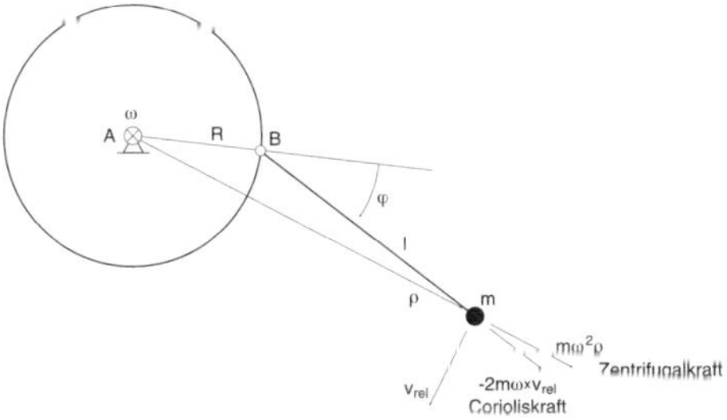

$$\sum_{\mathrm{i}=1}^{n} \vec{v}_{\mathrm{s\,i}} m_{\mathrm{i}} = \mathrm{const}$$

Kinetik der Punktmasse im beschleunigten Bezugssystem

Unter dem Einfluss einer Kraft $\vec{F}$ bewegt sich eine Punktmasse m relativ zu einem beschleunigt bewegten Bezugssystem mit einer Beschleunigung $\vec{a}_{\mathrm{rel}}$

$$m\vec{a}_{\mathrm{rel}} = \vec{F} + [-m\vec{a}_{\mathrm{A}} - m\vec{\dot{\omega}} x\vec{\rho} - m\vec{\omega}(\vec{\omega} x\vec{\rho}) - 2m\omega x v_{\mathrm{rel}}]$$

Trägheitsmomente

Für einen starren Körper sind bezüglich jeder körperfesten Basis $\vec{e}$ mit beliebigem Ursprung A axiale Trägheitsmomente $J_{\mathrm{ii}}{}^{\mathrm{A}}$ und Deviationsmomente (auch zentrifugale Trägheitsmomente) $J_{\mathrm{ij}}{}^{\mathrm{A}}$ definiert:

$$\vec{J}_{\mathrm{ii}}{}^{\mathrm{A}} = \int_m (x_{\mathrm{j}}{}^2 + x_{\mathrm{k}}{}^2)\mathrm{d}m;\ \vec{J}_{\mathrm{ij}}{}^{\mathrm{A}} = -\int_m x_{\mathrm{i}}x_{\mathrm{j}}\mathrm{d}m$$

(i, j, k = 1, 2, 3 verschieden)

Zwischen diesen Trägheitsmomenten und den Trägheitsmomenten bezüglich einer zu $\vec{e}$ parallelen Basis im Schwerpunkt S bestehen die Beziehungen von Huygens und Steiner:

$$J_{\mathrm{ii}}{}^{\mathrm{A}} = J_{\mathrm{ii}}{}^{\mathrm{S}} + (x_{\mathrm{Sj}}{}^2 + x_{\mathrm{Sk}}{}^2)m,\ \vec{J}_{\mathrm{ij}}{}^{\mathrm{A}} = \vec{J}_{\mathrm{ij}}{}^{\mathrm{A}} - x_{\mathrm{Si}}x_{\mathrm{Si}}m$$

Massen und Massenträgheitsmomente einiger homogener, massiver Körper und dünner Schalen:

Quader

$m = \rho abc$ mit ρ: Dichte

$$J_{\mathrm{x}} = \frac{m(b^2 + c^2)}{12}$$

$$J_{\mathrm{y}} = \frac{m(c^2 + a^2)}{12}$$

$$J_{\mathrm{z}} = \frac{m(a^2 + b^2)}{12}$$

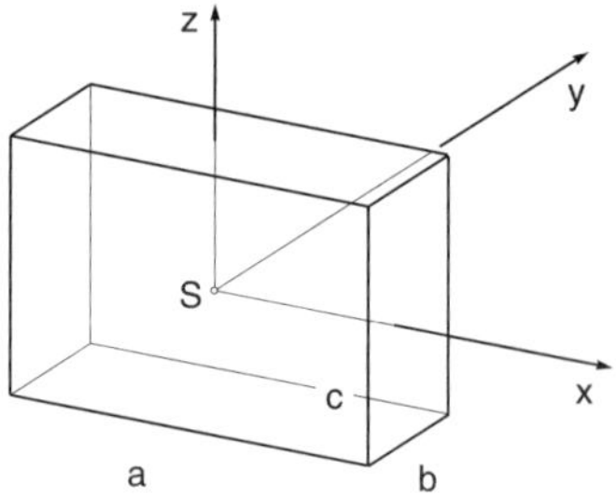

Prisma

$m = \rho A l$

$J_z = \rho l (I_x + I_y)$

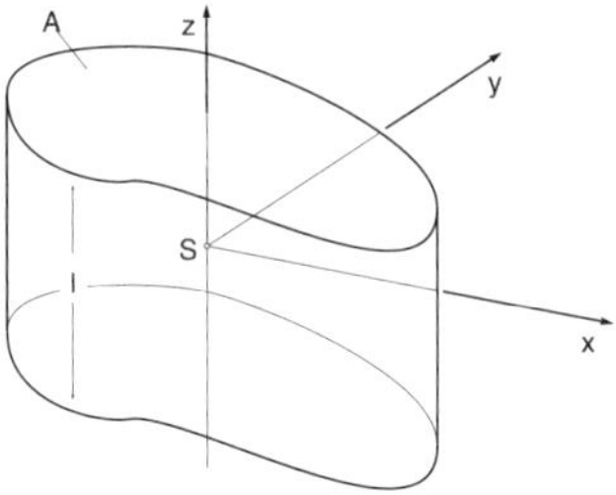

I_x, I_y: Flächenmomente
2. Grades des Querschnitts

(Hohl-)Kugel

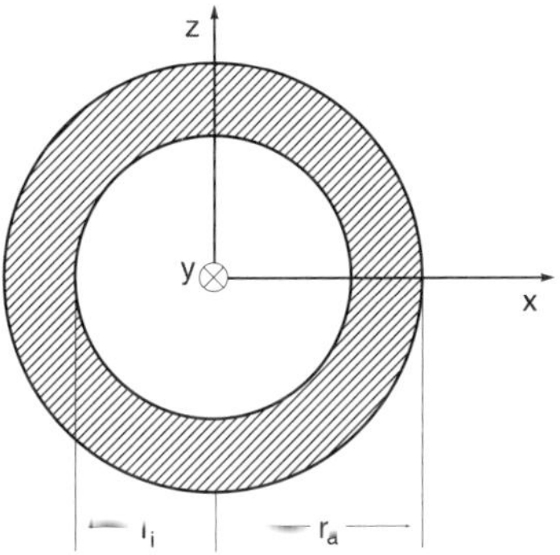

massiv:

$$m = \frac{4}{3}\rho\pi({r_a}^3 - {r_i}^3)$$

$$J_x = J_y = J_z = \frac{2}{5}m\frac{({r_a}^5 - {r_i}^5)}{({r_a}^3 - {r_i}^3)}$$

dünne Schale:

$$m = \rho 4\pi r^2 t$$

$$J_x = J_y = J_z = 2m\frac{r^2}{3}$$

(Hohl-)Zylinder

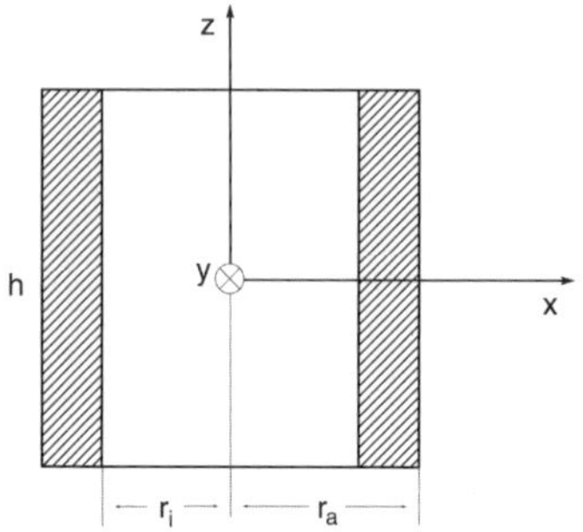

massiv:

$$m = \rho\pi({r_a}^2 - {r_i}^2)h$$

$$J_x = J_y = m\frac{\left({r_a}^2 - {r_i}^2 + \frac{h^2}{3}\right)}{4}$$

$$J_z = m\frac{({r_a}^2 - {r_i}^2)}{2}$$

dünne Schale:

$$m = \rho 2\pi rht$$

$$J_x = J_y = m\frac{(6r^2 - h^2)}{12}$$

$$J_z = mr^2$$

Drall

Der Drall $[\mathbf{L}]^0$ (auch Drehimpuls oder Impulsmoment) eines beliebigen Systems bezüglich eines raumfesten Punktes 0 ist das resultierende Moment der Bewegungsgrößen $\vec{v} \cdot \mathrm{d}m$ seiner Massenelemente bezüglich 0

$$[\mathbf{L}]^0 = \int_m (\vec{r} \times \vec{v})\mathrm{d}m$$

Drallsatz (Axiom von Euler)

Für jedes System ist die Zeitableitung des Dralls $[\mathbf{L}]^0$ im Inertialraum gleich dem resultierenden Moment aller am System angreifenden äußeren Kräfte bezüglich desselben Punktes 0,

$$\frac{[\mathbf{L}]^0}{\mathrm{d}t} = [\mathbf{M}]^0$$

Für eine Punktmasse m am Ortsvektor $\vec{r}$ lautet der Satz

$$\frac{d(\vec{r} \times \vec{v}m)}{\mathrm{d}t} = \vec{r} \times \vec{a}m = [\mathbf{M}]^0$$

Drallerhaltungssatz

Wenn $[\mathbf{M}]^0$ oder eine raumfeste Komponente von $[\mathbf{M}]^0$ dauernd null ist, dann ist $[\mathbf{L}]^0$ bzw. die entsprechende Komponente von $[\mathbf{L}]^0$ konstant.

Kinetische Energie

Die kinetische Energie T (auch E_{kin}) eines beliebigen Systems der Gesamtmasse m ist definiert als

$$T = \frac{1}{2}\int_m \vec{v}^2 \mathrm{d}m$$

Für einen starren Körper ist

$$T = \frac{1}{2}m\vec{v}_s^{\,2} + \frac{1}{2}(J_1\omega_1^{\,2} + J_2\omega_2^{\,2} + J_2\omega_3^{\,2})$$

Energieerhaltungssatz

$T + V = \mathrm{const}$

In einem konservativen System ist die Summe aus kinetischer Energie T und potenzieller Energie V konstant.

Arbeitssatz

$$T_2 + V_2 = T_1 + V_1 + W_{12}$$

W_{12}: Arbeit aller Nicht-Potenzialkräfte bei der Bewegung zum Zustand 1 nach 2

Bewegungsgleichungen für holonome Mehrkörpersysteme
Lagrange'sche Gleichung

$$\frac{\mathrm{d}}{\mathrm{d}t}\left(\frac{\partial}{\partial \dot{q}_\mathrm{k}}\right) - \frac{\partial L}{\partial q_\mathrm{k}} = Q_\mathrm{k} + \sum_{i=1}^{\gamma} \lambda_\mathrm{i} \frac{\partial f_\mathrm{i}}{\partial q_\mathrm{k}}$$

D'Alembert'sches Prinzip

$$\int \delta\vec{r} \cdot (\ddot{\vec{r}}\mathrm{d}m - \vec{F}) = 0$$

$\vec{r}$: Ortsvektor
$\ddot{\vec{r}}$: absolute Beschleunigung
$\delta\vec{r}$: virtuelle Verschiebung
$\vec{F}$: resultierende eingeprägte Kraft

Stöße an Mehrkörpersystemen

Man formuliert zunächst Bewegungsgleichungen des Gesamtsystems für stetige Bewegungen mit Kräften $\vec{F}$ und $-\vec{F}$ an den Stoßpunkten beider Körper. Die generalisierten Kräfte in [**Q**] berücksichtigen nur die Kräfte $\vec{F}$ und $-\vec{F}$ an den beiden zusammenstoßenden Körperpunkten. Alle anderen Kräfte sind endlich groß. Integration über die unendlich kurze Stoßdauer liefert

$$\vec{A} \cdot \Delta\vec{q} = [\mathbf{K}][\mathbf{Q}]$$

Fall I: Stoß ohne Reibung an der Stoßstelle

$$(\vec{c}_1 - \vec{c}_2) \cdot \vec{e}_\mathrm{n} = -e(\vec{v}_1 - \vec{v}_2)e_\mathrm{n}$$

mit $\vec{c}_\mathrm{i} = \vec{v}_\mathrm{i} + D\vec{v}_\mathrm{i}$
e: Stoßzahl

Fall II: Zusammenstoßende Körperpunkte haben anschließend gleiche Geschwindigkeiten.
$c_1 - c_2 = 0$

Schiefer exzentrischer Stoß

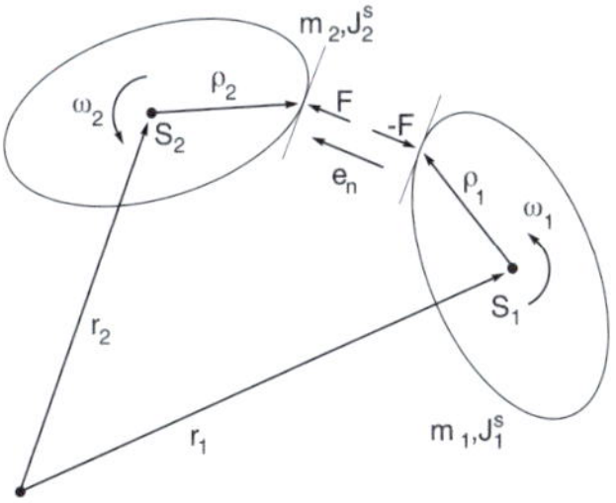

Beim Stoß zweier Körper nach obigem Bild bei ebener Bewegung lauten die integrierten Bewegungsgleichungen

$$\Delta\dot{\vec{r}}_1 = \frac{-\vec{F}}{m_1} \qquad \Delta\dot{\vec{r}}_2 = \frac{-\vec{F}}{m_2}$$

$$\Delta\vec{\omega}_1 = -\vec{\rho}_1 \times \frac{\vec{F}}{J_1^s} \qquad \Delta\vec{\omega}_2 = -\vec{\rho}_2 \times \frac{\vec{F}}{J_2^s}$$

Die Geschwindigkeiten der Stoßpunkte vor und nach dem Stoß sind

$$\vec{v}_i = \dot{\vec{r}}_i + \vec{\omega}_i \times \vec{\rho}_i$$

$$\vec{c}_i = \dot{\vec{r}}_i + \Delta\dot{\vec{r}}_i + (\vec{\omega}_i + \Delta\vec{\omega}_i) \times \vec{\rho}_i \qquad \text{mit } i = 1,2$$

Gerader zentraler Stoß

Der Stoß zweier rein translatorisch bewegter Körper heißt gerade, wenn ihre Geschwindigkeiten $\vec{v}_1$ und $\vec{v}_2$ die Richtung der Stoßnormale haben. Er heißt zentral, wenn die Schwerpunkte auf der Stoßnormalen liegen. Die Geschwindigkeiten $\vec{c}_1$ und $\vec{c}_2$ unmittelbar nach dem Stoß und der Kraftstoß F an m_2 sowie der Verlust ΔT an kinetischer Energie sind:

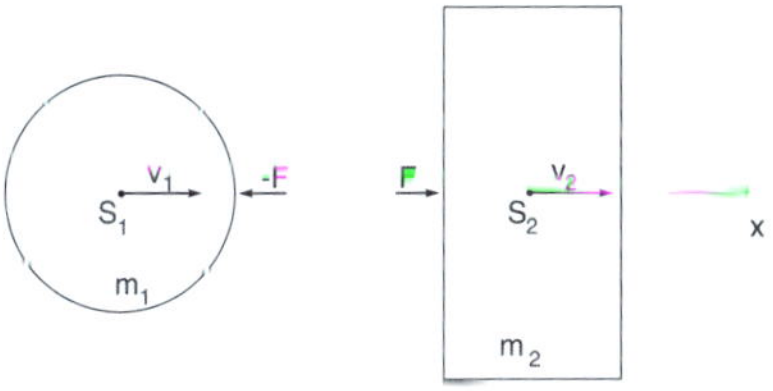

$$c_1 = v_1 - \frac{m_2}{m_1 + m_2}(1 + e)(v_1 - v_2)$$

$$c_2 = v_2 + \frac{m_1}{m_1 + m_2}(1 + e)(v_1 - v_2)$$

$$F = \frac{m_1 m_2}{m_1 + m_2}(1 + e)(v_1 - v_2)$$

$$\Delta T = \frac{1}{2}\frac{m_1 m_2}{m_1 + m_2}(1 + e^2)(v_1 - v_2)^2$$

Gerader Stoß gegen Pendel

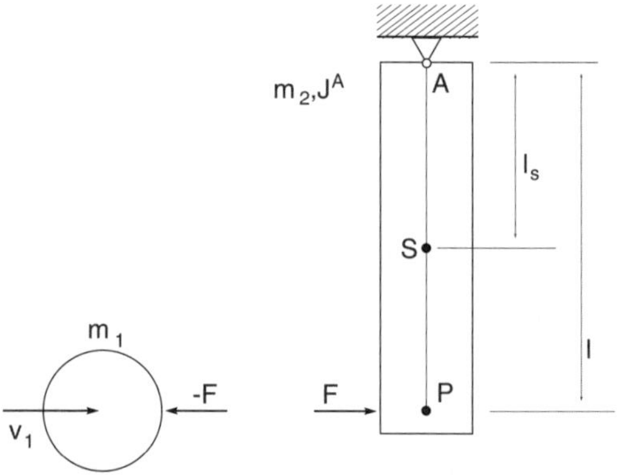

Es gelten die gleichen Gleichungen wie beim geraden zentralen Stoß, wobei m_2 durch $\frac{J^A}{l^2}$ ersetzt wird. $\vec{v}_2$ und $\vec{c}_2$ sind die Geschwindigkeiten des Punktes *P* vor und nach dem Stoß. *A* heißt Stoßmittelpunkt.

$$v_1 = 2\sin\left(\frac{\varphi_{max}}{2}\right)\left[\left(\frac{1 + J^A}{m_1 l^2}\right) \times \left(\frac{l + l_s m_2}{m_1}\right) g\right]^{\frac{1}{2}}$$

4. Technische Informatik

4.1 Digitale Systeme

Eine Boole'sche Funktion beschreibt die Zuordnung der Werte 0 und 1 zu den binären Werten von n binären Variablen.

NICHT (Negation)	$y = \bar{a};$	$y = \neg a$
UND (Konjunktion)	$y = a \cdot b;$	$y = a \wedge b$
ODER (Disjunktion)	$y = a + b;$	$y = a \vee b$
NICHT-UND	$y = \overline{a \cdot b}$	$y = \neg\,(a \wedge b)$
NICHT-ODER	$y = \overline{a + b}$	$y = \neg\,(a \vee b)$
EXKLUSIV-ODER (Antivalenz)	$y = a \not\equiv b;$	$y = a \oplus b$
GLEICHWERTIG (Äquivalenz)	$y = a \equiv b;$	$y = a \otimes b$
FUNKTION	$y = f(a, b, c)$	

Wahrheitstabelle

A	B	$\overline{A}$	$\overline{A \wedge B}$	$\overline{A \wedge B}$	$A \vee B$	$\overline{A \vee B}$	$A \oplus B$	$A \otimes B$
0	0	1	0	1	0	1	0	1
0	1	1	0	1	1	0	1	0
1	0	0	0	1	1	0	1	0
1	1	0	1	0	1	0	0	1

Schaltungstechnische Umsetzung der Grundgatter in CMOS-Technik

Invertierer:

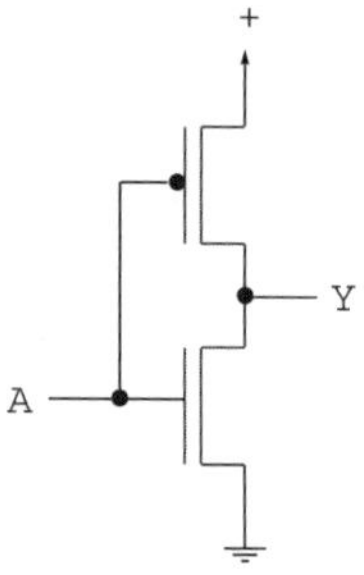

NICHT-UND:

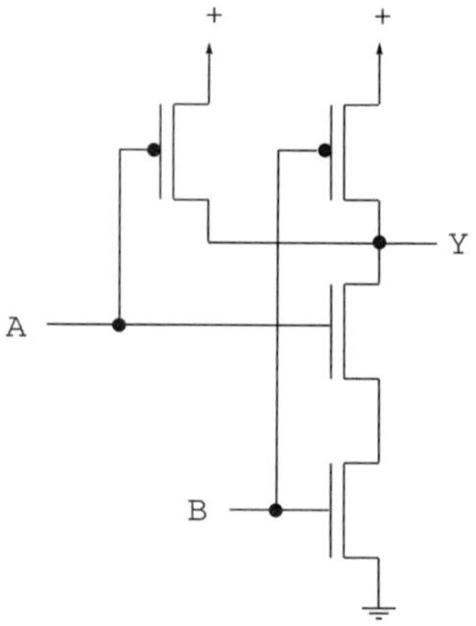

NICHT-ODER:

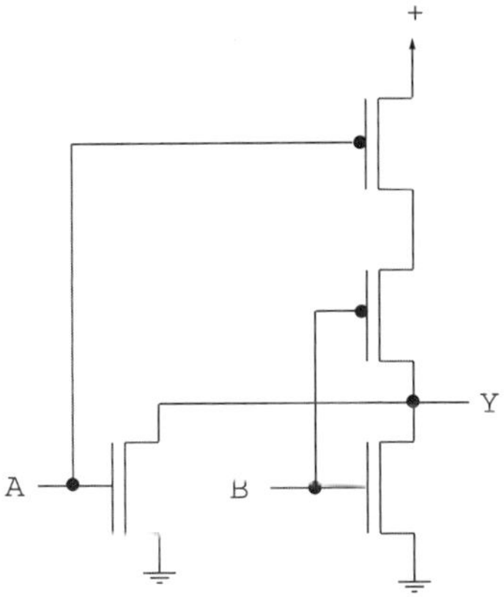

Mit diesen drei Grundgattern lassen sich alle Boole'schen Gleichungen realisieren.

Flip-Flops

RS-Flipflop

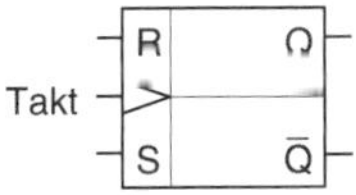

$$Q^{t+1} = S^t \vee (\bar{R}^t \wedge Q^t)$$

JK-Flipflop

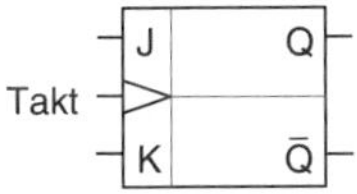

$$Q^{t+1} = (J^t \wedge \bar{Q}^t) \vee (\bar{K}^t \wedge Q^t)$$

D-Flipflop

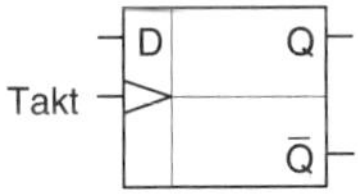

$$Q^{t+1} = D^t$$

T-Flipflop

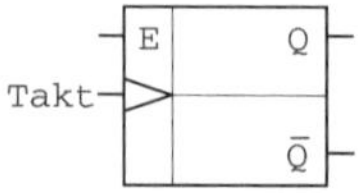

$$Q^{t+1} = (E^t \wedge \bar{Q}^t) \vee (\bar{E}^t \wedge Q^t)$$

Das Dreieck am Takteingang besagt, dass es sich um flankengesteuerte FFs handelt, d. h. der Zustandswechsel erfolgt beim Übergang des Taktsignals von 0 auf 1.

Rechenregeln

Assoziativgesetz $(A \wedge B) \wedge C = A \wedge (B \wedge C)$

$(A \vee B) \vee C = A \vee (B \vee C)$

Kommutativgesetz $A \wedge B = B \wedge A$

$A \vee B = B \vee A$

Idempotenzgesetz $A \wedge A = A$

$A \vee A = A$

Distributivgesetz $(A \wedge B) \vee C = (A \vee C) \wedge (B \vee C)$

$(A \vee B) \wedge C = (A \wedge C) \vee (B \wedge C)$

Absorptionsgesetz $(A \wedge B) \vee A = A$

$(A \vee B) \wedge A = A$

DeMorgan-Regel $\overline{A \wedge B} = \bar{A} \vee \bar{B}$

$\overline{A \vee B} = \bar{A} \wedge \bar{B}$

Kanonische Formen Boole'scher Funktionen: Jede Boole'sche Funktion kann als Disjunktion von Konjunktionstermen (disjunktive Normalform) oder als Konjunktion von Disjunktionstermen (konjunktive Normalform) geschrieben werden.

Durch Minimierung einer Boole'schen Funktionsgleichung, z. B. mithilfe von Karnaugh-Veitch-Diagrammen, kann der schaltungstechnische Aufwand zu ihrer Realisierung verringert werden.

Beispiel: Volladdierer

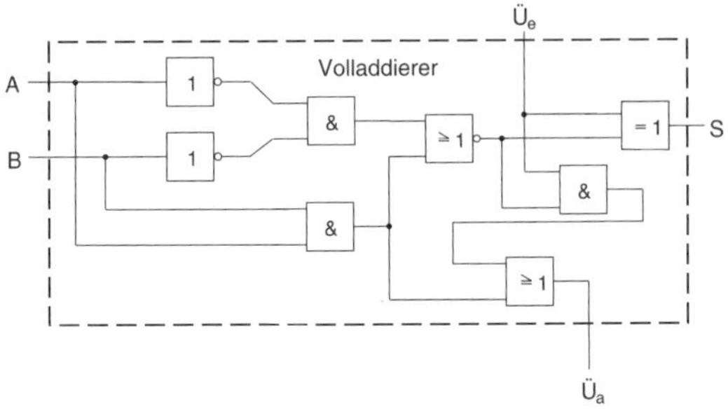

Ein Schaltnetz ist die schaltungstechnische Umsetzung einer Boole'schen Funktion. Im Gegensatz zu den Schaltwerken haben Schaltnetze keine inneren Zustände, keine Rückwirkungen. Jeder Eingangsvektor bewirkt genau einen definierten Ausgangsvektor. Schaltwerke haben die Struktur rückgekoppelter Schaltnetze. Bei ihnen wird der Ausgangsvektor vom Eingangsvektor und/oder von den inneren Zuständen bestimmt.
Ein einfacher Mikrocomputer besitzt einen Aufbau wie im Bild zu sehen.

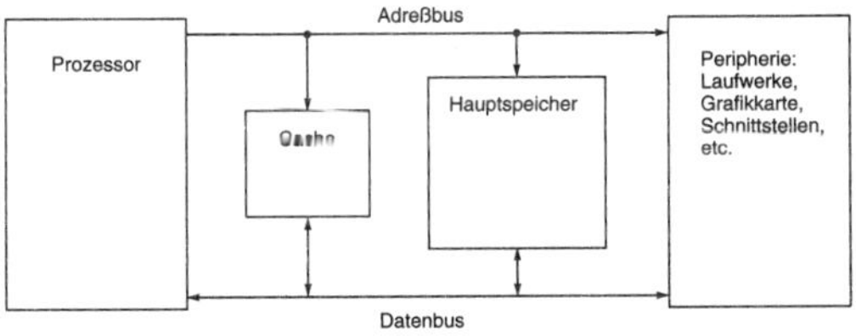

4.2 Datenstrukturen und -typen

Binäre Zahlendarstellung

Die Darstellung von Informationen in digitalen Rechnern erfolgt ausschließlich in binärer Form. Acht Bit werden zu einem Byte zusammengefasst. Ein Kilobyte oder auch KB umfasst 1024 Byte, ein Megabyte oder auch MB 1024 KB usw. Ein Wort ist abhängig von der Prozessorarchitektur und umfasst je nachdem 8-, 16-, 32- oder 64-Bit. Die meisten (2003) PC-Prozessoren basieren auf 32-Bit Wortlängen.

Einerkomplement

$$Z = -(b_{(N-1)}2^{N-1}) + \left(\sum_{i=0}^{N-2} b_i 2^i\right) - 1; \qquad N\text{: binäre Stellen}$$

Negative Zahlen werden durch das Komplement der positiven dargestellt, wobei die Null zwei Darstellungen hat: Alle Bit gleich 1 oder alle Bit gleich 0.

Zweierkomplement

$$Z = -(b_{(N-1)}2^{N-1}) + \sum_{i=0}^{N-2} b_i 2^i$$

Es entspricht dem Einerkomplement mit anschließender Addition von 1. Vorteil ist, dass die Null nur eine Darstellung hat.
Gleitkommazahlen werden durch Mantisse und Exponent der Form

$$Z_{GK} = (-1)^S \cdot (1, f)2^{e-bias}; \qquad S\text{: Vorzeichenbit}$$

nach dem IEEE-Standard dargestellt, um einen höheren Wertebereich abzudecken. Die einfache Genauigkeit (single precision) hat 32 Bit, die doppelte (double precision) 64 Bit. Die normalisierte Form der Mantisse beginnt immer mit der Eins vor dem Komma und wird durch Verschieben der ursprünglichen Mantisse und Angleichen des Exponenten erreicht. Der Bias bewirkt, dass der Exponent immer eine vorzeichenlose Zahl ist und 127 bzw. 1024 (single bzw. double precision) beträgt.
MSB: höchstwertiges Bit (most significant bit)
LSB: niedrigstwertiges Bit (least significant bit)
Buchstaben, Ziffern und Sonderzeichen sind also auch binär codiert. Der wichtigste dieser Codes ist der ASCII-Code (American Standard Code for Information Interchange), der mit 7 Bit 128 internationale Zeichen codiert. Intern erhält der ASCII-Code ein achtes Bit, das meistens als Flag bzw. Paritätsbit benutzt wird.

Tabelle ASCII-Code

	000	001	010	011	100	101	110	111
0000	NUL	SOH	STX	ETX	EOT	ENQ	ACK	BEL
0001	BS	HT	LF	VT	FF	CR	SO	SI
0010	DLE	DC1	DC2	DC3	DC4	NAK	SYN	ETB
0011	CAN	EM	SUB	ESC	FSP	GSP	RSP	USP
0100		!	"	#	$	%	&	'
0101	(	)	*	+	,	-	.	/
0110	0	1	2	3	4	5	6	7
0111	8	9	:	;	<	=	>	?
1000	@	A	B	C	D	E	F	G
1001	H	I	J	K	L	M	N	O
1010	P	Q	R	S	T	U	V	W
1011	X	Y	Z	[	\	]	^	_
1100	´	a	b	c	d	e	f	g
1101	h	i	j	k	l	m	n	o
1110	p	q	r	s	t	u	v	w
1111	x	y	z	{	|	}	~	DEL

Bei der Darstellung von Speicherinhalten findet man häufig die Hexadezimaldarstellung, die in jeder Stelle zwei Bit zusammenfasst.
Zahlen sind im Zweierkomplement dargestellt, wobei das höchstwertige Bit als Vorzeichen interpretiert wird, d. h. der Wert 1 steht für Minus.
Der Prozessor besitzt ein Statusregister, in dem mit Carry- (C), Überlauf- (V) und Division-durch-Null-Flag (Z) Bereichsüberschreitungen bei den vier Grundrechenarten angezeigt und für Programmverzweigungen benutzt werden.

Ein höherer Datentyp ist der Vektor, der nur auf speziellen Rechnern, den Vektorrechnern implementiert ist und auf der Datenstruktur Feld mit einheitlichen Datenobjekten basiert. Ein Vektorbefehl löst dabei mehrere Einheitsoperationen aus, die meist parallel ausgeführt werden, woraus sich eine höhere Rechenleistung ergibt. Es werden Vektoren aus Bitvektoren, aus ganzen Zahlen und aus Gleitkommazahlen unterschieden.

Ein Feld (array) ist eine Matrix beliebiger Dimension (meist ein- bis dreidimensional) bestehend aus Datenelementen desselben Typs. Die Elemente heißen auch indizierte Variablen, denen man wie gewöhnlichen Variablen Werte zuweisen kann. Alle Objekte eines Feldes haben den gleichen Namen, sind gleich schnell verfügbar und besitzen Zahlen als Indices. Felder des Typs Zeichen werden zum Speichern von Texten benutzt. Der Speziallfall String hat keine festgelegte Länge und wird durch ein Terminalzeichen abgeschlossen, z. B. '/0' in C.

Verbunde (records) sind Felder, deren Objekte verschiedenen Typs sein können. Die Elemente heißen Komponenten.

Ein Keller (stack, Stapel, LIFO) ist eine eindimensionale Anordnung von beliebigen Datentypen, die auf zwei typische Arten bearbeitet wird: Hinzufügen (push) und Entnehmen (pop), bei dem immer das zuletzt eingefügte Element zur Verfügung steht. Daher der Name Last-In-First-Out (LIFO).
Dieses Speicherverfahren bietet für geschachtelte Prozeduraufrufe große Vorteile.

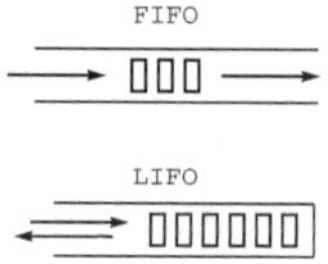

Die Schlange (queue, FIFO) unterscheidet sich vom Keller nur durch die Richtung des Datendurchsatzes. Das erste Element wird auch als erstes entnommen, daher der Name First-In-First-Out (FIFO). Schlangen finden ihre Anwendung in Datenpuffern, wenn z. B. Daten nicht schritthaltend, aber in der richtigen Reihenfolge bearbeitet werden sollen.

Ein Baum ist eine rekursive Anordnung beliebiger Datenobjekte, den Knoten. Die Wurzel ist ein besonderer Knoten, der statt auf seine Mutter auf sich selbst zeigt. Alle anderen Knoten sind hierarchisch angeordnet, bilden wieder einen Unterbaum und zeigen sowohl auf ihren Mutterknoten als auch auf alle ihre Kinder. Ein populäres Beispiel für eine Baumstruktur sind grafische Benutzeroberflächen, bei denen alle Elemente als Objekte organisiert sind.

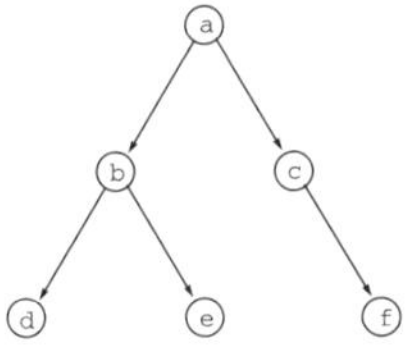

4.3 Softwaretechnik – Programmierung

Das Betriebssystem eines Rechners ist die Basis der Systemsoftware und bildet eine Schnittstelle zwischen der Hardware und der darüber liegenden Software. Im Laufe der Rechnerentwicklung haben sich verschiedene Betriebssystemarten herausgebildet.

Bei der Stapelverarbeitung wird eine Aufgabe in verschiedene Jobs aufgeteilt, die, früher in Form gestanzter Lochkarten, nacheinander ausgeführt werden. In der Struktur der Sprache Fortran ist noch andeutungsweise ihre Herkunft aus der Lochkartenprogrammierung erkennbar.

Der Nachteil der langen Wartezeiten entfällt beim Teilnehmersystem (multiuser-mode), bei dem der Rechner gleichzeitig mehrere Aufgaben bearbeitet, denen er so genannte Scheiben der Prozessorzeit zuordnet. Die einzelnen Jobs werden mit Prioritäten versehen.

Einbenutzersysteme (PCs) haben sich in den letzten zehn Jahren so stark weiterentwickelt, dass sie heute die Leistung früherer Großrechner übertreffen. Ihr Hintergrundspeicher besteht meist aus einer Festplatte, einem Disketten- und einem CD-ROM-Laufwerk.

Netzsysteme eröffnen zusätzlich die Möglichkeit, Aufgaben an andere Rechner, die ans Netz angeschlossen sind, zu delegieren.

Prozesssteuerungssysteme unterliegen der Echtzeitbedingung, d. h. alle Aufgaben müssen schritthaltend, also innerhalb einer festen Zeitvorgabe bearbeitet werden. Von den Rechnersystemen werden schnelle Reaktionszeiten und hohe Zuverlässigkeit gefordert.

Transaktionssysteme werden bei der Verwaltung sich laufend verändernder Datenbasen eingesetzt, z. B. in Kontoführungssystemen bei Banken oder Platzbuchungssystemen von Fluggesellschaften. Bei ihnen stehen Konsistenz der Datenbasis und Schutz vor unerlaubten Zugriffen im Vordergrund. In der Zweiebenenstruktur laufen die Routinen des Betriebssystems in einer privilegierten Betriebsart des Prozessors ab (supervisor-mode), um sie vor unerlaubten Zugriffen der Anwendersoftware zu schützen, die im user-mode des Prozessors bearbeitet wird.

Die modernen Betriebssysteme erlauben eine parallele Aufgabenbearbeitung (multitasking), bei der die einzelnen Jobs in *Prozesse* aufgeteilt werden. Ein Prozess enthält eine Folge von Aktionen in Form eines Programms und die zu seiner Ausführung erforderlichen Informationen, z. B. Daten, Inhalte von Statusregistern, Ein-/Ausgabeadressen usw., und kann die drei Zustände aktiv (running), blockiert (blocked) und bereit (ready) einnehmen. Mehrere Prozesse, die auf die gleichen Betriebsmittel zugreifen, müssen koordiniert werden, wofür man sich zweier Methoden bedienen kann:

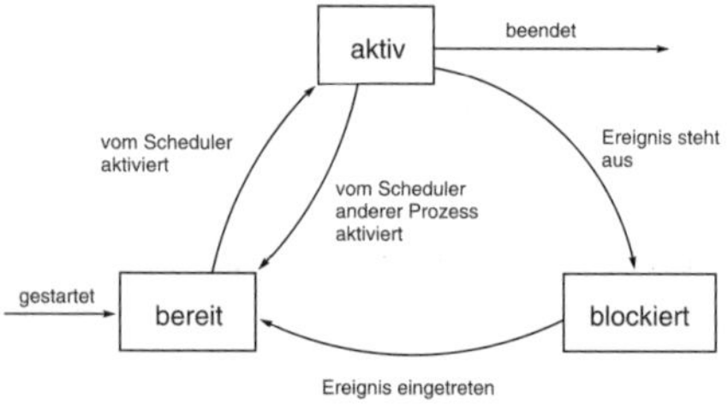

Das Semaphorkonzept weist jedem Betriebsmittel eine binäre Variable zu, den Semaphor, der anzeigt, ob das Betriebsmittel belegt oder frei ist und von jedem Prozess vor dem Zugriff geprüft wird.

Das Mailboxkonzept umgeht den Nachteil des Semaphorkonzepts, in manchen Fällen zu Verklemmungen (deadlocks) zu führen, indem es einen Teil der Verwaltung in die Betriebsmittelsteuerung integriert. Alle Prozessanforderungen werden in eine dem Betriebsmittel zugehörige Warteschlange (die Mailbox) gelegt, die das Betriebsmittel selbstständig abarbeitet. Das Ergebnis wird in eine andere Mailbox gelegt, die dem Prozess zugeordnet ist.

Programmiersprachen

Die Beschreibung eines Programms, d. h. Algorithmus und Datenstrukturen, durch eine Programmiersprache ist von einer Maschine ausführbar. Programme können aus Maschinenbefehlen, z. B. Assembler, oder maschinenunabhängigen Anweisungen bestehen, die von einem Interpreter oder einem Compiler in Maschinenbefehle übersetzt werden. Interpreter übersetzen die Anweisungen während der Ausführung und sind deshalb langsamer als Compiler, bei denen die Übersetzung des gesamten Programms vor der Ausführung erfolgt.

Universalsprachen für breite Anwendungsgebiete: z. B. FORTRAN, PASCAL, C.

Spezialsprachen, z. B. für Datenbanken: SQL, oder für Simulation: GPSS.

Programmiersprachen unterscheidet man nach dem Denkmodell.

Beispiel: x · y + z

Algorithmisch, z. B. PASCAL:	h : = x · y; h : = h + z;
Funktional, z. B. FORTRAN:	Plus (Mal (x, y), z);
Deklarativ, z. B. PROLOG:	Mal Plus (x, y, z, h) -> Mal (x, y, u) Plus (u, z, h);
Objektorientiert, z. B. JAVA:	Schreibweise wie algorithmisch, aber alle Daten sind selbstständige, unabhängige Objekte, die Nachrichten austauschen. Objekt x erhält: Mal y; Ergebnisobjekt x · y erhält: Plus z;

Beschreibung der Sprache durch Semantik (Bedeutung) und Syntax (Form) ihrer Konstruktionen.

Eine Sprache besteht aus Schlüsselwörtern, z. B. IF, Bezeichnern, z. B. result, Zahlen, Strings, z. B. „Hallo Welt", und Einzelzeichen, z. B. :=. Die Syntax wird mit der Backus-Naur-Form (BNF) und erweiterten BNFs beschrieben.

Beispiel (| ist ein logisches Oder): alle arithmetischen Ausdrücke
expr -> term | expr + term | expr - term
expr -> fact | term · fact | term/fact
fact -> ident | number | (expr)

Semantik, z. B. des Ausdrucks y : = x + z: Berechne die Summe aus x und z und weise das Ergebnis y zu.

Konstruktionen algorithmischer Sprachen
Deklarationen benennen Objekte und legen ihre Eigenschaften fest. Der Compiler bezieht aus ihnen Informationen für die Datenverwaltung und Möglichkeiten der Fehlererkennung. Beispiel: VAR name: String

Anweisungen:
Zuweisung, z. B. y:=x
Verzweigung, z. B. IF Bedingung THEN Anweisungsfolge 1
Schleife, z. B. FOR i:=1 TO 10 DO y:=x*2
Ein-/Ausgabe, z. B. WRITE x
Ausdrücke, die mathematische Ausdrücke beschreiben.
Prozeduren, die Deklarationen und Anwendungen zu einem eigenen Unterprogramm zusammenfassen, das mit einem eigenen Namen aufgerufen wird.

Entwurf
Der Softwareentwurf gliedert sich in folgende Phasen:
Problemanalyse, Problemzerlegung, Implementierung, Test, Wartung.
Für den Entwurf haben sich zwei Methoden durchgesetzt:
Die Methode der schrittweisen Verfeinerung, oder auch TOP-DOWN-Methode, bei der das Gesamtproblem so lange aufgeteilt und detailliert wird, bis sich die Teilprobleme in einer Programmiersprache formulieren lassen.
Die Jackson-Methode, bei der die Programmstruktur von der Struktur der Ein- und Ausgabedaten abgeleitet wird, die aber nicht universell anwendbar ist.

Modulares Programmieren
Jedes Programmmodul führt eine in sich abgeschlossene Aufgabe aus und ist

als Ganzes gegen ein anderes austauschbar. Ziele: Einfachheit, Unabhängigkeit vom Programmierer, Ganzheit. Über ein Modul soll möglichst wenig bekannt sein (Black-Box-Prinzip).

Strukturiertes Programmieren
In Erinnerung an die Unübersichtlichkeit eines BASIC-Programms sollen GOTO-Anweisungen so weit wie möglich vermieden werden.

Defensives Programmieren
Der Programmierer berücksichtigt die Möglichkeit von unerkannten Programmfehlern und implementiert Fehlerdiagnosealgorithmen, die auch im endgültigen Code verbleiben. Ein Programm muss mindestens die Eingabedaten auf Gültigkeit überprüfen und eine Programmablaufverfolgung durch die Ausgabe der wichtigsten Variablen ermöglichen.

5. Regelungstechnik

5.1 Grundbegriffe

Regelsysteme verarbeiten und übertragen Signale und werden als Übertragungssysteme bezeichnet. Der Signalfluss kann im Blockschaltbild dargestellt werden. Es gibt Eingrößen-, Mehrgrößen- und Mehrstufensysteme. Beim Regeln wird die so genannte Regelgröße fortlaufend erfasst, mit der Führungsgröße verglichen, sodass der zu regelnde Vorgang hinsichtlich der Angleichung von Regel- und Führungsgröße beeinflusst wird.

Blockschaltbildsymbole:

Bezeichnung	Symbol	math. Operation
Verzweigungspunkt	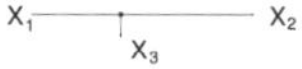	$X_1 = X_2 = X_3$
Summenpunkt	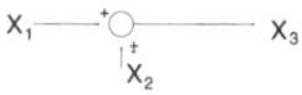	$X_3 = X_1 + X_2$
Multiplikationsstelle		$X_3 = X_1 \cdot X_2$
Divisionsstelle		$X_3 = X_1 / X_2$
allg. lin. Operation		$X_2 = L(X_1)$
allg. nichtlin. Operation		$X_2 = N(X_1)$

5.2 Mathematische Modellbildung

Gesichtspunkte zur Systembeschreibung

Die wichtigsten Eigenschaften von Regelsystemen sind:

Linearität/Nichtlinearität, wobei statische Kennlinien und nichtlineare Differenzialgleichungen linearisiert werden können. Statische Kennlinien werden im Arbeitspunkt (AP) in eine Taylorreihe entwickelt, die dann nach der ersten Ableitung abgebrochen wird. Bei einer nichtlinearen Differenzialgleichung der Form $y = f(y,u)$

linearisiert man in der Umgebung einer Ruhelage, bei der $y = 0$ ist. Die Ruhelagen des Systems ergeben sich aus der Gleichung

$$0 = f(y,u).$$

Mit der Abweichung $y^*(t)$ von der Ruhelage bzw. $u^*(t)$ liefert die Entwicklung der Differenzialgleichung eine Taylorreihe

$$y^*(t) = Ay^*(t) + Bu^*(t),$$

welche linear ist.

Systeme mit konzentrierten Parametern, z. B. elektronische Schaltungen, werden durch gewöhnliche Differenzialgleichungen beschrieben, Systeme mit verteilten Parametern, z. B. elektrische Leitungen, dagegen durch partielle Differenzialgleichungen.

Zeitvarianz. Ist das System zeitvariant, so ändern sich die Parameter mit der Zeit, ansonsten ist es zeitinvariant. Zeitinvariante Systeme haben die Eigenschaft, dass eine zeitliche Verschiebung des Eingangssignals eine gleiche Verschiebung des Ausgangssignals zur Folge hat, ohne dass die Form des Signals verändert wird.

Kontinuierlich/diskret:

kontinuierliche Größe
kontinuierliches Zeitverhalten

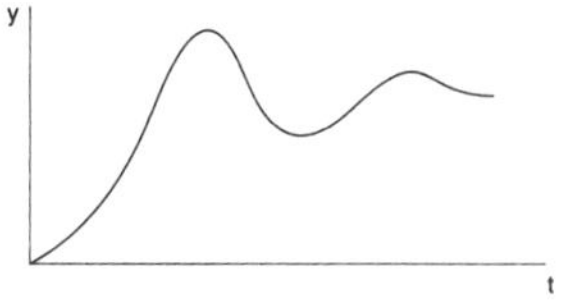

diskretisierte Größe
kontinuierliches Zeitverhalten

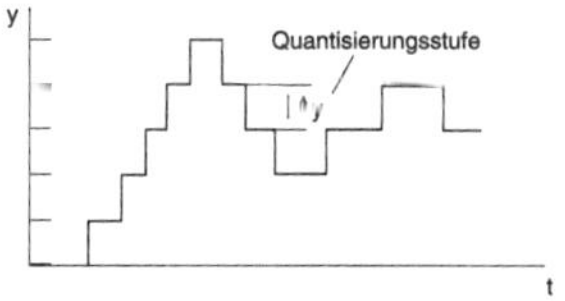

kontinuierliche Größe
diskretes Zeitverhalten

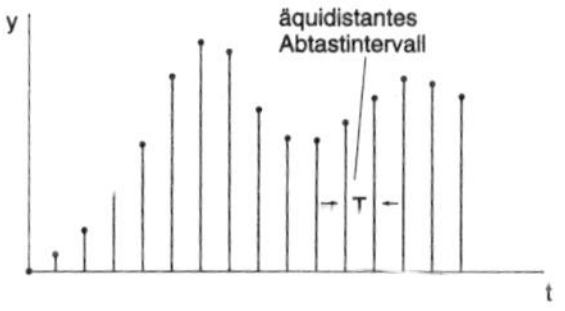

diskretisierte Größe
diskretes Zeitverhalten

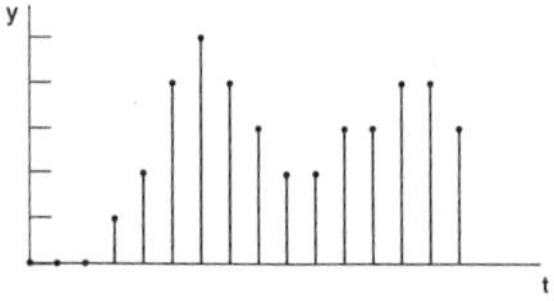

Deterministisch/stochastisch. Bei deterministischen Systemen sind die Signale und das mathematische Modell eindeutig bestimmt und ihr zeitliches Verhalten lässt sich reproduzieren. Stochastische Systeme sind dagegen regellos und ihr Verhalten lässt sich nicht reproduzieren.
Kausalität. Bei kausalen Systemen hängt die Ausgangsgröße zu einem beliebigen Zeitpunkt nur vom Verlauf der Eingangsgröße bis zu diesem Zeitpunkt ab. Alle realen Systeme sind kausal.
Stabilität. Ein System ist dann und nur dann stabil, wenn jedes beschränkte zulässige Eingangssignal ein ebenfalls beschränktes Ausgangssignal zur Folge hat.
Eingrößen-/Mehrgrößensysteme.

5.3 Beschreibung linearer kontinuierlicher Systeme im Zeitbereich

Die Sprungantwort $x_a(t)$ ist die Reaktion eines Systems auf eine sprungförmige Veränderung der Eingangsgröße, definiert durch
$x_e(t) = \hat{x}_e \sigma(t)$ mit $\hat{x}_e = \text{const}$ und

$$\sigma(t) = \left\{ \begin{array}{|l|} 1 \ \textit{für} \ t > 0 \\ \frac{1}{2} \ \textit{für} \ t = 0 \\ 0 \ \textit{für} \ t < 0 \end{array} \right\}$$

Die Übergangsfunktion ist die auf die Sprunghöhe $\hat{x}_e$ bezogene Sprungantwort

$$h(t) = \frac{1}{\hat{x}_e} x_a(t)$$

und hat bei kausalen Systemen die Eigenschaft $h(t) = 0$ für $t < 0$.

Die Gewichtsfunktion $g(t)$ ist die Antwort eines Systems auf die Impulsfunktion $\delta(t)$. $\delta(t)$ ist keine Funktion im klassischen Sinne, sondern muss als Distribution aufgefasst werden. Die Impulsfunktion ist definiert durch

$$\delta(t) = \lim_{\varepsilon \to 0} r_\varepsilon(t) \quad \text{mit } r_\varepsilon = \begin{cases} \frac{1}{\varepsilon} & \textit{für } 0 \le t \le \varepsilon \\ 0 \end{cases}$$

mit den Eigenschaften

$$\delta(t) = 0 \quad \text{für} \quad t \neq 0 \text{ und } \int_{-\infty}^{\infty} \delta(t)\mathrm{d}t = 1$$

Die Impulsfunktion ist die zeitliche Ableitung der Sprungfunktion.
Ist die Gewichtsfunktion (Impulsantwort) eines linearen zeitinvarianten (LTI-)Systems bekannt, so berechnet sich für ein beliebiges Eingangssignal $u(t)$ das Ausgangssignal $y(t)$ mithilfe des Faltungsintegrals

$$y(t) = \int_0^t g(t-\tau)u(\tau)\mathrm{d}\tau$$

Die Zustandsraumdarstellung für Eingrößensysteme hat folgende Form:

$$\dot{\vec{x}} = [A]\vec{x} + \vec{b}u, \quad \vec{x}(t_0) = \vec{x}_0$$

$$y = \vec{c}^T\vec{x} + \mathrm{d}u,$$

wobei u die Eingangsgröße, y die Ausgangsgröße, $\vec{x}$ ein Vektor mit den Zustandsgrößen, $[A]$ die Systemmatrix und $\vec{b}$ der Einkoppelvektor sind. Bei einem einfachen *RLC*-Netzwerk sieht die Zustandsraumdarstellung so aus:

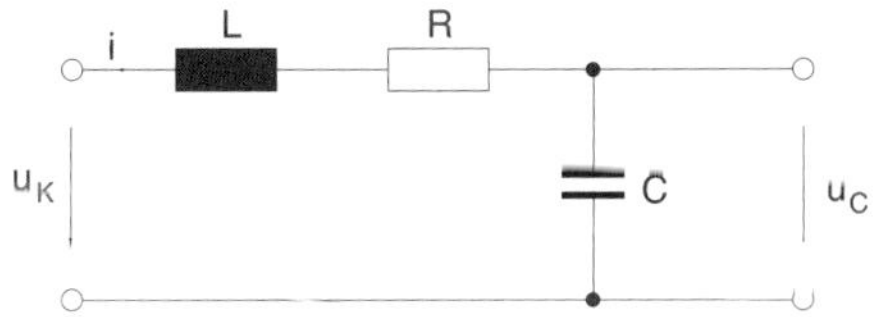

$$\begin{bmatrix} \frac{di}{dt} \\ \frac{dv_c}{dt} \end{bmatrix} = \begin{bmatrix} -\frac{R}{L} & -\frac{1}{L} \\ \frac{1}{c} & 0 \end{bmatrix} \begin{bmatrix} i \\ v_c \end{bmatrix} + \begin{bmatrix} \frac{1}{L} \\ 0 \end{bmatrix} v_k \quad \vec{x}_0 = \begin{bmatrix} i(t_0) \\ v_c(t_0) \end{bmatrix}$$

$$y(t) = v_c(t)$$

5.4 Beschreibung linearer kontinuierlicher Systeme im Frequenzbereich

Laplacetransformation (LT)

Die LT ist eine Integraltransformation, die einer großen Klasse von Originalfunktionen $f(t)$ eindeutig eine Bildfunktion $F(s)$ zuordnet:

$$F\{s\} = \int_0^{\infty} f(t) e^{-st} \mathrm{d}t = \mathscr{L}\{f(t)\}$$

wobei s eine komplexe Variable ist mit $s = \sigma + \mathrm{j}\omega$. Die Voraussetzung für die Gültigkeit der Transformation ist:

1) $f(t) = 0$ für $t < 0$ (Kausalität)

2) das Integral konvergiert.

Rücktransformation erfolgt mit

$$f(t) = \frac{1}{2\pi \mathrm{j}} \int_{c-\mathrm{j}\infty}^{c+\mathrm{j}\infty} F(s) e^{st} \mathrm{d}s = \mathscr{L}^{-1}\{F(s)\}$$

Für $s = \mathrm{j}\omega$ ($\sigma = 0$) geht die Laplace-Transformierte in die Fourier-Transformierte über.

Korrespondenztabelle:

$f(t)$		$F(s)$
1	●—○	$\frac{1}{s}$
t	●—○	$\frac{1}{s^2}$

$$t^2 \quad \bullet\!\!-\!\!\circ \quad \frac{2}{s^3}$$

$$e^{-at} \quad \bullet\!\!-\!\!\circ \quad \frac{1}{s+a}$$

$$te^{-at} \quad \bullet\!\!-\!\!\circ \quad \frac{1}{(s+a)^2}$$

$$t^2e^{-at} \quad \bullet\!\!-\!\!\circ \quad \frac{2}{(s+a)^3}$$

$$1-e^{-at} \quad \bullet\!\!-\!\!\circ \quad \frac{a}{s(s+a)}$$

Fouriertransformation

Auch die FT ist eine Integraltransformation, die aber im Gegensatz zur LT auch nichtkausalen Originalfunktionen eine Bildfunktion zuordnet, d. h. für $-\infty < t < \infty$

$$F(\mathrm{j}\omega) = \mathscr{F}\{f(t)\} = \int_{-\infty}^{\infty} f(t)e^{-\mathrm{j}\omega t}\mathrm{d}t$$

und die inverse Fourier-Transformierte

$$f(t) = \mathscr{F}^{-1}\{F(\mathrm{j}\omega)\} = \frac{1}{2\pi}\int_{-\infty}^{\infty} F(\mathrm{j}\omega)e^{\mathrm{j}\omega t}\mathrm{d}t$$

Da die FT meistens eine komplexe Funktion ist, spaltet man die Transformierte in ein Fourier-Spektrum (Amplitudendichtespektrum)

$$A'(\omega) = |F(\mathrm{j}\omega)| = \sqrt{Re\{F(\mathrm{j}\omega)\}^2 + \mathrm{Im}\{F(\mathrm{j}\omega)\}^2}$$

und den Phasengang

$$\varphi'(\omega) = \arctan\frac{\mathrm{Im}\{F(\mathrm{j}\omega)\}}{Re\{F(\mathrm{j}\omega)\}}$$

auf.

Korrespondenztabelle: $f(t)$ $\bullet\!\!-\!\!\circ$ $F(j\omega)$ mit $\omega = 2\pi f$

$$\mathrm{si}(x) = \frac{\sin x}{x}$$

$$\delta(t) \quad \bullet\!\!-\!\!\circ \quad 1$$

$$1 \quad \bullet\!\!-\!\!\circ \quad 2\pi\delta(f)$$

$$\mathrm{rect}\left(\frac{t}{T}\right) = \left\{ \begin{array}{ll} 1 f & -\frac{T}{2} < t < \frac{T}{2} \\ 0 & sonst \end{array} \right\} \quad \bullet\!\!-\!\!\circ \quad 2\ si\left(\frac{\omega t}{2}\right)$$

$$\mathrm{si}(t) \quad \bullet\!\!-\!\!\circ \quad \mathrm{rect}\left(\frac{\omega}{2\pi}\right)$$

$$\sum_{n=-\infty}^{\infty} \delta(t - nT) \quad \bullet\!\!-\!\!\circ \quad 2\pi \sum_{n=-\infty}^{\infty} \delta\left(\omega - \frac{2\pi n}{T}\right)$$

$$\sigma(t) = \left\{ \begin{array}{ll} 1\ \textit{für} & t > 0 \\ \frac{1}{2} & t = 0 \\ 0 & t < 0 \end{array} \right\} \quad \bullet\!\!-\!\!\circ \quad \pi\delta(\omega) + \frac{1}{j\omega}$$

$$\cos(\omega_0 t) \quad \bullet\!\!-\!\!\circ \quad \pi\delta(\omega + \omega_0) + \pi\delta(\omega - \omega_0)$$

$$\sin(\omega_0 t) \quad \bullet\!\!-\!\!\circ \quad j\pi\delta(\omega + \omega_0) - j\pi\delta(\omega - \omega_0)$$

Die Übertragungsfunktion ist die Laplace-Transformierte der Impulsantwort eines Systems. Im Falle eines LTI-Systems bestimmt die Übertragungsfunktion das System vollständig. Mithilfe der Nullstellen und Polstellen der Übertragungsfunktion lassen sich Aussagen über die Stabilität des Systems machen.

Hintereinanderschaltung: $G(s) = G_1(s)\, G_2(s)$

Parallelschaltung: $G(s) = G_1(s) + G_2(s)$

Kreisschaltung: $$G(s) = \frac{G_1(s)}{1 \underset{(-)}{+} G_1(s) G_2(s)}$$

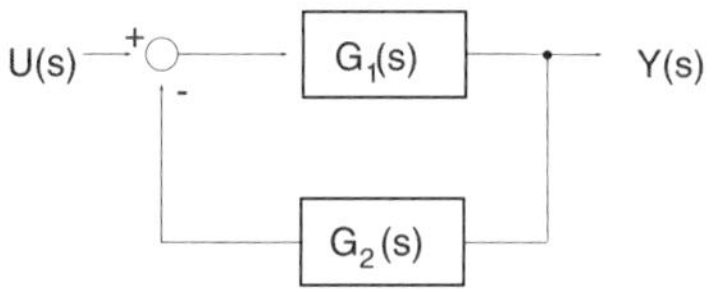

Aus der Zustandsraumdarstellung

$$s\vec{X}(s) = [\boldsymbol{A}]\vec{X}(s) + \vec{b}U(s)$$

$$Y(s) = \vec{c}^{\mathrm{T}}\vec{X}(s) + dU(s)$$

ergibt sich die Übertragungsfunktion wie folgt:

$$G(s) = \vec{c}^{T}(s[\boldsymbol{I}] - [\boldsymbol{A}])^{-1}\,\vec{b} + d$$

mit der Einheitsmatrix [**I**].

Im PN-Plan werden Pole der Übertragungsfunktion mit x, Nullstellen mit 0 in der komplexen Ebene gekennzeichnet.

Frequenzgangdarstellung

Ortskurvendarstellung

Für jeden Wert von ω wird mithilfe von Frequenz und Phasengang der jeweilige Wert von $G(\mathrm{j}\,\omega)$ in die komplexe G-Ebene eingetragen.

Bodediagramm

Im Bodediagramm sind der Amplitudengang und der Phasengang über der Frequenz aufgetragen. Der Betrag und die Frequenz sind logarithmisch, die Phase linear aufgetragen. Der Betrag wird in dB (Dezibel) angegeben:

$$A(\omega)_{\mathrm{dB}} = 20\ \lg A(\omega)[\mathrm{dB}]$$

Übertragungsglieder

P-Glied, Proportionalitätsglied

Übergangsfunktion:

$K_R \sigma(t)$

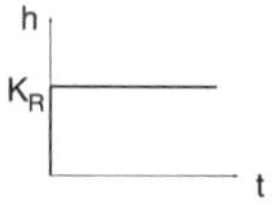

Übertragungsfunktion:

K_R

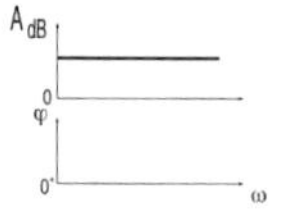

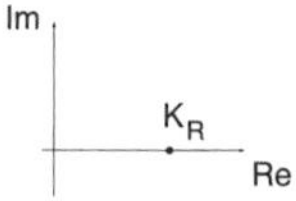

PN-Plan

keine Pol-/Nullstellen

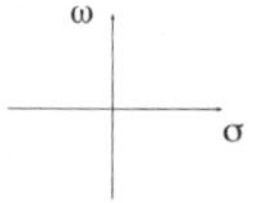

I-Glied, Integrierglied

Übergangsfunktion:

$\frac{t}{T_I}$

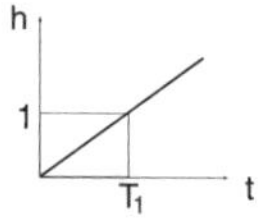

Übertragungsfunktion:

$\frac{1}{sT_I}$

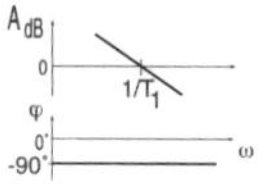

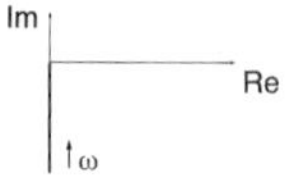

PN-Plan

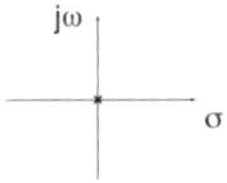

Varianten: IT1 mit Verzögerung.

D-Glied, Differenzierglied

Übergangsfunktion:
$T_{\mathrm{D}}\delta(t)$

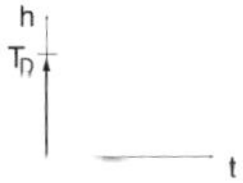

Übertragungsfunktion:
sT_{D}

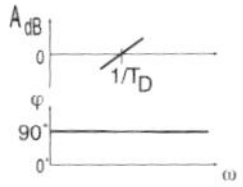

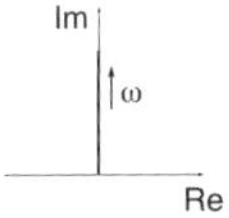

PN-Plan

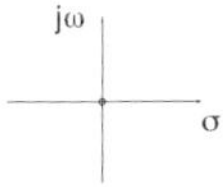

Varianten: DT1 mit Verzögerung.

PT1-Glied, Verzögerungsglied erster Ordnung

Übergangsfunktion:

$$K_{\mathrm{R}}\left(1-e^{-\frac{t}{T}}\right)$$

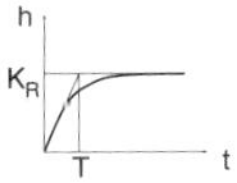

Übertragungsfunktion:

$$\frac{K_R}{1 + sT}$$

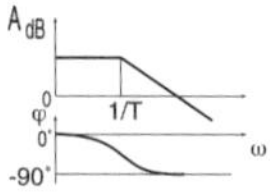

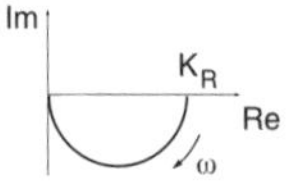

PN-Plan

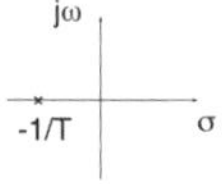

PT2-Glied, Verzögerungsglied zweiter Ordnung, nichtschwingend

Übergangsfunktion:

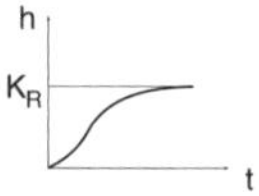

$$K_R\left(1 - \frac{T_1}{T_1 - T_2}e^{-\frac{t}{T_1}} + \frac{T_2}{T_1 - T_2}e^{-\frac{t}{T_2}}\right)$$

Übertragungsfunktion:

$$\frac{K_R}{(1 + sT_1)(1 + sT_2)}$$

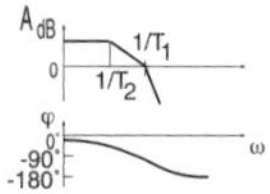

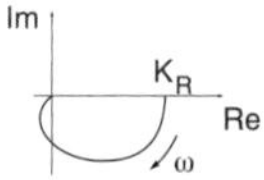

PN-Plan

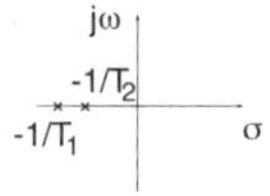

PT2S-Glied, Verzögerungsglied zweiter Ordnung, schwingend

Übergangsfunktion:

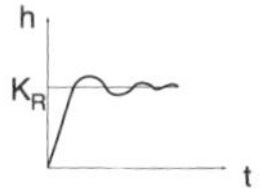

$$K_{\mathrm{R}}\left\{1-e^{-d\omega_0 t}\left[\cos\left(\sqrt{1-D^2}\,\omega_0 t\right)+\frac{D}{\sqrt{1-D^2}}\sin\left(\sqrt{1-D^2}\,\omega_0 t\right)\right]\right\}$$

Übertragungsfunktion:

$$\frac{K_{\mathrm{R}}}{1+2\frac{D}{\omega_0}s+\frac{1}{\omega_0^{\,2}}s^2};\ D<1$$

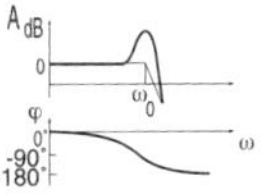

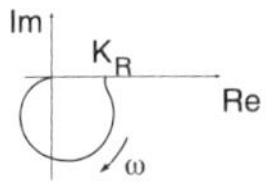

PN-Plan

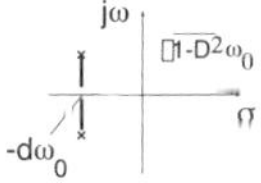

Pole und Übergangsfunktion bei PT- und PT S-Verhalten:

Dämpfung	Lage der Pole	Übergangsfunktion h(t)
0<D<1 PT_2S-Verhalten	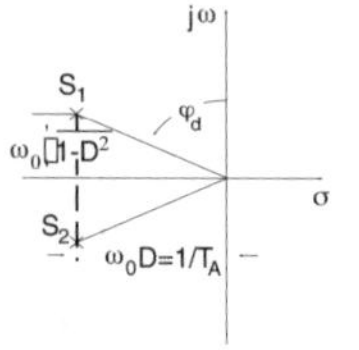	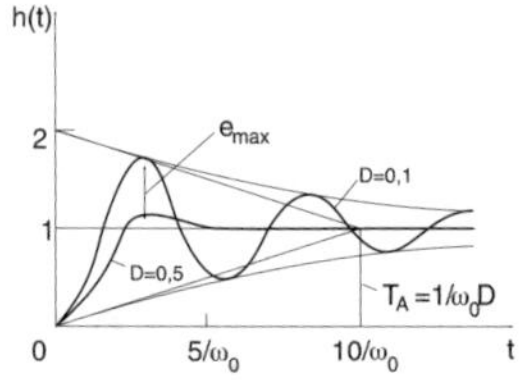
D=1 PT_2-Verhalten $T_1=T_2$	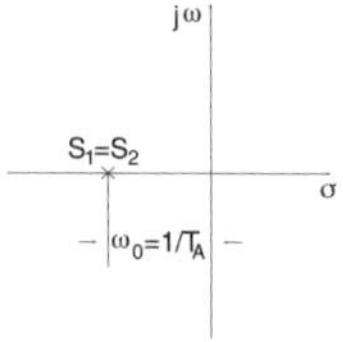	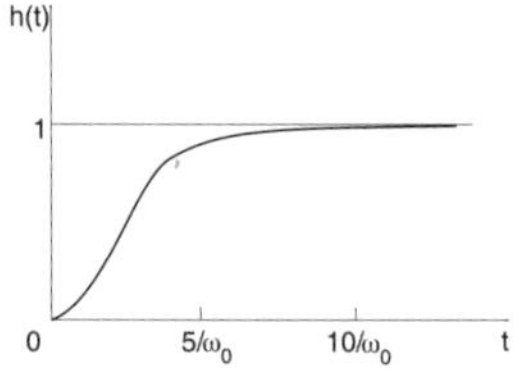
D>1 PT_2-Verhalten $T_1 \neq T_2$	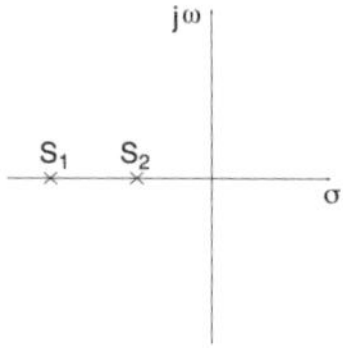	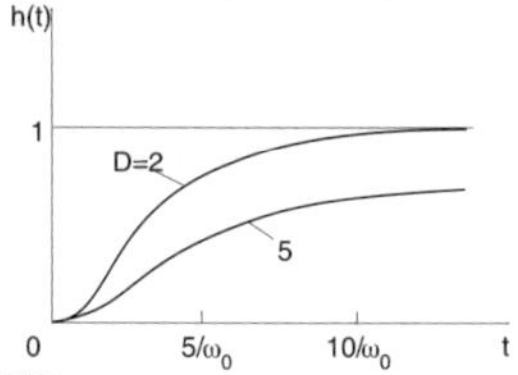
D=0 ungedämpfter Fall	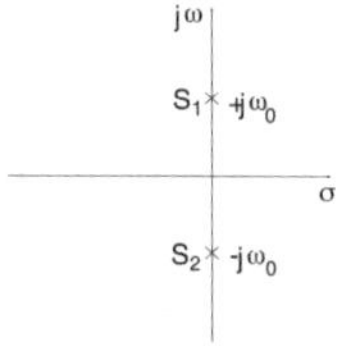	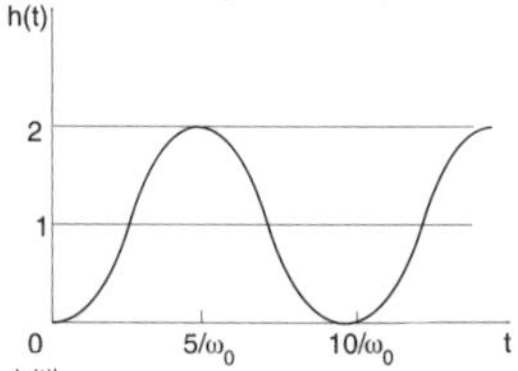
-1<D<0 instabiler Fall	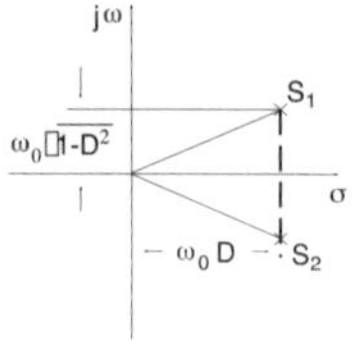	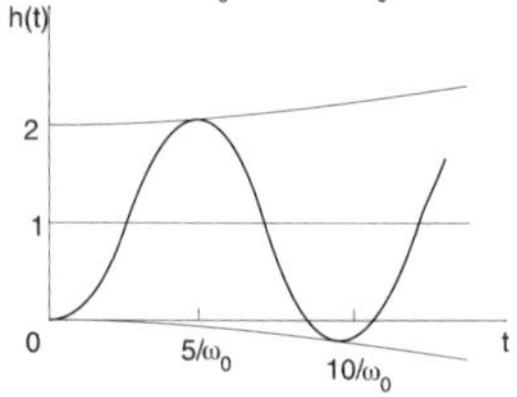

PID-Regler

Übergangsfunktion:

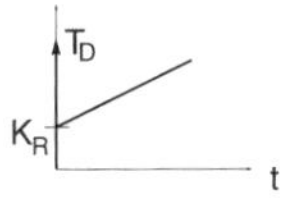

$$K_R\left[\sigma(t) + \frac{t}{T_I} + T_D\delta(t)\right]$$

Übertragungsfunktion:

$$K_R\frac{1 + sT_I + s^2T_IT_D}{sT_I}$$

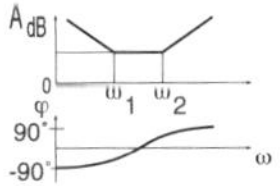

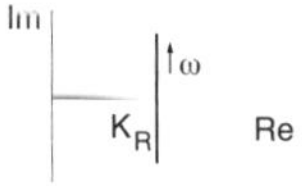

PN-Plan

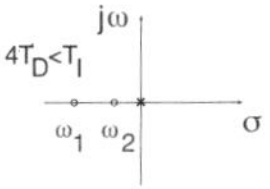

Sonderfälle des PID-Reglers: PI, PD, PDT1

Bandbreite

Als Bandbreite eines Tiefpasses bezeichnet man die Frequenz, bei der der logarithmische Amplitudengang (Bodediagramm) gegenüber der horizontalen Anfangsasymptote um 3 dB abgefallen ist. Bei dieser Frequenz überträgt das System nur noch die Hälfte der Eingangsleistung.

5.5 Verhalten linearer kontinuierlicher Regelkreise

Dynamisches Verhalten

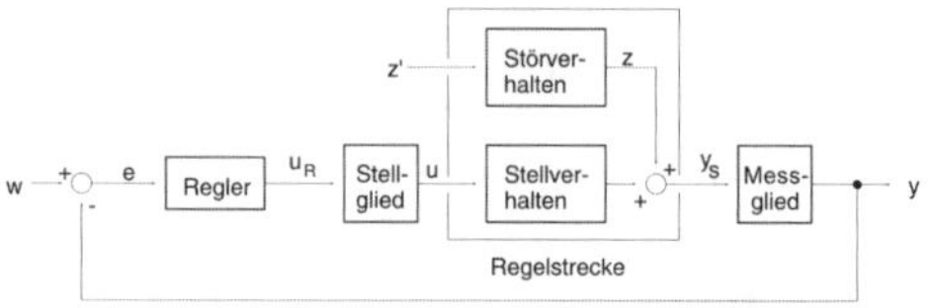

Im geschlossenen Regelkreis gilt für die Regelgröße

$$Y(s) = \frac{G_{sz}(s)}{1 + G_R(s)G_{su}(s)}Z(s) + \frac{G_R(s)G_{su}(s)}{1 + G_R(s)G_{su}(s)}W(s)$$

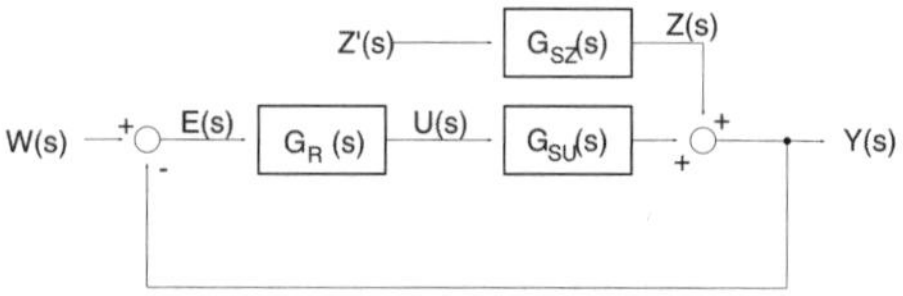

Für $W(s) = 0$ erhält man das Störverhalten

$$G_z(s) = \frac{G_{sz}(s)}{1 + G_R(s)G_{su}(s)}$$

Für $Z(s) = 0$ erhält man das Führungsverhalten

$$G_w(s) = \frac{G_R(s)G_{su}(s)}{1 + G_R(s)G_{su}(s)}$$

Der dynamische Regelfaktor ist

$$R(s) = \frac{1}{[1 + G_0(s)]} \; mit \; G_0(s) = G_R(s)G_{su}(s)$$

Die Übertragungsfunktion des offenen Regelkreises ist

$$G_{\text{offen}}(s) = -G_R(s)G_{su}(s) = -G_0(s)$$

Aus der Bedingung
$1 + G_0(s) = 0$

folgt die charakteristische Gleichung des Regelkreises.

Statisches Verhalten
Häufig lässt sich das Übertragungsverhalten des offenen Regelkreises wie folgt darstellen:

$$G_0(s) = \frac{K_0}{s^k} \frac{1 + \beta_1 s + \ldots + \beta_m s^m}{1 + \alpha_1 s + \ldots + \alpha_{n-K} s^{n-k}} e^{-T_1 s}; \; m \leq n$$

mit $K_0 = K_R K_S$ und K_R und K_S als Verstärkungsfaktoren von Regler und Regelstrecke.
$G_0(s)$ weist für $k = 0$ proportionales Verhalten (P-Verhalten)
$k = 1$ integrales Verhalten (I-Verhalten)
$k = 2$ doppelt-integrales Verhalten (I-Verhalten)
auf. Für die Regelabweichung bei $t \to \infty$ gilt:

$$E(s) = \frac{1}{1 + G_0(s)}[W(s) - Z(s)] \; und \; \lim_{t \to \infty} e(t) = \lim_{s \to 0} sE(s)$$

Tabelle Regelabweichungen:

Typ von $G_0(s)$	Eingangsgröße	bleibende Regelabweichung
$k = 0$ (P-Verhalten)	$\frac{x_{e0}}{s}$	$\frac{1}{1 + k_0} x_{e0}$
	$\frac{x_{e1}}{s^2}$	∞
	$\frac{x_{e2}}{s^3}$	∞

Typ von $G_0(s)$	Eingangsgröße	bleibende Regelabweichung
$k = 1$ (I-Verhalten)	$\frac{x_{e0}}{s}$	0
	$\frac{x_{e1}}{s^2}$	$\frac{1}{k_0} x_{e1}$
	$\frac{x_{e2}}{s^3}$	∞

Realisierung der Standardregler mit Operationsverstärker

P-Regler

$$G(s) = -\frac{R_2}{R_1}$$

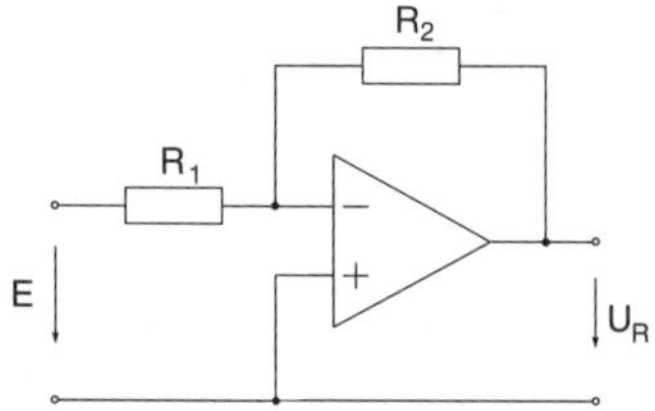

mit Verstärkung $K_R = -\frac{R_2}{R_1}$

I-Regler

$$G(s) = -\frac{\frac{1}{sC_2}}{R_1}$$

$$= -\frac{1}{sR_1C_2}$$

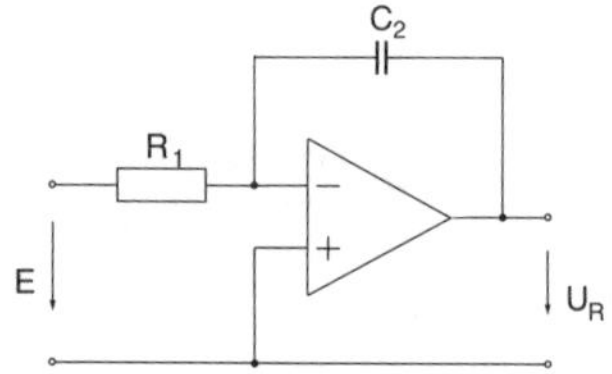

mit Nachstellzeit $T_I = -R_1 C_2$

PI-Regler

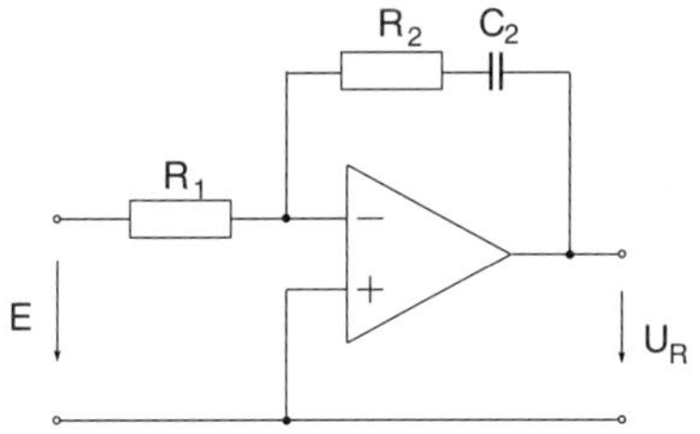

$$G(s) = -\frac{R_2}{R_1}\left(1 + \frac{1}{sR_2C_2}\right)$$

mit Verstärkung $K_R = -\frac{R_2}{R_1}$

und Nachstellzeit $T_I = R_2C_2$

PD-Regler

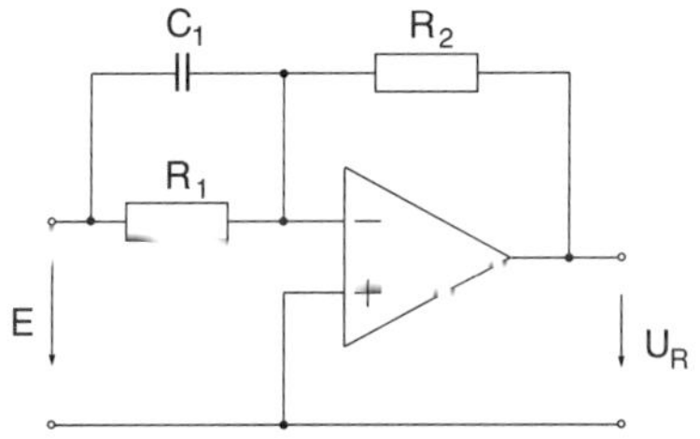

$$G(s) = -\frac{R_2}{R_1}(1 + sR_1C_1)$$

mit Verstärkung $K_R = -\frac{R_2}{R_1}$

und Vorhaltezeit $T_D = R_1C_1$

PID-Regler

$$G(s) = -\frac{R_2 + \frac{1}{sC_2}}{\frac{R_1}{1 + sR_1C_1}}$$

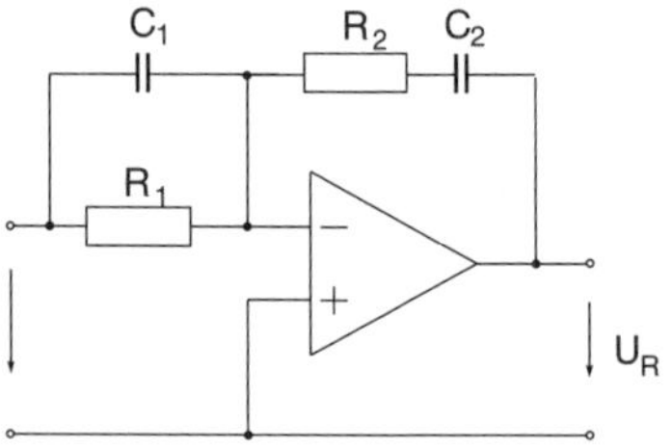

mit Verstärkung $K_R = -\frac{R_1C_1 + R_2C_2}{R_1C_2}$

und Nachstellzeit $T_I = -R_1C_1 + R_2C_2$

und Vorhaltezeit $T_D = -\frac{R_1R_2C_1C_2}{R_1C_1 + R_2C_2}$

Stabilität

Ein lineares zeitinvariantes Übertragungssystem heißt stabil, wenn seine Gewichtsfunktion asymptotisch auf null abklingt, d. h. wenn gilt:

$$\lim_{t \to \infty} g(t) = 0$$

Geht die Gewichtsfunktion betragsmäßig mit wachsendem t gegen unendlich, so heißt das System instabil.
Ein System ist insbesondere dann stabil, wenn alle Pole der Übertragungsfunktion einen negativen Realteil haben, also in der linken Halbebene liegen.

Hurwitz-Kriterium
(geschlossener Regelkreis)
Alle Koeffizienten des charakteristischen Polynoms

$$P(s) = a_0 + a_1s + a_2s^2 + \ldots + a_ns^n = 0$$

sind größer als Null.

Folgende *n* Determinanten sind positiv:

$$D_1 = a_{n-1} > 0; \qquad D_2 = \begin{vmatrix} a_{n-1} & a_n \\ a_{n-3} & a_{n-2} \end{vmatrix} > 0$$

$$D_3 = \begin{vmatrix} a_{n-1} & a_n & 0 \\ a_{n-3} & a_{n-2} & a_{n-1} \\ a_{n-5} & a_{n-4} & a_{n-3} \end{vmatrix} > 0; \qquad D_{n-1} = \begin{vmatrix} a_{n-1} & a_n \ldots & 0 \\ a_{n-3} & a_{n-2} \ldots & . \\ . & . & . \\ . & . & . \\ 0 & 0 \ldots & a_1 \end{vmatrix} > 0$$

$$D_n = a_0 D_{n-1} > 0$$

Nyquistkriterium

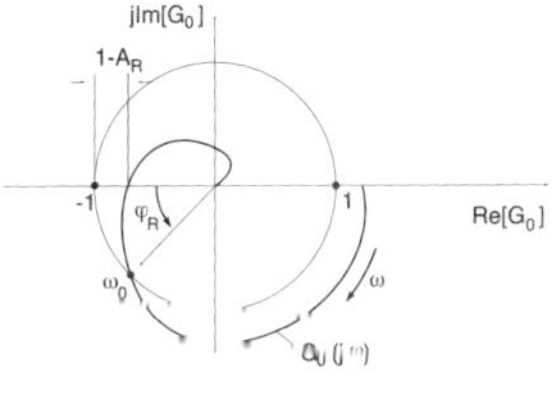

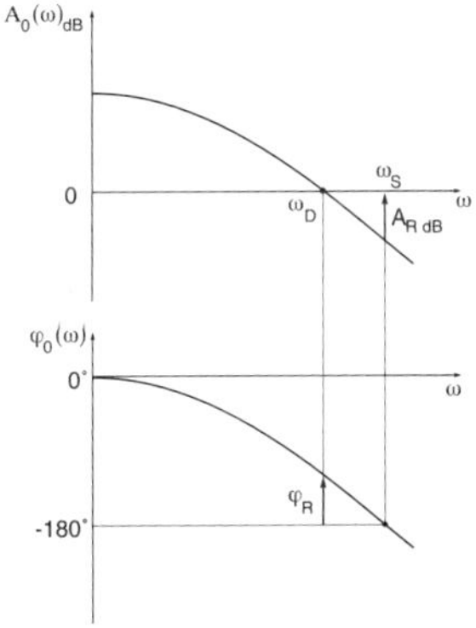

Ein geschlossener Regelkreis ist dann und nur dann stabil, wenn die stetige Winkeländerung $\Delta\varphi_R$beim Durchlaufen der Ortskurve von $\omega = 0$ bis $\omega = \infty$ den Wert

$$\Delta\varphi_R = P\pi + \frac{\mu\pi}{2}$$

mit P: Anzahl der Pole des offenen Regelkreises in der rechten Halbebene

und μ: Anzahl der Pole auf der imaginären Achse

annimmt.

Wurzelortskurvenverfahren

Mithilfe dieses Verfahrens kann man aus der bekannten Pol- und Nullstellenverteilung der Übertragungsfunktion des offenen Regelkreises in anschaulicher Weise auf die Wurzeln des geschlossenen Regelkreises schließen. Die Wurzelortskurven beschreiben Bahnen, die durch Parametervariation hervorgerufen werden. Die Wurzelortskurve (WOK) ermöglicht Aussagen über die Stabilität des geschlossenen Regelkreises und seiner Güte und eignet sich damit nicht nur zur Analyse sondern auch zur Synthese.

Man stellt die Übertragungsfunktion folgendermaßen dar, mit $k_0 > 0$, $m \leq n$ und $s_{N\mu} = s_{P\nu}$:

$$G_0(s) = k_0 \frac{\prod\limits_{\mu=1}^{m} (s - s_{N\mu})}{\prod\limits_{\nu=1}^{n} (s - s_{P\nu})} = k_0 G(s)$$

Die charakteristische Gleichung des geschlossenen Regelkreises ist:

$$1 + k_0\, G(s) = 0$$

daraus folgt: $$G(s) = -\frac{1}{k_0}$$

Durch Aufspalten der obigen Gleichung nach Betrag und Phase erhält man die Amplitudenbedingung:

$$|G(s)| = \frac{1}{k_0} \frac{\prod\limits_{\mu=1}^{m} |s - s_{N\mu}|}{\prod\limits_{\nu=1}^{n} |s - s_{P\nu}|}$$

und die Phasenbedingung

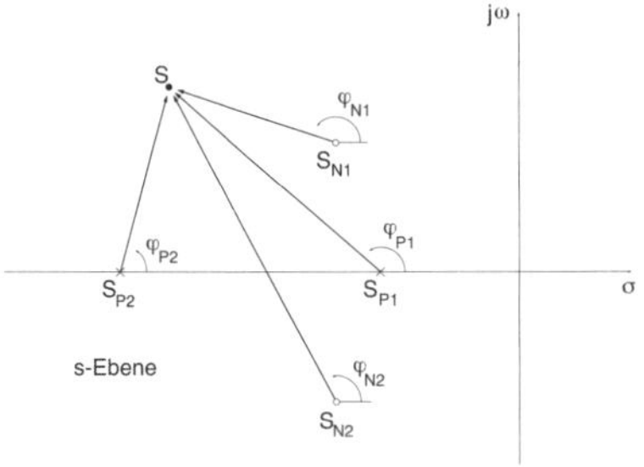

$$\varphi(s) = \arg[G(s)] = \sum_{\mu=1}^{m} \varphi_{N\mu} - \sum_{\nu=1}^{n} \varphi_{P\nu} = \pm 180^{\circ}(2k+1)$$

Regeln zur Konstruktion

Die WOK ist symmetrisch zur reellen Achse.

Die WOK besteht aus *n* Ästen. (*n-m*) Äste enden im Unendlichen. Alle Äste beginnen mit $k_0 = 0$ in den Polen der charakteristischen Gleichung des offenen Regelkreises, *m* Äste enden mit $k \to \infty$ in den Nullstellen des offenen Regelkreises. Die Anzahl der in einem Pol beginnenden bzw. in einer Nullstelle endenden Äste ist gleich der Vielfachheit der Pol- bzw. Nullstelle.

Es gibt *n-m* Asymptoten mit Schnitt im Wurzelschwerpunkt aus der reellen Achse (σ_a, j0) mit

$$\sigma_a = \frac{1}{n-m}\left\{ \sum_{\nu=1}^{n} Re\{s_{P\nu}\} - \sum_{\mu=1}^{m} Re\{s_{N\mu}\} \right\}$$

Ein Punkt auf der reellen Achse gehört dann zur WOK, wenn die Gesamtzahl der rechts von ihm liegenden Pole und Nullstellen ungerade ist.

Mindestens ein Verzweigungs- bzw. ein Vereinigungspunkt existiert dann, wenn ein Ast der WOK auf der reellen Achse zwischen zwei Pol- bzw. Nullstellen verläuft und erfüllt die Beziehung

$$\sum_{\nu=1}^{n} \frac{1}{s - s_{\mathrm{P}\nu}} = \sum_{\mu=1}^{m} \frac{1}{s - s_{\mathrm{N}\mu}}$$

für $s = \sigma_{\mathrm{v}}$ als Verzweigungs- bzw. Vereinigungspunkt.

Austritts- und Eintrittswinkel aus Pol- bzw. in Nullstellenpaaren der Vielfachheit $r_{\mathrm{P}\rho}$ bzw. $r_{\mathrm{N}\rho}$:

$$\varphi_{\mathrm{P}\rho,\,\mathrm{A}} = \frac{1}{r_{\mathrm{P}\rho}} \left\{ -\sum_{\substack{\nu=1 \\ \nu \neq \rho}}^{n} \varphi_{\mathrm{P}\nu} + \sum_{\mu=1}^{m} \varphi_{\mathrm{N}\mu} \pm 180^\circ (2k+1) \right\}$$

$$\varphi_{\mathrm{N}\rho,\,\mathrm{E}} = \frac{1}{r_{\mathrm{N}\rho}} \left\{ -\sum_{\substack{\mu=1 \\ \mu \neq \rho}}^{m} + \sum_{\nu=1}^{n} \varphi_{\mathrm{P}\nu} \pm 180^\circ (2k+1) \right\}$$

Belegung der WOK mit k_0 -Werten: Zum Wert s gehört der Wert

$$k_0 = \frac{\prod_{\nu=1}^{n} \left| s - s_{\mathrm{P}\nu} \right|}{\prod_{\mu=1}^{m} \left| s - s_{\mathrm{N}\nu} \right|}$$

(für m = 0 ist der Nenner eins)

Asymptotische Stabilität des geschlossenen Regelkreises liegt für alle k_0 -Werte vor, die auf der WOK links von der imaginären Achse liegen.

Typische Beispiele für Pol- und Nullstellenverteilung:

lfd. Nr.	Wurzelortskurve
1	
2	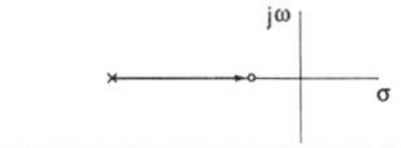
3	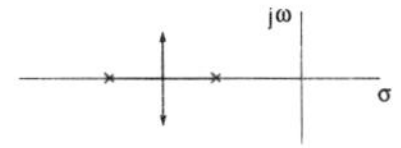
4	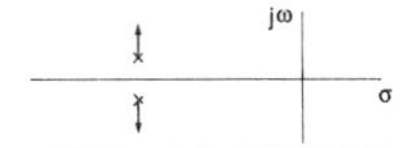
5	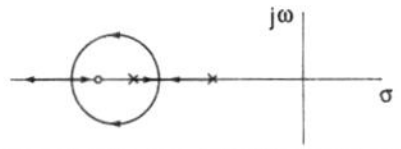
6	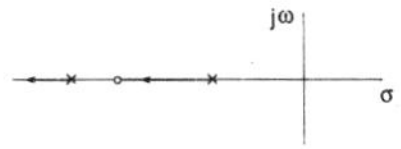
7	
8	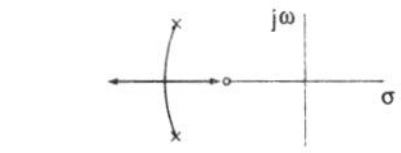

Gütemaße: Begriffe

maximale Überschwingweite e_{max}

Zeitpunkt der maximalen Überschwingweite t_{max}

Anstiegszeit T_a: Schnittpunkt der Tangente im Wendepunkt W mit der 0%- und 100%-Linie

Verzugszeit T_u

Ausregelzeit t_ε

Anregelzeit t_{an}: Zeitpunkt, bei dem zum ersten Mal der Sollwert erreicht wird.

Beispiele: Antwort eines Regelkreises bei sprungförmiger Änderung

der Führungsgröße

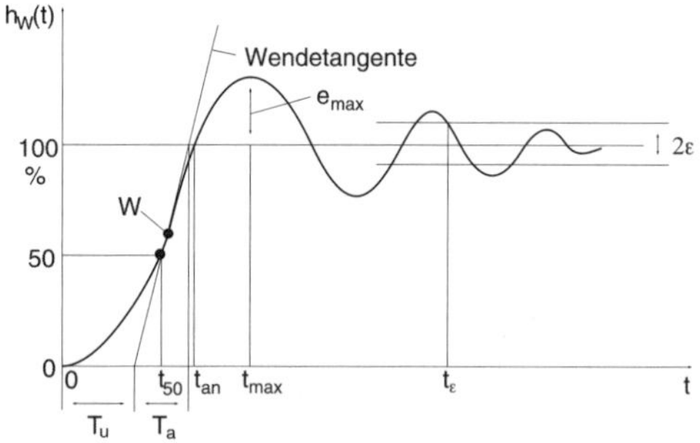

der Störgröße

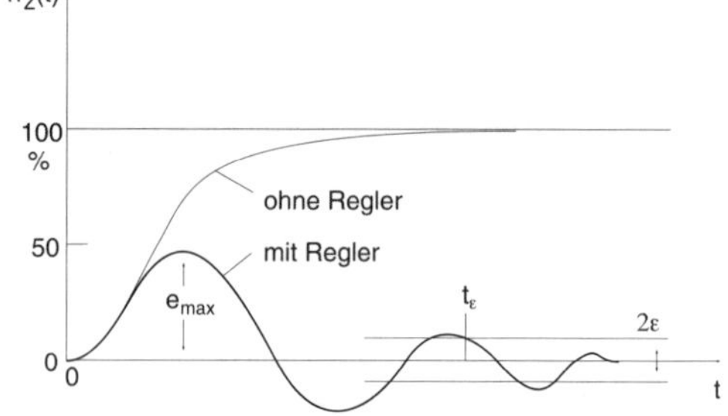

5.6 Lineare zeitdiskrete Systeme

Bei digitalen Regelsystemen wird, im zeitlichen Abstand T, das kontinuierliche Prozesssignal $f(t)$ zu äquidistanten Zeitpunkten abgetastet.

Z-Transformation

$$\mathcal{Z}\{f(k)\} = F_z(z) = \sum_{k=0}^{\infty} f(kT)z^{-k} \cdot \frac{1}{s} \qquad z = e^{sT}$$

$$\mathcal{Z}^{-1}\{F_z(z)\} = f(k) = \frac{1}{2\pi j} \oint F_z(z) z^{k-1} dz \qquad k = 1, 2, \ldots$$

Korrespondenztabelle

$f(t)$		$F(z)$
1	●—○	$\frac{z}{z-1}$
t	●—○	$\frac{Tz}{(z-1)^2}$
t^2	●—○	$\frac{T^2 z(z+1)}{(z-1)^3}$
e^{-at}	●—○	$\frac{z}{z-e^{-aT}}$
te^{-at}	●—○	$\frac{Tze^{-aT}}{(z-e^{-aT})^2}$

6. Elektrotechnik

6.1 Transformatoren

Der ideale Transformator
Schematische Darstellung:

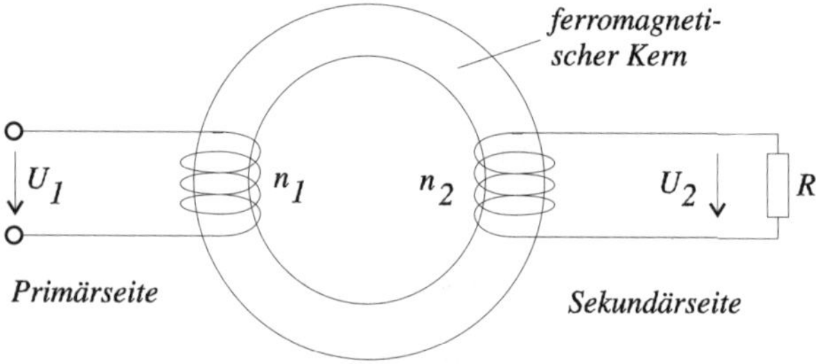

$$U_1 = n_1 \cdot \frac{d\Phi}{dt} \qquad U_2 = -n_2 \cdot \frac{d\Phi}{dt}$$

Spannungsverhältnis:

$$\frac{U_1}{U_2} = -\frac{n_1}{n_2} = -ü$$ *ü:* Übersetzungsverhältnis

Leistung auf der Primär- und Sekundärseite:

$P_1 = U_1 I_1 \qquad P_2 = U_2 I_2$

$P_1 = P_2$ beim idealen Transformator

Verhältnis der Belastungsströme:

$$\frac{I_1}{I_2} = \frac{U_2}{U_1} = -\frac{1}{ü}$$

Widerstand R_2 auf der Sekundärseite:

$$R_2 = \frac{U_2}{I_2} = \frac{U_1}{I_1}\left(\frac{1}{ü}\right)^2 = R_1\left(\frac{1}{ü}\right)^2$$

Der Widerstand R_2 auf der Sekundärseite ist einem Widerstand $R_1 = ü^2 R_2$ aus der Primärseite gleichwertig.

Realer Transformator

Verkettete Flüsse ψ_1 und ψ_2 durch Primär- und Sekundärspule:

$$\psi_1 = L_1 I_1 + M I_2$$

$$\psi_2 = L_2 I_2 + M I_1$$ M: Koppelinduktivität

$$M = K\sqrt{L_1 L_2}$$

$$k = \sqrt{k_1 k_2}$$ k_1, k_2: Koppelfaktoren

Streukoeffizient:

$$\sigma = \frac{1 - M^2}{L_1 L_2}$$

Verhalten bei Wechselspannungen, wenn die Spulen die Ohm'schen Widerstände R_1 und R_2 besitzen:

$$U_1 = (R_1 + j\omega L_1) I_1 + j\omega M I_2$$

$$U_2 = j\omega M I_1 + (R_2 + j\omega L_2) I_2$$

Definition von U'_2 und I'_2 mithilfe des Übersetzungsverhältnisses $ü$:

$$U'_2 = ü U_2 \qquad I'_2 = \frac{I_2}{ü} \qquad ü = \frac{n_1}{n_2}$$

Weitere Größen des realen Transformators:

$$L_{1h} = üM$$ L_h: Hauptinduktivität

$$L_{10} = L_1 - üM = L_1 - L_h$$ L_{10}, L_{20}: Streuinduktivitäten

$$L_{20} = L_2 - \frac{M}{ü}$$

$$L'_2 = ü^2 L_2$$

$$L'_{20} = \ddot{u}^2 L_{20}$$

$$R'_2 = \ddot{u}^2 R_2$$

Die mit einem Strich „ ' “ bezeichneten Größen sind von der Sekundärseite auf gleichwertige Größen der Primärseite umgerechnet.

Ersatzschaltbild:

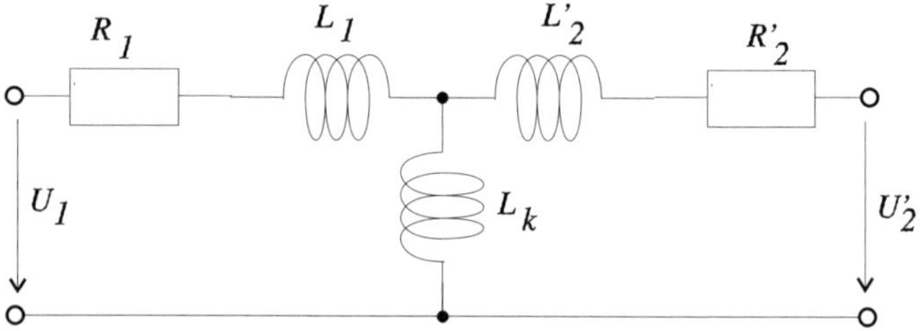

Transformator im Leerlauf

Hier ist $I_2 = 0$. In diesem Fall sind die folgenden Größen definiert:

Widerstand der Ummagnetisierungsverluste:

$$R_v = \frac{U_{01}^2}{P_0}$$

P_0: Leistungsverlust im Leerlauf
U_{01}: primärseitige Leerlaufspannung

Verluststrom durch Ummagnetisierung:

$$I_v = \frac{U_{01}}{R_v}$$

Magnetisierungsstrom:

$$I_\mu = \sqrt{I_{01}^2 - I_v^2}$$

I_{01}: primärseitiger Leerlaufstrom

Leerlaufleistungsfaktor:

$$\cos\varphi_0 = \frac{P_0}{I_{01}U_{01}} = \frac{I_v}{I_{01}}$$

Hauptinduktivität und Hauptreaktanz:

$$X_h = \omega L_h = \frac{U_{01}}{I_\mu}$$

Blindleistung im Leerlauf:

$$Q_\mu = I_\mu{}^2 X_h = \frac{U_{01}{}^2}{X_h} = P_v \tan\varphi_0$$

Relativer Leerlaufstrom:

$$i_0 = \frac{I_{01}}{I_{N1}} \cdot 100\%$$ I_{N1}: Nennstrom

Nennübertragungsverhältnis der Spannungen

$$\ddot{u}_N = \frac{U_{01}}{U_{02}} = \frac{U_{N1}}{U_{02}} \approx \frac{U_{N1}}{U_{N2}}$$ U_{N1}, U_{N2}: primär- und sekundärseitige Nennspannungen

Transformator im Kurzschluss
Hier ist $U_2 = 0$. Für diesen Fall sind die folgenden Werte definiert.

Relative Kurzschlussspannung:

$$u_K = \frac{U_{K1}}{U_{N1}} \cdot 100\%$$

U_{K1}: primärseitige Kurzschlussspannung
U_{N1}: primärseitige Nennspannung

Kurzschlussstrom:

$$I_K = I_{K1}\frac{U_{N1}}{U_{K1}} = \frac{I_{N1}}{U_K} = \frac{I_{N1}}{\mu_K} \cdot 100\%$$

U_{K1}: primärseitiger Kurzschlussstrom

Kurzschlussleistungsfaktor:

$$\cos\varphi_K = \frac{P_K}{U_{K1} I_{K1}}$$

P_K: Leistungsverlust bei Kurzschluss

Kurzschlussimpedanz:

$$Z_K = R_K + jX_\sigma = \frac{U_{K1}}{I_{K1}} \cos\varphi_K + j \cdot \frac{U_{K1}}{I_{K1}} \sin\varphi_K$$

$$|Z_K| = \sqrt{R_K{}^2 + X_\sigma{}^2} = \frac{U_{K1}}{I_{K1}}$$

R_K: Wirkanteil
X_σ: Blindanteil

Nennübersetzungsverhältnis der Ströme:

$$\ddot{u} = \frac{I_{K2}}{I_{K1}} = \frac{I_{K2}}{I_{N1}} \approx \frac{I_{N2}}{I_{N1}}$$

I_{K2}: sekundärseitiger Kurzschlussstrom
I_{N2}: sekundärseitiger Nennstrom

6.2 Elektrische Maschinen

Begriffsbestimmung
Elektrische Maschinen sind Vorrichtungen, die elektrische Energie in mechanische Energie umwandeln können (Elektromotoren) und umgekehrt (Generatoren). Hierzu weist jede Maschine mindestens ein bewegliches und ein ruhendes Hauptelement auf (bei rotierenden Maschinen sind dies Rotor und Stator). Denjenigen Teil der Maschine, in dem eine Spannung induziert wird, bezeichnet man als Anker.

Wirkungsgrad elektrischer Maschinen

$$\eta = \frac{P_2}{P_1} = \frac{P_2}{P_2 + P_v} = \frac{P_1 - P_v}{P_1}$$

P_1: aufgenommene Leistung
P_2: abgegebene Leistung
P_v: Verlustleistung

Gleichstrommotoren
Hierbei handelt es sich um Motoren, die mit Gleichstrom betrieben werden; sie können durch das folgende Schaltbild dargestellt werden.

U_e: Erregerspannung
I_a: Erregerstrom

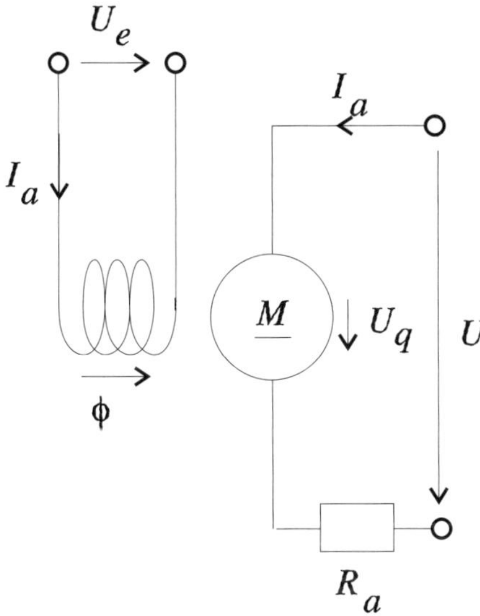

Quellenspannung:

$U_q = c\Phi\omega = 2\pi c\Phi n$

c: Konstante (maschinenabhängig)
Φ: Polfluss
ω: Winkelgeschwindigkeit
$n = \frac{\omega}{2\pi} \cdot$ Drehzahl $\left[\frac{1}{s}\right]$

Ankerspannung *U*:

$U = U_q + I_a R_a$

I_a: Ankerstrom
R_a: Ankerkreiswiderstand (umfasst technische Elemente wie Wendepol- und Kompensationswicklung oder Bürstenübergang)

Moment:

$M = c\Phi I_a$

Reihenschluss- und Nebenschlussmotoren

Man unterteilt die Gleichstrommotoren in Reihenschluss- und Nebenschlussmotoren. Bei Reihenschlussmotoren ist die Erregerwicklung in Serie, bei Nebenschlussmotoren parallel zum Ankerkreis geschaltet.

	Nebenschlussmaschine $U = U_E$	Reihenschlussmaschine $I_E = I_A$
Ankerstrom	$I_A = \frac{M}{c\Phi}$	$I_A = \sqrt{\frac{M}{ck}}$ $k = \frac{\Phi}{I_E} = \frac{\Phi}{I_A}$: Erreger-konstante
Drehzahl	$n = \frac{1}{2\pi}\left(\frac{U}{c\Phi} - \frac{R_A}{(c\Phi)^2}\right)M$	$n = \frac{1}{2\pi}\left(\frac{U}{\sqrt{ckM}} - \frac{R_A + R_E}{ck}\right)$

Drehfeldmotoren

Dies sind Motoren, die von einem Drehstrom betrieben werden, dem die folgenden Spannungen und Ströme zu Grunde liegen:

$$U_1 = U_0 e^{j\omega t} \qquad I_1 = I_0 e^{j\omega t}$$

$$U_2 = U_0 e^{j\omega t - \frac{j2\pi}{3}} = U_1 e^{-\frac{j2\pi}{3}} \qquad I_2 = I_0 e^{j\omega t - \frac{j2\pi}{3}} = I_1 e^{-\frac{j2\pi}{3}}$$

$$U_3 = U_0 e^{j\omega t - \frac{j4\pi}{3}} = U_1 e^{-\frac{j4\pi}{3}} \qquad I_3 = I_0 e^{j\omega t - \frac{j4\pi}{3}} = I_1 e^{-\frac{j4\pi}{3}}$$

U_0, I_0: komplexe Amplituden von Strom und Spannung

Diese Spannungen und Ströme werden erzeugt, indem man sinusförmige Wechselspannungen an Stern- oder Dreieckschaltungen (siehe Kapitel Elektronik) komplexer Widerstände – in der Regel Spulen – anlegt.

Charakteristische Daten von Asynchronmaschinen

Synchrondrehzahl:

$$n = \frac{f}{p}$$

p: Polpaarzahl
f: Netzfrequenz

Schlupf:

$$s = \frac{n - n_W}{n}$$

n_W: Drehzahl der Welle

Frequenz des Läuferstroms: $f_L = sf$

Zugeführte Wirkleistung:

$$P_W = 3U_s I_s \cos\varphi = \sqrt{3}U_{sA} \cdot I_{sA} \cos\varphi$$

U_s, I_s: Ständerstrangspannung und -strom
φ: Phasenverschiebung zwischen U und I

Vom Ständer verursachte Stromwärmeverluste:

$$P_s = 3I_s^2 R_s$$

R_s: Ohm'scher Widerstand des Ständers

Vom Läufer verursachte Stromwärmeverluste:

$$P_L = 3I_L^2 R_L = sP_{Luft}$$

I_L: Läuferstrom
R_L: Ohm'scher Widerstand des Läufers
P_{Luft}: Luftspaltleistung

Mechanische Leistung an der Welle (bei Berücksichtigung der Reibung):

$$P = P_{Luft}(1 - s) = P_L\left(\frac{1}{s} - 1\right)$$

Kloß'sche Formel:

$$\frac{M}{M_K} = 2 \cdot \left(\frac{s}{s_K} + \frac{s_K}{s}\right)^{-1}$$

$$s_K = \frac{R_L}{X_{\sigma L}}$$

M_K: Kippmoment
s_K: Kippschlupf
$X_{\sigma L}$: Streureaktanz des Läufers

Charakteristische Daten von Synchronmaschinen

$$n = \frac{f}{p}$$

p: Polpaarzahl
f: Netzfrequenz

Moment an der Welle:
$M = M_K \sin\beta$

M_K: Kippmoment
β: Polradwinkel

$$M_K = \frac{3p}{2\pi f} U_s I_s$$

Definition der auftretenden Größen wie bei Asynchronmaschinen

Erregungsgrad:

$$\varepsilon = \frac{U_p}{U_N}$$

U_p: Nennspannung
U_N: Spannung am Polrad

6.3 Leistungselektronik

Allgemeines
Bei der Leistungselektronik geht es um das Schalten, Umformen und Steuern von elektrischer Energie durch elektronische Bauelemente. Das Schalten erfolgt mittels Stromrichterventilen, die zum Teil steuerbar sind (Transistoren, Thyristoren). Das Umformen und Steuern elektrischer Energie erfolgt mit Stromrichtern, die sich in folgende Klassen einteilen lassen:
Wechselrichter: Hier fließt elektrische Energie vom Gleichstrom- zum Wechselstromsystem.
Gleichrichter: Hier fließt die elektrische Energie vom Wechselstrom- zum Gleichstromsystem.
Umrichter: Hier kann die Richtung des Energieflusses geändert werden.

Netzgeführte Stromrichter
Hierbei handelt es sich um Schaltungen, die von der Netzspannung geführt werden und je nach Beschaltung als Wechsel- oder Gleichrichter benutzt werden können. Man unterscheidet:

Dreipuls-Mittelpunktschaltungen bestehend aus sechs Spulen und drei Thyristoren
Sechspuls-Mittelpunktschaltungen bestehend aus sechs Spulen und sechs Thyristoren
Zweipolbrückenschaltungen bestehend aus zwei Dioden und zwei Thyristoren

Schaltbild für eine unsymmetrisch halbgesteuerte Zweipolbrückenschaltung:

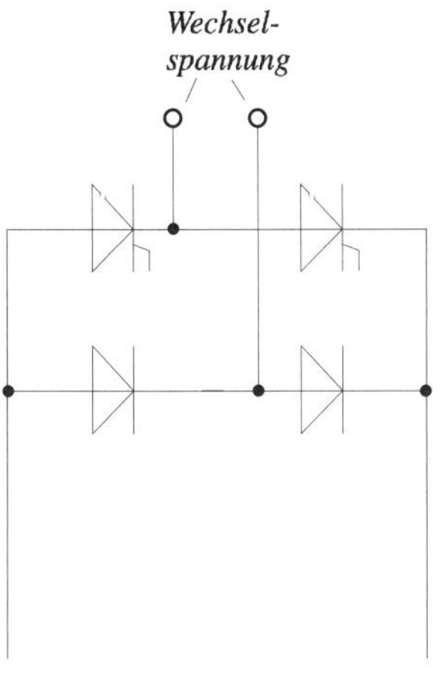

Selbstgeführte Stromrichter
Diese Stromrichter werden unabhängig vom Netz, an das sie angeschlossen sind, geführt. Man unterscheidet:
Gleichstromsteller, mit denen Gleichwerte von Spannungen verstellt werden können;
selbstgeführte Wechselrichter, mit denen Wechselströme umgerichtet werden können.

Schaltbild für einen Gleichstromsteller:

U_e: Eingangsspannung
U_a: Ausgangsspannung

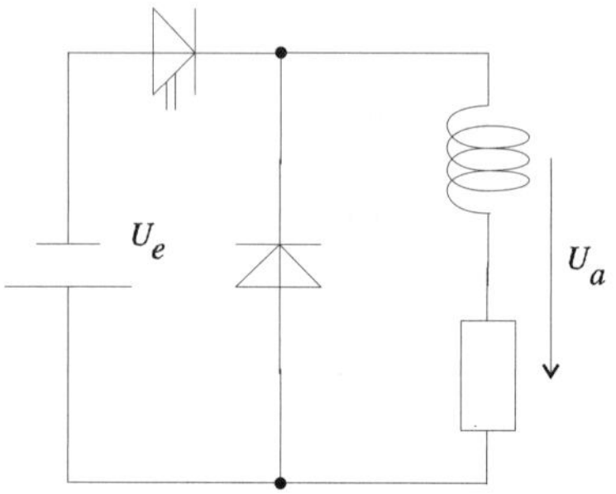

6.4 Elektrische Antriebe

Allgemeines

Elektrische Antriebe sollen mechanische Energie für Stell- oder Bewegungsvorgänge in der Technik liefern. Folgende Maschinen benötigen in der Regel elektrische Antriebe:

diverse Fahrzeuge (vor allem Schienenfahrzeuge)
Werkzeugmaschinen
Roboter und Einrichtungen zum Positionieren
Fördereinrichtungen
Aufzüge und Kräne
Schieber und Ventile
Walzanlagen
Pumpen
Lüfter
Kompressoren

Als Antriebe kommen Gleichstrom-, Synchron- und Asynchronmotoren infrage.

Aufgaben des Antriebs

Umwandlung von elektrischer in mechanische Energie,
Bereitstellung der von der Maschine benötigten Kräfte (Drehmomente) und Geschwindigkeiten (Winkelgeschwindigkeiten),
Erzielung des für den jeweiligen technischen Prozess optimalen Bewegungsablaufs.

Antriebstechnische Lösungen
Die antriebstechnischen Lösungen richten sich nach den Anforderungen des jeweiligen Prozesses; es gibt folgende Möglichkeiten:
Der Antrieb kann direkt von einer festen Netz- oder Versorgungsspannung und deren Frequenz geschaltet und betrieben werden.
Der Motor kann mit den technischen Mitteln der Leistungselektronik (siehe Seite 214) gesteuert, geregelt und betrieben werden.
Ein Betrieb der Motoren mithilfe der Regelungstechnik (siehe Kapitel 5.) ist möglich.

Physikalische Grundgesetze der Antriebstechnik
Dynamisches Grundgesetz (Motormoment):

$$M = M_L + J\frac{d\omega}{dt}$$

M_L: Lastmoment
J: Massenträgheitsmoment

Stationärer Betrieb (Sonderfall des dynamischen Grundgesetzes mit $\omega = \text{const}$):

$$M = M_L$$

Übergang zwischen zwei stationären Zuständen:

$$t = \frac{J(\omega_2 - \omega_1)}{M}$$

t: Übergangszeit
M: Antriebsmoment (zeitlich konstant)
ω_1: Drehzahl im Anfangszustand
ω_2: Drehzahl im Endzustand

Am stabilen Arbeitspunkt gilt:

$$M + M_L = 0 \qquad \frac{dM}{d\omega} + \frac{dM_L}{d\omega} < 0$$

Änderung der Drehzahl
Um die Drehzahl zu ändern, gibt es für die unterschiedlichen Motorentypen die folgenden Möglichkeiten:
Beim *Gleichstrommotor:* Variation der Ankerspannung, Feldsteuerung oder Steuerung des Widerstandes im Ankerkreis.

Beim *Synchronmotor:* Variation der Speisefrequenz unter simultaner Spannungsanpassung.
Beim *Asynchronmotor:* Steuerung des Widerstandes im Läuferkreis, Steuerung der Spannung bei fester Frequenz oder Variation der Frequenz unter simultaner Spannungsanpassung.

Bremsen für elektrische Antriebe

Hier gibt es neben den mechanischen Bremsen Möglichkeiten der elektrischen Bremsung, und zwar nach den folgenden Verfahren:
Nutzbremsen: erneute Einspeisung von gewonnener Bremsenergie in das elektrische Netz
Widerstandsbremsen: Trennen des Antriebs von der Spannungsversorgung und anschließendes Bremsen des Antriebs durch stufenweises Einschalten von Widerständen (nur bei Gleichstrommotoren möglich)
Gegenstrombremsen: Auslösen des Bremsvorgangs durch Umschalten der Versorgungsspannung (stark verlustbehaftet)
Gleichstrombremsen: Auslösung des Bremsvorgangs durch Einspeisen eines Gleichstroms bei Drehstrommaschinen

Betriebsarten elektrischer Antriebe nach DIN VDE 0530

Die Betriebsarten werden mit S1, S2, ... S10 bezeichnet und bedeuten Folgendes:

S1: dauerhafter Betrieb mit konstanter Belastung
S2: kurzer Betrieb mit konstanter Belastung
S3: periodische Wechsel zwischen konstanter Belastung und Ruhe
S4: wie S3, aber mit merklicher Anlaufzeit zwischen Ruhe und Belastung
S5: wie S4, jedoch mit elektrischer Bremsung zwischen Belastung und Ruhe
S6: periodische Wechsel zwischen konstanter Belastung und Leerlauf
S7: wie S6, aber mit merklicher Anlaufzeit zwischen Leerlauf und Belastung
S8: periodischer Wechsel aus Zuständen unterschiedlicher Drehzahl und Belastung mit Brems- und Anlaufvorgängen dazwischen
S9: nichtperiodische Änderungen der Drehzahl und Belastung
S10: nichtperiodische Abfolge von unterschiedlich langen Zeitintervallen konstanter Belastung, die sich von Zeitintervall zu Zeitintervall ändern kann

6.5 Elektrische Energieverteilung

Zur elektrischen Energieverteilung benutzte Mittel

Starkstromkabel	Sicherungen
Freileitungen	Meldeeinrichtungen
Schaltgeräte	elektrische Relais
Transformatoren	Stromrichter

Elektrische Leitungen

Leistungsverlust P_v bei Scheinleistung S einer Leitung:

$$\frac{P_v}{L} = \frac{S^2}{U_L{}^2 \kappa A}$$

U_L: Leiterspannung
κ: elektrischer Leitwert
A: Querschnittsfläche
L: Länge

Impedanz (Wellenwiderstand) einer Leitung:

$$Z = \sqrt{\frac{R' + j\omega L'}{G' + j\omega C'}}$$

$R' = \frac{dR}{dl}$: Widerstandsbelag
$L' = \frac{dL}{dl}$: Induktivitätsbelag
$G' = \frac{dG}{dl}$: Ableitungsbelag
$C' = \frac{dC}{dl}$: Kapazitätsbelag
l: Leiterlänge

Reflexionsfaktor für Wellen am Leitungsende bei Wechselstromübertragung:

$$r = \frac{U_{ref}}{U_{hin}} = \frac{Z_{ab} - Z}{Z_{ab} + Z}$$

Z_{ab}: Abschlussimpedanz
U_{hin}: hinlaufende Spannung
U_{ref}: reflektierte Spannung

Natürliche Leistung P_n (bei $Z = Z_{ab}$, das heißt $r = 0$)

$$P_n = \frac{U_L{}^2}{Z}$$

Speichermöglichkeiten für elektrische Energie

Speicherkraftwerke

Batterien: Am häufigsten werden Bleiakkumulatoren gebraucht, in denen die folgende chemische Reaktion abläuft:

$2PbSO_4 + 2H_2O \Leftrightarrow Pb + 2H_2SO_4 + PbO_2$

(ungeladen) (geladen)

Erneuerbare elektrische Energiequellen

Hierunter fallen:

Wasserkraft

Sonnenenergie

Windenergie

Gezeitenkraft

Elektrische Wärmeerzeugung

Hier gibt es die folgenden Möglichkeiten:

Erwärmung aufgrund des elektrischen Widerstands eines Materials,

Erwärmung durch einen elektrischen Lichtbogen (im Lichtbogenofen oder beim Lichtbogenschweißen),

Erwärmung durch Induktivitäten und Transformatoren,

Erwärmung von Dielektrika in hochfrequenten elektromagnetischen Feldern.

7. Elektronik

7.1 Passive Bauelemente

Kirchhoff'sche Regeln

1. Regel (Knotenregel)

In einem Knoten ist die Summe aller Ströme (bei Berücksichtigung der Vorzeichen) gleich null.

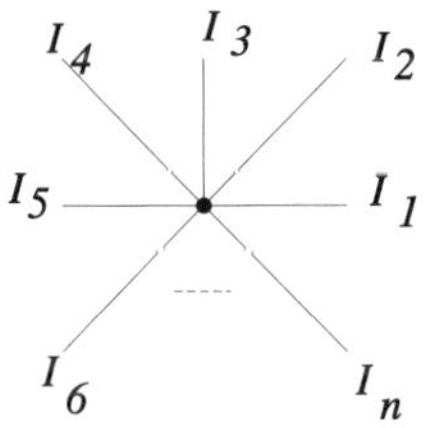

$$\sum_{\nu=1}^{n} I_\nu = 0$$

wegen der Kontinuitätsgleichung bei zeitlich konstanten Strömen:

$$\oint \vec{J}\,\mathrm{d}\vec{A} = 0$$

(siehe auch Kapitel „Elektrodynamik“)

2. Regel (Maschenregel)

Längs jeder Masche ist die Summe aller Spannungen (bei Berücksichtigung der Vorzeichen) gleich null.

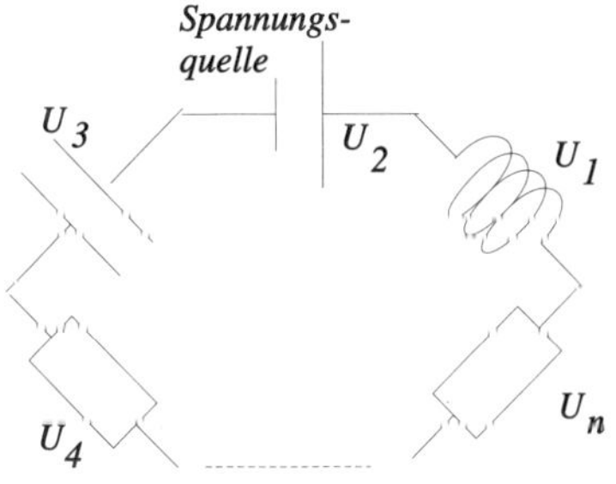

$\sum_{\nu=1}^{n} U_\nu = 0$ wegen der Wirbelfreiheit des elektrischen Feldes:

$\oint \vec{E} d\vec{s} = 0$ (siehe auch Kapitel „Elektrodynamik")

Widerstände

Ohm'sches Gesetz

$U = R \cdot I$ (siehe auch dazu Kapitel „Elektrodynamik")

Reihenschaltung von Widerständen

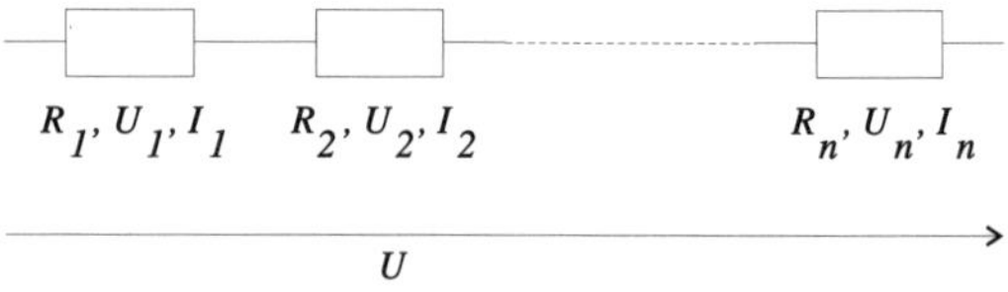

Strom: $I_1 = I_2 = ... = I_n = I$

Spannung: $U = U_1 + U_2 + \ldots + U_n = \sum_{\nu=1}^{n} U_\nu$

Gesamtwiderstand: $R = R_1 + R_2 + \ldots + R_n = \sum_{\nu=1}^{n} R_\nu$

Parallelschaltung von Widerständen

Strom: $I = I_1 + I_2 + \ldots + I_n = \sum_{\nu=1}^{n} I_\nu$

Spannung: $U_1 = U_2 = ... = U_n = U$

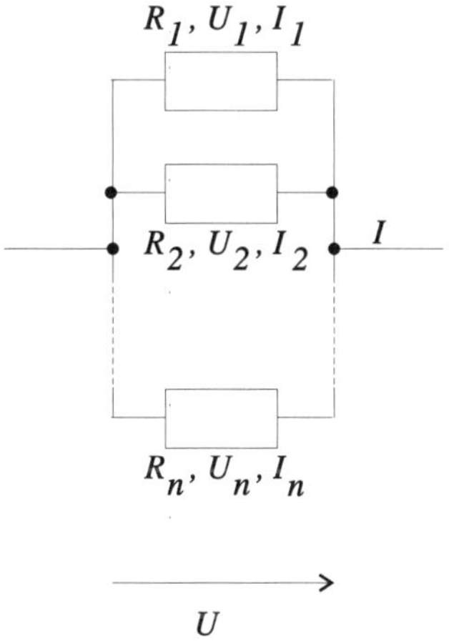

Gesamtwiderstand: $$\frac{1}{R} = \frac{1}{R_1} + \frac{1}{R_2} + \dots + \frac{1}{R_n} = \sum_{\nu=1}^{n} \frac{1}{R_\nu}$$

Beispiel: zwei parallel geschaltete Widerstände

$$\frac{1}{R} = \frac{1}{R_1} + \frac{1}{R_2}$$

$$R = \frac{R_1 R_2}{R_1 + R_2}$$

Der Stromteiler:
Hierbei handelt es sich um n parallel geschaltete Widerstände, durch die der Gesamtstrom I fließt. Für einen Stromteiler aus zwei Widerständen R_1 und R_2 gilt:

$$I_1 = \frac{R_2}{R_1 + R_2}$$

$$I_2 = \frac{R_1}{R_1 + R_2}$$

$$I = \frac{R_1}{R_2} I_1$$

Der Spannungsteiler

Hierbei handelt es sich um n in Reihe geschaltete Widerstände, an denen die Spannung U angelegt ist. Für den Spannungsabfall am m-ten Widerstand (m = 1, 2, ..., n) gilt:

$$U_\mathrm{m} = U \frac{R_\mathrm{m}}{R_1 + R_2 + \ldots + R_\mathrm{n}}$$

Beispiel: Spannungsteiler aus zwei Widerständen

unbelastet: $U_1 = U \frac{R_1}{R_1 + R_2}$

$$U_2 = U \cdot \frac{R_2}{R_1 + R_2} = U_1 \cdot \frac{R_2}{R_1}$$

mit dem Lastwiderstand R_L belastet:

$$U_2 = U \cdot \frac{R_2}{R_1 + R_2} - I_\mathrm{a} \cdot \frac{R_1 R_2}{R_1 + R_2}$$

$$= \frac{R_2 R_\mathrm{L}}{R_1 R_2 + R_1 R_\mathrm{L} + R_2 R_\mathrm{L}} U$$

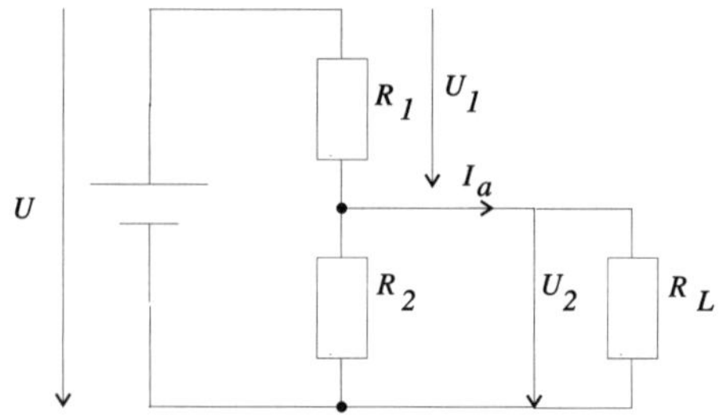

Ausgangsseitiger Innenwiderstand R_i des Spannungsteilers:

$$\frac{dU_2}{dI_a} = -R_i \qquad R_i = \frac{R_1 R_2}{R_1 + R_2}$$

Dann ist $\quad U_2 = U_{20} - R_i\, I_a$ mit $U_{20} = U\frac{R_2}{R_1 + R_2}$

U_{20}<: Spannung des unbelasteten Spannungsteilers

Ersatz-Zweipolschaltungen

Jede komplizierte Schaltung, bei der nur konstante Ströme, Spannungen und Widerstände eine Rolle spielen, kann auf die folgende Ersatzschaltung zurückgeführt werden:

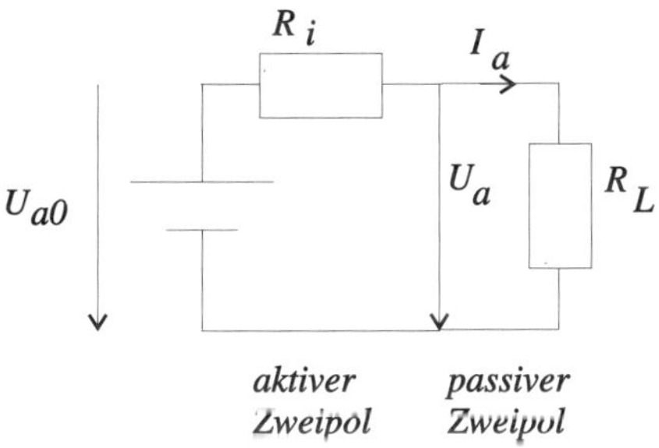

$U_a = U_{a0} - R_i \cdot I_a$ $\qquad$ U_{a0}: Leerlaufspannung
R_i : Innenwiderstand

Beispiel: Spannungsteiler aus zwei Widerständen (siehe oben):

$$U_a = U_2 \qquad U_{a0} = U\frac{R_2}{R_1 + R_2} = U_{20} \qquad R_i = \frac{R_1 R_2}{R_1 + R_2}$$

Spezialfälle für Zweipolschaltungen:

Spannungsquellen: Hier ist $R_i << R_L$ und damit

$$I_a = \frac{U_{a0}}{R_i + R_L} \approx \frac{U_{ao}}{R_L}$$

Stromquellen: Hier ist $R_i << R_L$ und damit $I_a \approx \frac{U_{a0}}{R_i}$ (siehe auch unten)

Stromquellen

Ersatzschaltbild:

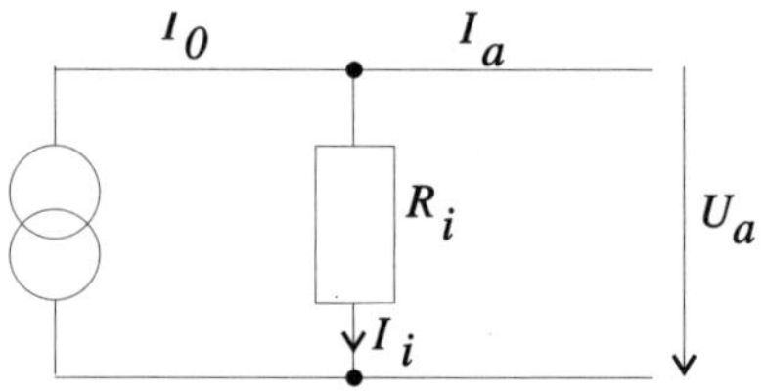

$$I_0 = I_i + I_a \qquad I_i = \frac{U_a}{R_i} \qquad I_a = I_0 - \frac{U_a}{R_i}$$

I_0: Kurzschlussstrom („Urstrom“)

R_i: Innenwiderstand

Spannungsquellen

Ersatzschaltbild:

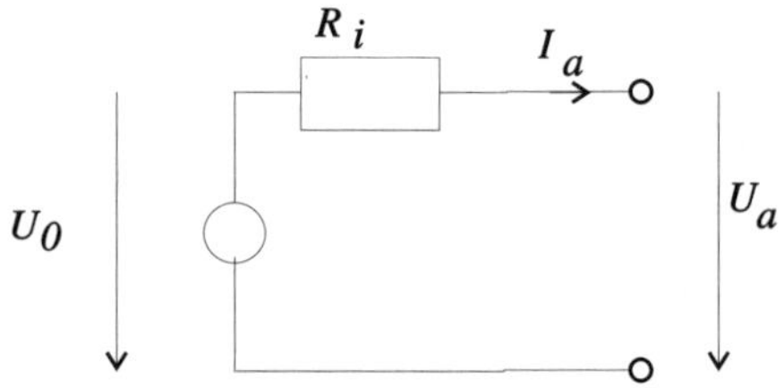

U_0: Leerlaufspannung

R_i: Innenwiderstand

Stern-Dreieck-Umwandlung

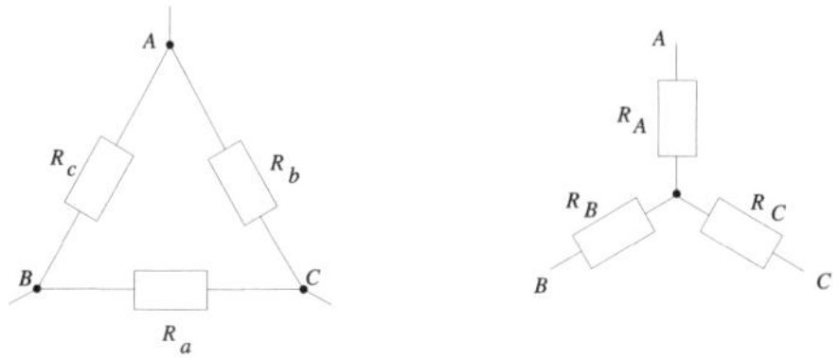

Jedes Dreieck *ABC* aus zusammengeschalteten Widerständen R_A, R_B und R_C kann in einen gleichwertigen Stern aus den Widerständen R_a, R_b und R_c umgewandelt werden und umgekehrt. Wenn die Bezeichnungen wie in den obigen Bildern gewählt werden, gilt:

bei gegebenen Widerständen R_a, R_b und R_c:

$$R_A = \frac{R_b R_c}{R_a + R_b + R_c} \qquad R_B = \frac{R_a R_c}{R_a + R_b + R_c} \qquad R_C = \frac{R_a R_b}{R_a + R_b + R_c}$$

bei gegebenen Widerständen R_A, R_B und R_C:

$$R_a = \frac{R_A R_B + R_A R_C + R_B R_C}{R_A}$$

$$R_b = \frac{R_A R_B + R_A R_C + R_B R_C}{R_B}$$

$$R_c = \frac{R_A R_B + R_A R_C + R_B R_C}{R_C}$$

Bestimmung von Spannungen und Strömen im Netzwerk

Wenn in einem Netzwerk aus Spannungsquellen und Widerständen die Quellenspannungen und -ströme gegeben sind, können sämtliche Ströme und Spannungen mithilfe der Kirchhoff'schen Regeln bestimmt werden. Dazu wird unter Zuhilfenahme der Beziehungen zwischen Strömen und Spannungen (in der Regel das Ohm'sche Gesetz) ein lineares Gleichungssystem aufgestellt und gelöst. Häufig werden Gleichungssysteme verwendet, die ausschließlich auf einer der beiden Kirchhoff'schen Regeln basieren.

Farbcodierung für Widerstände

Ziffer	Farbe
0	Schwarz
1	Braun
2	Rot
3	Orange
4	Gelb
5	Grün
6	Blau
7	Violett
8	Grau
9	Weiß

Von den vier auf dem Widerstand aufgetragenen Farbringen stehen:
der 1. und der 2. Ring für den Widerstandswert,

der 3. Ring für die Zehnerpotenz (hier zusätzlich die Farben Gold für 10^{-1} und Silber für 10^{-2}),

der 4. Ring für die Fehlertoleranz (Rot = 2%; Gold = 5%; Silber = 10%; kein 4. Ring = 20%).

Beispiel: Die Farbfolge Orange - Grau - Braun - Silber bedeutet 380Ω ± 10%.

Kapazitäten

Kapazität eines Kondensators

$C = \frac{Q}{U}$ (siehe dazu auch Kapitel „Elektrodynamik“)

Reihenschaltung von Kondensatoren

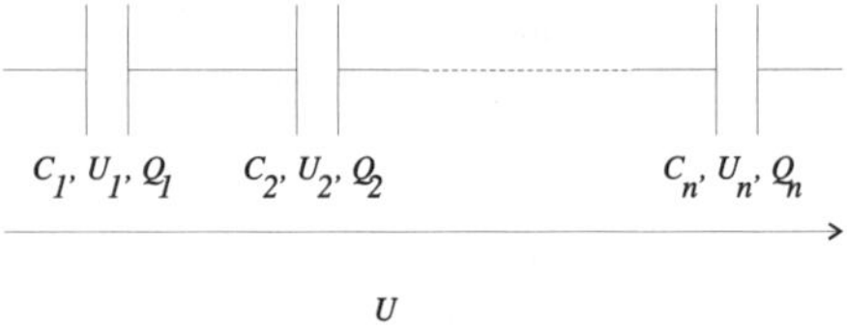

Spannung: $$U = U_1 + U_2 + \ldots + U_{\mathrm{n}} = \sum_{\nu=1}^{n} U_{\nu}$$

Gesamtkapazität: $$\frac{1}{C} = \frac{1}{C_1} + \frac{1}{C_2} + \ldots + \frac{1}{C_{\mathrm{n}}} = \sum_{\nu=1}^{n} \frac{1}{C}$$

Beispiel: zwei in Reihe geschaltete Kondensatoren

$$\frac{1}{C} = \frac{1}{C_1} + \frac{1}{C_2} \qquad C = \frac{C_1 C_2}{C_1 + C_2}$$

Parallelschaltung von Kondensatoren

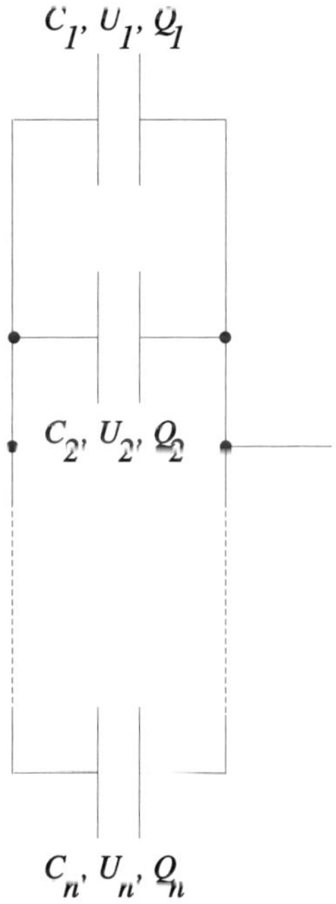

Ladung: $Q = Q_1 + Q_2 + \ldots + Q_n = \sum_{\nu=1}^{n} Q_\nu$

Spannung: $U_1 = U_2 = \ldots = U_n = U$

Gesamtkapazität: $C = C_1 + C_2 + \ldots + C_n = \sum_{\nu=1}^{n} C_\nu$

R-C-Kreis mit Gleichspannung U

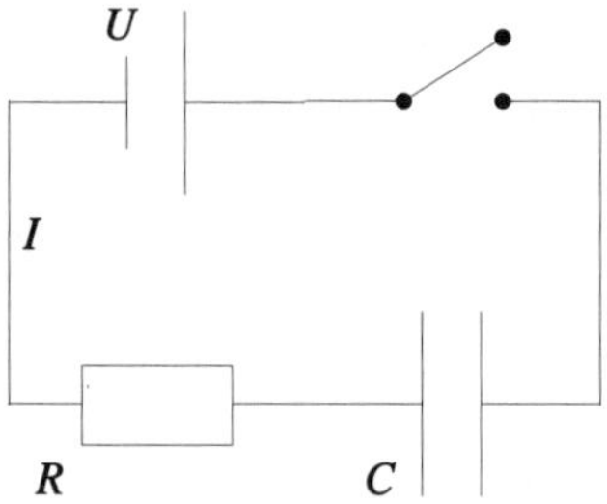

Zeitabhängigkeit des Stroms: $R \cdot \frac{dI}{dt} + \frac{1}{C} I = 0$

Lösung für die Aufladung des Kondensators (Einschalten bei $t = 0$):

$$I = I_0 \cdot e^{-\frac{t}{\tau}} \text{ mit } I_0 = \frac{U_0}{R} = I(t = 0) \text{ und } \tau = RC$$

τ: Relaxationszeit

Lösung für die Entladung eines Kondensators ($U = U_0$ für $t = 0$):

$$I = I_0 \cdot e^{-\frac{t}{\tau}} \text{ mit } I_0 = -\frac{U_0}{R} = I(t = 0) \text{ und } \tau = RC$$

Wechselspannung am Kondensator und Blindwiderstand:
Eine sinusförmige Wechselspannung

$$U = U_0 \sin\omega t$$

ruft am Kondensator den Wechselstrom

$$I = C \cdot \frac{dU}{dt} = CU_0 \cos\omega t = I_0 \sin(\omega t + 90°)$$

hervor.

Komplexe Schreibweise von U und I:

$$U = U_0 e^{j\omega t} = U_0 \cos\omega t + jU_0 \sin\omega t$$

$$I = j\omega C U_0 e^{j\omega t} = j\omega C U$$

Blindwiderstand eines Kondensators: $jX_C = \frac{U}{I} = \frac{1}{j\omega C}$

Bei Schaltungen mit Kondensatoren (z. B. Reihen- oder Parallelschaltung) gelten für Blindwiderstände dieselben Regeln wie für Ohm'sche Widerstände.

Leistung am Kondensator

Blindleistung: $Q = -\frac{I^2}{\omega C} = -U^2 \omega C$

Wirkleistung: $P = 0$

Scheinleistung: $S = Q$

Wechselspannung am realen Kondensator
Hier gibt es auch im Dielektrikum Ladungsbewegungen, was zu folgendem Ersatzschaltbild führt:

R: Verlustwiderstand im Dielektrikum

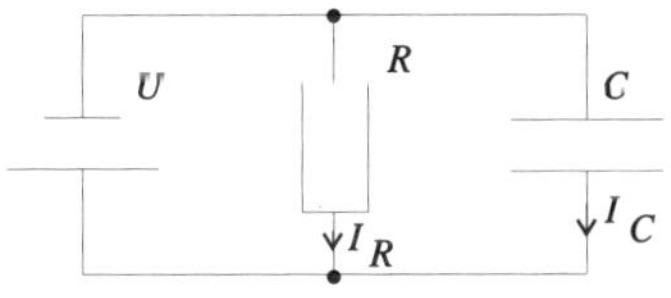

Dann ist $$I = I_R + I_C = \frac{U}{R} + \frac{U}{jX_C} = U\left(\frac{1}{R} + j\omega C\right)$$

Phasenverschiebung (Verlustwinkel δ) zwischen Strom und Spannung:

$$\tan\delta = \frac{|I_R|}{|I_C|} = \frac{1}{\omega RC}$$

Tiefpass:
Hierbei handelt es sich um eine Schaltung, die niederfrequente Wechselspannungen (und Gleichspannungen) gut überträgt, während hochfrequente Wechselspannungen stark gedämpft werden.

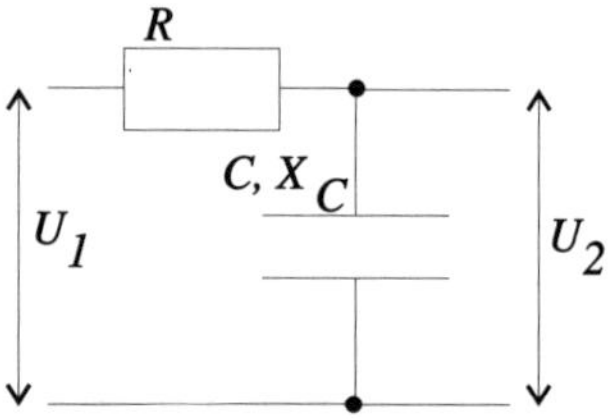

Übertragungsfunktion $g(\omega)$:

$$g(\omega) = \frac{U_2}{U_1} = \frac{1}{1 + j\omega CR} = \frac{1 - j\omega RC}{1 + \omega^2 R^2 C^2}$$

Phasenverschiebung δ zwischen U_1 und U_2:

$$\tan\delta = \frac{\mathrm{Im}\{g(\omega)\}}{\mathrm{Re}\{g(\omega)\}} = -\omega RC$$

Logarithmierte Übertragungsfunktion $g^*(\omega)$:

$$g^*(\omega) = \log|g(\omega)|^2 = 2\log|g(\omega)|$$

$$= 2\log\frac{1}{\sqrt{1 + \omega^2 R^2 C^2}} = 20\log\frac{1}{\sqrt{1 + \omega^2 R^2 C^2}}\mathrm{dB}$$

dB: Dezibel (Einheit des Übertragungsverhältnisses)

Frequenzgang eines Tiefpasses:

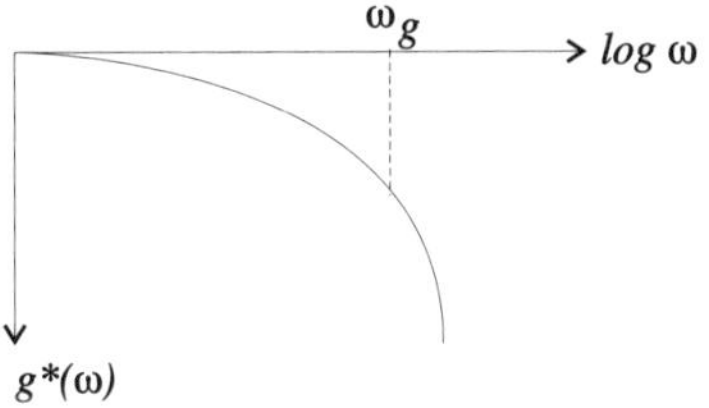

$f_g = \frac{\omega_g}{2\pi} = \frac{1}{2\pi CR}$ ist die Grenzfrequenz mit $\left|\frac{U_2}{U_1}\right| = \frac{1}{\sqrt{2}}$ und $\delta = -\frac{\pi}{4}$.

Spannungspulse im Tiefpass

U_1 hat die Sprungfunktion $U_1 = \begin{cases} 0 \text{ für } t < 0 \\ U_0 \text{ für } t \geq 0 \end{cases}$

Wegen $U_1 = RC \cdot \frac{dU_2}{dt} + U_2$

ist $U_2 = U_0\left(1 - e^{-\frac{t}{RC}}\right)$

Impulsanstiegszeit t (Zeit, die benötigt wird, um U_2 von 10% auf 90% des Endwertes steigen zu lassen):

$$t = RC \cdot \ln 9 \approx 2{,}2RC$$

Tiefpass als Integrierglied:

Für Signale, deren Frequenz $\omega >> \omega_g$, (bzw. deren Dauer klein gegenüber RC) ist, gilt.

$$U_2 \approx \frac{1}{RC} \cdot \int_0^t U_1 \mathrm{d}t$$

In diesem Fall kann der Tiefpass als Integrierglied verwendet werden.

Hochpass

Diese Schaltung überträgt hochfrequente Wechselspannungen gut, niederfrequente Wechselspannungen werden gedämpft.

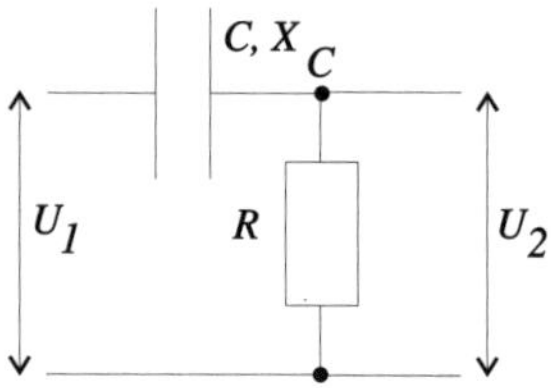

Übertragungsfunktion $g(\omega)$:

$$g(\omega) = \frac{U_2}{U_1} = \frac{R}{R + (j\omega C)^{-1}} = \frac{j\omega RC}{1 + j\omega RC}$$

Phasenverschiebung δ zwischen U_1 und U_2:

$$\tan\delta = \frac{\mathrm{Im}\{g(\omega)\}}{\mathrm{Re}\{g(\omega)\}} = \frac{1}{\omega CR}$$

Logarithmische Übertragungsfunktion $g^*(\omega)$ in dB:

$$g^*(\omega) = \log|g(\omega)|^2 = 2\log|g(\omega)|$$

$$= 2\log\frac{\omega RC}{\sqrt{1 + \omega^2 R^2 C^2}} = 20\log\frac{\omega RC}{\sqrt{1 + \omega^2 R^2 C^2}}\mathrm{d}B$$

Frequenzgang des Hochpasses:

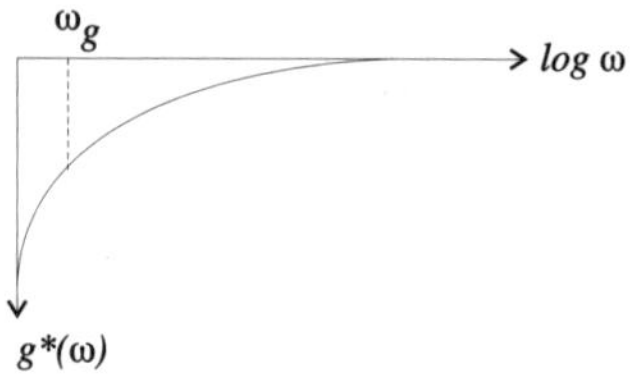

$f_g = \frac{\omega_g}{2\pi} = \frac{1}{2\pi RC}$ ist die Grenzfrequenz mit $\left|\frac{U_2}{U_1}\right| = \frac{1}{\sqrt{2}}$ und $\delta = \frac{\pi}{4}$.

Spannungspulse im Hochpass

U_1 hat hier die Sprungfunktion $U_1 = \begin{cases} 0 \text{ für } t < 0 \\ U_0 \text{ für } t \geq 0 \end{cases}$

Wegen $$U_2 = RC\frac{d(U_1 - U_2)}{dt}$$

ist $$U_2 = U_0 e^{-\frac{t}{RC}}$$

Hochpass als Differenzierglied

Für Signale, deren Frequenz $\omega << \omega_g$ (oder deren Dauer groß gegenüber RC) ist, gilt:

$$U_2 = RC \cdot \frac{dU_1}{dt}$$

In diesem Fall kann der Hochpass als Differenzierglied benutzt werden.

Impedanz (komplexer Widerstand) Z

Hierbei handelt es sich um den komplexen Widerstand eines aus Kondensatoren, Ohm'schen Widerständen usw. zusammengesetzten Schaltelements.

$$Z = \frac{U}{I} = R + jX$$

U: komplexe Wechselspannung
I: komplexer Strom
R: Wirkwiderstand (Resistanz)
X: Blindwiderstand (Reaktanz)

Der Betrag $$|Z| = \sqrt{R^2 + X^2}$$

wird auch als Scheinwiderstand bezeichnet.

Phasenverschiebung δ zwischen U und I:

$$\tan\delta = \frac{\mathrm{Im}Z}{\mathrm{Re}Z} = \frac{X}{R}$$

Der komplexe Stromteiler

Dies sind parallel geschaltete komplexe Widerstände (bestehend aus Ohm'schen Widerständen, Kondensatoren usw.); für einen Stromteiler aus zwei Widerständen Z_1 und Z_2 gilt

$$I_2 = \frac{Z_1}{Z_2} I_1 = \frac{Z_1}{Z_1 + Z_2} I$$ I, I_1, I_2: komplexe Ströme

Der komplexe Spannungsteiler

Dies sind n in Reihe geschaltete komplexe Widerstände (bestehend aus Ohm'schen Widerständen, Kondensatoren usw.).

Spannungsabfall am m-ten Widerstand ($m = 1, 2, ..., n$):

$$U_m = \frac{Z_m}{Z_1 + Z_2 + \ldots + Z_m}$$ U, U_m: komplexe Spannungen

Beispiele:

Komplexer Spannungsteiler aus zwei Widerständen Z_1 und Z_2:

$$U_2 = \frac{Z_2}{Z_1} U_1 = \frac{Z_2}{Z_1 + Z_2} U$$

Tiefpass und Hochpass (siehe Seite 232 und Seite 234)

Wien'scher Teiler:

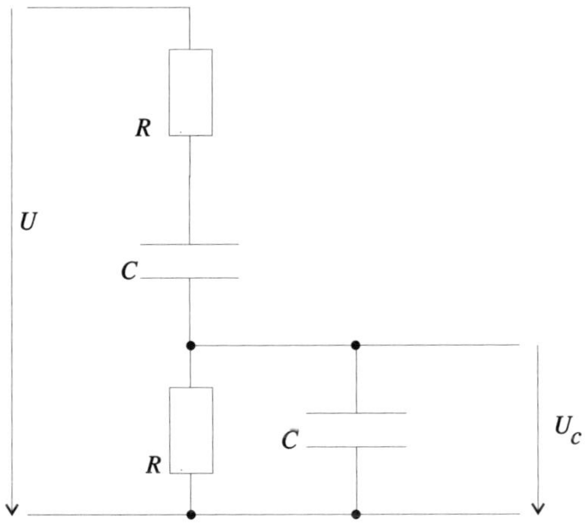

$$\left|\frac{U_c}{U}\right| = \frac{1}{\sqrt{9 + \left(\frac{\omega}{\omega_0} - \frac{\omega_0}{\omega}\right)^2}} \quad \tan\delta = \frac{\frac{\omega_0}{\omega} - \frac{\omega}{\omega_0}}{3} \quad \omega_0 = \frac{1}{RC}$$

Maximales Teilungsverhältnis bei

$$\omega = \omega_0 = \frac{1}{RC}$$

Mehrstufiger Spannungsteiler:

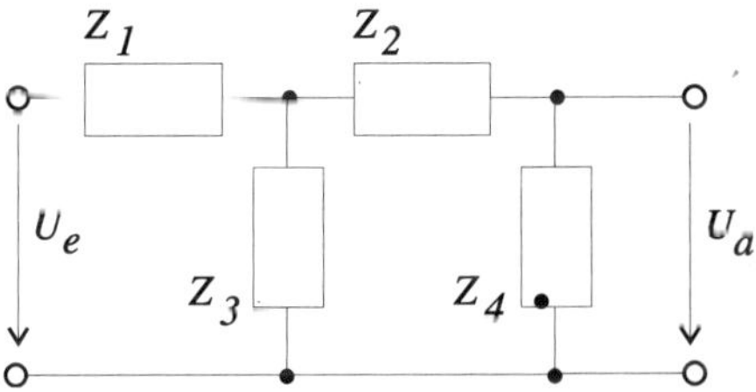

$$\frac{U_a}{U_e} = \frac{Z_3 Z_4}{Z_1 Z_3 + (Z_1 + Z_3)(Z_2 + Z_4)}$$

Beispiel: Doppelte *RC*-Kombination

Hier ist $Z_1 = Z_2 = (j\omega C)^{-1}$ und $Z_3 = Z_4 = R$.

$$\frac{U_a}{U_e} = \frac{j\omega CR^2}{3R + j\left(\omega CR^2 - \frac{1}{\omega C}\right)}$$

Für $R = (\omega C)^{-1}$ ist $\frac{U_a}{U_e} = \frac{1}{3}\ \delta = \frac{\pi}{2} = 90°$

Bei einer dreifachen *RC*-Kombination mit $R = \frac{1}{\sqrt{6}\omega C}$ ist:

$$\frac{U_a}{U_e} = \frac{1}{29}\ \delta = \pi = 180°$$

Induktivitäten

Selbstinduktion (Induktivität) einer Spule

$U_{ind} = -L \cdot \frac{dI}{dt}$ (mehr dazu im Abschnitt „Elektrodynamik“)

Reihenschaltung von Spulen:

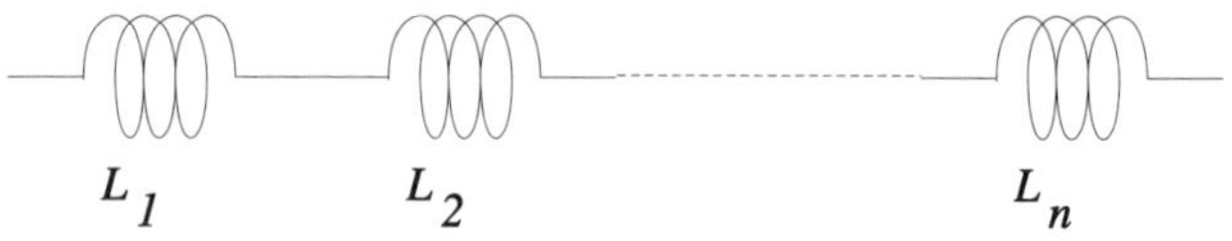

Gesamtinduktivität: $L = L_1 + L_2 + \ldots + L_n = \sum_{\nu=1}^{n} L_\nu$

Parallelschaltung von Spulen:

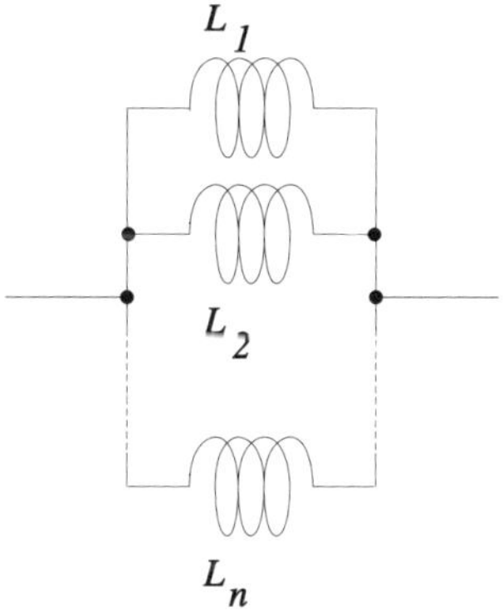

Gesamtinduktivität: $\frac{1}{L} = \frac{1}{L_1} + \frac{1}{L_2} + \ldots + \frac{1}{L_n} = \sum_{\nu=1}^{m} L_\nu$

Beispiel: Parallelschaltung von zwei Spulen

$$\frac{1}{L} = \frac{1}{L_1} + \frac{1}{L_2} \quad L = \frac{L_1 L_2}{L_1 + L_2}$$

R-L-Kreis mit Gleichspannung U:

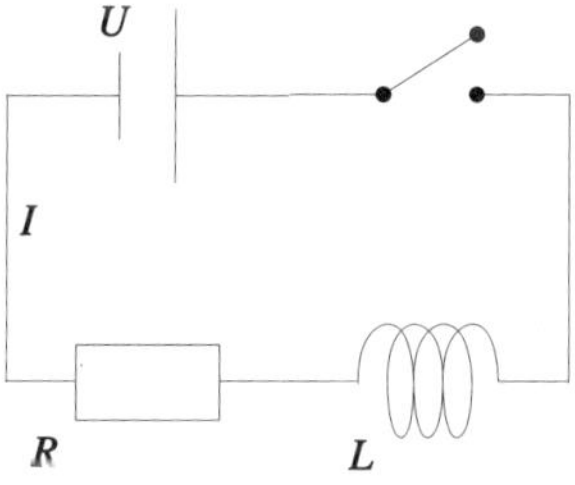

Zeitabhängigkeit des Stroms: $L \cdot \frac{dI}{dt} + RI = U$

Lösung beim Einschalten zum Zeitpunkt $t = 0$:

$$I = I_0\left(1 - e^{-\frac{t}{\tau}}\right) \text{ mit } I_0 = \frac{U}{R} = I(t \to \infty) \text{ und } \tau = \frac{L}{R} \text{ (Zeitkonstante)}$$

Lösung beim Ausschalten zum Zeitpunkt $t = 0$:

$$I = I_0 e^{-\frac{t}{\tau}} \text{ mit } I_0 = \frac{U}{R} = I(t = 0)$$

L-C-Kreis (Schwingkreis):

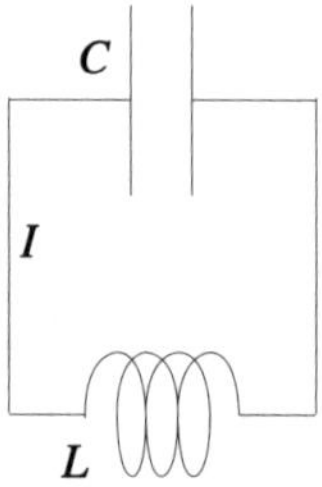

Zeitabhängigkeit des Stroms: $LC\frac{d^2I}{dt^2} + I = 0$

Lösung: $I = I_0 \cdot \sin(\omega t + \varphi)$ mit $\omega = \frac{1}{\sqrt{LC}}$

ω: Eigenfrequenz der Schaltung
φ: Phasenverschiebung (beliebig)
I_0: Stromamplitude

Wechselspannung an Induktivitäten

Beim Anlegen einer sinusförmigen Wechselspannung

$$U = U_0 \sin \omega t$$

fließt durch die Induktivität der Wechselstrom

$$I = \frac{1}{L}\int U \, \mathrm{d}t = -\frac{U_0}{L}\cos\omega t = I_0 \sin(\omega t - 90°)$$

Komplexe Schreibweise von U und I:

$$U = U_0 e^{\mathrm{j}\omega t} = U_0 \cos\omega t + \mathrm{j} U_0 \sin\omega t$$

$$I = \frac{U_0}{\mathrm{j}\omega L} e^{\mathrm{j}\omega t} = \frac{U}{\mathrm{j}\omega L}$$

Blindwiderstand einer Spule: $jX_\mathrm{L} = \frac{U}{I} = j\omega L$

Bei Schaltungen mit Spulen (z. B. Reihen- oder Parallelschaltungen) gelten für die Blindwiderstände dieselben Regeln wie für Ohm'sche Widerstände.

Leistung an der Spule

Blindleistung: $Q = I^2 \omega L = \frac{U^2}{\omega L}$

Wirkleistung: $P = 0$

Scheinleistung: $S = Q$

Wechselspannung an realer Spule

Hier wird der Ohm'sche Widerstand des Leitungsdrahtes berücksichtigt, was zu dem folgenden Ersatzschaltbild führt:

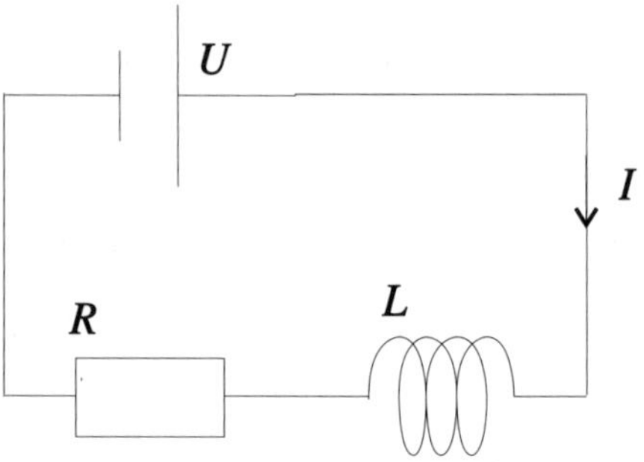

R: Verlustwiderstand der Leitungsdrahtes

Dann ist $U = U_R + U_L = I \cdot R + I \cdot jX_L = I\,(R + j\omega L)$.

Phasenverschiebung (Verlustwinkel) zwischen Strom und Spannung:

$$\tan\delta = \frac{U_R}{U_L} = \frac{R}{\omega L}$$

Güte der Spule: $$Q = \frac{\omega L}{R}$$

RLC-Schaltungen

Reihenschaltung:

$$Z = R + j\left(\omega L - \frac{1}{\omega C}\right) \quad \tan\delta = \frac{\omega L - (\omega C)^{-1}}{R}$$

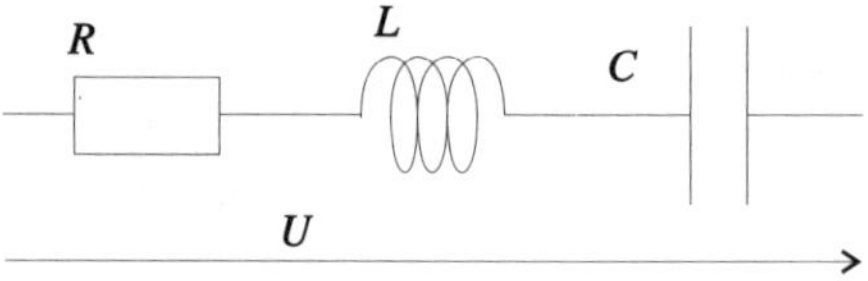

Parallelschaltung:

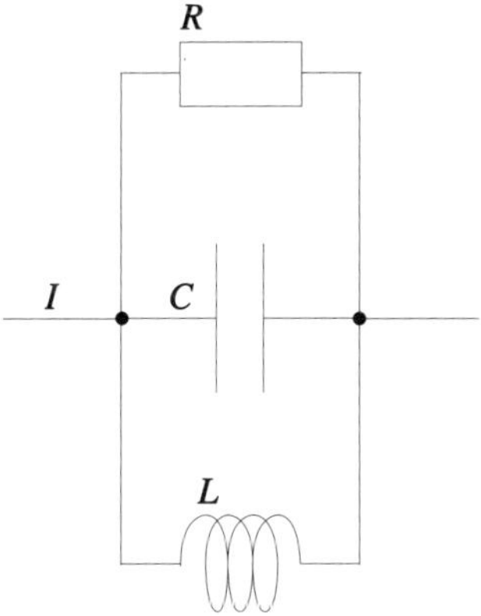

$$\frac{1}{Z} = \frac{1}{R} + \mathrm{j}\left(\omega C - \frac{1}{\omega L}\right) \quad \tan\delta = -R\left(\omega C - \frac{1}{\omega L}\right)$$

Weitere Größen für beide Kreise:

Eigenfrequenz: $f_0 = \frac{1}{2\pi\sqrt{LC}} \quad \omega_0 = \frac{1}{\sqrt{LC}}$

hier ist $Z = R$ und $\delta = 0$.

45°-Frequenz (Frequenz, bei der $\delta = \pm 45°$ ist)
in der Reihenschaltung:

$$\omega_{\pm 45°} = \sqrt{\frac{1}{LC} + \left(\frac{R}{2L}\right)^2} \pm \frac{R}{2L}$$

in der Parallelschaltung: $\omega_{\pm 45°} = \sqrt{\frac{1}{LC} + \left(\frac{1}{2RC}\right)^2} \pm \frac{1}{2RC}$

Bandbreite $B = (2\pi)^{-1} \cdot (\omega_{45°} - \omega_{-45°})$

für die Reihenschaltung: $B = \frac{1}{2\pi} \cdot \frac{R}{L} \quad \frac{B}{f_0} = \frac{R}{\omega_0 L}$

für die Parallelschaltung: $B = \frac{1}{2\pi} \cdot \frac{1}{RC} \quad \frac{B}{f_0} = \frac{1}{\omega_0 RC}$

Kreisgüte:

für die Reihenschaltung: $Q = \frac{\omega_0 L}{R} = \frac{1}{\omega_0 CR} = \frac{1}{R} \cdot \sqrt{\frac{L}{C}}$

für die Parallelschaltung: $Q = \omega_0 CR = \frac{R}{\omega_0 L} = R \cdot \sqrt{\frac{C}{L}}$

Verstimmung: $v = \frac{\omega}{\omega_0} - \frac{\omega_0}{\omega}$

Lineare Vierpolschaltungen

Ersatzschaltbild

Eine Schaltung mit zwei Ein- und zwei Ausgängen (z. B. ein Tiefpass oder ein Hochpass) kann – unabhängig von ihrem inneren Aufbau – als Vierpol mit dem folgenden Ersatzschaltbild betrachtet werden:

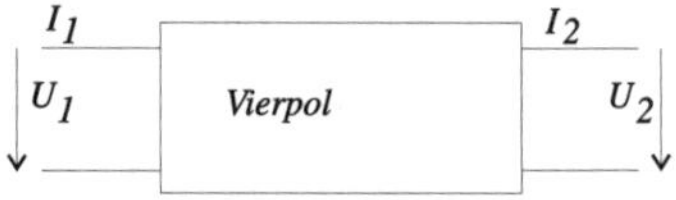

U_1: Eingangsspannung

U_2: Ausgangsspannung

I_1: Eingangsstrom

I_2: Ausgangsstrom

Widerstandsform der Vierpolgleichungen (für gegebene Ströme)

$U_1 = W_{11}I_1 + W_{12}I_2$ $\quad W_{11}$: primärseitiger Leerlaufwiderstand

$U_2 = W_{21}I_1 + W_{22}I_2$ $\quad W_{12}$: Kernwiderstand rückwärts

W_{21}: Kernwiderstand vorwärts

W_{22}: sekundärseitiger Leerlaufwiderstand

Matrizenschreibweise: $\begin{bmatrix} U_1 \\ U_2 \end{bmatrix} = \begin{bmatrix} W_{11} & W_{12} \\ W_{21} & W_{22} \end{bmatrix} \begin{bmatrix} I_1 \\ I_2 \end{bmatrix} = \begin{bmatrix} \boldsymbol{W} \end{bmatrix} \begin{bmatrix} I_1 \\ I_2 \end{bmatrix}$

$\begin{bmatrix} \boldsymbol{W} \end{bmatrix}$: Widerstandsmatrix

Leitwertform der Vierpolgleichungen (für gegebene Spannungen)

$I_1 = Y_{11}U_1 + Y_{12}U_2$

$I_2 = Y_{21}U_1 + Y_{22}U_2$

bzw. $\begin{bmatrix} I_1 \\ I_2 \end{bmatrix} = \begin{bmatrix} \boldsymbol{Y} \end{bmatrix} \begin{bmatrix} U_1 \\ U_2 \end{bmatrix}$

Kettenform der Vierpolgleichungen (für Serienschaltungen von Vierpolen):

$U_1 = A_{11}U_2 - A_{12}I_2$

$I_1 = A_{21}U_2 - A_{22}I_2$

bzw. $\begin{bmatrix} U_1 \\ I_1 \end{bmatrix} = \begin{bmatrix} \boldsymbol{A} \end{bmatrix} \begin{bmatrix} U_2 \\ -I_2 \end{bmatrix}$

(Zu Vierpolschaltungen siehe auch Abschnitt über Transistoren, Seite 249)

Schaltungen mit Dioden

Einweg-Gleichrichter:

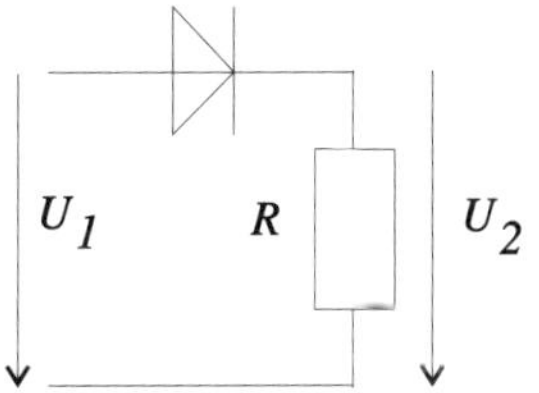

U_1 sei sinusförmig. $U_1 = U_0 \sin \omega t$

$U_2 = U_0 \sin \omega t \cdot \Theta(\sin \omega t) = U_1 \cdot \Theta(U_1)$

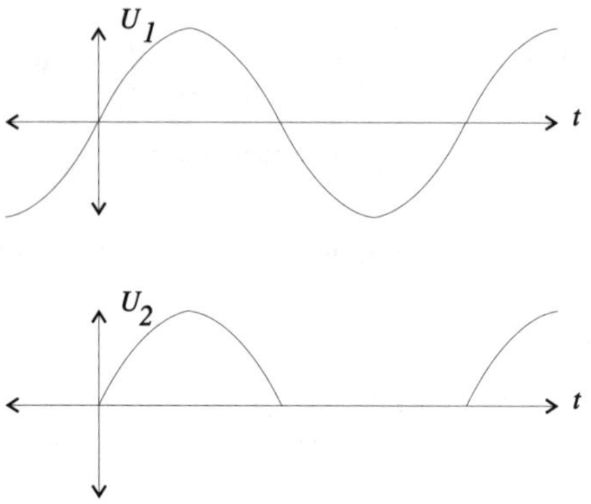

Einweg-Gleichrichter mit Glättungskondensator:

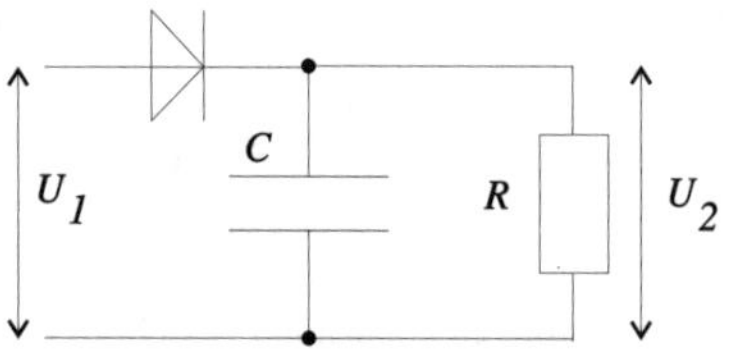

Aufgrund der langsamen Entladung des Kondensators wird die Spannung geglättet.

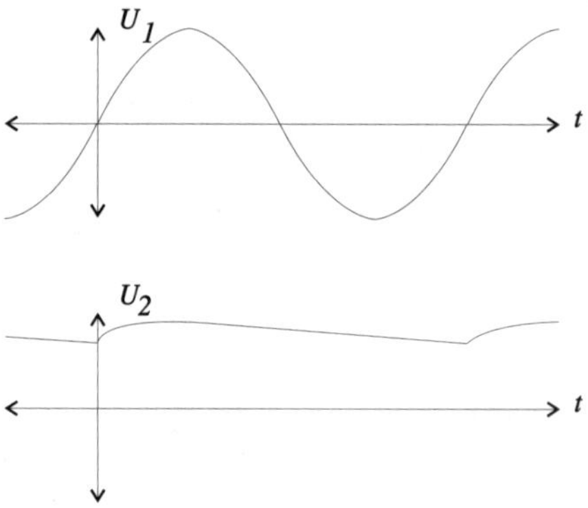

Doppelweg-Gleichrichter:
(Graetz-Brücke)

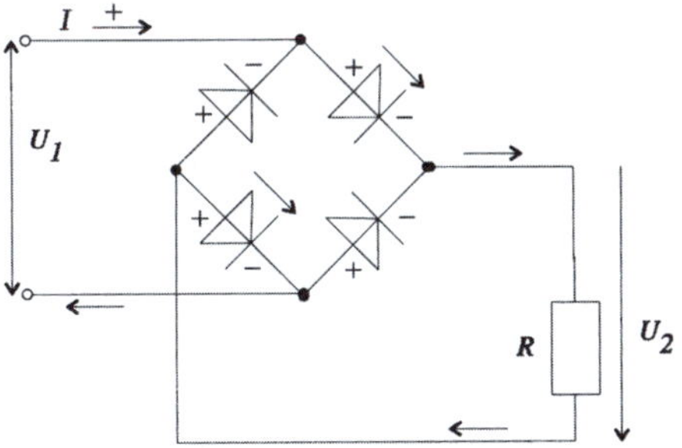

Spannungsverlauf bei $U_1 = U_0 \sin \omega t$:

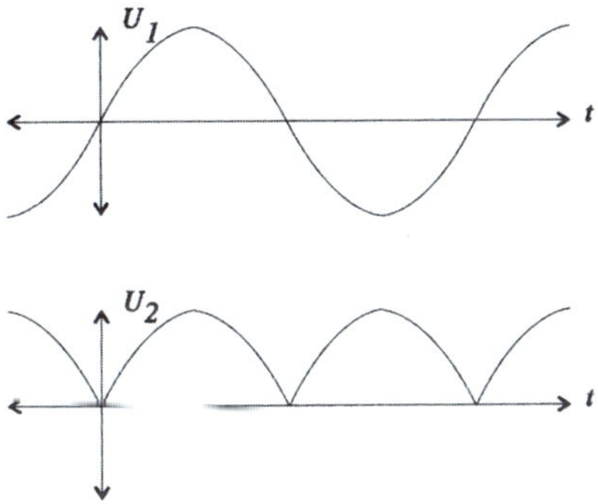

Zur Spannungsglättung kann ein Kondensator parallel zu *R* geschaltet werden.
Doppelweg-Gleichrichter werden für Leistungen bis zum kW-Bereich gebraucht.

Spannungsvervielfacher (Kaskaden)
Mit diesen Schaltungen können hohe Gleichspannungen erzeugt werden.

Beispiel: zweistufige Kaskade

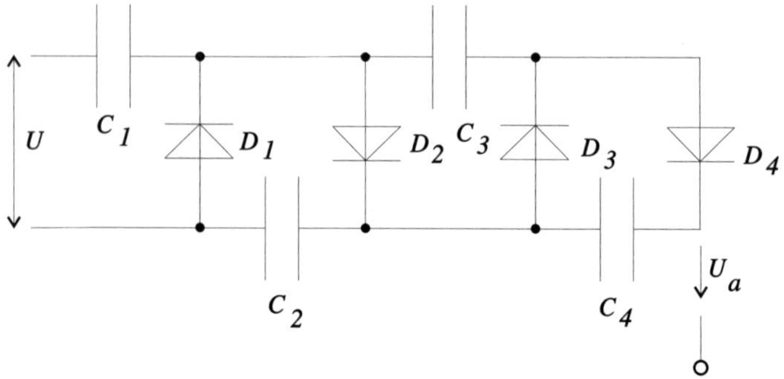

Spannungen an den Schaltelementen:

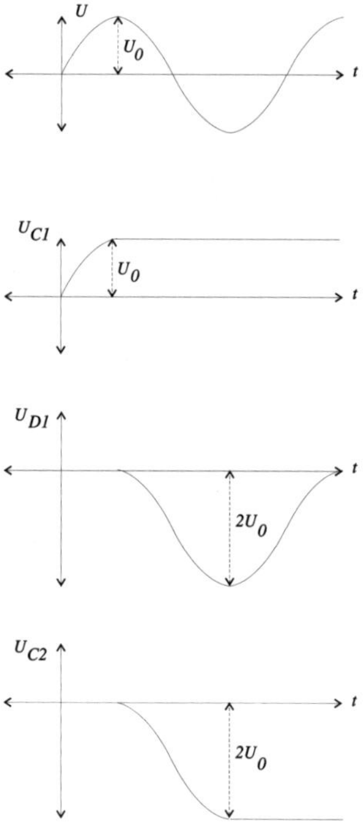

Ausgangsspannung: $U_a = U_{c2} + U_{c4} = 4U$

Ausgangsspannung einer n-stufigen Kaskade:

$U_a = n \cdot 2U$

7.2 Transistoren

Schaltbild eines Bipolar-Transistors

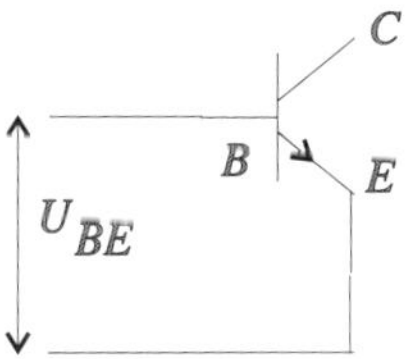

B: Basis
C: Kollektor
E: Emitter

Emitterschaltung

Grundschaltbild:

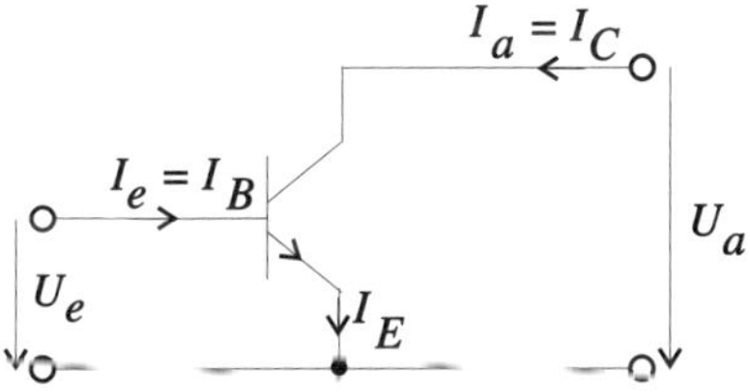

U_e: Eingangsspannung
U_a: Ausgangsspannung

Differenzieller Eingangswiderstand

$$r_{BE} = \frac{\Delta U_{BE}}{\Delta I_B} \quad I_B = I_e$$

U_{BE}: Spannung zwischen Basis und Emitter ($= U_e$)

$$\frac{1}{r_{BE}} = \frac{dI_B}{dU_{BE}} = \frac{I_B}{U_T}$$

$U_T\ (T) \cdot e$: mittlere Energie eines Elektrons bei der Temperatur T

U_T: Temperaturspannung $U \approx 26\text{mV}$ bei 20°C

Bei kleinen Spannungsschwankungen um einen Arbeitspunkt A ist

$$r_{BE} = r_{BEA}\left(1 + \frac{\Delta U_{BE}}{U_T}\right)^{-1}$$

r_{BEA}: differenzieller Eingangswiderstand am Arbeitspunkt

ΔU_{BE}: Differenz zwischen Spannung am Arbeitspunkt und aktueller Spannung

Stromverstärkungsfaktor

$$B = \frac{I_C}{I_B} >> 1 \qquad I_C = I_a$$

Kleinsignalstromverstärkung im Verstärkerbetrieb

Im Verstärkerbetrieb ist U_{CE} größer als die Sättigungsspannung. Dann ist

$$\beta = \left.\frac{\partial I_C}{\partial I_B}\right|_{U_{CE}}$$

β: Kleinsignalstromverstärkung

$$\Delta I_C = \beta \cdot \Delta I_B$$

ΔI_C ist groß gegenüber ΔI_B.

Tiefpassverhalten eines realen Transistors

Frequenzabhängigkeit der Kleinsignalstromverstärkung:

$$|\beta(f)| = \frac{\beta_0}{\sqrt{1 + \left(\frac{f}{f_g}\right)^2}} \quad f_g = \frac{1}{2\pi RC}$$

f_g: Grenzfrequenz

$\beta_0 = \beta(0)$: Gleichstromverstärkung

Transitfrequenz f_T: Hier ist $\beta(f_T) = 1$

Ersatzschaltbild (nicht zur direkten Umsetzung in einer elektronischen Schaltung bestimmt):

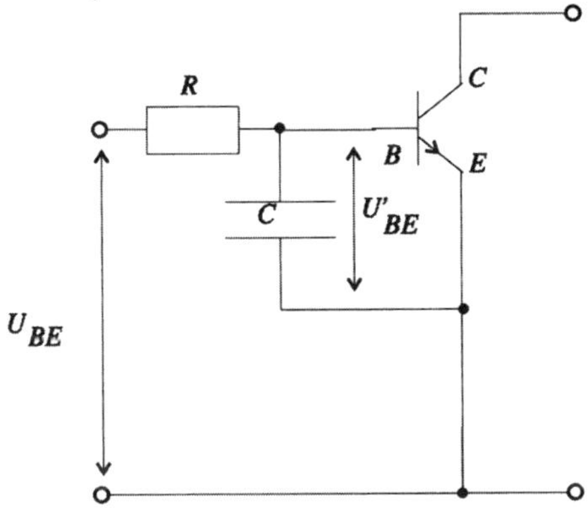

Ausgangswiderstand eines Transistors

$$r_{CE} = \left.\frac{\partial U_{CE}}{\partial I_C}\right|_{I_B}$$

U_{EC}: Spannung zwischen Kollektor und Emitter (= U_a)

Spannungsrückwirkung

$$v_r = \left.\frac{\partial U_{BE}}{\partial U_{CE}}\right|_{I_B}$$

Vierpolgleichung eines Transistors

$$\Delta U_{BE} = r_{BE} \cdot \Delta I_B + v_r \cdot \Delta U_{CE}$$

$$\Delta I_C = \beta \cdot \Delta I_B + \frac{1}{r_{CE}} \cdot \Delta U_{CE}$$

Matrizenschreibweise:

$$\begin{bmatrix} \Delta U_{BE} \\ \Delta I_C \end{bmatrix} = H \cdot \begin{bmatrix} \Delta I_B \\ \Delta U_{CE} \end{bmatrix} \qquad H = \begin{bmatrix} r_{BE} & v_r \\ \beta & \frac{1}{r_{CE}} \end{bmatrix}$$

Vollständige Emitterschaltung (dient zur Veranschaulichung der Formeln):

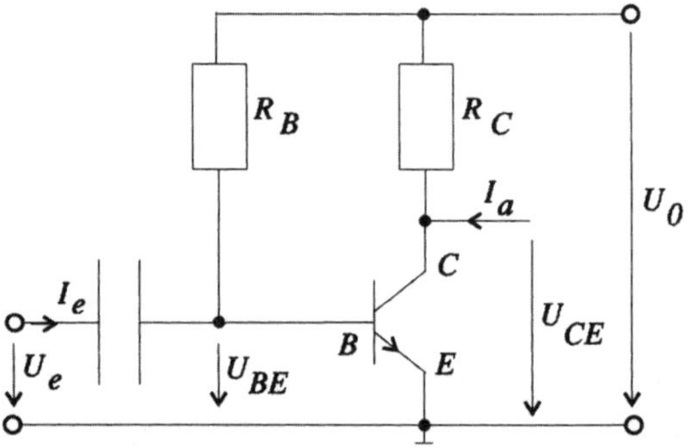

Alle folgenden Werte beziehen sich auf die Umgebung eines Arbeitspunktes *A*.

Eingangswiderstand:

$$r_e = \frac{dU_e}{dI_e} \qquad \frac{1}{r_e} = \frac{1}{r_{BEA}} + \frac{1}{R_B}$$

r_{BEA}: Eingangswiderstand des Transistors am Arbeitspunkt *A*

Ausgangswiderstand:

$$r_a = \frac{dU_a}{dI_a} \qquad \frac{1}{r_a} = -\frac{1}{r_{CE}} - \frac{1}{R_c} \qquad U_{CE} = U_a$$

Spannungsverstärkung:

$$v_U = \frac{\Delta U_{CE}}{\Delta U_{BE}} \qquad \Delta U_{BE} = U_{BE} - U_{BEA}$$

U_{BEA}: Spannung am Arbeitspunkt

Für $r_{CE} >> R_C$ ist

$$v_U = -\beta \frac{R_C \parallel r_{CE}}{r_{BE}}$$

Verstärkung bei größerer Abweichung vom Arbeitspunkt A:

$$\Delta v_U = v_U \cdot \frac{U_E}{U_T}$$

Dies ist eine Ursache für Verzerrungen (Nichtlinearität).

Emitterschaltung mit Spannungsgegenkopplung
Hier wird ein Teil der Ausgangsspannung in Gegenphase wieder am Eingang angelegt, was zur Verbesserung der Verstärkereigenschaften führt.

Schaltbild (dient zur Veranschaulichung der Formeln):

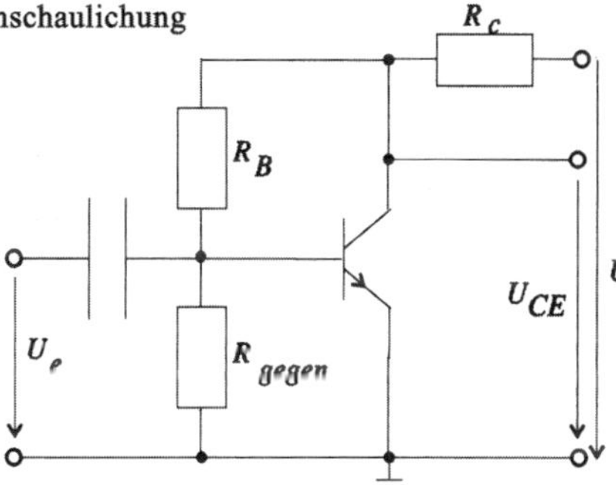

Spannungsverstärkung v_U für

$$v_U = -\frac{R_B}{R_e}\left(1 + \frac{R_B}{R_e \cdot v_{ohne}} R_{gegen} >> \frac{R_B}{v_U}\right)^{-1}$$

v_{ohne}: Spannungsverstärkung ohne Gegenkopplung

R_e: innerer Widerstand der Spannungsquelle

Frequenzabhängigkeit bei realem Transistor:

$$v_{\mathrm{U}}(f) = -\frac{\beta(f) \cdot R_{\mathrm{C}}}{r_{\mathrm{BE}}}$$

r_{BE}: differenzieller Eingangswiderstand des Transistors (siehe Seite 252)

Emitterschaltung mit Stromgegenkopplung (dient zur Veranschaulichung der Formeln):

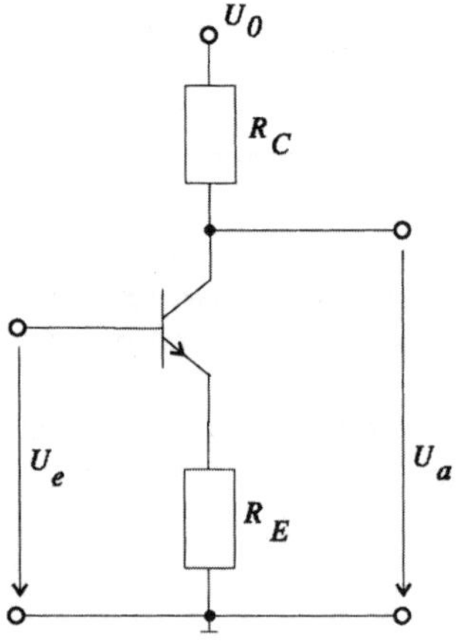

Spannungsverstärkung:

$$v_{\mathrm{U}} = -\frac{R_{\mathrm{C}}}{R_{\mathrm{E}}} \cdot \left(1 - \frac{1}{v_{\mathrm{ohne}}} \cdot \frac{R_{\mathrm{C}}}{R_{\mathrm{E}}}\right)^{-1}$$

v_{ohne}: Spannungsverstärkung ohne Stromgegenkopplung

Kollektor- und Basisschaltung

Kollektorschaltung (Emitterfolger):

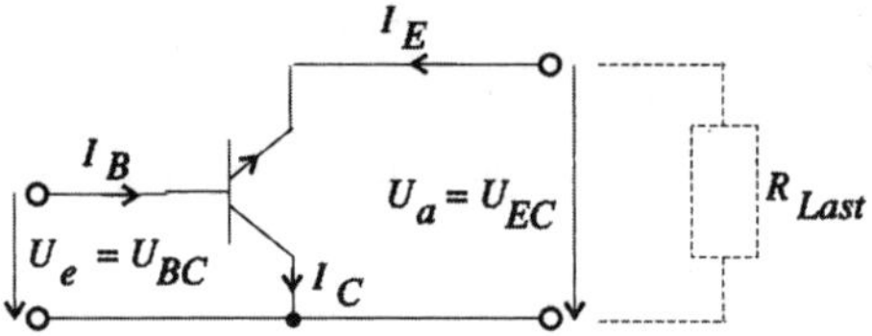

R_{Last}: Lastwiderstand

Eingangswiderstand:

$r_e = r_{BE} + \beta R_{Last}$

r_{BE}: differenzieller Eingangswiderstand (Emitterschaltung)

β: Kleinsignalstromverstärkung (Emitterschaltung)

Ausgangswiderstand: $r_a = \frac{r_{BE}}{\beta}$

Spannungsverstärkung:

$$v_U = \left(1 + \frac{U_T}{U_a}\right)^{-1} \approx 1 - \frac{U_T}{U_a}$$

$U_T \cdot e$: Energie eines Elektrons bei der Temperatur T

U_T: Temperaturspannung $U_T \approx 16$ mV

Basisschaltung:

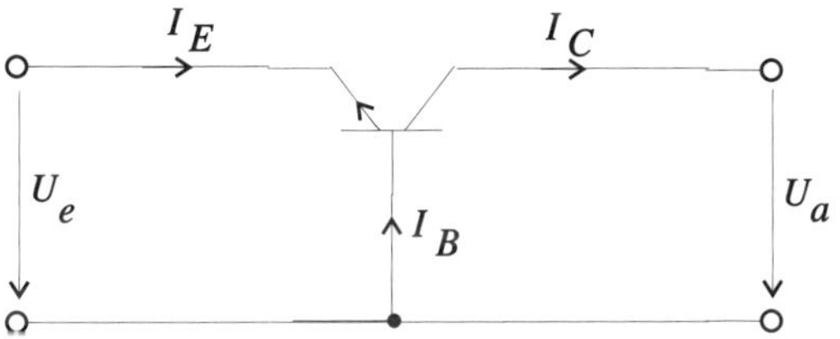

Eingangswiderstand: $r_e = \frac{r_{BE}}{\beta}$

Spannungsverstärkung: $v_U = \frac{R_c \beta}{r_{BE}}$

Feldeffekttransistoren (FET)

Das Eingangswiderstand von FET ist nahezu unendlich hoch, d. h. $I_G \approx 0$

Schaltbild (n-Kanal Sperrschicht FET):

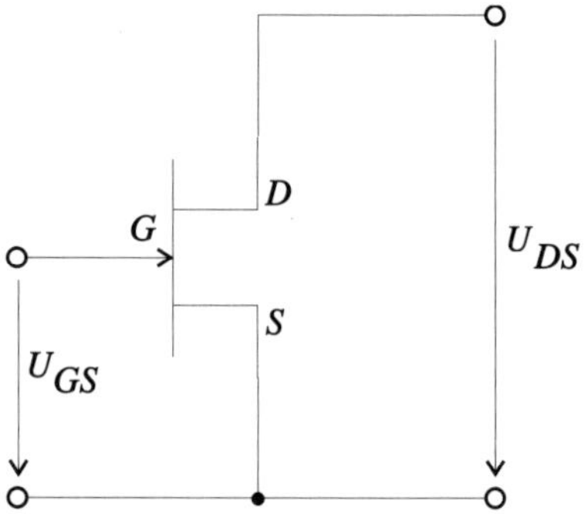

D: Drain
G: Gate
S: Source

Charakteristische Größen der FET

Steilheit:

$$S = \left.\frac{\partial I_D}{\partial U_{GS}}\right|_{U_{DS} = \text{const}}$$

Ausgangswiderstand:

$$r_{DS} = \left.\frac{\partial U_{DS}}{\partial I_D}\right|_{U_{GS} = \text{const}}$$

Kennlinie:

$$I_D = I_{D0}\left(1 - \frac{U_{GS}}{U_P}\right)^2$$

I_{D0}: Drain-Strom für $U_{GS} = 0$ und $U_{DS} = \text{const}$

$$S = \frac{2I_{D0}}{U_P}\left(\frac{U_{GS}}{U_P} - 1\right) = \frac{2}{|U_P|}\sqrt{I_{D0} \cdot I_D}$$

U_N: Schwellspannung

Source-Schaltung mit FET:

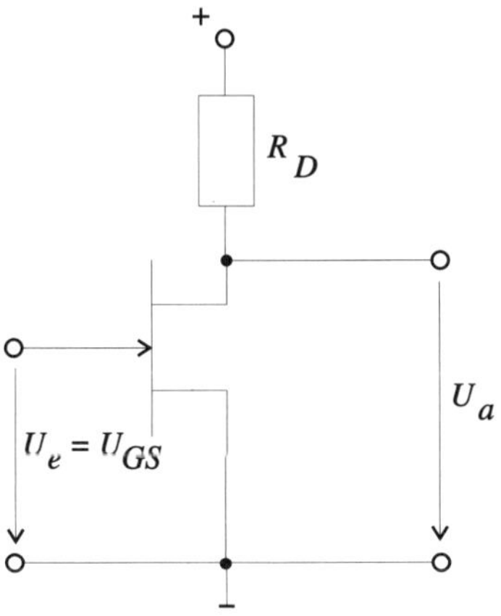

Spannungsverstärkung: $v_U = \frac{\Delta U_{DS}}{\Delta U_{GS}} = -S(R_D \parallel r_{DS})$

Ausgangswiderstand: $r_A = (R_D \parallel r_{DS})$

Drain-Schaltung:

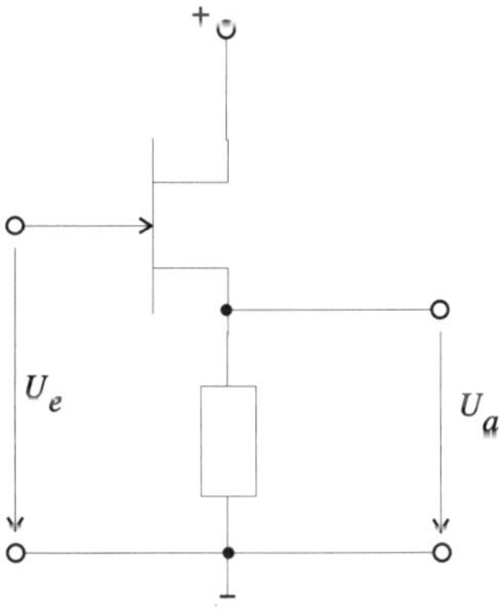

Spannungsverstärkung: $v_{\mathrm{U}} = \dfrac{\Delta U_{\mathrm{DS}}}{\Delta U_{\mathrm{GS}}} \approx \dfrac{SR_{\mathrm{s}}}{1 - SR_{\mathrm{s}}}$

7.3 Operationsverstärker

Grundlagen

Schaltbild eines OPV mit NPN-Transistoren:

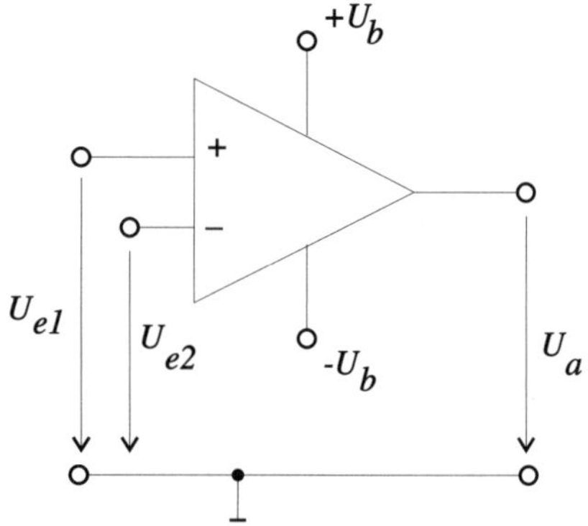

Die Transistoren T_1 und T_2 sind identisch.

Differenzverstärkung v_{D}:

$\Delta U_{\mathrm{a}} = v_{\mathrm{D}} \cdot \Delta U_{\mathrm{e}}$ β, r_{BE}: Kenngrößen von T_1 und T_2

$\Delta U_{\mathrm{a}} = \Delta U_{\mathrm{a1}} - \Delta U_{\mathrm{a2}}$ (siehe auch Kapitel 7.2 „Transistoren“)

$\Delta U_{\mathrm{e}} = \Delta U_{\mathrm{e1}} - \Delta U_{\mathrm{e2}}$

$$v_{\mathrm{D}} = -\frac{R_{\mathrm{C}}\beta}{r_{\mathrm{BE}}}$$

Gleichtaktverstärkung v_{gl}:

Bei $U_{e1} = U_{e2} = U_e$ ist $U_{a1} = U_{a2} = U_a$ und damit $v_{gl} = \frac{\Delta U_a}{\Delta U_e} = -\frac{R_C}{2R_E}$

Gleichtaktunterdrückung: $G = \frac{v_D}{v_{GL}}$

Für gute Verstärker ist $G >> 1$, d.h. $R_E >> \frac{r_{BE}}{\beta}$

Gleichtakteingangswiderstand:

$$r_{gl} = \beta \cdot R_E \quad r_E = \frac{\Delta U_E}{\Delta I_E} \quad I_E = I_{E1} + I_{E2}$$

Mehrstufiger OPV

Häufig besteht ein OPV aus n Verstärkerstufen mit den Verstärkerstufen v_1, v_2, ..., v_n. Dann ist

$v = v_1 v_2 \ldots v_n$

die Leerlaufverstärkung.

Gegenkopplung:

Zur Verbesserung der Verstärkereigenschaften wird die Gegenkopplung benutzt, bei der ein Teil der Ausgangsspannung gegenphasig am Verstärkereingang angelegt wird. Dadurch wird die Eingangsspannung abgeschwächt.

Schaltbild eines gegengekoppelten nichtinvertierenden OPV:

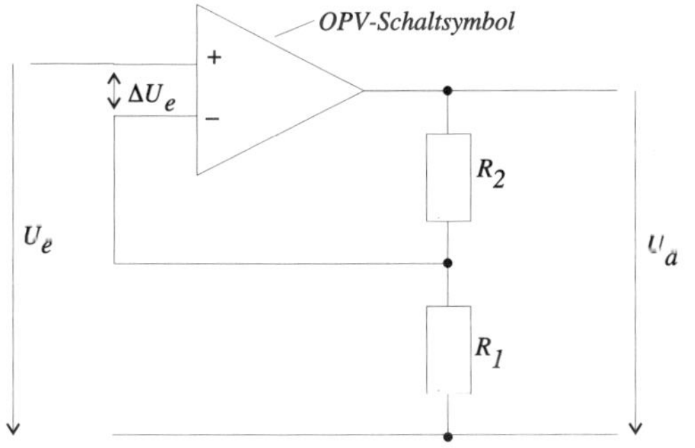

Klemmenverstärkung v_{kl}:

$$v_{kl} = \frac{U_a}{U_e} = \frac{v_0}{1 + kv_0} \qquad k = \frac{R_1}{R_1 + R_2}$$

v_0: Leerlaufverstärkung

k: Koppelfaktor

Für $v_0 \to \infty$ ist $k = 1 + \frac{R_2}{R_1}$

Schleifenverstärkung: $v_S = kv_0$

Dynamischer Eingangswiderstand:

$$r_e = \frac{\partial U_e}{\partial I_e} = 2r_{gl}$$

r_{gl}: Gleichtakteingangswiderstand des OPV

Dynamischer Ausgangswiderstand:

$$r_a = \left.\frac{\partial U_a}{\partial I_a}\right|_{U_{e = const}}$$

Realer OPV

Ersatzschaltbild:

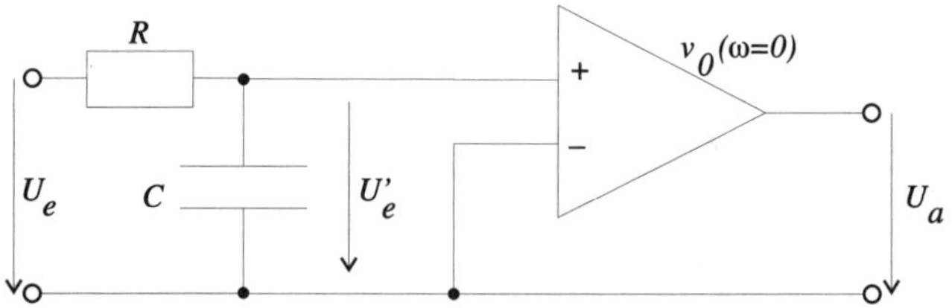

Verstärkung in Abhängigkeit von der Kreisfrequenz der Spannung:

$$|v_0(f)| = v_0(f = 0) \cdot \left(1 + \left(\frac{f}{f_g}\right)^2\right)^{-\frac{1}{2}} \qquad f = \frac{\omega}{2\pi}$$

$$f_g = \frac{1}{2\pi RC} \qquad f_g\text{: Grenzfrequenz}$$

Phasenverschiebung zwischen Ausgangs- und Eingangssignal:

$$\tan\varphi = \frac{f}{f_g}$$

Realer OPV mit Gegenkopplung

Bei $v_{kl} << v_0$ ist $|v_0| \approx v_0(f = 0) \cdot \frac{f_g}{f}$

Mehrstufiger realer OPV

Bei einem Verstärker aus n hintereinander geschalteten realen OPV ist

$$v_0 = \prod_{k=1}^{n} v_{0k}(f = 0) \cdot \prod_{k=n}^{m} g_k(f)$$

Invertierender Verstärker

Der nichtinvertierende Verstärker wurde unter dem Stichwort Gegenkopplung behandelt.

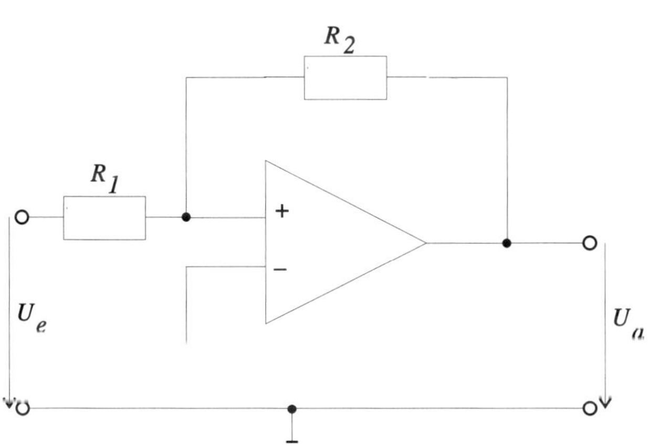

Klemmenverstärkung: $v_{kl} = \frac{U_a}{U_e} = -\frac{R_2}{R_1}\left(1 - \frac{1}{v_0 k}\right)^{-1}$

Für $v_0 k >> 1$ ist $v_{kl} = -\frac{R_2}{R_1}$

Eingangswiderstand: $r_e = \frac{dU_e}{dI_e} = R_1$

Schaltungen mit OPV

Summierer:

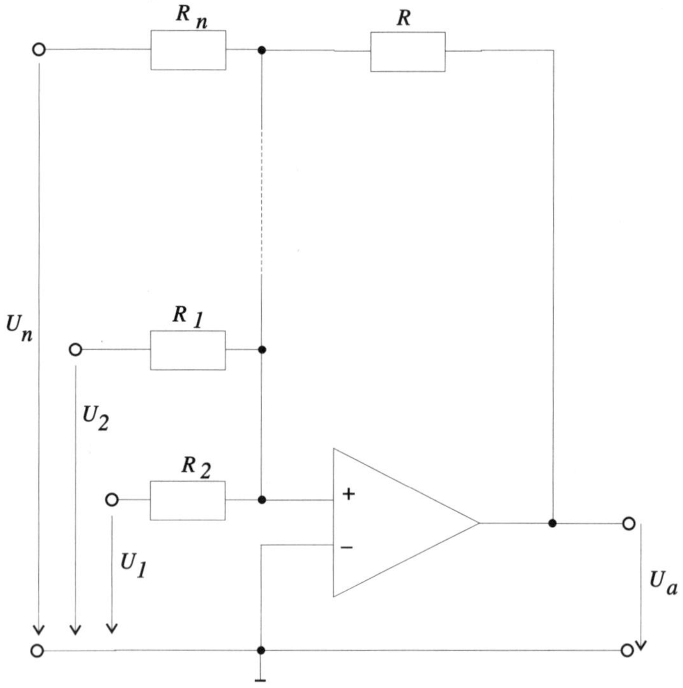

$$U_a = -R\left(\frac{U_1}{R_1} + \frac{U_2}{R_2} + \ \dots \ + \frac{U_n}{R_n}\right) = -R\sum_{k=1}^{n}\frac{U_k}{R_k}$$

Für $R_1 = R_2 = \ \dots \ = R_n = R_0$ ist

$$U_a = -\frac{R}{R_0}(U_1 + U_2 + \ \dots \ + U_n) = -\frac{R}{R_0}\sum_{k=1}^{n} U_k$$

Differenzverstärker:

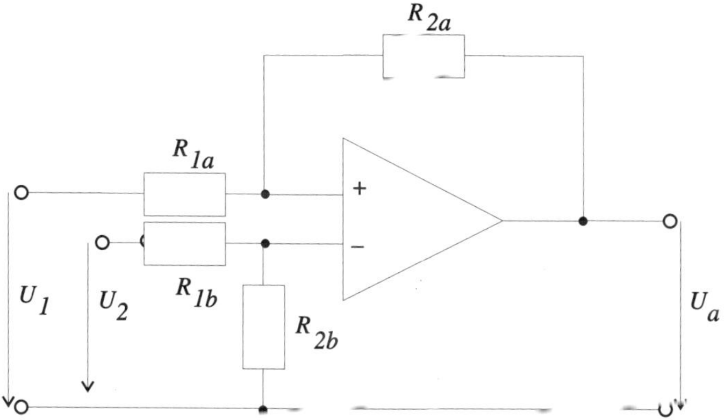

$$U_a = \frac{R_{2a}}{R_{1a}}(U_1 - U_2)$$

Differenzverstärker finden als Messverstärker Anwendung.

Logarithmierer:

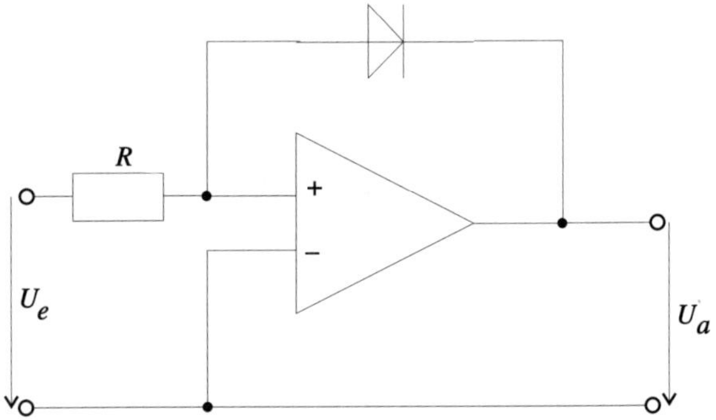

$$U_a = -U_T \cdot \ln \frac{U_e}{R \cdot I_S}$$

$U_T \cdot e$: Energie eines Elektrons bei der Temperatur T;

U_T: Temperaturspannung, $U_T \approx 26$ mV

I_s: Sperrstrom der Diode

Potenzierer:

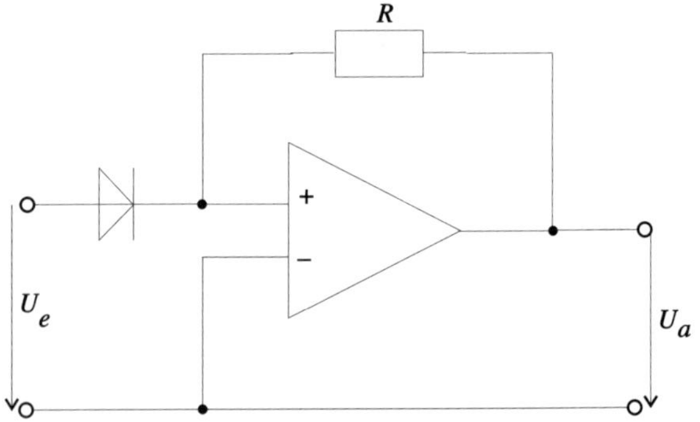

$$U_a = -R \cdot I_S \cdot e^{\frac{U_e}{U_T}}$$

I_S: Sperrstrom der Diode

Multiplizierer

Die Dioden sind in dem folgenden Schaltbild identisch und haben den Sperrstrom *I*.

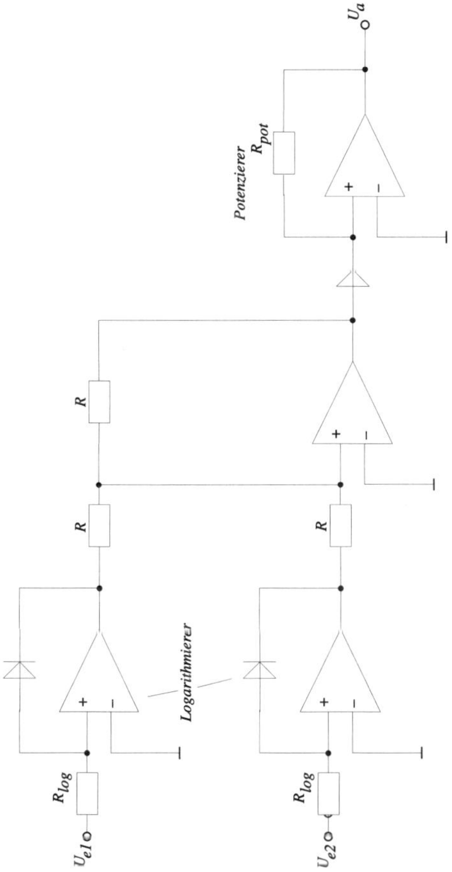

$$U_a = -\frac{U_{e1}U_{e2}}{R_{log}I}$$

Schaltbild für einen Multiplizierer:

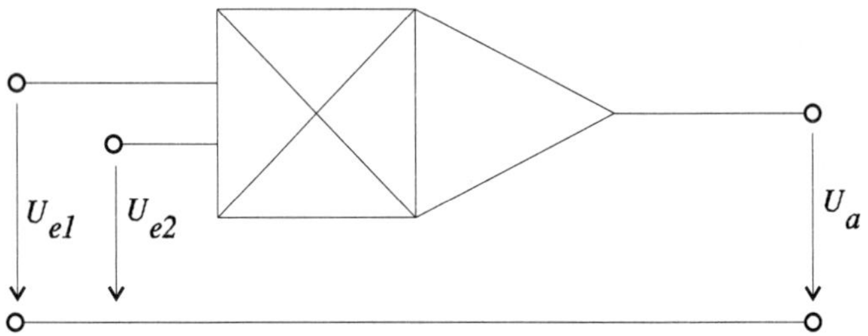

Dividierer:

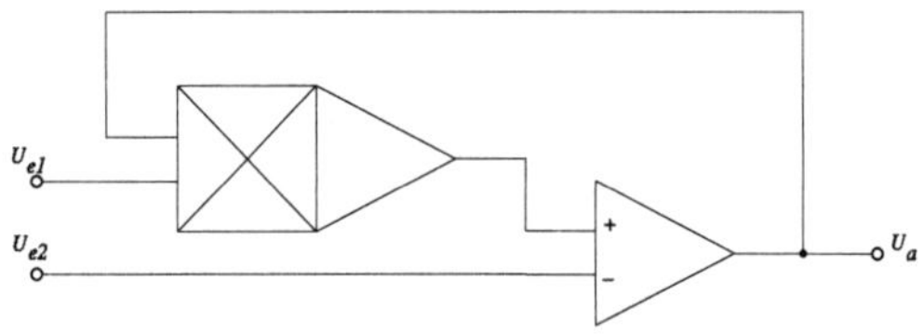

$$U_a = const \cdot \frac{U_{e2}}{U_{e1}}$$

Radizierer:

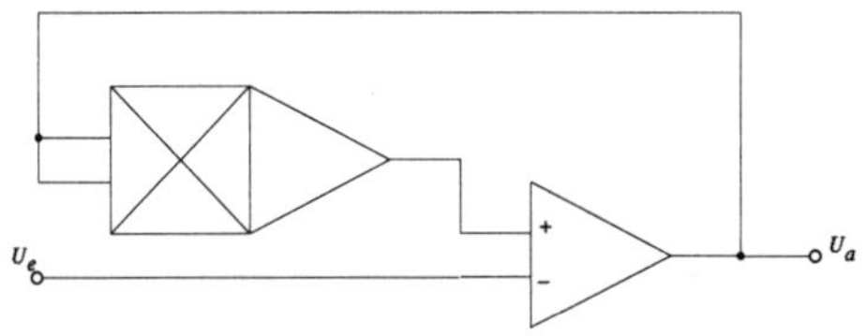

$$U_a = const \cdot \sqrt{U_e}$$

Differenzierer:

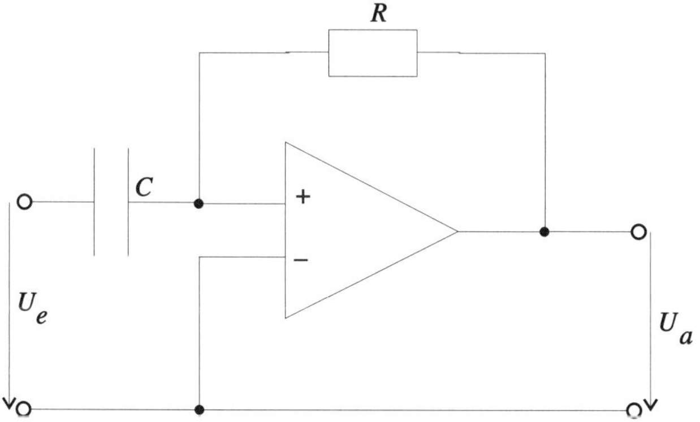

$$U_a = -RC\frac{dU_e}{dt}$$

Sinusförmige Eingangsspannung $U_e = U_0 \sin \omega t$: $|v_{kl}| = \frac{|U_a|}{|U_e|} = \omega RC$

Dies ist ein Hochpassverhalten, durch das hochfrequentes Rauschen verstärkt wird. Deshalb wird ein weiterer Widerstand in Reihe vor *C* und ein Kondensator parallel zu *R* geschaltet. Dadurch entsteht ein Tiefpass, der bei hohen Frequenzen die Verstärkung verringert.

Integrierer:

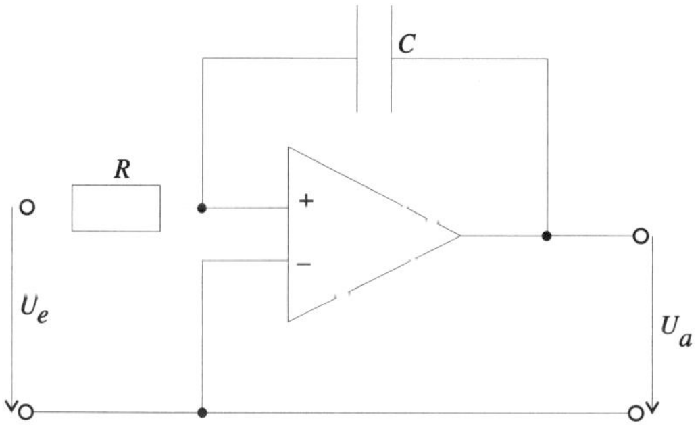

$$U_a = U_a(t=0) - \frac{1}{RC} \cdot \int_0^t U_e \mathrm{d}t$$

Konstante Spannung $U_e = U_0$:

$U_a(t) = -\frac{U_0}{RC}t$ Erzeugung einer Rampenspannung

Sinusförmige Eingangsspannung: $U_e = U_0 \sin \omega t$

$U_a = \frac{1}{\omega RC} \cdot \cos \omega t \quad |v_{kl}| = \frac{|U_a|}{|U_e|} = \frac{1}{\omega RC}$ (Tiefpassverhalten)

Modifikation als Mittelwertbilder:

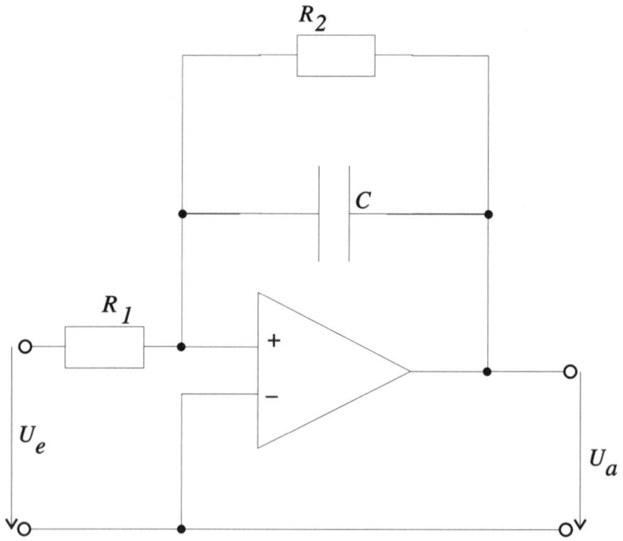

$\overline{U}_a = -\frac{R_2}{R_1}\overline{U}_e$ $\overline{U}_a$, $\overline{U}_e$: Mittelwerte von U_a, U_e

Da sich die Ausgangsspannung im Vergleich zur Eingangsspannung nur geringfügig ändert, ist

$$U_a \approx -\frac{R_2}{R_1}\overline{U_e}$$

Komparator:

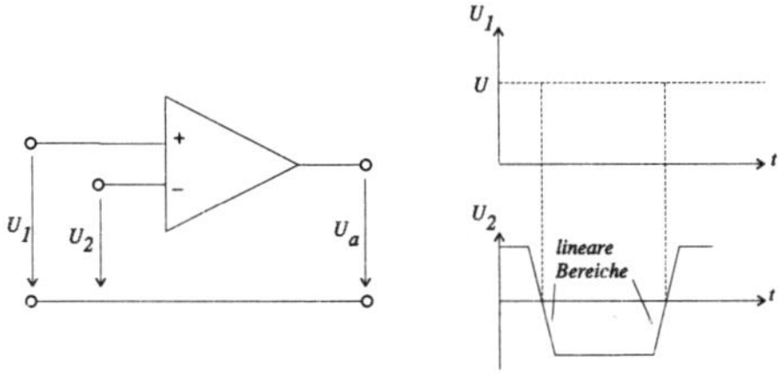

$$U_a \begin{cases} > 0 \text{ für } U_2 > U_1 \\ < 0 \text{ für } U_2 < U_1 \end{cases}$$

Schmitt-Trigger:

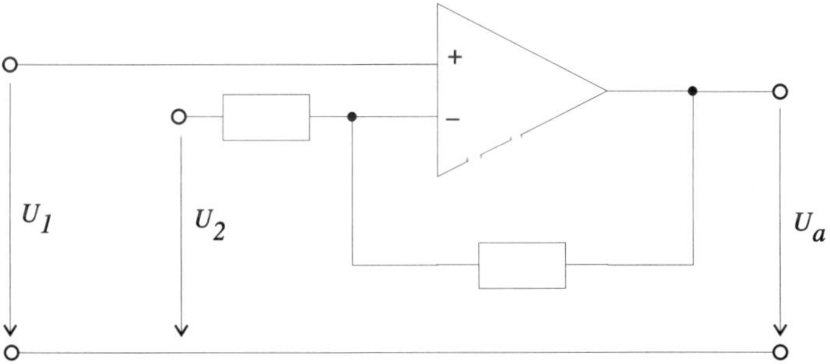

Hier wird der lineare Bereich sehr schnell durchlaufen, was auf zwei stabile Zustände hinausläuft.

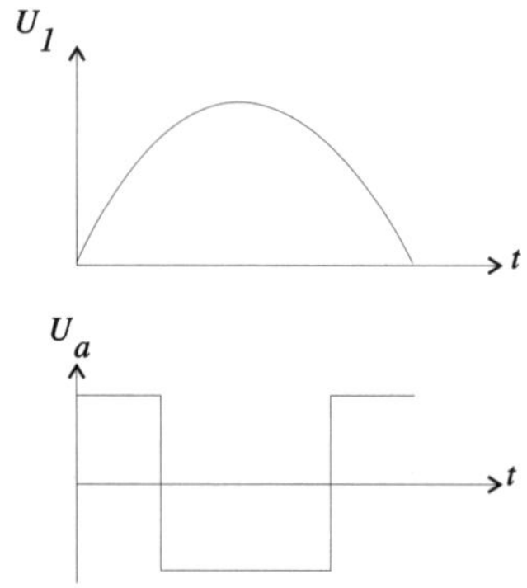

Schnitt-Trigger finden Verwendung als Koppelglieder zwischen analogen und digitalen Schaltkreisen.

Wandler:

Strom-Spannungswandler

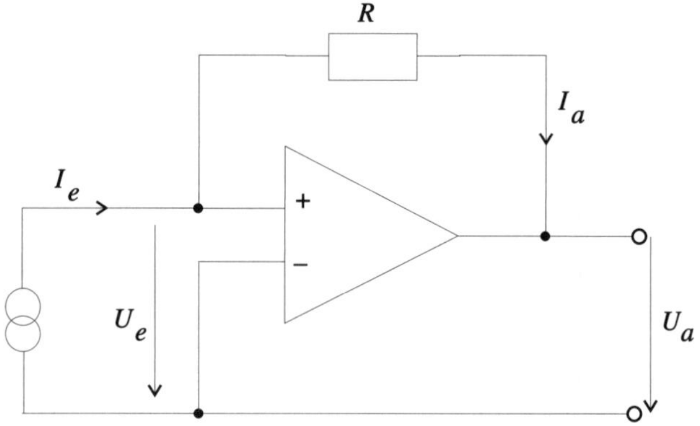

$U_a = -I_e R$

Spannungs-Stromwandler

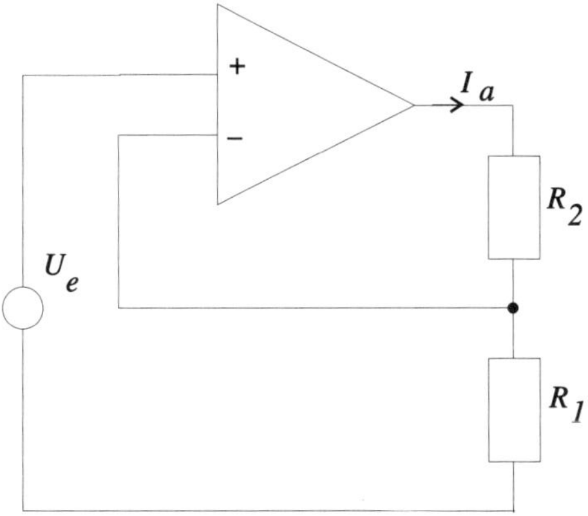

$$I_a = \frac{U_e}{R_1}$$

Proportional-Integral-Regler (PI-Regler):

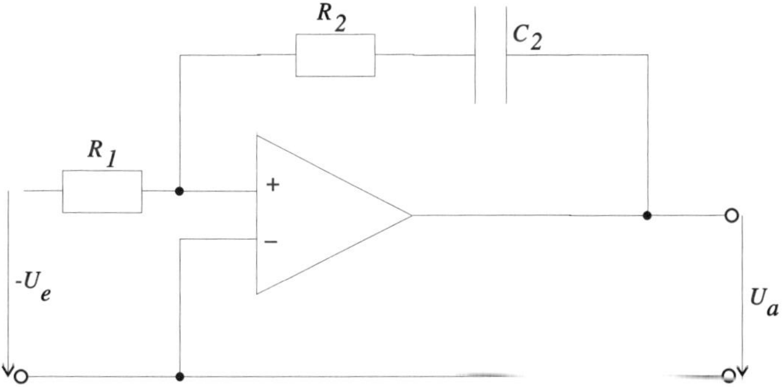

$$v_{k1} = \frac{U_a}{U_e} = -\frac{R_2}{R_1}\left(1 - j\frac{f_g}{f}\right)$$ f_g: Grenzfrequenz

$$f_g = \frac{1}{2\pi R_2 C_2}$$

$$f >> f_g : v_{kl} = -\frac{R_2}{R_1}$$

$$f << f_g : v_{kl} = j \cdot \frac{R_2}{R_1} \cdot \frac{f_g}{f}$$

Proportional-Integral-Differenzial-Regler (PID-Regler):

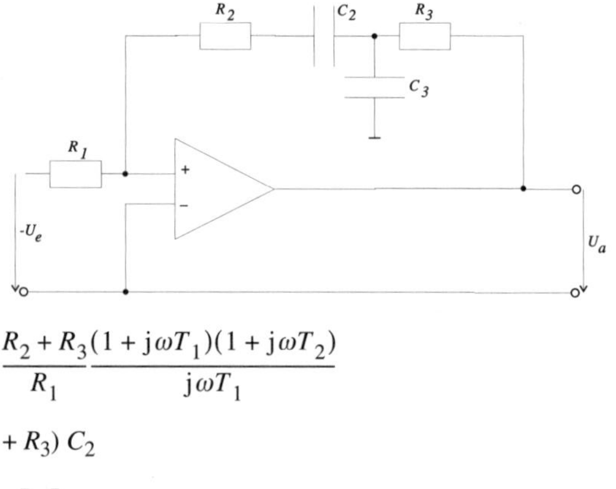

$$v_{kl} = -\frac{R_2 + R_3}{R_1}\frac{(1 + j\omega T_1)(1 + j\omega T_2)}{j\omega T_1}$$

$$T_1 = (R_2 + R_3)\, C_2$$

$$T_2 = \frac{R_2 R_3}{C_3(R_2 + R_3)}$$

Weitere elektronische Schaltelemente

Thyristoren

Hierbei handelt es sich um Schaltelemente aus vier Halbleiterschichten, drei *pn*-Übergängen, zwei Hauptanschlüssen und einer Zündelektrode (Gate) an der zweiten oder dritten Schicht. Wenn der Strom an der Zündelektrode eines sperrenden Thyristors auf den Wert I_G (oberer Zündstrom) erhöht wird, geht der Thyristor in den Durchlasszustand über. Anschließendes Absenken des Zündelektroden-Stroms auf I_H (Haltestrom) lässt den Transistor wieder in den

Sperrzustand übergehen. Bei Strömen in Rückwärtsrichtung ist der Thyristor immer gesperrt.

Wichtige Kennwerte:
oberer Zündstrom I_G: siehe oben;
obere Zündspannung U_G: die zur Erzeugung von I_G nötige Spannung am Gate;
Haltestrom I_H: siehe oben;
Vorwärtssperrspannung U_D: Spannung zwischen den Hauptanschlüssen des gesperrten Thyristors in Vorwärtsrichtung;
Vorwärtssperrstrom I_D: zu U_D gehörender Strom;
Rückwärtssperrspannung U_R: wie U_D, aber in Rückwärtsrichtung;
Rückwärtssperrstrom I_R: zu U_R gehörender Strom.

Schaltbild eines Thyristors:

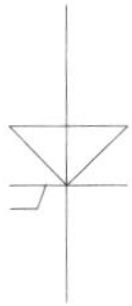

Triacs
Dies sind Schaltelemente aus zwei antiparallel arbeitenden Thyristoren mit dem folgenden Schaltbild:

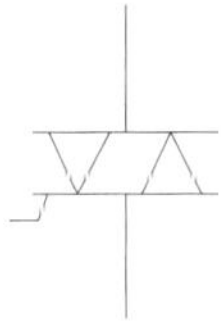

Diacs
Hierbei handelt es sich um Schaltelemente aus 3 bis 5 Halbleiterschichten und zwei Hauptanschlüssen (kein Gate). Ein Diac hat das folgende Schaltbild:

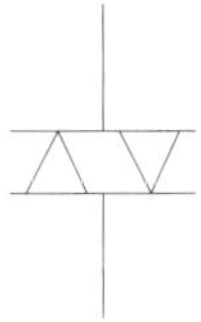

Rückwärts leitende Thyristoren
Dies sind Kombinationen aus einem Thyristor und einer Diode in Antiparallelschaltung mit dem folgenden Schaltbild:

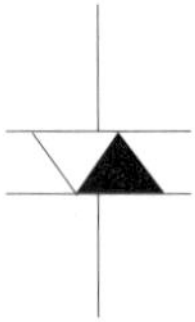

Abschaltthyristoren
Dies sind abschaltbare Thyristoren mit dem folgenden Schaltbild:

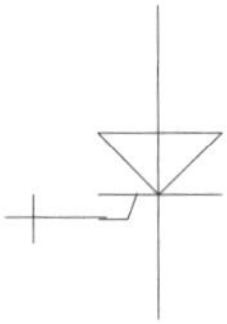

Optoelektronische Komponenten
Hierbei handelt es sich um Schaltelemente, die sichtbares oder unsichtbares Licht in elektrische Energie umwandeln (Empfänger) oder umgekehrt (Sender).

Optoelektronische Empfänger werden z. B. als Sensoren oder Lichtschranken eingesetzt. Es handelt sich hierbei um Fotodioden (Dioden, deren Sperrschicht bei Lichteinfall leitend wird), Fotoelemente, Fototransistoren und Fotowiderstände (Widerstände mit sinkender Impedanz bei zunehmender Beleuchtung).

Optoelektronische Sender können Licht sowohl im sichtbaren als auch im Infrarotbereich ausstrahlen. Hierzu gehören Lumineszenzdioden (Dioden mit leuchtendem Halbleiter, z. B. als LED-Anzeige) und Laserdioden (z. B. bei CD-Spielern).

Optokoppler bestehen aus einem Sender und einem Empfänger. Der Sender verwandelt elektrische Signale in Licht (in der Regel Infrarotlicht), das der Empfänger wieder in Elektrizität zurückverwandelt. Sie dienen zur galvanischen Trennung zweier Schaltkreise.

8. Elektrodynamik

8.1 Einheitensysteme in der Elektrodynamik

In der Elektrodynamik sind zwei Einheitensysteme gebräuchlich:
Das internationale (SI-)System mit den 4 Grundeinheiten m, s, kg, A: Es enthält die Konstanten ε_0 und μ_0 (siehe Abschnitt 2.2 bzw. 3.2).
Das absolute (praktische cgs-)System mit den 3 Grundeinheiten cm, s, g: Hier wird ε_0 durch $\frac{1}{4}\pi$ und μ_0 durch $\frac{4\pi}{c^2}$ ersetzt ($c = 299{,}79 \cdot 10^6\ \frac{\text{m}}{\text{s}}$ ist die Lichtgeschwindigkeit).

In diesem Buch wird das SI-System benutzt. Beim formalen Übergang zum cgs-System müssen die elektromagnetischen Größen folgendermaßen ersetzt werden:

Größe	SI-System	cgs-System
elektrische Flussdichte	$\vec{D}$	$\frac{1}{4\pi}\vec{D}$
elektrische Feldstärke	$\vec{E}$	$\vec{E}$
elektrisches Dipolmoment	$\vec{p}$	$c \cdot \vec{p}$
magnetische Flussdichte	$\vec{B}$	$\frac{\vec{B}}{c}$
magnetische Feldstärke	$\vec{H}$	$\frac{c}{4\pi}\vec{H}$
Magnetisierung	$\vec{M}$	$c \cdot \vec{M}$
Selbstinduktion	$\vec{L}$	$\frac{1}{c^2} \cdot \vec{L}$
magnetisches Vektorpotenzial	$\vec{A}$	$\frac{1}{c} \cdot \vec{A}$

8.2 Elektrizität

Elektrische Ladungen

Grundeigenschaften der elektrischen Ladung:

Die elektrische Ladung ist ein Skalar.

Es gibt positive und negative Ladungen; beide Ladungsarten sind gleichwertig (Symmetrie).

Elektrische Ladungen sind stets mit Materie verknüpft.

In einem abgeschlossenem System bleibt die gesamte elektrische Ladung erhalten, wenn man bei positiven und negativen Ladungen die entsprechenden mathematischen Vorzeichen berücksichtigt. Eine Vernichtung elektrischer Ladungen ist nicht möglich (Ladungserhaltung).

Ladungen existieren nur in Vielfachen der Elementarladung $e = 1{,}602 \cdot 10^{-19}$ C.

Elektrische Raumladungsdichte:

$$\rho = \lim_{V \to 0} \frac{\Delta q}{\Delta V} = \frac{\mathrm{d}q}{\mathrm{d}V}$$ Definitionsgleichung für ρ

Elektrische Kräfte und Felder im Vakuum

Coulomb'sches Gesetz der Elektrostatik

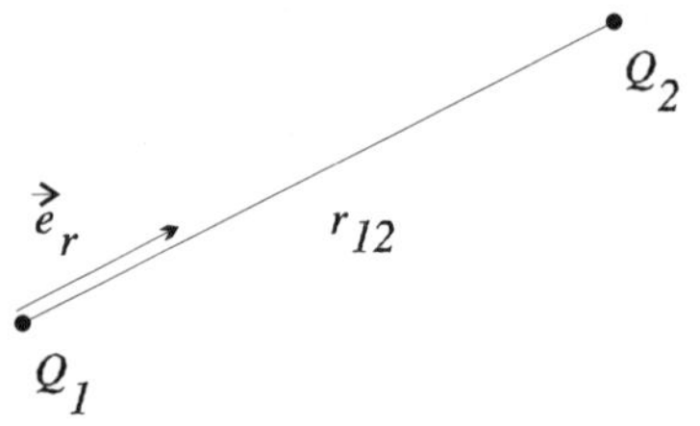

$$\vec{F}_{21} = \frac{1}{4\pi\varepsilon_0} \cdot \frac{Q_1 Q_2}{r_{12}^{\;2}} \cdot \vec{e}_r$$ Kraft, die eine Ladung Q_1 auf eine Ladung Q_2 ausübt (bei gleichem Vorzeichen von Q_1 und Q_2 abstoßend, sonst anziehend).

$\varepsilon_0 = 8{,}854 \cdot 10^{-12} \frac{\mathrm{As}}{(\mathrm{Vm})}$ ist die elektrische Feldkonstante.

Es ist $\vec{F}_{21} = -\vec{F}_{12}$ (3. Newton'sches Axiom)

Superpositionsprinzip: Die Coulombkraft $\vec{F}_{21}$ zwischen Q_1 und Q_2 ändert sich nicht, wenn weitere Ladungen dazukommen.

Elektrische Feldstärke $\vec{E}$

$$\vec{F} = Q\vec{E}$$

Definitionsgleichung für $\vec{E}$ ($\vec{F}$ ist die Kraft, die auf eine elektrische Ladung Q wirkt).

Beispiele:
Elektrisches Feld einer Punktladung im Ortsursprung:

$$E(r) = \frac{Q}{4\pi\varepsilon_0}$$

Feld, das im Abstand r von einer Punktladung Q erzeugt wird

Elektrisches Feld von N Punktladungen Q_i an den Orten r_i :

$$\vec{E}(\vec{r}) = \sum_{i=1}^{N} E_i(\vec{r}) = \frac{1}{4\pi\varepsilon_0} \cdot \sum_{i=1}^{N} \frac{\vec{r} - \vec{r}_i}{\left|\vec{r} - \vec{r}_i\right|^3} Q_i$$

Feld, das am Ort $\vec{r}$ von N Punktladungen erzeugt wird

Elektrisches Feld einer kontinuierlichen Ladungsverteilung:

$$\vec{E}(\vec{r}) = \frac{1}{4\pi\varepsilon_0} \int d^3\vec{r}'\, \rho(\vec{r}') \frac{\vec{r} - \vec{r}'}{\left|\vec{r} - \vec{r}'\right|^3}$$

Feld, das von der Raumladungsdichte $\rho\ (\vec{r}')$ erzeugt wird.

Fluss der elektrischen Feldstärke durch die Fläche $\vec{A}$

$$\Psi_A = \int_A \vec{E} \cdot d\vec{A}$$

Definitionsgleichung für den elektrischen Fluss Ψ

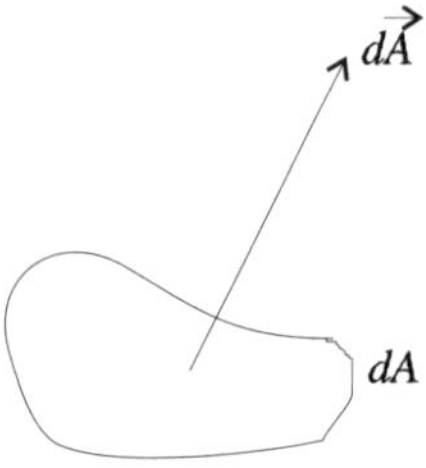

Satz vom Hüllenfluss der Elektrostatik

$\int_A \vec{E} \cdot \mathrm{d}\vec{A} = \frac{1}{\varepsilon_0} \cdot \sum Q_\mathrm{i}$ Elektrischer Fluss durch eine geschlossene Fläche A, in die die Punktladungen Q_i eingeschlossen sind.

Satz vom Hüllenfluss für kontinuierliche Ladungsverteilungen:

$\oint \vec{E} \cdot \mathrm{d}\vec{A} = \frac{1}{\varepsilon_0} \cdot \int_{V(A)} \rho \mathrm{d}V$ Fluss durch die geschlossene Fläche A, in der eine ortsabhängige Raumladungsdichte eingeschlossen ist.

Differenzielle Form:

$\mathrm{div}\vec{E} = \frac{\partial E_\mathrm{x}}{\partial x} + \frac{\partial E_\mathrm{y}}{\partial y} + \frac{\partial E_\mathrm{z}}{\partial z} = \frac{\rho}{\varepsilon_0}$ in kartesischen Koordinaten

$\vec{D} = (D_\mathrm{x}, D_\mathrm{y}, D_\mathrm{z})$: elektrische Feldstärke

$\vec{r} = (x, y, z)$: Ortsvektor

ρ: räumliche Ladungsdichte

Wirbelfreiheit des elektrostatischen Feldes

$\oint \vec{E} \cdot \mathrm{d}\vec{s} = 0$ Integration von $\vec{E}$ über einen beliebigen geschlossenen Weg ergibt bei einem elektrostatischen Feld stets 0, d. h. es gibt keine geschlossenen Feldlinien.

Im elektrostatischen Feld gespeicherte Energie:

$$W = \frac{\varepsilon_0}{2} \cdot \int_V \vec{E}^2 \cdot dV$$

$\vec{E}$: elektrische Feldstärke
V: Gesamtvolumen des Feldes

Beispiel: Energie im homogenen elektrischen Feld

$$W = \frac{\varepsilon_0}{2} \cdot \vec{E}^2 V$$

Das elektrische Potenzial

Potenzial eines elektrischen Feldes am Ort $\vec{r}$

$$\varphi(\vec{r}) = -\int_\infty^r \vec{E} d\vec{r}$$

mit dem Potenzial $\varphi = 0$ im Unendlichen

bzw.

$$\vec{E} = -\operatorname{grad}\varphi = -\left(\frac{\partial\varphi}{\partial x}\vec{e}_x + \frac{\partial\varphi}{\partial y}\vec{e}_y + \frac{\partial\varphi}{\partial z}\vec{e}_z\right)$$

(in kartesischen Koordinaten)

Beispiele:
Potenzial einer Punktladung im Ortsursprung:

$$\varphi(r) = \frac{Q}{4\pi\varepsilon_0} \cdot r$$

von einer Punktladung Q im Abstand r erzeugtes Potenzial

Potenzial von N an den Orten $\vec{r}_i$ befindlichen Punktladungen Q_i:

$$\varphi(\vec{r}) = \frac{1}{4\pi\varepsilon_0} \cdot \sum_{i=1}^{N} Q_i \cdot \frac{1}{|\vec{r} - \vec{r}_i|}$$

von N Punktladungen Q_i am Ort $\vec{r}$ erzeugtes Potenzial

Potenzial einer kontinuierlichen Ladungsverteilung:

$$\varphi(\vec{r}) = \frac{1}{4\pi\varepsilon_0} \cdot \int d^3\vec{r}' \rho(\vec{r}') \frac{1}{|\vec{r} - \vec{r}'|}$$

von der Raumladungsdichte $\rho(\vec{r})$ erzeugtes Potenzial

Spannung

$$U_{21} = \varphi(\vec{r_2}) - \varphi(\vec{r_1}) = \int_{\vec{r_1}}^{\vec{r_2}} \vec{E} \cdot d\vec{l}$$

Beispiel: homogenes elektrisches Feld:
$U = E \cdot l$

Arbeit, um eine Ladung Q von $\vec{r_1}$ nach $\vec{r_2}$ zu bringen

$$W = Q \cdot (\varphi(\vec{r_2}) - \varphi(\vec{r_1}))$$

Beispiel: Erforderliche Arbeit, um eine Ladung Q aus dem Unendlichen in den Abstand r einer Ladung Q' zu bringen:

$$W = \frac{QQ'}{4\pi\varepsilon_0 r}$$

Zusammenhang zwischen Potenzial φ und Ladungsdichte ρ:

$$\frac{\rho}{\varepsilon_0} = -\Delta\varphi = -\operatorname{divgrad}\varphi = -\left(\frac{\partial^2\varphi}{\partial x^2} + \frac{\partial^2\varphi}{\partial y^2} + \frac{\partial^2\varphi}{\partial z^2}\right)$$

Im ladungsfreien Raum ist $\Delta\varphi = 0$

Elektrische Felder in nichtleitender Materie

Einteilung der nichtleitenden Stoffe
Dielektrische Stoffe: Hier sind die Moleküle elektrisch unpolar und werden erst im elektrischen Feld polarisiert.
Parelektrische Stoffe: Hier sind die Moleküle elektrisch polarisiert und werden im elektrischen Feld nur noch ausgerichtet.

Elektrische Flussdichte:

Satz vom Hüllenfluss in nichtleitenden Stoffen:

$\operatorname{div} \vec{E} = \frac{\rho}{\varepsilon_r \varepsilon_0}$ $\quad$ $\vec{E}$: elektrische Feldstärke

ε_r: Dielektrizitätskonstante des jeweiligen Stoffes

ε_0: $8{,}854 \cdot 10^{-12} \frac{\text{As}}{(\text{Vm})}$:

Elektrische Feldkonstante des Vakuums

bzw. $\operatorname{div} \vec{D} = \rho$ mit $\vec{D} = \varepsilon_r \varepsilon_0 \vec{E} = \varepsilon \vec{E}$

$\vec{D}$: elektrische Flussdichte

$= \varepsilon \vec{E}$ $\quad$ $\varepsilon = \varepsilon_r \cdot \varepsilon_0$

Dielektrizitätskonstanten von ausgewählten Materialien

Stoff	
Vakuum	1
Luft (bei 1,013 · 10 Pa und 0 °C)	1,00059
Wasser (bei 18 °C)	81,1
Alkohol (bei 20 °C)	85,8
Quarzglas	3,7

Elektrische Feldenergie in nichtleitender Materie

$$W = \frac{1}{2} \int_V \vec{D} \vec{E} \, \mathrm{d}V$$

Kondensatoren

Der Kondensator

Hierbei handelt es sich um zwei elektrische Leiter (Elektroden), die voneinander isoliert sind und die Ladungen $+Q$ und $-Q$ tragen. Die Spannung zwischen den Elektroden ist der Ladung Q proportional.

Kapazität eines Kondensators:

$Q = C \cdot U$ $\quad$ Definitionsgleichung

Kapazität C eines mit dielektrischer Materie gefüllten Kondensators:

$C = \varepsilon_r \cdot C_{ohne}$ C_{ohne}: Kapazität ohne Materiefüllung

ε_r: Dielektrizitätskonstante des Füllmaterials

Plattenkondensator mit Oberflächenladungsdichte σ

$Q = \sigma \cdot A$ Ladung

$E = \frac{\sigma}{\varepsilon}$ elektrisches Feld

$U = E \cdot d$ Spannung

$C = \varepsilon_0 \cdot \frac{A}{d}$ Kapazität ohne Dielektrikum

$C = \varepsilon_r \varepsilon_0 \cdot \frac{A}{d}$ Kapazität mit Dielektrikum

Plattenkondensator mit zwei geschichteten Dielektrika (Quergrenzfläche)

$Q_1 = Q_2 = \sigma \cdot A$ Ladung

$D_1 = D_2 = \sigma$ elektrische Flussdichte

$E_1 = \frac{\sigma}{\varepsilon_1} \cdot E_2 = \frac{\sigma}{\varepsilon_2} \cdot \frac{E_1}{E_2} = \frac{\varepsilon_2}{\varepsilon_1}$ elektrische Felder

$$U = E_1 d_1 + E_2 d_2 = \left(d_1 + \frac{\varepsilon_1}{\varepsilon_2} d_2\right) E_1 = \left(\frac{\varepsilon_2}{\varepsilon_1} d_1 + d_2\right) E_2$$

$U_1 = E_1 d_1 = U \cdot \left(1 + \frac{d_2}{d_1} \cdot \frac{\varepsilon_1}{\varepsilon_2}\right)^{-1}$ Spannungen

$$U_2 = E_2 d_2 = U \cdot \left(\frac{d_1}{d_2} \cdot \frac{\varepsilon_2}{\varepsilon_1} + 1\right)^{-1}$$

$$\frac{U_1}{U_2} = \frac{\varepsilon_2 d_1}{\varepsilon_1 d_2} = \frac{C_2}{C_1}$$

Der Index 1 steht für den Bereich mit dem 1. Dielektrikum, der Index 2 für den Bereich mit dem 2. Dielektrikum.

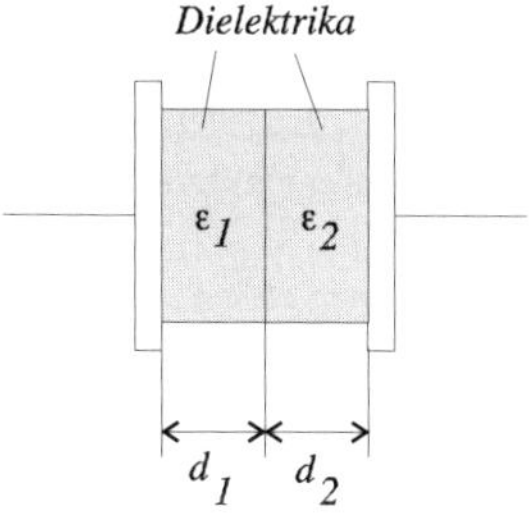

Durchschlagsfeldstärken einiger Stoffe (im homogenen Feld)

Stoff	Durchschlagsfeldstärke
Luft	$3 \cdot 10^3 \frac{\text{V}}{\text{mm}}$
Isolieröl	$11{,}5 \cdot 10^3 \frac{\text{V}}{\text{mm}}$
Porzellan	$4 \cdot 10^4 \frac{\text{V}}{\text{mm}}$

Technisch wichtige Anordnungen

Anordnung	Kapazität C	max. Feldstärke E
Kugelkondensator (zwei Kugeln ineinander)	$\frac{4\pi\varepsilon r_a r_i}{r_a - r_i}$	$\frac{U r_a}{r_i(r_a - r_i)}$
freie Kugel im Raum	$\frac{Q}{4\pi\varepsilon r}$	$\frac{U}{r}$
Zylinderkondensator (zwei Zylinder ineinander, auch Kabel)	$\frac{2\pi\varepsilon l}{\ln\frac{r_a}{r_i}}$	$\frac{U}{r_i \ln\frac{r_a}{r_i}}$
zwei Zylinder im Abstand s nebeneinander (Freileitung)	$\frac{\pi\varepsilon l}{\ln\frac{s}{r}}$	$\frac{U}{2r \cdot \ln\frac{s}{r}}$

Energie eines geladenen Kondensators:

$$W = \frac{1}{2}CU^2 = \frac{1}{2}QU = \frac{1}{2}\frac{Q^2}{C}$$

Elektronische Schaltungen mit Kondensatoren im Abschnitt Elektronik

Geladene Teilchen in homogenen elektrostatischen Feldern

Kraft auf ein Teilchen im homogenen elektrischen Feld:

$$\vec{F} = m\vec{a} = q\vec{E}$$

q: Ladung des Teilchens

$\vec{a}$: Beschleunigung des Teilchens

Geschwindigkeit eines Teilchens im homogenen elektrischen Feld

$$\vec{v}(t) = \frac{q\vec{E}}{m}t + \vec{v}_0$$

q: Ladung des Teilchens

$\vec{v}_0$: Anfangsgeschwindigkeit

Beispiel: Geschwindigkeit eines Elektrons ($v_0 = 0$) nach Durchlaufen der Spannung U

$$v = \sqrt{\frac{2e}{m_e}U}$$

m_e: Elektronenmasse

Ort eines Teilchens im homogenen elektrischen Feld

$$\vec{r}(t) = \frac{q\vec{E}}{2m}t^2 + \vec{v}_0 t + \vec{r}_0$$

q: Ladung des Teilchens

$\vec{v}_0, \vec{r}_0$: Geschwindigkeit und Ort zur Zeit $t = 0$

Beispiel: Ablenkung eines Elektrons im transversalen Feld:

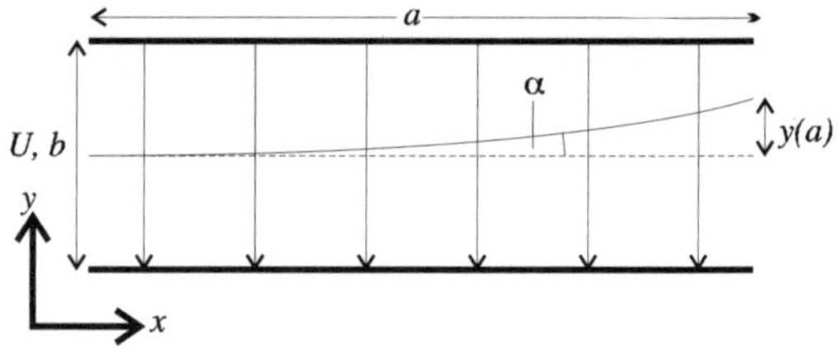

$$y(a) = \frac{Ue}{2mb} \cdot t^2 = \frac{Ue}{2mb} \cdot \left(\frac{a}{v_{x0}}\right)^2$$

$y(a)$: transversale Ablenkung nach Durchqueren des Plattenpaares

v_{x0}: longitudinale Anfangsgeschwindigkeit

$$\alpha = \arctan\left.\frac{\mathrm{d}y}{\mathrm{d}x}\right|_{x=a} = \arctan\left(\frac{Ue}{mb} \cdot \frac{a}{v_{x0}}\right)$$

Elektrische Ströme

Die elektrische Stromstärke I

$I = \frac{\mathrm{d}Q}{\mathrm{d}t}$ $\quad Q = \int I \mathrm{d}t$ $\quad$ $\mathrm{d}Q$ ist die Ladung, die in der Zeit $\mathrm{d}t$ durch die Querschnittsfläche eines elektrischen Leiters fließt

Die Stromdichte $\vec{J}$

$\vec{J} = \sum qN_q\langle\vec{v}_q\rangle$ $\quad$ N_q ist die Dichte (in m^{-3}) der Ladungsträger, die die Ladung q besitzen (Raumladungsdichte $\rho = \sum qN_q$)

$$\langle\vec{v}_q\rangle = \frac{\sum n_q\vec{v}_q}{\sum n_q} \quad \text{bzw.} \quad \langle\vec{v}_q\rangle = \frac{\int \vec{v}_q \mathrm{d}n_q}{\int \mathrm{d}n_q}$$

ist die durchschnittliche Geschwindigkeit der Ladungsträger mit der Ladung q (n_q ist die Dichte der Ladungsträger mit der Geschwindigkeit $\vec{v}_q$; $N = \sum n_q$ bzw. $N = \int \mathrm{d}n_q$).

Beispiel: Stromdichte in einfachen Elektrolyten (nur zwei Arten von Ladungsträgern):

$$\vec{J} = q_-N_-\langle\vec{v}_-\rangle + q_+N_+\langle\vec{v}_+\rangle$$

Beziehung zwischen Stromstärke und Stromdichte:

$$I = \int_A \vec{J}\mathrm{d}\vec{A}$$

Kontinuitätsgleichung (Ladungserhaltung)

$$\oint_{A(V)} \vec{J}\,\mathrm{d}\vec{A} = -\frac{\mathrm{d}}{\mathrm{d}t}\int_{v} \rho\,\mathrm{d}V$$

ρ: Raumladungsdichte

$A(V)$: geschlossene Oberfläche des Volumens V

differenzielle Form der Kontinuitätsgleichung: $\operatorname{div} \vec{J} = -\frac{\partial \rho}{\mathrm{d}t}$

Der elektrische Widerstand

Beweglichkeit

$$\vec{v} = \alpha \vec{E}$$

Die mittlere Geschwindigkeit $\langle \vec{v} \rangle$ einer Ladungsträgerart in einem bestimmten Stoff ist proportional zur elektrischen Feldstärke $\vec{E}$.

Elektrische Leitfähigkeit

$$\vec{v} = \kappa \vec{E}$$

κ: elektrische Leitfähigkeit

Beispiel: Leitfähigkeit von Metallen

$$\kappa = n_e e \alpha_e$$

n_e: Dichte der bewegungsfähigen Elektronen

α_e: Beweglichkeit dieser Elektronen in dem jeweiligen leitenden Stoff

Hinweis: Häufig wird anstelle der Leitfähigkeit auch mit dem spezifischen Widerstand $\frac{1}{\kappa}$ gerechnet.

Ohm'sches Gesetz

$$U = R \cdot I$$

Der Widerstand R ist nicht von U und I abhängig.

Elektrischer Leitwert G: $G = \frac{I}{U} = \frac{1}{R}$

Widerstände technisch wichtiger Bauteile

Draht mit der Querschnittsfläche A und der Länge l:

$$R = \frac{I}{\kappa} = \frac{l}{A}$$

Zwei konzentrische Kugeln ineinander mit den Radien r_i und r_a ($r_i < r_a$):

$$R = \frac{1}{4\pi} \cdot \frac{1}{\kappa} \cdot \frac{r_a - r_i}{r_a r_i}$$

Zwei konzentrische Zylinder ineinander (Kabel) mit den Radien r_i und r_a ($r_i < r_a$):

$$R = \frac{1}{2\pi} \cdot \frac{1}{\kappa} \cdot \frac{1}{l} \cdot \ln \frac{r_a}{r_i}$$

Senkrecht im Boden stehendes Erdungsrohr mit der Länge l und dem Radius r:

$$R = \frac{1}{2\pi} \cdot \frac{1}{\kappa} \cdot \frac{1}{l} \cdot \ln \frac{2l}{r}$$

Kennlinie eines elektronischen Bauteils:

$U = U(I)$ Darstellung von U als Funktion von I

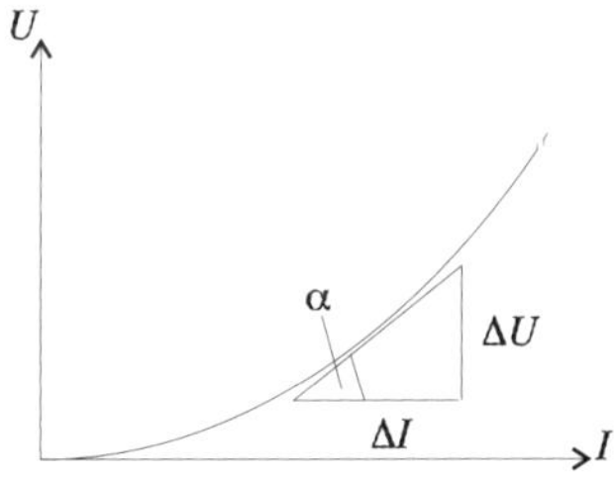

$$r = \lim_{\Delta I \to 0} \frac{\Delta U}{\Delta I} = \frac{\mathrm{d}U}{\mathrm{d}I} = \frac{1}{\tan \alpha}$$

r: differenzieller Widerstand

α: Steigungswinkel der Kennlinie im Punkt (I, U)

Bei einem linearen Ohm'schen Widerstand ist die Kennlinie eine Gerade.

Bewegungsgleichung für ein Elektron im Leiter

$m_e\ddot{x} = -eE - k_e\dot{x}$ Der Term $k_e\dot{x}$ steht für die Reibung an Atomen im Leiter.

Wärmeleistung P und entstehende Wärme W im Ohm'schen Widerstand:

$$P = \frac{\mathrm{d}W}{\mathrm{d}t} = RI^2 = UI = \frac{U^2}{R}$$

Wärmeleistung pro Volumen:

$$\frac{P}{V} = \frac{J^2}{\kappa} = JE = \kappa E^2$$ J: Stromdichte

Temperaturabhängigkeit des Widerstands:

$R_\vartheta = R_{20}[1 + \alpha_{20}(\vartheta - 20\ °\mathrm{C})]$
ϑ: Temperatur in °C
α_{20}: Temperaturkoeffizient
R_{20}: Widerstand bei 20 °C

Bestimmung der Temperatur ϑ aus dem Widerstand:

$\vartheta = \frac{R_\vartheta}{R_K}(T + \vartheta_K) - T$ R_ϑ: Widerstand bei der Temperatur ϑ in °C

mit R_K: Widerstand bei der Bezugstemperatur ϑ_K in °C

$T = \frac{1}{\alpha_{20}} - 20\ °\mathrm{C}$ T: absolute Temperatur in K

Kenngrößen einiger Materialien bei 20 °C

Material:	κ in $\frac{\mathrm{Sm}}{\mathrm{mm}^2}$	α_{20} in $10^{-3}\ \mathrm{K}^{-1}$
Aluminium	35	3,8
Kupfer	56	3,9
Silber	62	3,8
Messing	15	1,5

Elektronische Schaltungen mit Widerständen im Abschnitt Elektronik

Wechselspannungen und -ströme

Spannungs- und Stromfunktion

$$U(t) = \hat{U}\sin(\omega t + \delta_u);\quad I(t) = \hat{I}\sin(\omega t + \delta_I)$$

ω: Kreisfrequenz
f: Frequenz
T: Schwingungsdauer
δ_u, δ_I : Phasenwinkel
$\delta = \delta_u - \delta_I$: Phasenverschiebung zwischen Spannung und Strom
$\hat{U}, \hat{I}$: Scheitelwerte (Maximalwerte) von Spannung bzw. Strom

Charakteristische Wechselspannungsgrößen
Mittelwert:

$$\overline{U} = \frac{1}{T} \cdot \int_0^T U(t)\mathrm{d}t$$

Gleichrichtwert (Mittelwert des Betrags):

$$|\overline{U}| = \frac{1}{T} \cdot \int_0^T |U(t)|\mathrm{d}t$$

Effektivwert (quadratischer Mittelwert):

$$U_{\mathrm{eff}} = \sqrt{\frac{1}{T} \cdot \int_0^T U^2(t)\mathrm{d}t}$$

Scheitelfaktor:

$$\xi = \frac{\hat{U}}{U_{\mathrm{eff}}}$$

$\hat{U}$: Spannungsamplitude

Formfaktor:

$$F = \frac{U_{\mathrm{eff}}}{|\overline{U}|}$$

Für die obige Sinusfunktion ist $\xi = \sqrt{2}$ und $F = 1{,}11$.

Leistung einer sinusförmigen Wechselspannung
Wirkleistung:

$P = U \cdot I \cdot \cos\delta$ — δ: Phasenverschiebung zwischen U und I

Blindleistung:

$Q = U \cdot I \cdot \sin\delta$

Scheinleistung:

$S = U \cdot I = \sqrt{P^2 + Q^2}$

8.3 Elektromagnetismus

Magnetfelder im Vakuum

Magnetischer Fluss

$\Phi_m = \int_A \vec{B} \cdot d\vec{A}$ — $\vec{B}$: magnetische Flussdichte
A: vom Magnetfeld durchsetzte Fläche

Kraft auf eine elektrische Ladung Q im Magnetfeld (Lorentz-Kraft):

$\vec{F} = Q \cdot (\vec{v} \times \vec{B})$ — $\vec{v}$: Geschwindigkeit von Q
$\vec{B}$: magnetische Flussdichte

$|\vec{F}| = QvB \cdot \sin\alpha$ — α: Winkel zwischen $\vec{v}$ und $\vec{B}$

Von den Vektoren $\vec{v}$, $\vec{B}$ und $\vec{F}$ wird ein Rechtssystem gebildet.

Bewegung eines geladenen Teilchens im elektromagnetischen Feld
Bewegungsgleichung:

$\dot{\vec{p}} = Q \cdot \{\vec{E} + \vec{v} \times \vec{B}\}$ — $\vec{p} = m \cdot \vec{v}$: Impuls des Teilchens

Krümmumgsradius R der Bahn im homogenen Magnetfeld:

$p = R \cdot Q \cdot B$

Lorentz-Kraft auf einen stromdurchflossenen Leiter im Magnetfeld:

$F = \int_V (\vec{J} \times \vec{B}) \mathrm{d}V$ — *J:* Stromdichte im infinitesimalen Volumen d*V*

Für einen geraden Leiter mit der Länge *l*, durch den der Strom *I* fließt, ergibt sich:

$\vec{F} = I \cdot (\vec{l} \times \vec{B})$ — $\vec{l}$: hat die Richtung, in die der (positive) Strom im Draht fließt

$|\vec{F}| = I \cdot l \cdot B \cdot \sin\alpha$ — α: ist der Winkel zwischen $\vec{l}$ und $\vec{B}$

Hall-Effekt:
Wenn ein Strom *I* senkrecht zum Magnetfeld $\vec{B}$ fließt, entsteht in dessen Querrichtung aufgrund der Lorentz-Kraft die Hall-Spannung:

$U_H = C \cdot I \cdot B$

Die Konstante *C* ist von den Ladungsträgern und ihrer Dichte abhängig.

Stromdurchflossene Leiterschleife im Magnetfeld:
Drehmoment im Magnetfeld *B*:

$\vec{M} = I \cdot \vec{A} \times \vec{B}$ — $\vec{A}$: Querschnittsfläche der Schleife

$= \vec{\mu} \times B$ mit $\vec{\mu} = I \cdot \vec{A}$ — (Richtung so, dass der positive Strom im Drehsinn der Rechtsschraube fließt)

$\vec{\mu}$: magnetisches Dipolmoment der Schleife

Potenzielle Energie der Schleife:

$E_e = -\vec{\mu} \cdot \vec{B}$

Im Magnetfeld gespeicherte Energie

$W = \frac{1}{2}\int_V \vec{B}^2 \mathrm{d}V$

Freiheit des Magnetfeldes von Quellen

$\oint \vec{B} \cdot d\vec{A} = 0$ bzw. $\operatorname{div}\vec{B} = 0$ Der magnetische Fluss Φ durch eine geschlossene Fläche ist Null.

Magnetfelder von im Vakuum befindlichen Strömen

Biot-Savart'sches Gesetz

Für das Magnetfeld, das ein Leiter an einem beliebigen Punkt außerhalb des Leiters erzeugt, gilt:

$$\vec{B}(p) = \frac{\mu_0}{4\pi} \cdot \int_{\text{Leiter}} I \cdot \frac{d\vec{l} x \vec{r}}{r^3}$$

I: Strom in dl

r: Abstandsvektor zwischen $d\vec{l}$ und P

$\mu_0 = 1{,}257 \cdot 10^{-6} \frac{\text{Vs}}{(\text{Am})}$ ist die magnetische Feldkonstante

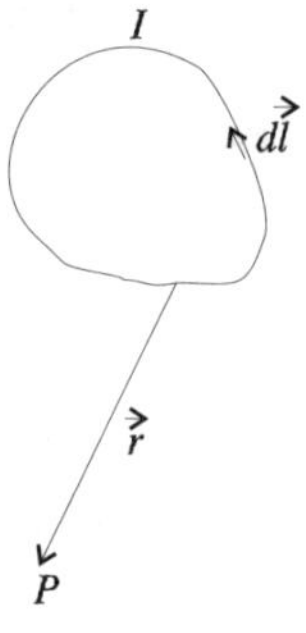

Durchflutungsgesetz für zeitlich konstante Ströme:

$\oint \vec{B} \cdot d\vec{l} = \mu_0 \cdot \sum I$ bzw. $\oint \vec{B} \cdot d\vec{l} = \frac{1}{\mu_0} \int_A \vec{J} \cdot d\vec{A}$

$\sum I$: Summe der Ströme innerhalb K

A: von K umrandete Fläche

$\vec{J}$: elektrische Stromdichte bei $d\vec{A}$

Lokale Form des Durchflutungsgesetzes:

$$\mathrm{rot}\vec{B} = \mu_0 \cdot \vec{J} \text{ mit}$$

$$\mathrm{rot}\vec{B} = \left(\frac{\partial B_z}{\partial y} - \frac{\partial B_y}{\partial z}\right)\vec{e}_x + \left(\frac{\partial B_x}{\partial z} - \frac{\partial B_z}{\partial x}\right)\vec{e}_y + \left(\frac{\partial B_y}{\partial x} - \frac{\partial B_x}{\partial y}\right)\vec{e}_z$$

$\vec{B} = (B_x, B_y, B_z)$: magnetische Flussdichte

$\vec{r} = (x, y, z)$: Ortsvektor in kartesischen Koordinaten

Magnetfeld eines stromdurchflossenen Drahtes:

$$B = \frac{\mu_0}{2\pi} \cdot \frac{I}{\vec{r}}$$

$$\mu_0 = \frac{1}{\varepsilon_0 c^2}$$

I: Stromstärke im Draht
$\vec{r}$: Abstand vom Draht
μ_0: magnetische Feldkonstante
c: Vakuum-Lichtgeschwindigkeit

$\vec{B}$ hat die Richtung einer sich in positiver Stromrichtung bewegenden Rechtsschraube. Die Feldlinien von $\vec{B}$ sind Kreise um die Achse des Drahtes.

Kraft zwischen zwei parallelen, stromdurchflossenen Leitern mit den Stromstärken I_1 und I_2

$$F = \frac{\mu_0}{2\pi} \cdot \frac{I_1 I_2}{r} \quad l$$

l: Länge der Leiter
r: Abstand zwischen den Leitern

Bei gleichen Richtungen von I_1 und I_2 ziehen sich die Leiter an, bei entgegengesetzten Richtungen stoßen sich die Leiter ab.

Magnetfeld in einer langen Spule

$$B = \mu_0 I_n = \mu_0 I \cdot \frac{N}{l}$$

l: Länge der Spule
N: Windungszahl

Magnetfeld im Mittelpunkt eines kreisförmigen Leiters mit dem Radius R

$$B = \frac{\mu_0 I}{2\pi R}$$ bei einer Windung

$$B = \frac{\mu_0 NI}{2\pi R}$$ bei N Windungen

Von I und H wird dabei eine Rechtsschraube gebildet.

Magnetfeld bei zeitlich veränderlichen elektrischen Strömen und Feldern

$$\mathrm{rot}\vec{B} = \mu_0 \vec{J} + \frac{1}{c^2} \cdot \frac{\partial E}{\mathrm{d}t}$$

$\vec{J}$: elektrische Stromdichte

$\vec{E}$: elektrische Feldstärke

c: Vakuumlichtgeschwindigkeit

Elektromagnetische Induktion

Faraday'sches Induktionsgesetz

Elektrische Felder werden nicht nur durch Ladungen, sondern auch durch elektromagnetische Induktion, d. h. durch zeitlich veränderliche Magnetfelder erzeugt. Für die induzierte Spannung U_{ind} gilt:

$$U_{\mathrm{ind}} = \oint \vec{E} \cdot \mathrm{d}\vec{s} = -\frac{d}{\mathrm{d}t}\int \vec{B} \cdot \mathrm{d}\vec{A} = -\frac{\partial \Phi}{\partial t}$$

Φ: magnetischer Fluss

$\vec{E}$: elektrische Feldstärke

A: von der Kurve K eingeschlossene Fläche

Lokale Form des Induktionsgesetzes:

$$\mathrm{rot}\vec{E} = -\frac{\mathrm{d}\vec{B}}{\mathrm{d}t}$$

Definition von $\mathrm{rot}\vec{E}$ wie bei $\mathrm{rot}\vec{B}$ (siehe oben)

Beispiele:

Bewegung einer Leiterschleife im Magnetfeld:

$$U_{\mathrm{ind}} = \oint_K \vec{E} \cdot \mathrm{d}\vec{s} = \oint_K \vec{v} \times \vec{B} \cdot \mathrm{d}\vec{s} = -\frac{\mathrm{d}\Phi}{\mathrm{d}t}$$

Drehung einer Leiterschleife im Magnetfeld (Spezialfall des vorausgegangenen Beispiels):

$$U_{\mathrm{ind}} = 2vBl \sin\alpha = 2\omega rBl \sin\alpha$$

l: Umfang der Schleife

r: Radius der Schleife

Zeitliche Änderung des Magnetfeldes in einer ruhenden Leiterschleife:

$$U_{\text{ind}} = \int_K \vec{E} \cdot \mathrm{d}\vec{s} = -\frac{\mathrm{d}}{\mathrm{d}t} \int \vec{B} \cdot \mathrm{d}\vec{A} = -\frac{\mathrm{d}\Phi}{\mathrm{d}t}$$

Das magnetische Vektorpotenzial $\vec{A}$

Hinweis: Normalerweise steht das Symbol $\vec{A}$ für Flächenvektoren; hier wird es ausnahmsweise für das Vektorpotenzial $\vec{A}$ benutzt; für den Flächenvektor wird hier das Symbol $\vec{a}$ verwendet.

Das Vektorpotenzial $\vec{A}$ eines Magnetfeldes $\vec{B}$

$$\oint \vec{A} \cdot \mathrm{d}\vec{l} = \int \vec{B} \cdot \mathrm{d}\vec{a}$$

bzw.

$$\vec{B} = \operatorname{rot}\vec{A} = \left(\frac{\partial A_z}{\partial y} - \frac{\partial A_y}{\partial z}\right)\vec{e}_x + \left(\frac{\partial A_x}{\partial z} - \frac{\partial A_z}{\partial x}\right)\vec{e}_y + \left(\frac{\partial A_y}{\partial x} - \frac{\partial A_x}{\partial y}\right)\vec{e}_z$$

$\vec{A} = (A_x, A_y, A_z)$: Komponenten des Vektorpotenzials

$\vec{r} = (x, y, z)$: Ortsvektor in kartesischen Koordinaten

Magnetfelder in Materie

Einteilung der Stoffe nach ihren magnetischen Eigenschaften

Diamagnetische Stoffe: Die Moleküle sind magnetisch unpolar und werden erst im Magnetfeld polarisiert.

Paramagnetische Stoffe: Die Moleküle sind von sich aus magnetisch polarisiert und werden im Magnetfeld nur noch ausgerichtet.

Ferromagnetische Stoffe: Die magnetische Polarisierung der Moleküle ist so stark, dass sie auch nach Verschwinden des äußeren Magnetfeldes aneinander ausgerichtet bleiben; der Stoff erzeugt dann selbst ein Magnetfeld.

Magnetisches Feld in Materie bei zeitlich konstantem Strom:

$$\oint_K \vec{H} \cdot \mathrm{d}\vec{s} = \int_A \vec{J} \cdot \mathrm{d}\vec{A}$$

H: magnetische Feldstärke

μ_r: Permeabilitätszahl des jeweiligen Stoffes

$\mu = \mu_r \cdot \mu_0$

bzw.

$$\mathrm{rot}\vec{H} = \vec{J} \quad \text{mit } \vec{H} = \frac{\vec{B}}{\mu}$$

$\vec{B}$: magnetische Flussdichte

$\oint_K \vec{H} \cdot \mathrm{d}\vec{s}$ wird auch als magnetische Durchflutung bezeichnet.

Permeabilitäten der magnetischen Stofftypen

diamagnetische Stoffe	$\mu_r < 1$
paramagnetische Stoffe	$\mu_r > 1$
ferromagnetische Stoffe	$\mu_r = 10 \ldots 10^6$

Magnetfeld eines zylindrischen Leiters mit dem Radius r_0

Es soll ein gleichmäßig verteilter Strom I durch den Leiter fließen; dann ergibt sich für die Feldstärke $\vec{H}$ im Abstand r von seiner Mittellinie:

innerhalb des Leiters:

$$H = \frac{B}{\mu} \cdot \frac{I_r}{2\pi r_0^2}$$

$\mu = \mu_r \cdot \mu_0$: Permeabilität des Leitermaterials

außerhalb des Leiters:

$$H = \frac{B}{\mu_0} \cdot \frac{I}{2\pi r}$$

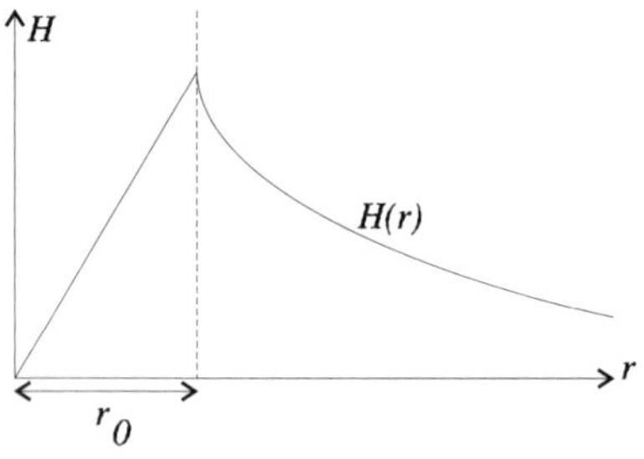

Magnetische Kraft auf eine Grenzfläche zwischen zwei Stoffen

$\vec{F} = \frac{1}{2}(\mu_2 - \mu_1)\overrightarrow{H_1}\overrightarrow{H_2}A$

μ_1, μ_2: Permeabilitätszahlen der Stoffe
H_1, H_2: Feldstärken in den beiden Stoffen
A: Größe der Grenzfläche

Die Kraft ist stets zum Stoff mit der kleineren Permeabilität gerichtet.

Maschensatz für das magnetische Kreisfeld

$\oint H \mathrm{d}l = \sum_{\nu=1}^{m} H_\nu l_\nu = \sum_{\nu=1}^{m} V_\nu$

V_ν: magnetischer Spannungsabfall im ν-ten Stromkreis

Magnetischer Widerstand im homogenen Feld

$R_m = \frac{V}{\Phi} = \frac{l}{\mu A}$

V: magnetischer Spannungsabfall

Dann ist $\Phi = \frac{V \mu A}{l}$

Magnetische Feldenergie in Materie

$W = \frac{1}{2}\int_V \vec{B}\vec{H} \mathrm{d}V$

Hystereseschleife für einen Permanentmagneten aus ferromagnetischem Material

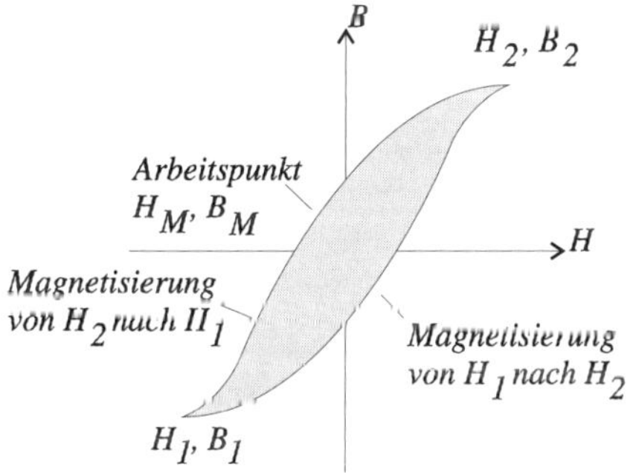

Die von den beiden Kurven eingeschlossene gefüllte Fläche entspricht dem Emergieverlust bei Magnetisierung von H_1 nach H_2 und anschließender Rückmagnetisierung nach H_1.

Spulen und Selbstinduktion

$\vec{B}$-Feld in einer zylindrischen Spule mit Materialkern:

$$B = \mu \cdot I \cdot \frac{N}{l}$$

l: Länge der Spule
N: Windungszahl
μ: Permeabilität der Materials

Selbstinduktion (Induktivität) L einer Spule

$$U_{\text{ind}} = -L \cdot \frac{\mathrm{d}I}{\mathrm{d}t}$$

Definitionsgleichung

Damit gleichwertig:

$$L = \frac{\Phi}{I}$$

Φ: magnetischer Fluss durch die Spule

Bei N Windungen ist

$$L = \frac{N\Phi}{I} = \frac{\psi}{I} \quad \text{mit } \psi = N\Phi$$

ψ: verketteter Fluss

Selbstinduktion L einer Spule mit Materialkern

$$L = \mu_r \cdot L_{\text{ohne}} \quad \text{mit} \quad L_{\text{ohne}} = \mu_0 \cdot \frac{N^2 A}{L}$$

L_{ohne}: Selbstinduktion der Spule ohne Materialkern
μ_r: Permeabilität des Materials
N: Windungszahl
A: Querschnittsfläche
l: Spulenlänge

Induktivitäten einiger technisch wichtiger Anwendungen

Einfacher Ring (Ringradius R und Leiterradius r):

$$L = \mu R \left(\frac{1}{4} + \ln\frac{R}{r}\right)$$

Doppelleitung mit identischen Leiterradien ($r_1 = r_2 = r$) und Leiterabstand D:

$$L = \frac{\mu l}{\pi}\left(\frac{1}{4} + \ln\frac{d}{r}\right)$$ l: Länge der Doppelleitung

Konzentrisches Kabel mit Außenradius r_a und Innenradius r_i:

$$L = \frac{\mu l}{2\pi}\left(\frac{1}{4} + \ln\frac{r_a}{r_i}\right)$$ l: Länge des Kabels

Gegenseitige Induktion zweier Spulen

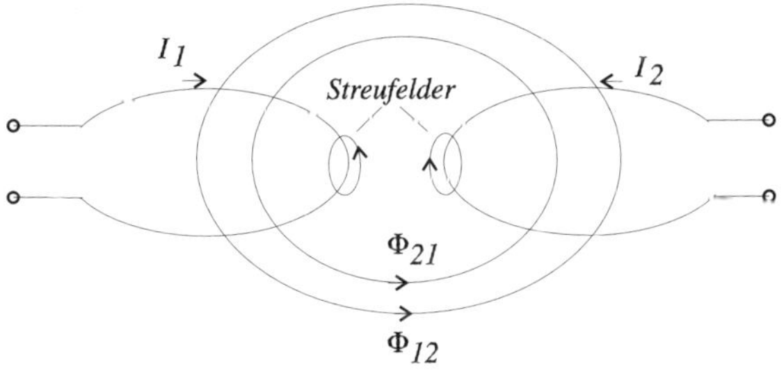

$$U_{12} = -M_{12}\frac{dI_1}{dt} \text{ bzw. } \Phi_{12} = M_{12}I_1$$

Umgekehrt:

$$U_{21} = -M_{21}\frac{dI_2}{dt} \text{ bzw. } \Phi_{21} = M_{21}I_2$$

Es ist $M = M_{12} = M_{21} = k\sqrt{L_1L_2}$ L_1, L_2: Selbstinduktionen der beiden Spulen

k_1, k_2: Koppelfaktoren

mit $k = \sqrt{k_1k_2}$

Energie einer stromdurchflossenen Spule

$$W = L \cdot \int I\,dI = \frac{LI^2}{2}$$

Elektronische Schaltungen mit Spulen im Abschnitt Elektronik

Die Maxwell'schen Gleichungen

Maxwell'sche Gleichungen in allgemeiner Form und Kontinuitätsgleichung:
Die vier Maxwell'schen Gleichungen für die elektromagnetischen Größen $\rho, \vec{J}, \vec{E}, \vec{D}, \vec{B}$ und $\vec{H}$:

$$\mathrm{rot}\frac{\vec{B}}{\mu_\mathrm{r}} = \mu_0\vec{J} + \frac{1}{c^2}\cdot\frac{\partial(\varepsilon_r\vec{E})}{\partial t}$$

Durchflutungsgesetz: Aus Ladungsströmen und zeitlich veränderlichen elektrischen Feldern resultierendes Magnetfeld

$$\mathrm{rot}\vec{E} = -\frac{\mathrm{d}\vec{B}}{\mathrm{d}t}$$

Induktion

$$\mathrm{div}\vec{B} = 0$$

Quellenfreiheit des magnetischen Feldes

$$\mathrm{div}\vec{D} = \rho$$

Satz vom Hüllenfluss

Kontinuitätsgleichung für ρ und $\vec{J}$ (Ladungserhaltung):

$$\mathrm{div}\vec{J} = -\frac{\mathrm{d}\rho}{\mathrm{d}t}$$

Weiter gelten die Materialgleichungen

$\vec{D} = \varepsilon_\mathrm{r}\varepsilon_0\vec{E}$ und $B = \mu_\mathrm{r}\mu_0\vec{H}$ sowie das verallgemeinerte Ohm'sche Gesetz

$\vec{J} = \kappa\vec{E}$.

Hinzu kommt noch die Lorentz-Kraft

$$\vec{F} = \int \mathrm{d}V(\rho\vec{E} + \vec{J}x\vec{B})$$

Im Vakuum ist außerdem

$\varepsilon = \mu = 1$, d. h. $\vec{D} = \varepsilon_0\vec{E}$ und $B = \mu_0\vec{H}$.

Maxwell'sche Gleichungen im ladungsfreien Vakuum:

Für $\varepsilon = \mu = 1$, $\vec{J} = 0$ und $\rho = 0$ lauten die Maxwell'schen Gleichungen

$$\mathrm{rot}\vec{B} = \frac{1}{c^2}\cdot\frac{\partial\vec{E}}{\partial t} \qquad \mathrm{rot}\vec{E} = -\frac{\mathrm{d}\vec{B}}{\mathrm{d}t}$$

$$\mathrm{div}\vec{B} = 0 \qquad \mathrm{div}\vec{D} = 0$$

Die Lösung dieser Gleichungen führt zu elektromagnetischen Wellen im Vakuum (siehe unten).

Elektromagnetische Wellen

Freie Wellen mit ebenen Wellenfronten (Ausbreitung in x-Richtung)

$E = E_0 \sin \omega \left(t - \frac{x}{c}\right)$ E_0, H_0: Amplituden der elektrischen und magnetischen Feldstärke

$H = H_0 \sin \omega \left(t - \frac{x}{c}\right)$

Dabei ist $c = (\varepsilon_0 \mu_0)^{-\frac{1}{2}} = 2{,}9979 \cdot 10^8 \ \frac{\text{m}}{\text{s}}$ die Lichtgeschwindigkeit im Vakuum.

Stehende elektromagnetische Wellen

Abstand d zwischen den Knoten bzw. Bäuchen von E und H:

$d = \frac{\lambda}{2}$ λ: Wellenlänge

Frequenz der n-ten Oberschwingung bei einem Dipol:

$f_\text{n} = (n+1) \cdot \frac{c}{2l}$ l: Dipollänge

Wichtige Größen ebener elektromagnetischer Wellen mit der Frequenz f

Größe	Vakuum	Leiter	Isolator
Wellenlänge	$\frac{c}{f}$	$\frac{2\pi}{\sqrt{\omega \kappa \mu_\text{r} \mu_0 / 2}}$	$\frac{c}{f \sqrt{\varepsilon_\text{r} \mu_\text{r}}}$
Phasengeschwindigkeit v	c	$\sqrt{\frac{2\omega}{\kappa \mu_\text{r} \mu_0}}$	$\frac{c}{\sqrt{\varepsilon_\text{r} \mu_\text{r}}}$
Wellenwiderstand Z	$\sqrt{\frac{\mu_0}{\varepsilon_0}}$	$(1+j)\sqrt{\frac{\mu_\text{r} \mu_0 \omega}{2\kappa}}$	$Z_0 \sqrt{\frac{\mu_\text{r}}{\varepsilon_\text{r}} \left(1 + j \frac{\kappa}{2\omega \varepsilon_\text{r} \varepsilon_0}\right)}$

ω: Kreisfrequenz $2\pi f$
c: Vakuumlichtgeschwindigkeit

$Z_0 = \sqrt{\frac{\mu_0}{\varepsilon_0}} = 376{,}73\ \Omega$ = Wellenwiderstand des freien Raumes

9. Technische Thermodynamik

9.1 Grundbegriffe

System

Unter einem System versteht man ein materielles Gebilde, das auf seine thermodynamischen Eigenschaften (Temperatur, Druck usw.) untersucht werden soll. Man unterscheidet:

Offene Systeme:
Materie- und Energieaustausch mit der Umgebung ist möglich.

Geschlossene Systeme:
Energieaustausch mit der Umgebung ist möglich, Materieaustausch dagegen nicht.

Abgeschlossene (isolierte) Systeme:
Weder Energie- noch Materieaustausch mit der Umgebung ist möglich.

Zustandsgrößen

Dies sind messbare physikalische Größen, durch die ein System charakterisiert ist. Für die Thermodynamik von Bedeutung sind:

Die mechanischen Zustandsgrößen p (Druck) und V (Volumen)

Die thermische Zustandsgröße T (Temperatur)

Die Zustandsfunktionen U, S und H

Man unterscheidet zwischen *extensiven* und *intensiven* Zustandsgrößen, die abhängig bzw. unabhängig von der Größe des Systems sind.

Zustandsgleichung

Hierbei handelt es sich um eine – wie auch immer geartete – mathematische Beziehung zwischen Zustandsgrößen.

Gleichgewichtszustand

Wenn sich die Zustandsgrößen eines Systems zeitlich nicht ändern, befindet es sich im Gleichgewichtszustand und kann mit wenigen Zustandsgrößen beschrieben werden.

Prozess

Dies ist die zeitliche Änderung von Zustand und Zustandsgrößen eines Systems. Von Bedeutung ist der *Austauschprozess*, der abläuft, wenn zwei

Systeme miteinander verbunden werden. Hierbei kann Materie oder Energie (oder beides) ausgetauscht werden.

Mikroskopische Beschreibung
Hierbei wird ein System von seiner atomaren Struktur ausgehend beschrieben.

Thermische Energie
Dies ist die statistisch auf die einzelnen Atome eines Systems verteilte mechanische Energie; sie wird auch als *innere Energie* bezeichnet.

Thermisches Gleichgewicht
Wenn zwei Systeme miteinander in Kontakt gebracht werden, und sich nach einer bestimmten Zeit deren Zustandsgrößen nicht mehr ändern, spricht man von einem thermischen Gleichgewicht zwischen beiden Systemen.

Nullter Hauptsatz der Thermodynamik:
Wenn die Systeme A und B mit dem System C im thermischen Gleichgewicht sind, sind sie es auch untereinander.

9.2 Druck und Temperatur

Definition des Drucks

$$p = \frac{F_n}{A}$$

Der Druck ist die Normalkraft F_n pro Flächeneinheit.

Beispiel: Eine inkompressible Flüssigkeitssäule übt in der Tiefe h den folgenden Schweredruck aus:

$$p = \rho \cdot g \cdot h$$

ρ: Dichte der Flüssigkeit
g: Fallbeschleunigung auf der Erdoberfläche ($9{,}81\ \frac{\text{m}}{\text{s}^2}$)

Temperatur T

Definition der Kelvin-Skala:

$$T = (273{,}16 \cdot \frac{p}{p'})\ \mathrm{K}\ \ (V = \mathrm{const})$$

p: Druck eines idealen Gases in einem Thermometer, das sich im thermischen Gleichgewicht mit dem zu untersuchenden System befindet

p': Druck des idealen Gases bei einem Gleichgewichtszustand zwischen Thermometer und Wasser am Tripelpunkt

Wasser am Tripelpunkt hat demnach die Temperatur von 273,16 K.

Die Celsius-Skala:

Die Temperaturdifferenz von 1 °C entspricht genau 1 K, allerdings wird die Temperatur T = 273,15 K (Gefrierpunkt des Wassers bei Atmosphärendruck) auf 0 °C gesetzt.

Umrechnung von °C in Kelvin: $\frac{T}{\mathrm{K}} = \frac{t}{°\mathrm{C}} + 273{,}15$

Volumenausdehnungskoeffizient eines Stoffes

$$\beta = \frac{1}{V}\left(\frac{\partial V}{\partial T}\right)_p$$

(Linearer) Temperaturausdehnungskoeffizient eines Stoffes

$$\beta_\mathrm{L}(T) = \frac{1}{L(T)} \cdot \frac{\partial L}{\partial T}$$

Für $\Delta T \ll T$ ist

$$L(T + \Delta T) = L(T) \cdot (1 + \beta_\mathrm{L} \Delta T)$$

Spannungskoeffizient eines Stoffes

$$\gamma = \frac{1}{p} \cdot \left(\frac{\partial p}{\partial T}\right)_\mathrm{V}$$

Isothermer Kompressibilitätskoeffizient eines Stoffes

$$\kappa = \frac{1}{V} \cdot \left(\frac{\partial V}{\partial p}\right)_T$$

Zusammenhang zwischen β, κ und γ

$$\beta = p \cdot \kappa \cdot \gamma$$

Stoffmenge *n*

Die Anzahl der Atome bzw. Moleküle in Mol. Ein Mol enthält

$$N_L = 6{,}022 \cdot 10^{23}$$

Teilchen (N_L ist die Avogadro-Zahl).

Dies entspricht der Zahl der Atome in 12 g reinem atomarem Kohlenstoff (Isotop ^{12}C).

9.3 Der erste Hauptsatz der Thermodynamik

Arbeit (Formelzeichen *W*)

Hierbei handelt es sich um mechanische oder elektromagnetische Energie, die einem System von außen zugeführt oder von ihm abgeführt wird. Dies kann zum Beispiel bei einem Energieaustausch zwischen zwei Systemen passieren.

Bei der Überführung eines Systems vom Zustand 1 in den Zustand 2 sind folgende Formen von Arbeit möglich:

Volumenänderungsarbeit:

$$W_v = -\int_1^2 p \, dV$$ nur im reversiblen Fall

Elektrische Arbeit:

$$W_{el} = \int_1^2 U_{el} I \, dt$$

U_{el}: elektrische Spannung
I: Stromstärke
t: Zeit

Wellenarbeit:

$$W_w = \int_1^2 M\omega \, dt$$

M: Moment
ω: Winkelgeschwindigkeit
t: Zeit

Wärme (Formelzeichen *Q*)

Die Energie, die ausgetauscht wird, ohne dass Arbeit verrichtet wird, heißt Wärme. Dies passiert stets durch thermischen Kontakt eines Systems mit seiner Ungebung (oder mit einem anderem System). Dabei ändert sich die innere Energie des Systems.

Prozessgrößen und ihr Vorzeichen

Bei Wärme und Arbeit handelt es sich nicht um Zustandsgrößen eines Systems, sondern um Prozessgrößen, die die Zustandsgrößen eines Systems ändern können. Wärme und Arbeit haben positive Vorzeichen, wenn sie einem System zugeführt werden, ansonsten negative Vorzeichen.

Energiestrom *P* (Leistung)

$$P = \frac{dE}{dt}$$

Der Energiestrom ist die Energie, die innerhalb einer Zeiteinheit abgegeben, aufgenommen oder umgewandelt wird.

Wirkungsgrad (allgemeine Definition)

Dies ist das Verhältnis aus abgegebenem Nutzenergiestrom (Zähler) und aufgenommenem Energiestrom (Nenner).

Wärmekapazität

Definitionsgleichung:

$$C = \frac{dQ}{dT}$$

Spezifische Wärmekapazität eines Stoffes:

$$c = \frac{C}{M} = \frac{1}{M} \cdot \frac{dQ}{dT}$$

M: Masse des untersuchten Stoffes

Benötigte Wärme, um die Temperatur eines Körpers mit der Masse M von T_1 nach T_2 zu ändern:

$$Q = M \cdot \int_{T_1}^{T_2} c(T)\mathrm{d}T$$

$Q = M \cdot c \cdot (T_2 - T_1)$ für $c(T) = \text{const}$

Wärmekapazität bei konstantem Volumen:

$$C_V = \left(\frac{\mathrm{d}Q}{\mathrm{d}T}\right)_{V = \text{const}} = \left(\frac{\partial U}{\partial T}\right)_{V = \text{const}}$$

U: innere Energie

Wärmekapazität bei konstantem Druck:

$$C_p = \left(\frac{\mathrm{d}Q}{\mathrm{d}T}\right)_{p = \text{const}} = \left(\frac{\partial H}{\partial T}\right)_{p = \text{const}}$$

H: Enthalpie (siehe Seite 308)

Auch hier kann man die spezifischen Wärmekapazitäten

$c_V = \frac{C_V}{M}$ und $c_p = \frac{C_p}{M}$ bilden.

Erster Hauptsatz für geschlossene, ruhende Systeme

$\Delta U = Q + W$ oder $U_2 - U_1 = Q_{12} + W_{12}$

$\Delta U, U_1, U_2$: innere Energien bzw. ihre Änderung

Q, Q_{12}: Wärme

W, W_{12}: Arbeit

Messvorschrift für U: $U_2 - U_1 = W_{12}$ bei adiabatischen Zustandsänderungen

Messvorschrift für Q: $U_2 - U_1 = Q_{12}$, wenn keine Arbeit verrichtet wird

Differenzielle Form des 1. Hauptsatzes:

$\mathrm{d}U = \delta Q + \delta W$

Enthalpie

$H = U + pV$

U: innere Energie
p: Druck
V: Volumen

Spezifische Enthalpie h:

$$h = \frac{\Delta H}{\Delta m} = u + pv \text{ mit } u = \frac{\Delta U}{\Delta m} \text{ und } v = \frac{\Delta V}{\Delta m}$$

v: spezifisches Volumen
u: spezifische Energie

Das durchströmte System

Hierbei handelt es sich um ein offenes System, durch das periodisch oder kontinuierlich ein Stoff hindurchströmt (stationärer Fließprozess). Es gilt die Kontinuitätsgleichung.

$$m = \rho_1 c_1 A_1 = \rho_2 c_2 A_2$$

m: Massenstrom
ρ: Dichte
c: Geschwindigkeit
A: Fläche

Arbeit in durchströmten Systemen

$$\Delta W_{t12} = \Delta W_{12} - \Delta W_{v12}$$

W_{12}: Gesamtarbeit
W_{t12}: technische Arbeit
W_{v12}: Verschiebearbeit

Technische Leistung (Arbeitsstrom):

$$P_{12} = \frac{\mathrm{d}W_{t12}}{\mathrm{d}t}$$

Erster Hauptsatz für durchströmte Systeme

Die Buchstaben haben in den nachstehenden Formeln die folgende Bedeutung:

P: Leistung
m: Massenstrom
h: spezifische Enthalpie
z: Höhe über der Erdoberfläche
g: Fallbeschleunigung auf der Erdoberfläche
c: Strömungsgeschwindigkeit

1. Hauptsatz ohne Berücksichtigung der potenziellen und kinetischen Energie:

$$\dot{m}(h_1 - h_2) = P_{12} + \dot{Q}_{12}$$

1. Hauptsatz mit Berücksichtigung der potenziellen und kinetischen Energie:

$$\dot{m}\left[(h_2 - h_1) + \frac{1}{2}(c_2^{\;2} - c_1^{\;2}) + g(z_2 - z_1)\right] = P_{12} + \dot{Q}_{12}$$

1. Hauptsatz für mehrere Massenströme:

$$\sum_{\text{aus}=1}^{k} \dot{m}_{\text{aus}}\left(h_{\text{aus}} + \frac{1}{2}c_{\text{aus}}^{\;2} + gz_{\text{aus}}\right) -$$

$$\sum_{\text{ein}=1}^{n} \dot{m}_{\text{ein}}\left(h_{\text{ein}} + \frac{1}{2}c_{\text{ein}}^{\;2} + gz_{\text{ein}}\right) = P_{12} + \dot{Q}_{12}$$

9.4 Der zweite Hauptsatz der Thermodynamik

Die Entropie

Bei einem Übergang eines Systems vom Zustand 1 zum Zustand 2 gilt:

$$\Delta S = S_2 - S_1 = \int_1^2 \frac{\delta Q_{\text{rev}}}{T} \text{ bzw. } \mathrm{d}S = \frac{\delta \cdot Q_{\text{rev}}}{T}$$

S_1, S_2: Entropien in den Zuständen 1 und 2
δQ: Wärmeübertragung bei einer reversiblen Zustandsänderung

Die Entropie ist eine extensive Zustandsgröße.

Entropie bei irreversiblen Zustandsänderungen

Bei irreversiblen Zustandsänderungen ist

$$\int_1^2 \frac{\delta Q}{T} < S_2 - S_1$$

S_1, S_2: Entropien in den Zuständen 1 und 2

Dies bedeutet, dass die Entropie eines abgeschlossenen Systems bei einer irreversiblen Zustandsänderung stets wächst. Prozesse vom Zustand 1 hin zum Zustand 2 laufen nur dann von selbst ab, wenn die Entropie wächst, d. h. wenn im abgeschlossenen System $S_2 > S_1$ ist.

Entropie bei reversiblen Zustandsänderungen

Hier ist $\delta Q = T \cdot \mathrm{d}S$

In einfachen Systemen ist

$$\mathrm{d}S = \frac{\mathrm{d}V + p\mathrm{d}V}{T} = \frac{\mathrm{d}H - V\mathrm{d}p}{T}$$

U: innere Energie

H: Enthalpie

Entropie in Gleichgewichtszuständen

In Gleichgewichtszuständen ist die Entropie minimal.

Entropieänderung bei Temperaturänderung eines Festkörpers

$$S_2 - S_1 = C \cdot \ln\frac{T_2}{T_1}$$

S_1, S_2, T_1, T_2: Entropien und Temperaturen des Körpers im Anfangszustand 1 und im Endzustand 2

Beispiele für Entropieänderungen

Wärmeübergang eines Systems zwischen zwei Temperaturen:

$$\Delta S = Q\frac{T_1 - T_2}{T_1 T_2} > 0$$

T_1: Temperatur im Anfangszustand

T_2: Temperatur im Endzustand

Q: übertragene Wärme

Abkühlung eines Körpers im Wärmebad:

$$\Delta S = C_p \cdot \left(\frac{T_1 - T_2}{T_2} - \ln \frac{T_1}{T_2} \right) > 0$$

T_1: Anfangstemperatur des Körpers

T_2: Temperatur des Wärmebads (gleichzeitig Endtemperatur des Körpers)

C_p: Wärmekapazität des Körpers bei konstantem Druck

Unterscheidung von Wärme Q und Arbeit W mithilfe der Entropie

Übertragung von Wärme ist stets mit Entropieaustausch bei den beteiligten Systemen verbunden, Übertragung von Arbeit dagegen nie.

Zweiter Hauptsatz in unterschiedlichen Formulierungen

Alle natürlichen Prozesse sind unumkehrbar (irreversibel) und mit Verlusten verbunden. Ein Maß für diese Verluste ist der Entropiezuwachs ΔS.

Kelvin-Planck'sche Formulierung:

Eine periodisch arbeitende Maschine, die lediglich mechanische Arbeit leistet und dabei einen Wärmebehälter abkühlt, gibt es nicht.

Clausius'sche Formulierung:

Prozesse, deren einziges Ergebnis darin besteht, Wärme von einem kälteren in ein wärmeres Reservoir zu transportieren, sind unmöglich.

Nullpunkt der Entropie (3. Hauptsatz der Thermodynamik)

Die Entropie eines Kristalls, der sich bei einer Temperatur von 0 K im Gleichgewicht befindet, ist null.

Exergie und Anergie

Die Energie E kann in zwei Komponenten zerlegt werden:

$$E = E_{ex} + E_{an}$$

E_{ex}: Exergie (umwandelbarer Anteil von E)

E_{an}: Anergie (nicht umwandelbarer Anteil von E)

Die Exergie ist die maximale Arbeitsfähigkeit eines Systems.

Exergieanteil der Wärme Q

$$E_{ex} = Q\left(1 - \frac{T_U}{T}\right)$$

T_U: Temperatur der Umgebung

Exergie des geschlossenen Systems

$E_{ex} = (U - U_U) - T_U(S - S_U)$ U, U_U, S, S_U: innere Energien und Entropien von System und Umgebung

Spezifische Exergie beim durchströmten System

$$e_{ex} = (h - h_U) - T_U(s - s_U) + \frac{c^2}{2} + gz$$

$$e_{ex} = \frac{\Delta E_{ex}}{\Delta m} \qquad h = \frac{\Delta H}{\Delta m} \qquad s = \frac{\Delta S}{\Delta m}$$

h, h_U, s, s_U: spezifische Enthalpien und spezifische Entropien von System und Umgebung

c: Strömungsgeschwindigkeit

z: Höhe über der Erdoberfläche

9.5 Thermodynamik von Gasen

Ideale Gase (Begriffsbestimmung)

Ideale Gase sind Gase mit großem Abstand zwischen den Atomen bzw. Molekülen und entsprechend kleinem Druck.

Thermische Zustandsgleichung idealer Gase

$p \cdot V = n \cdot R_m \cdot T$

R_m: universelle Gaskonstante; es ist $R_m = 8{,}314\ W\text{sMol}^{-1}\ \text{K}^{-1}$

n: Stoffmenge des Gases in Mol

$R = \frac{R_m}{M}$: spezielle Gaskonstante

mit M: molare Masse

Charakteristische Größen idealer Gase

Molvolumen: $V_{\text{mol}} = \frac{V}{n} = 22{,}41 \cdot 10^{-3}\,\frac{\text{m}^3}{\text{Mol}}$

Molmasse:

$M_{\text{mol}} = N_{\text{L}} \cdot m \frac{\text{kg}}{\text{Mol}}$ m: Masse eines Atoms oder Moleküls

Dichte in Abhängigkeit von p und T: $\rho = \frac{M_{\text{mol}} \cdot p}{R_{\text{m}} T} \cdot \text{kgm}^{-3}$

Ausdehnungskoeffizient: $\beta = \frac{1}{273}\,\text{K}^{-1}$

Spannungskoeffizient: $\gamma = \frac{1}{T}$

Isothermer Kompressibilitätskoeffizient: $\kappa = \frac{1}{p}$

Innere Energie und Enthalpie von idealen Gasen

$U = \frac{f}{2} n R_{\text{m}} T$

$H = \frac{f+2}{2} n R_{\text{m}} T$

f: Zahl der Freiheitsgrade bei der molekularen Bewegung (z. B. Translation, Rotation oder Schwingungen)

Beim einatomigen Gas gibt es nur drei Translationsfreiheitsgrade, d. h.

$U = \frac{3}{2} n R_{\text{m}} T \qquad H = \frac{5}{2} n R_{\text{m}} T$

Wärmekapazität idealer Gase und Adiabatenexponent

Beziehung zwischen C_{p} und C_{v}:

$C_{\text{p}} - C_{\text{v}} = n R_{\text{m}}$

C_{v}: Wärmekapazität für $V = \text{const}$

C_{p}: Wärmekapazität für $p = \text{const}$

Adiabatenexponent: $\kappa = \frac{C_{\text{p}}}{C_{\text{v}}} \qquad C_{\text{v}} = \frac{n R_{\text{m}}}{\kappa - 1}$

$$\kappa = \frac{5}{3} \text{ für einatomige ideale Gase}$$

$$\kappa = \frac{5}{7} \text{ für zweiatomige ideale Gase}$$

Entropieänderung idealer Gase

$$\Delta S = C_\text{p} \ln\frac{T_2}{T_1} - nR_\text{m} \ln\frac{p_2}{p_1}$$

$$\Delta S = C_\text{v} \ln\frac{T_2}{T_1} + nR_\text{m} \ln\frac{V_2}{V_1}$$

Reale Gase und Flüssigkeiten

Unterschiede zum idealen Gas:

Die Moleküle haben ein Eigenvolumen.
Zwischen den Molekülen wirken Kräfte.

Diese Unterschiede spielen insbesondere bei hohen Dichten und niedrigen Temperaturen eine Rolle.

(Van der Waals'sche) Zustandsgleichung für reale Gase

$$\left(p + a\left(\frac{n}{V}\right)^2\right)(V - nb) = nR_\text{m}T$$

a steht für die Anziehung zwischen den Molekülen (van der Waals'sche Kraft).

b ist proportional zum Eigenvolumen der Moleküle.

Binnendruck eines realen Gases: $p_\text{B} = a\left(\frac{n}{V}\right)^2$

9.6 Zustandsänderungen (insbesondere bei idealen Gasen)

Arten der Zustandsänderung

Man unterscheidet bei Zustandsänderungen die folgenden Spezialfälle:
Isotherme Zustandsänderungen: Die Temperatur des Systems bleibt konstant.

Isochore Zustandsänderungen: Das Volumen des Systems bleibt konstant.
Isobare Zustandsänderungen: Der Druck des Systems bleibt konstant.
Adiabatische (isentrope) Zustandsänderungen: Das System tauscht mit der Umgebung keine Wärme aus, d. h. seine innere Energie bleibt konstant.
Bei idealen Gasen kommen noch die *polytropen Zustandsänderungen* hinzu.

Außerdem unterscheidet man zwischen *reversiblen* Zustandsänderungen, die rückgängig gemacht werden können, und *irreversiblen* Zustandsänderungen, die nicht rückgängig gemacht werden können. Die fünf oben genannten Zustandsänderungen sind reversibel.

Isotherme Zustandsänderung
Es ist $\Delta T = 0$ und $Q_{12} = -W_{12}$

Für ideale Gase in geschlossenen Systemen gilt:
$p_1 V_1 = p_2 V_2 = n R_m T$

$$W_{12} = p_1 V_1 \ln \frac{p_1}{p_2} = -p_1 V_1 \ln \frac{V_2}{V_1}$$

$$\Delta S = S_2 - S_1 = n R_m \ln \frac{p_1}{p_2} = n R_m \ln \frac{V_2}{V_1}$$

Im durchströmten System ist:

$$\int_1^2 v \, dp = p_1 v_1 \ln \frac{p_2}{p_1} = p_1 v_1 \ln \frac{v_1}{v_2}$$ v: spezifisches Volumen

Isochore (inkompressible) Zustandsänderung

Es ist $W_{12} = 0$ und $Q_{12} = U_2 - U_1 = \int_1^2 C_v \, dT$

Für ideale Gase in geschlossenen Systemen gilt:

$$\frac{T_2}{T_1} = \frac{p_2}{p_1}$$

$$\Delta S = S_2 - S_1 = C_v \cdot \ln \frac{T_2}{T_1}$$

Im durchströmten System ist:

$$\int_1^2 v\,\mathrm{d}p = v(p_2 - p_1) = \frac{p_2 - p_1}{\rho} \qquad v\text{: spezifisches Volumen}$$

Isobare Zustandsänderung

Es ist $Q_{12} = H_2 - H_1 = \int_1^2 C_\mathrm{p}\,\mathrm{d}T$

Für ideale Gase gilt:

$$\frac{T_2}{T_1} = \frac{V_2}{V_1}$$

$$\Delta S = S_2 - S_1 = C_\mathrm{p} \cdot \ln\frac{T_2}{T_1} = C_\mathrm{p} \cdot \ln\frac{V_2}{V_1}$$

$$W_{12} = -p \cdot (V_2 - V_1)$$

In durchströmten Systemen ist:

$$\int_1^2 v\,\mathrm{d}p = 0 \qquad v\text{: spezifisches Volumen}$$

Adiabatische Zustandsänderung

Es ist $Q_{12} = 0$ und $\Delta S = S_2 - S_1 = 0$

Für ideale Gase ist:

$$p_1 V_1^{\kappa} = p_2 V_2^{\kappa};\; T_1 V_1^{\kappa - 1} = T_2 V_2^{\kappa - 1};\; T_1 p_1^{-\frac{\kappa - 1}{\kappa}} = T_2 p_2^{-\frac{\kappa - 1}{\kappa}}$$

κ: Adiabatenexponent (siehe Seite 313f)

$$W_{12} = \frac{p_1 V_1}{\kappa - 1}\left(\left(\frac{p_2}{p_1}\right)^{\frac{\kappa - 1}{\kappa}} - 1\right)$$

Im durchströmten System ist:

$$\int_1^2 v\,\mathrm{d}p = \frac{\kappa}{\kappa-1}R(T_2-T_1) = c_\mathrm{p}(T_2-T_1)$$

v: spezifisches Volumen

c_p: spezifische Wärmekapazität bei konstantem Druck

Polytrope Zustandsänderung (nur für ideale Gase)

$$p_1V_1^{\;m} = p_2V_2^{\;m} \quad T_1V_1^{\;m-1} = T_2V_2^{\;m-1};\; T_1p_1^{\;-\frac{m-1}{m}} = T_2p_2^{\;-\frac{m-1}{m}}$$

m: Polytropenexponent ($1 < m < \kappa$)

$$\Delta S = S_2-S_1 = C_\mathrm{V}\ln\frac{T_2}{T_1}+nR_\mathrm{m}\ln\frac{V_2}{V_1} = C_\mathrm{p}\ln\frac{T_2}{T_1}-nR_\mathrm{m}\ln\frac{p_2}{p_1}$$

$$W_{12} = \frac{nR_\mathrm{m}}{m-1}(T_2-T_1)$$

$$Q_{12} = \left(C_\mathrm{V}+\frac{1}{m-1}nR_\mathrm{m}\right)(T_2-T_1) \quad \text{für } n \neq \kappa$$

In durchströmten Systemen gilt:

$$\int_1^2 v\,\mathrm{d}p = \frac{m}{m-1}R(T_2-T_1)$$

v: spezifisches Volumen

9.7 Technische Arbeitsprozesse

Die Turbine

Man betrachtet die Turbine als von einem idealen Gas durchströmtes System mit der technischen Leistung

$$P_\mathrm{T} = \dot{m}\cdot|W_\mathrm{T}|$$

$\dot{m}$: Massenstrom

$w_\mathrm{T} = \dfrac{\Delta W_\mathrm{T}}{\Delta m}$: spezifische technische Arbeit der Turbine

Reale Arbeit:

$W_T = h_2 - h_1 = c_p(T_2 - T_1)$ für ideale Gase

T_2: reale Endtemperatur

Adiabatischer Turbinenwirkungsgrad:

$\eta_{Tad} = \frac{P_T}{P_{Tad}}$ P_{Tad}: technische Turbinenleistung bei adiabatischer Zustandsänderung

Polytroper Turbinenwirkungsgrad:

$\eta_{Tpol} = \frac{P_T}{P_{Tpol}}$ P_{Tpol}: technische Turbinenleistung bei polytroper Zustandsänderung

Der Verdichter

Den Verdichter betrachtet man als von einem idealen Gas durchströmtes System mit der technischen Leistung

$P_V = \dot{m} \cdot |W_V|$ $\dot{m}$: Massenstrom

$w_V = \frac{\Delta W_V}{\Delta m}$: spezifische technische Arbeit des Verdichters

Reale Arbeit:

$w_V = h_2 - h_1 = c_p(T_2 - T_1)$ für ideales Gas

T_2: reale Endtemperatur

Adiabatischer Verdichterwirkungsgrad:

$\eta_{Vad} = \frac{P_V}{P_{Vad}}$ P_{Vad}: technische Verdichterleistung bei adiabatischer Zustandsänderung

Polytroper Verdichterwirkungsgrad:

$\eta_{Vpol} = \frac{P_V}{P_{Vpol}}$ P_{Vpol}: technische Verdichterleistung bei polytroper Zustandsänderung

Isothermer Verdichterwirkungsgrad:

$$\eta_{\mathrm{V\,iso}} = \frac{P_V}{P_{\mathrm{V\,iso}}}$$

P_{Viso}: technische Verdichterleistung bei isothermer Zustandsänderung

Der isotherme Verdichtungsprozess ist der von der Energiebilanz her ideale Verdichtungsprozess.

9.8 Thermodynamische Kreisprozesse

Definition des Kreisprozesses
Hierbei handelt es sich um einen Vorgang, bei dem ein System ausgehend von einem Anfangszustand andere Zustände durchläuft, um dann wieder in den Anfangszustand zurückzukehren.

Energiebilanz des Kreisprozesses

$$\oint \mathrm{d}W + \oint \mathrm{d}Q = 0$$

$\oint \mathrm{d}Q$: gesamte während des Kreisprozesses ausgetauschte Arbeit

$\oint \mathrm{d}W$: gesamte während des Kreisprozesses ausgetauschte Wärme

Nutzarbeit

$$W = -\oint \mathrm{d}W = \oint \mathrm{d}Q$$

W: Nutzarbeit des Kreisprozesses

Das Vorzeichen von W ist hier anders festgelegt als bei der regulären Definition von W; abgegebene Arbeit ist hier positiv.

Bei einfachen Systemen ist die Nutzarbeit

$$W = \oint p\,\mathrm{d}V = \oint T\,\mathrm{d}S$$

die im pV-Diagramm eingeschlossene Fläche.

Wärmekraftmaschinen

Nutzarbeit:

$$W = Q_1 - Q_2$$

Q_1: gesamte zugeführte Wärme

Q_2: gesamte abgegebene Wärme

Thermischer Wirkungsgrad:
Dies ist der Quotient aus Nutzarbeit und zugeführter Wärme:

$$\eta_{\text{th}} = \frac{W}{Q_1} = \frac{Q_1 - Q_2}{Q_1} = 1 - \frac{Q_2}{Q_1} \leq 1$$

Wärmepumpen und Kühlmaschinen
Der thermische Wirkungsgrad einer Wärmepumpe ist der Quotient aus abgegebener Arbeit und zugeführter Wärme:

$$\eta_{\text{th}} = \frac{Q_1}{W}$$

Der thermische Wirkungsgrad einer Kühlmaschine ist der Quotient aus abgegebener Wärme und zugeführter Arbeit:

$$\eta_{\text{th}} = \frac{Q_2}{W}$$

Carnot-Prozess
Hierbei handelt es sich um einen reversiblen Kreisprozess mit zwei isothermen und zwei adiabatischen Zustandsänderungen.

$$\frac{Q_1}{Q_2} = \frac{T_1}{T_2}$$

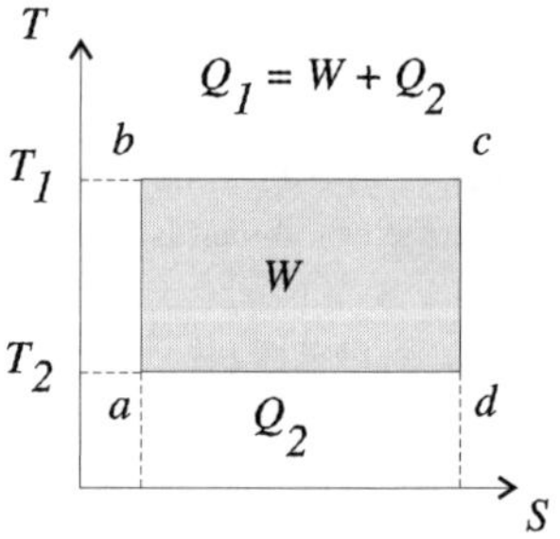

Nutzarbeit:

$W = T_1 \Delta S_{\text{bc}} - |T_2 \Delta S_{\text{da}}|$ $\Delta S_{\text{bc}}, \Delta S_{\text{da}}$: Entropieänderungen

Wirkungsgrad:

bei einer Wärmekraftmaschine: $\eta_{\mathrm{th}} = \frac{W}{Q_1} = \frac{T_1 - T_2}{T_1} = 1 - \frac{T_2}{T_1}$

bei einer Wärmepumpe: $\eta_{\mathrm{th}} = \frac{T_1}{T_1 - T_2}$

bei einer Kühlmaschine: $\eta_{\mathrm{th}} = \frac{T_2}{T_2 - T_1}$

Der Carnot-Prozess hat, wenn T_1 und T_2 gegeben sind, den maximalen Wirkungsgrad.

Ideales Gas als Arbeitssubstanz:

$$\frac{V_{\mathrm{c}}}{V_{\mathrm{b}}} = \frac{V_{\mathrm{d}}}{V_{\mathrm{a}}}$$

$$Q_1 = nR_{\mathrm{m}}T_1 \cdot \ln\frac{V_{\mathrm{c}}}{V_{\mathrm{b}}}$$

$$Q_2 = nR_{\mathrm{m}}T_2 \cdot \ln\frac{V_{\mathrm{c}}}{V_{\mathrm{b}}}$$

$$W = nR_{\mathrm{m}}(T_1 - T_2)\ln\frac{V_{\mathrm{c}}}{V_{\mathrm{b}}}$$

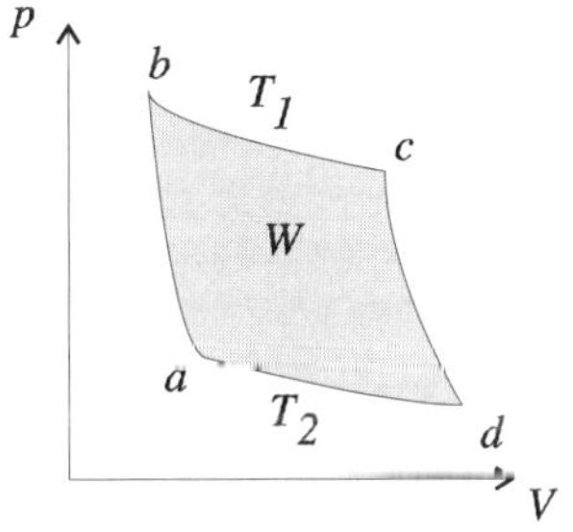

Stirling-Prozess

Dies ist ein reversibler Kreisprozess mit zwei isothermen und zwei isochoren Zustandsänderungen:

$Q_{bc} = Q_{da} = C_V \cdot (T_1 - T_2)$

C_V: Wärmekapazität bei konstantem Volumen

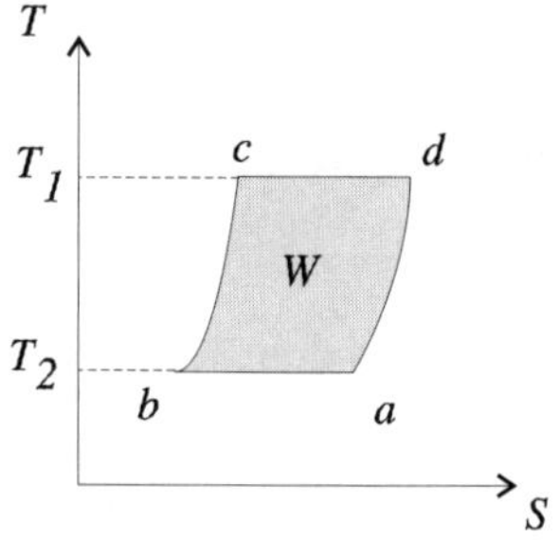

Nutzarbeit:

$$W = T_1 \Delta S_{cd} - |T_2\ \Delta S_{ab}|$$

S_{cd}, S_{ab}: Entropieänderungen

Wirkungsgrad:

$$\eta_{th} = \frac{W}{Q_1} = 1 - \frac{T_1}{T_2}$$

identisch mit η_{th} im Carnot-Prozess

Ideales Gas als Arbeitssubstanz:

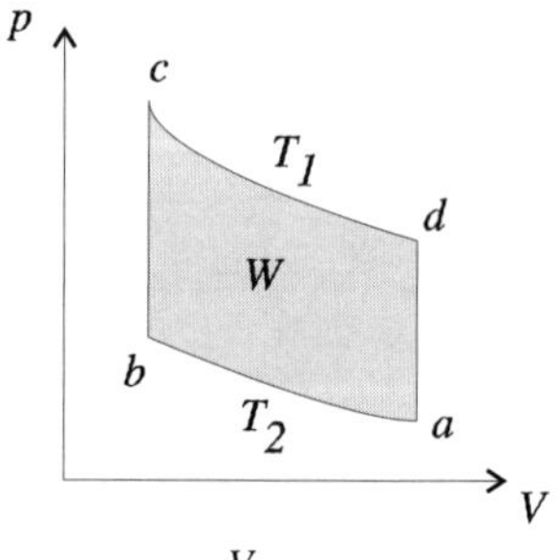

$$W = (T_1 - T_2) n R_m \ln \frac{p_c}{p_d} = (T_1 - T_2) n R_m \ln \frac{V_d}{V_c}$$

Joule-Prozess (Gasturbinen-Prozess)

Dieser reversible Prozess ist aus zwei adiabatischen und zwei isobaren Zustandsänderungen zusammengesetzt.

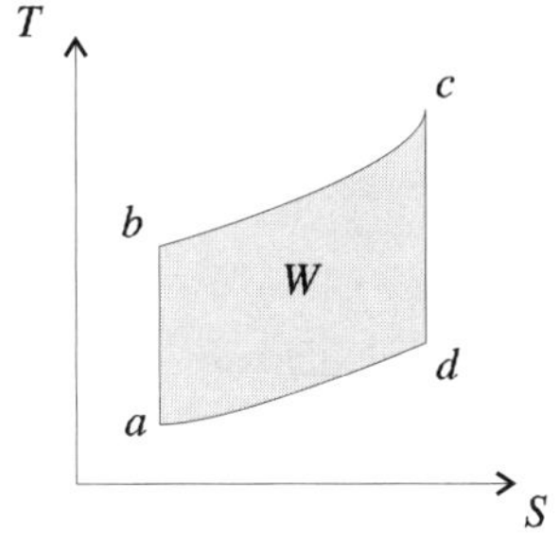

Nutzarbeit:

$W = C_p\,[(T_c - T_b) - (T_d - T_a)]$ C_p: Wärmekapazität bei konstantem Druck

Thermischer Wirkungsgrad:

$$\eta_{th} = 1 - \frac{T_d - T_a}{T_c - T_b}$$

Für ideale Gase gilt:

$$W = C_p T_a \left[\frac{T_c}{T_a}\left(\frac{1}{\lambda} - 1\right) + (\lambda - 1)\right];\; \lambda = \left(\frac{p_b}{p_a}\right)^{\frac{\kappa - 1}{\kappa}}$$

$$\eta_{th} = 1 - \left(\frac{p_b}{p_a}\right)^{\frac{1-\kappa}{\kappa}}$$ κ: Adiabatenexponent

Otto-Prozess

Hierbei handelt es sich um einen reversiblen Prozess mit zwei adiabatischen und zwei isochoren Zustandsänderungen.

$$\frac{V_2}{V_1} = \frac{V_{\text{hub}} + V_{\text{comp}}}{V_{\text{comp}}} = \varepsilon$$

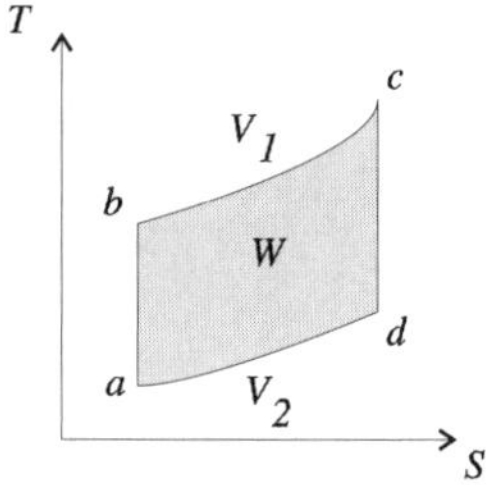

ε: Verdichtungskoeffizient

V_{hub}: Hubvolumen

V_{comp}: Kompressionsvolumen

Nutzarbeit:

$W = C_V\,[(T_c - T_b) - (T_d - T_a)]$ C_V: Wärmekapazität bei konstantem Volumen

Für ideale Gase gilt:

$$\frac{T_b}{T_a} = \frac{T_c}{T_d} = e^{\kappa - 1}$$

κ: Adiabatenexponent

$W = C_V\,(T_c - T_b)(1 - e^{\kappa - 1})$

$\eta_{\text{th}} = 1 - e^{\kappa - 1}$

Diesel-Prozess

Dieser reversible Prozess ist aus zwei adiabatischen Zustandsänderungen, einer isochoren Wärmeabgabe und einer isochoren Wärmezufuhr zusammengesetzt.

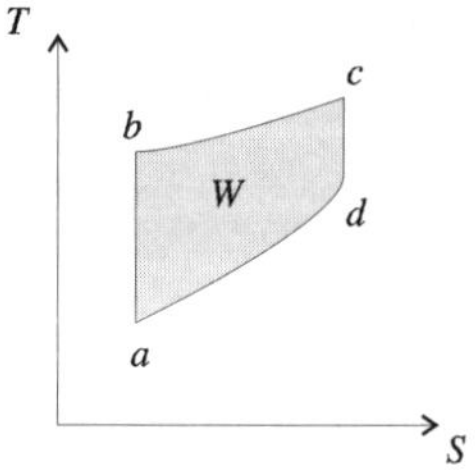

Nutzarbeit:

$W = C_p(T_c - T_b) - C_v(T_d - T_a)$ C_v, C_p: Wärmekapazitäten bei konstantem Volumen und konstantem Druck

Einspritzverhältnis bei idealen Gasen:

$$\varphi = \frac{V_c}{V_b} = \frac{T_c}{T_b}$$

κ: Adiabatenexponent

$$W = \frac{p_a V_a}{1 - \kappa}[\kappa e^{\kappa - 1}(\varphi - 1) - (\varphi^{\kappa} - 1)]$$

$$\eta_{th} = 1 - \frac{1}{\kappa e^{\kappa - 1}} \cdot \frac{\varphi^{\kappa} - 1}{\varphi - 1}$$

Weitere Kreisprozesse

Rankine-Prozess: Dies ist der in der Dampfmaschine ablaufende Kreisprozess, der gleichzeitig der wichtigste Prozess in der Stromerzeugung ist.

Kombinierter Gas-Dampf-Prozess: Hierbei handelt es sich um ein Zusammenspiel eines Joule- und eines Rankine-Prozesses. Die im Joule-Prozess erzeugte Abwärme wird im Rankine-Prozess genutzt.

Kaltdampfprozess

9.9 Phasenumwandlungen

Begriffsbestimmung

Unter einer Phasenumwandlung versteht man die Änderung der physikalischen Eigenschaften und der inneren Struktur eines Stoffes (z. B. Verdampfen oder Schmelzen).

Umwandlungswärme und -entropie

Die Umwandlungswärme Q_L ist die Wärmeenergie, die bei konstanter Temperatur ab- oder zugeführt werden muss, um den Energieunterschied zwischen beiden Phasen zu decken.

Umwandlungsentropie:

$$S_{um} = S_2 - S_1 = \frac{Q_L}{T}$$

S_1: Entropie der Anfangsphase

S_2: Entropie der Endphase

T: Umwandlungstemperatur

Sättigungsdampfdruck
Hierbei handelt es sich um den Druck $p_s(T)$, bei dem eine Flüssigkeit bei vorgegebener Temperatur T in den gasförmigen Zustand übergeht (und umgekehrt).

Verdampfungswärme:

$$Q_{12}^{\text{reversibel}} = U_{\text{gas}} - U_{\text{fl}} + p_s(T)(V_{\text{gas}} - V_{\text{fl}}) =$$
$$= H_{\text{gas}} - H_{\text{fl}} = \Delta H_v = \Delta S_v \cdot T = (S_{\text{gas}} - S_{\text{fl}}) \cdot T$$

ΔH_v: Verdampfungsenthalpie
ΔS_v: Verdampfungsentropie
U_{gas}, U_{fl}: innere Energien der Flüssigkeit bzw. des Gases
H_{gas}, H_{fl}: Enthalpien der Flüssigkeit bzw. des Gases

Clausius-Clapeyron'sche Gleichung:

$$\frac{\mathrm{d}p_s}{\mathrm{d}T} = \frac{Q_v}{T(V_{\text{gas}} - V_{\text{fl}})}$$

oder

$$\frac{\mathrm{d}p_s}{\mathrm{d}T} = \frac{S_{\text{gas}} - S_{\text{fl}}}{V_{\text{gas}} - V_{\text{fl}}} = \frac{\Delta S_v}{V_{\text{gas}} - V_{\text{fl}}}$$

$Q_v = Q_{12}^{\text{reversibel}}$: Verdampfungswärme
ΔS_v: Verdampfungsentropie
V_{gas}: Volumen im gasförmigen Zustand
V_{fl}: Volumen im flüssigen Zustand

Lösung der Gleichung für $Q_L = \text{const}$, $V_{\text{fl}} \ll V_{\text{gas}}$ und $p_{\text{gas}} V_{\text{gas}} = nRT$ (ideales Gas) ergibt:

$$p_s(T) = \text{const} \cdot e^{-\frac{Q_L}{nR_m T}}$$

Schmelzen

Auch hier gilt die Clausius-Clapeyron'sche Gleichung:

$$\frac{\mathrm{d}p_s}{\mathrm{d}T} = \frac{Q_s}{T(V_{\text{fest}} - V_{\text{fl}})}$$

Q_s : Schmelzwärme
p_s : Schmelzdruck

Beim Phasenübergang zwischen Wasser und Eis ist

$V_{\text{fest}} > V_{\text{fl}}$, d.h. $\frac{\mathrm{d}p_s}{\mathrm{d}T} < 0$

9.10 Gemische aus idealen Gasen

Massen- und Stoffmengenanteile

Vorgegeben ist ein Gemisch aus n idealen Gasen. Dann ist der Massenanteil ζ_i der i-ten Gaskomponente folgendermaßen definiert:

$$\zeta_i = \frac{m_i}{m}$$

m_i: Masse der i-ten Komponente
m: Gesamtmasse des Gemischs

Genauso ist der Stoffmengenanteil γ definiert:

$$\gamma_i = \frac{n_i}{n}$$

n_i: Stoffmenge der i-ten Komponente
n: Stoffmenge des Gemischs

Aufgrund der idealen Gasgesetze ist γ_i auch der Volumenanteil der i-ten Komponente.

Für Massen- und Stoffmengenanteil gilt: $\sum_{i=1}^{n} \zeta_i = 1 \qquad \sum_{i=1}^{n} \zeta_i = 1$

Gesetz von Dalton

Der Gesamtdruck eines Gasgemisches ist die Summe der Partialdrücke der n einzelnen Komponenten. Die Partialdrücke sind voneinander unabhängig und ergeben sich aus der molaren Zusammensetzung.

$$p_i = n_i \frac{R_m T}{V} \qquad p = \sum p_i$$

p_i: Partialdruck der i-ten Komponente
n_i: Stoffmenge der i-ten Komponente

Energie, Enthalpie und Entropie von Gemischen idealer Gase
Die gesamte innere Energie eines Gasgemisches ist die Summe der inneren Energien der einzelnen Komponenten. Dasselbe gilt für die Enthalpie eines Gasgemisches.

Bei der Mischung von n idealen Gaskomponenten entsteht die Entropie

$$\Delta S = \sum_{i=1}^{n} n_i R_m \ln \frac{1}{\gamma_i}$$

Wärmekapazität eines Gemisches aus idealen Gasen
Bei den folgenden Formeln ist n die Zahl der Komponenten, und i bezeichnet auf die i-te Komponente.

Spezifische Wärmekapazität bei konstantem Volumen: $c_v = \sum_{i=1}^{n} \zeta_i c_{vi}$

Spezifische Wärmekapazität bei konstanten Druck:

$$c_p = \sum_{i=1}^{n} \zeta_i c_{pi} = \kappa \cdot c_v \quad \kappa\text{: Adiabatenexponent des Gasgemisches}$$

Adiabatische Mischtemperaturen von idealen Gasen
Geschlossenes System:

$$T = \frac{\sum_{i=1}^{n} c_{vi} m_i T_i}{\sum_{i=1}^{n} c_{vi} m_i}$$

Durchströmtes System (potenzielle und kinetische Energie vernachlässigt):

$$T = \frac{\sum_{i=1}^{n} c_{pi} \dot{m}_i T_i}{\sum_{i=1}^{n} c_{pi} \dot{m}_i}$$

9.11 Feuchte Luft

Luftfeuchtigkeit

Relative Feuchte:

$$\varphi = \frac{p_D(T)}{p_s(T)}$$

p_D: Partialdruck des Wasserdampfs
p_s: Sättigungsdampfdruck des Wassers

In der Regel ist $p_D\,(T) < p_s\,(T)$.

Absolute Feuchte:

$$\varphi_{abs} = \frac{M_W}{V}$$

M_W: Massenanteil des Wassers
V: Volumen der feuchten Luft

Feuchte- oder Wassergehalt:

$$x = \frac{M_W}{M_L}$$

M_W: Massenanteil des Wassers
M_L: Massenanteil der Luft

Umrechnungen:

$$x = 0{,}6221 \cdot \left(\frac{1}{\varphi}\frac{p}{p_s} - 1\right)^{-1}$$

$$\varphi = \frac{1}{p_s}\left(1 + \frac{0{,}6221}{x}\right)^{-1}$$

p: Gesamtdruck der feuchten Luft

Zustandsgrößen der feuchten Luft

Dichte: $\rho = \dfrac{p(1+x)}{0{,}2871\,\mathrm{J\,g^{-1}\,K^{-1}} \cdot T}(0{,}6221\,x + 1)^{-1}$

Volumenzunahme gegenüber trockener Luft bei konstantem Druck:

$$\frac{V}{V_L} = 1 + 0{,}6221\,x$$

Massenzunahme gegenüber trockener Luft: $\dfrac{M}{M_L} = 1 + x$

Zustandsgleichung:

$$pV = mR' \cdot T$$

$$R' = \frac{0{,}2871 \, \mathrm{J\,g^{-1}K^{-1}} + 0{,}4615 \, \mathrm{J\,g^{-1}K^{-1}} \cdot x}{1 + x}$$

Mischung von zwei feuchten Luftmengen

Die Indices 1 und 2 stehen in den folgenden Formeln für die zu mischenden Luftmengen:

Masse der Luftmischung:

$$M = M_1 + M_2$$

M_1, M_2: Massen der beiden Luftmengen

$$= M_{L1} (1 + x_1) + M_{L2} (1 + x_2)$$

M_{L1}, M_{L2}: Massen der Luftanteile in den beiden Luftmengen

Feuchtegehalt der Luftmischung:

$$x_M = \frac{M_{L1} x_1 + M_{L2} x_2}{M_{L1} + M_{L2}}$$

x_1, x_2: Feuchte der beiden Luftmengen

10. Werkstofftechnik

10.1 Werkstoffgruppen - Übersicht

Werkstoff: Stoff zur Herstellung eines technischen Produktes

Naturstoffe	organisch: Holz, Kautschuk, Fasern ... mineralisch: Stein, Korund
Metalle	gut elektrisch leitend, plastisch verformbar, chemisch begrenzt beständig meist als Legierung (= Mischung mehrerer Elemente über Schmelze)
Unerscheidung in	Eisenmetalle – Nichteisen(NE)metalle Leichtmetalle (Dichte $< 4{,}5 \frac{g}{cm^3}$: Mg, Al, Ti) – Schwermetalle Edelmetalle (chemisch beständig: Ag, Ir, Pt, Au) Hochschmelzende Metalle (T_S > 2400°C: Nb, Mo, Ta, W) Übergangsmetalle (unvollständige innere e^--Schalen: 3d-Schale: Mn, Fe, Co, Ni; 4f-Schale: Nd, Sm)
Halbleiter	elektrische Leitfähigkeit ändert sich mit Temperatur Elementhalbleiter: Si, Ge, Se, Te (+ Dotierstoffe) Verbindungshalbleiter: III-V-Verbindungen: InSb, GaAs

Nichtmetallisch-Anorganische (NA) Werkstoffe

schlecht elektrisch leitend, spröde, chemisch beständig, hochschmelzend

Gläser (nicht kristallin): SiO_2 + Metalloxide

Keramik: stabile Verbindungen von Metallen mit Nichtmetallen (Oxide, Karbide, Nitride etc.) in Pulverform werden gesintert: Al_2O_3, SiC, Si_3N_4

Kunststoffe (Hochpolymere, Plaste)
schlecht thermisch leitend, tieftemperaturspröde, chemisch beständig, nicht hochtemperaturbeständig

Verbundwerkstoffe Kombination mehrerer Werkstoffe mit neuen, die der Komponenten übertreffende Eigenschaften

Beispiele: Stahlbeton (druckfest + chemisch beständig + zugfest) GFK (GlasFaserverstärkte Kunststoffe) Hartmetall (TiC oder WC (hart) in CoNiFe-Legierung (zäh)

10.2 Festkörperstruktur

Atomstruktur

Kern (Protonen) + e^--Hülle (Elektronen)

n = 1, 2, 3, ... Schalen mit $2n^2$ Plätzen

s-, p-, d-, f-Orbitale (= Elektronenzustände)

für $1 \cdot 2, 3 \cdot 2, 5 \cdot 2, 7 \cdot 2$ e^- mit entgegengesetztem Spin sukzessive Besetzung der Schalen bei steigender Anzahl der Elektronen
(Ausnahme: Übergangselemente mit unvollständiger innerer Schale
=> keine Kompensation des Spins
=> magnetisches Moment)

e^- in äußerster Schale (Valenzelektronen) streben nach der Edelgaskonfiguration

Atomare Bindung

In der Reihenfolge zunehmender e^--Transfer ergeben sich folgende Bindungstypen:

Van-der-Waals-Bindung < 25 kJ/mol
Schwerpunktverlagerung der e^-
=> elektr. Dipolmoment, Polarisation
Beispiel: Edelgaskristalle

Kovalente Bindung	e^--Austausch zwischen Nachbaratomen 150-800 kJ/mol Beispiel: Si, Ge, C (halbleitend)
Metallische Bindung	e^--Austausch: Elektronenpool, -see 50-110 kJ/mol Beispiel: Metalle (metallisch leitend)
Ionen-Bindung	e^--Übergang zwischen Nachbarn 300-450 kJ/mol (Kationen, Anionen) Beispiel: NaCl, Al_2O_3 (isolierend)

Kristallstruktur
Die kleinste räumliche Einheit des Kristallgitters ist die Elementarzelle (EZ).

Die Elementarzelle wird charakterisiert durch:
Gitterkonstanten: a, b, c
Winkel des Kristallgitters: α, β, γ
Besetzungszahl (BZ), Anzahl der Atome je Elementarzelle
Koordinationszahl (KZ), Anzahl der nächsten Nachbaratome
Packungsdichte (PD), Verhältnis von Volumen der Atome je EZ und Volumen der EZ

Gittertypen:
kubisch primitiv, kubisch flächenzentriert (kfz), kubisch raumzentriert (krz), hexagonal dichteste Packung (hdP), Tetraeder, C-Ketten ....

Gitterfehler
nulldimensionale (Punktfehler):
Leerstelle, Zwischengitteratom, Fremdatom (substitutionelles, interstitielles)

eindimensionale (Versetzungen):
entstehen bei Verformungen (Versetzungen sind die Träger der plastischen Verformung in Kristallen), bei Kristallzucht, bei Zusammenlagerung von Punktfehlerstellen
Stufenversetzung
Schraubenversetzung

Burgersvektor $\vec{b}$ = Verschiebungsvektor

zweidimensionale (Grenzflächen):
Groß- und Kleinwinkelkorngrenzen, Zwillingsgrenzen, Drehgrenzen, Phasengrenzen, Stapelfehler

10.3 Werkstoffprüfung

Dehnung $\varepsilon = \frac{\Delta L}{L_0}$

ΔL: Längenänderung
L_0: Ausgangslänge
γ: Winkeländerung

Spannungs- Dehnungs-Diagramm

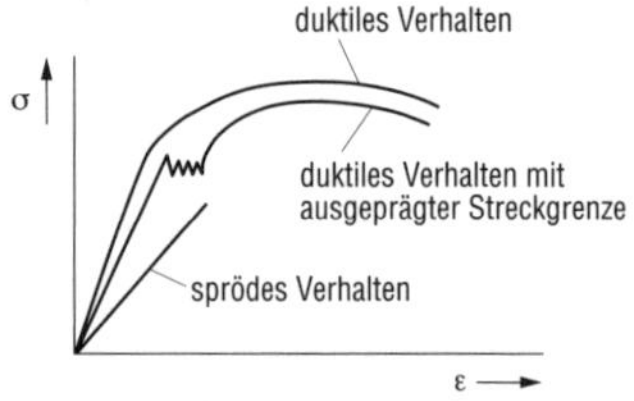

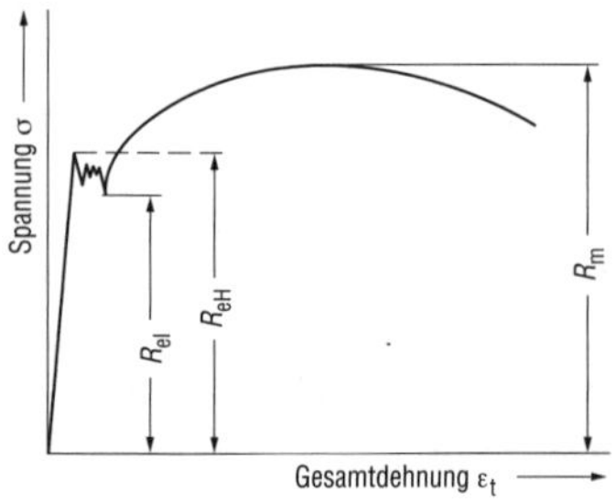

Elastizitätsmodul $E = \frac{\Delta\sigma}{\Delta\varepsilon_e}$

$\Delta\sigma$: Normalspannung
$\Delta\varepsilon_e$: elastische Dehnung

Schubmodul $G = \frac{\Delta\tau}{\Delta\gamma_e}$

$\Delta\tau$: Schubspannung
$\Delta\gamma_e$: elastische Schiebung

Hooke'sches Gesetz:
$\sigma = E \cdot \varepsilon_e$ bzw. $\tau = G \cdot \gamma_e$

Querkontraktionszahl, Poisson-Zahl $\nu = \frac{\varepsilon_{quer}}{\varepsilon_{länger}}$

ν für die elastische Verformung der meisten Metalle $\approx 0{,}3$,
damit $E = 2 \cdot (1 + \nu) \cdot G \approx 2{,}6 \cdot G$

Kennwerte des Zugversuches (DIN EN 10002 Teil 1)

$L_0 = k \cdot \sqrt{S_0}$ L_0: Anfangsmesslänge

S_0: Anfangsquerschnitt

In der Regel Proportionalitätsfaktor k = 5,65

Bei Proben mit rundem Querschnitt: $\frac{L_0}{d_0} = 5$

d_0 = Anfangsdurchmesser

Bruchdehnung:

$A = \frac{L_U - L_0}{L_0} \cdot 100\ \%$ L_U: Messlänge nach dem Bruch

Brucheinschnürung:

$Z = \frac{S_0 - S_U}{S_0} \cdot 100\,\%$ S_U: kleinster Probenquerschnitt nach dem Bruch

Dehngrenzen (= Spannungen bei einer bestimmten Dehnung):

$R_{p\,0,01}$: Technische Elastizitätsgrenze

$R_{p\,0,2}$: 0,2-Grenze

bei Werkstoffen mit ausgeprägter Streckgrenze:

R_{eH}: obere Streckgrenze; Spannung, bei der Kraft erstmalig wieder abfällt bzw. konstant bleibt

R_{eL}: untere Streckgrenze, kleinste Spannung im Fließbereich

Zugfestigkeit:

$R_m = \frac{F_m}{S_0}$ F_m: Höchstkraft

Kennwerte des Druckversuchs (DIN 50106)

Druckspannung:

$\sigma_d = \frac{F}{S_0}$ F: wirksame Kraft

S_0: Anfangsquerschnitt

Druckfestigkeit:

$$\sigma_{dB} = \frac{F_B}{S_0}$$

F_B: Kraft beim Bruch

Druckstauchung:

$$\varepsilon_{dB} = \frac{\Delta L_{dB}}{L_0} \cdot 100\ \%$$

ΔL_{dB}: Längenänderung beim Bruch
L_0: Anfangsmesslänge

Relative Querschnittsvergrößerung:

$$\Psi = \frac{\Delta S_{dB}}{S_0} \cdot 100\ \%$$

ΔS_{dB}: Querschnittsänderung bei Anriss, nicht bei Bruch
σ_{dF}: Quetschgrenze, Druck-Fließgrenze

Biegeversuch und Verdrehversuch
Biegefestigkeit:

$$\sigma_b = \frac{M_b}{W}$$

M_b: Biegemoment
W: Widerstandsmoment

Festigkeits- und Verformungskennwerte bei schwingender Beanspruchung

Spannungsverhältnis $R = \frac{\sigma_U}{\sigma_0}$ — Unterspannung / Oberspannung

$-1 \leq R \leq +1$

$R < 0$: Wechselbeanspruchung
$R \geq 0$: Schwellende Beanspruchung
$R = +1$: Statische Beanspruchung

Einstufige Beanspruchung
Dauerfestigkeit $\sigma_D = \sigma_m \pm \sigma_A$

σ_m: Mittelspannung
σ_A: Spannungsamplitude, die bis zur Grenzschwingspielzahl NG ertragen wird

Wöhlerkurve

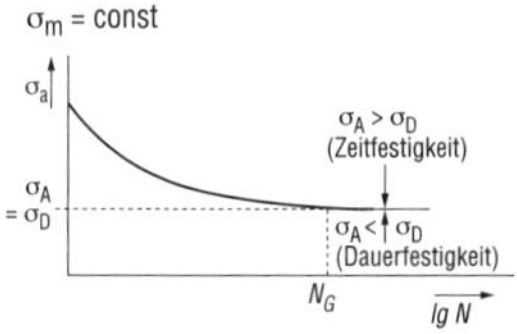

Mehrstufige Beanspruchung

Dauerfestigkeitsschaubild Smith

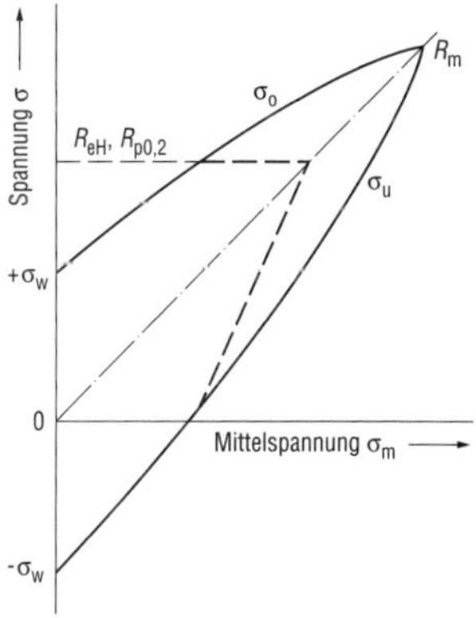

σ_W: Zug-Druck-Wechselfestigkeit

daraus:

σ_{Sch}: Zug-Schwellfestigkeit

σ_{bW}: Biegewechselfestigkeit; nur durch Versuch zu bestimmen (DIN 50113)

Kerbwirkung

Formzahl $\alpha_K = \frac{\sigma_{max}}{\sigma_0}$ maximale Spannung / Nennspannung

Grundsätzlich: Je weicher der Werkstoff, desto geringer wirken sich die Formzahlen aus.

Kerbwirkungszahl $\beta_K = \frac{\sigma_{D\ glatt}}{\sigma_{D\ gekerbt}}$

β_K ist abhängig von α_K

Es gilt: $1 \leq \beta_K \leq \alpha_K$

Einfluss der Oberflächengüte entspricht dem Einfluss der Kerbwirkung. Je rauer die Oberfläche, desto geringer die Dauerfestigkeit.

Härte

Härte ist der Widerstand eines Werkstoffes gegenüber dem Eindringen eines härteren Körpers in seine Oberfläche.

Härtemessverfahren

Brinell (DIN EN 10003)

Eindringkörper: polierte Kugel aus gehärtetem Stahl oder Hartmetall mit Durchmesser D

$$\text{Härtewert } H = \frac{0{,}102 \cdot 2F}{\pi \cdot D \cdot (D - \sqrt{D^2 - d^2})}$$

F: Kraft

d: mittlerer Eindruckdurchmesser

Vickers (DIN 50133)

Eindringkörper: gerade Pyramide mit quadratischer Grundfläche aus Diamant mit einem Spitzenwinkel von 136°

$$\text{Härtewert } H = \frac{0{,}102 \cdot 1{,}854\, F}{d^2}$$

Rockwell C (DIN EN 10109)

Eindringkörper: Kegel aus Diamant mit Kegelwinkel 120°

Prüfvorkraft $F_0 = 98{,}07$ N

Prüfkraft $F_1 = 1373$ N

$$\text{Härtewert } HRC = 100 - \frac{h}{0{,}002}$$

h: bleibende Eindringtiefe bei Kraftminderung von F_1 auf F_0

Rockwell B (DIN EN 10109)
Eindringkörper: Kugel aus gehärtetem Stahl mit Durchmesser
$D = 1{,}59$ mm = 1/16"
Prüfvorkraft $F_0 = 98{,}07$ N
Prüfkraft $F_1 = 882{,}6$ N

Härtewert HRB $= 130 - \frac{h}{0{,}002}$

h: bleibende Eindringtiefe bei Kraftminderung von F_1 auf F_0

Bruchmechanik
Spannungsintensitätsfaktor

$K_I = \sigma \cdot \sqrt{\pi \cdot a} \cdot f$

a: Risslänge
f: Geometriefaktor
σ: Spannung
K_{Ic}: Bruchzähigkeit, Risszähigkeit; Werkstoffkennwert, der einem entsprechenden Schaubild entnommen wird

Bei zyklischer Schwingbeanspruchung mit $\Delta\sigma = \sigma_0 - \sigma_U$

Zyklischer Spannungsintensitätsfaktor $\Delta K = \Delta\sigma \cdot \sqrt{\pi \cdot a} \cdot f$

Kerbschlagbiegeversuch (nach Charpy)

Versuchsanordnung:
Pendelhammer fällt aus Höhe H herunter und trifft an seinem tiefsten Punkt auf die Rückseite einer gekerbten Probe.

Schlagarbeit $K = m \cdot g \cdot (H - h)$

h: Steighöhe nach dem Zerschlagen der Probe

Kompakt-Zugversuch (nach ASTM)
Bestimmung der Bruchzähigkeit K_{Ic}

Versuch:
Probe enthält in der Mitte eine winkelförmige Kerbe, in der durch Schwingbeanspruchung ein Anriss erzeugt wird. Die angerissene Probe wird dann im Zugversuch zerrissen. Es wird die Spannung ermittelt, bei der sich der vorhandene Anriss schlagartig (instabil) ausbreitet. Während der Schwingbeanspruchung und des Zugversuches wird auf der Stirnseite der Probe die Rissaufweitung gemessen.

Anwendungsgrenzen der Bruchversuche

Werkstoffe mit niedriger Festigkeit: $\frac{E}{R_{p\,0,2}} > 300$

E: Elastizitätsmodul
$R_{p\,0,2}$: 0,2-Dehngrenze

Qualitative Abschätzung der Sprödbruchgefahr durch Kerbschlagbiegeversuch ist ausreichend.

Werkstoffe mit mittlerer Festigkeit: $150 < \frac{E}{R_{p\,0,2}} < 300$

Hier ist zusätzlich die Bruchzähigkeit K_{Ic} zu ermitteln.

Hochfeste Werkstoffe: $\frac{E}{R_{p\,0,2}} < 150$

Kenntnis der Bruchzähigkeit ist immer erforderlich.

Kritische Beanspruchung: $\sigma_{krit} = \frac{K_{Ic}}{f \cdot \sqrt{\pi \cdot a_{max}}}$

a_{max}: maximale Risslänge, durch zerstörungsfreie Prüfverfahren ermittelt

Oder mit vorhandener Spannung kritische Risslänge festlegen:

$$a_{krit} = \frac{K_{Ic}^{\ 2}}{f^2 \cdot \pi \cdot \sigma_{vorh}^{\ 2}}$$

Technologische Prüfverfahren

Prüfung der Umformeigenschaften
Faltversuch DIN 50111, DIN 50121
Tiefungsversuch DIN 50101, DIN 50102
Tiefziehversuch (nicht genormt)

Prüfung der Gießeigenschaften
Schwindmaßbestimmung DIN 50131
Fließfähigkeit und Formfüllungsvermögen (können durch Gussspirale ermittelt werden)
Ringgussprobe

Prüfung auf Eignung zum Schweißen oder Löten
Die entsprechenden Verfahren sind den zugehörigen Bestimmungen der DIN zu entnehmen.

Zerstörungsfreie Prüfung

Kapillarverfahren
Anwendung: Risse in der Oberfläche können sichtbar gemacht werden

Magnetische Verfahren
Streuflussverfahren DIN 54130
nur für ferromagnetische Werkstoffe geeignet
Anwendung: Makrofehler in und dicht unter der Oberfläche

Induktive Verfahren
Wirbelstromverfahren DIN 54140
nur indirekte Fehleranzeige, in der Regel keine Aussage über die Art des Fehlers möglich, wird häufig zur Prüfung von Oberflächenbeschichtungen eingesetzt

Ultraschallprüfung
Prüffrequenzen: zwischen 0,5 MHz und 10 Mhz
Mindestgröße des erkennbaren Fehlers ergibt sich aus: $c = \lambda \cdot f$

c: Schallgeschwindigkeit = 6000 $\frac{\text{m}}{\text{s}}$

f: Frequenz

daraus folgt die Wellenlänge λ

Fehler können nur erkannt werden, wenn sie größer als die halbe Wellenlänge $\frac{\lambda}{2}$ sind.

Impulsecho-Verfahren

Prinzip:

Schall wird an der Grenzfläche zweier Medien entsprechend dem Verhältnis ihrer Schallwiderstände reflektiert. Der Schallkopf strahlt einen kurzen Schallimpuls ab. Schallimpuls und ggf. Echos werden als Reflektogramm wiedergegeben. Bei Fehlern entsteht ein Zwischenecho.

Strahlenverfahren

Prinzip:

Röntgenstrahlen, Gammastrahlen durchdringen Metalle. Sie werden je nach Werkstoff, Bauteildicke und Wellenlänge abgeschwächt. Die Ausstrahlung hinter dem Bauteil wird auf Fotomaterial registriert. Befindet sich im Bauteil ein Werkstofffehler parallel zur Strahlenrichtung, so werden die Strahlen dort nicht abgeschwächt. Damit ist die Strahlung an dieser Stelle hinter dem Bauteil höher.

Dieses Verfahren hat besondere Bedeutung bei der Schweißnahtprüfung (DIN 54111 Teil 1).

Makroskopische Verfahren

Voraussetzung: geschliffene Oberfläche

Tiefenätzung:

Sie dient zur Unterscheidung grundsätzlicher Gefügeunterschiede, wie Primärkristallisation in Gussteilen, Verteilung von Seigerungen, Rekristallisationsgefüge und Faserverlauf verformter Teile.

Baumann-Abdruck:

Er dient zum Nachweis von Schwefelseigerungen im Stahl.

Lichtmikroskopie

Voraussetzung: optisch ebene Oberfläche

Prinzip:

Die Schlifffläche wird chemisch oder elektrolytisch eingeätzt, um einen besseren Kontrast zu erhalten (Korngrenzenätzung, Kornflächenätzung).

Methoden der Beleuchtung:

Hellfeldbeleuchtung (Flächen parallel zur Schlifffläche hell)

Dunkelfeldbeleuchtung (Flächen parallel zur Schlifffläche dunkel)

Raster-Elektronenmikroskopie

Prinzip:

Im Raster-Elektronenmikroskop REM wird die Probenoberfläche zeilenförmig mit einem sehr dünnen Elektronenstrahl ($d \approx 0{,}01$ µm) abgetastet. Die Primärelektronen des Elektronenstrahles lösen aus der Probe Sekundärelektronen heraus. Diese werden von einem Elektronendetektor abgefangen. Aus herausragenden Oberflächenteilen werden viele Sekundärelektronen herausgelöst, d. h. sie erscheinen heller. Tieferliegende Zonen dagegen dunkler.

Durchstrahlungs-Elektronenmikroskop

Prinzip: Elektronenstrahlen werden an Gitterbaufehlern gebeugt. Es entstehen Interferenzen. Dadurch werden Stapelfehler, feinste Ausscheidungen, Spannungsumfelder um einzelne Leerstellen sichtbar.

Spektralanalyse

Prinzip:

Das Elektron eines Atoms ist nur auf einem bestimmten Energieniveau stabil. Durch Zufuhr von Energie können Elektronen auf ein höheres Energieniveau angehoben werden (d. h. eine andere Elektronen-Schale). Dieser Zustand ist instabil. Die Elektronen springen in den stabilen Zustand zurück. Dabei geben sie die überschüssige Energie in Form von Licht- oder Röntgenquanten wieder ab. Die Wellenlängen der entstandenen Strahlen sind charakteristisch für den jeweiligen Atom-Kern

Verfahren:

Lichtemissionspektroskopie

Röntgenspektroskopie

10.4 Eisenwerkstoffe

Eisen-Kohlenstoff-Schaubild

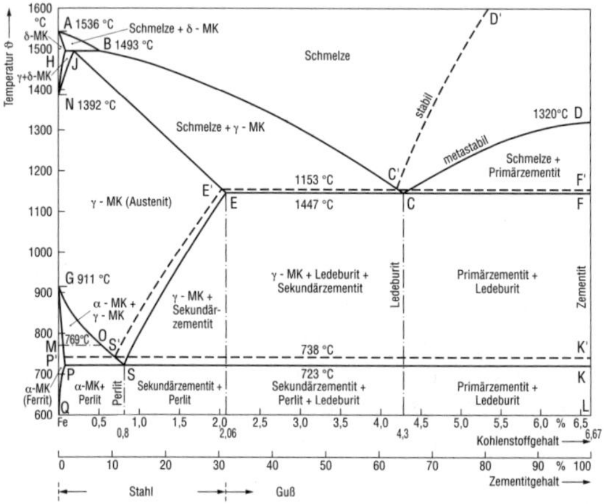

Wirkung der Eisenbegleiter

	erhöht	erniedrigt
Aluminium Al	Zunderwiderstand, Eindringen von Stickstoff	---
Chrom Cr	Zugfestigkeit, Härte, Warmfestigkeit, Verschleißfestigkeit, Korrosionsbeständigkeit	Dehnung
Kobalt Co	Härte, Schneidhaltigkeit, Warmfestigkeit	Kornwachstum bei höheren Temperaturen

Mangan Mn	Zugfestigkeit, Durchhärtbarkeit, Zähigkeit	Zerspanbarkeit, Kaltformbarkeit, Grafitausscheidung bei Grauguss
Molybdän Mo	Zugfestigkeit, Warmfestigkeit, Schneidhaltigkeit, Durchhärtung	Anlasssprödigkeit, Schmiedbarkeit
Nickel Ni	Festigkeit, Zähigkeit, Durchhärtbarkeit Korrosionsbeständigkeit	Wärmedehnung
Vanadium V	Dauerfestigkeit, Härte, Warmfestigkeit	Empfindlichkeit gegen Überhitzung
Wolfram W	Zugfestigkeit, Härte, Warmfestigkeit, Schneidhaltigkeit	Dehnung, Zerspanbarkeit
Kohlenstoff C	Festigkeit und Härte (Maximum bei C ≈ 0,9 %), Härtbarkeit	Schmelzpunkt, Dehnung, Schmelz- und Schmiedbarkeit
Wasserstoff H_2	Alterung durch Versprödung, Zugfestigkeit	Kerbschlagzähigkeit
Stickstoff N_2	Versprödung	Alterungsbeständigkeit, Tiefzichfähigkeit
Phosphor P	Zugfestigkeit, Warmfestigkeit, Korrosionswiderstand	Kerbschlagzähigkeit, Schweißbarkeit

Schwefel S	Zerspanbarkeit	Kerbschlagzähigkeit, Schweißbarkeit
Silicium Si	Zugfestigkeit, Dehngrenze, Korrosionsbeständigkeit	Bruchdehnung, Kerbschlagzähigkeit, Tiefziehfähigkeit, Schweißbarkeit, Zerspanbarkeit

Wärmebehandlung
mögliche Eigenschaftsänderungen:
spangebende Verarbeitung verbessern (Weichglühen, Grobkornglühen)
Festigkeit verändern (Härten, Normalglühen, Weichglühen)
Auswirkungen der Kaltverformung beseitigen (Rekristallisationsglühen, Normalglühen)
Verringerung von Seigerungen (Diffusionsglühen)
Ändern der Korngrößen (Normalglühen, Rekristallisationsglühen, Grobkornglühen)
Beseitigung von Eigenspannungen (Spannungsarmglühen)
Glühbehandlung:
Gefüge wird in Richtung Gleichgewicht verändert. Langsame Abkühlung.

Härten:
Austenit wird so schnell abgekühlt, dass das Ungleichgewichtsgefüge Martensit entsteht.

Vergüten:
Kombinierte Wärmebehandlung aus Härten und nachfolgendem Anlassen.
Anlassstufe 1 (Entspannen):
„Glashärte" des Stahles wird beseitigt.
Anlassstufe 2:
Zugfestigkeit und Härte fallen, Streckgrenze kaum.
Anlassstufe 3:
Zugfestigkeit nimmt weiter ab. Kerbschlagzähigkeit nimmt zu.

Bezeichnung der Eisenwerkstoffe nach DIN 17006 (veraltet)

Kennzeichnung nach Zugfestigkeit und Streckgrenze

Beispiele:

St 44-2 Allgemeiner Baustahl, mit der Mindestzugfestigkeit $44 \cdot 9{,}81\ \frac{\text{N}}{\text{mm}^2} = 431{,}6\ \frac{\text{N}}{\text{mm}^2}$, gerundet $430\ \frac{\text{N}}{\text{mm}^2}$ aus der Gütegruppe 2.

StE 255 Feinkornbaustahl mit einer Mindeststreckgrenze $R_e = 255\ \frac{\text{N}}{\text{mm}^2}$.
Bei Angabe der Mindeststreckgrenze wird dem Zahlenwert ein *E* vorangestellt.

Kennzeichnung nach der chemischen Zusammensetzung

Die chemische Zusammensetzung wird bei den Stählen angegeben, die durch den Kohlenstoffgehalt oder die Legierungselemente besondere Eigenschaften erhalten.

Beispiele:

C 45 Unlegierter Vergütungsstahl, Qualitätsstahl mit 0,45% Kohlenstoffgehalt

Bei legierten Stählen liegt die Summe der Legierungselemente unter 5%. Die Gewichtsprozente der Legierungszusätze werden mit 4, 10 oder 100 multipliziert.

Multiplikatoren für Legierungselemente:

4: Cr, Co, Mn, Ni, Si, W

10: Al, Cu, Mo, Ta, Ti, V

100: C, P, S, N

Beispiel: 45 Cr Mo V 6 7

Legierter Stahl mit 0,45% Kohlenstoff, 1,5% Chrom, 0,7% Molybdän und geringem Vanadium-Gehalt

Hochlegierte Stähle haben mindestens ein Legierungselement mit mehr als 5% Anteil. Zur Kennzeichnung wird ihnen ein X vorangestellt. Nur der Kohlenstoff-Gehalt wird mit 100 multipliziert. Alle Legierungselemente werden mit ihrem tatsächlichen Gehalt in % angegeben.

Beispiel: X 5 Cr Ni Mo 18 12

Hochlegierter Stahl mit 0,05% Kohlenstoff, 18% Chrom, 12% Nickel und geringem Molybdän-Gehalt

Für Schnellarbeitsstähle gilt eine eigene Bezeichnungsweise. Hinter dem Buchstaben S werden in der Reihenfolge Wolfram, Molybdän, Vanadium und, falls vorhanden, Kobalt, die ungefähren Gewichtsprozente dieser Legierungsmetalle angegeben.

Beispiel: S 10 - 4 - 3 - 10

Schnellarbeitsstahl mit 10% Wolfram, 4% Molybdän, 3% Vanadium und 10% Kobalt

Zusätzliche Angaben:

Durch die Ziffern .1 bis .9 wird der Gewährleistungsumfang gekennzeichnet, der Hersteller garantiert bestimmte Eigenschaften. Der Behandlungszustand wird durch Buchstaben angegeben.

Kennzeichnung der Eisen-Gusswerkstoffe

G:	Gusswerkstoff
GG:	Grauguss
GGG:	Gusseisen mit Kugelgrafit
GGL:	Gusseisen mit Lamellengrafit
GGK:	Kokillen-Gusseisen
GH:	Hartguss
GS:	Stahlguss
GSZ:	Schleuder-Stahlguss
GTS:	nicht entkohlend geglühter (schwarzer) Temperguss
GTW:	entkohlend geglühter (weißer) Temperguss
Beispiel:	GTS - 55 - 04

Schwarzer Temperguss mit einer Mindestzugfestigkeit von

$55 \cdot 9{,}81 \frac{N}{mm^2} \approx 540 \frac{N}{mm^2}$ und einer Bruchdehnung von 4%

Kennzeichnung der Werkstoffe nach DIN EN 10027 (Teil 2)

Der Aufbau der Werkstoffnummer erfolgt nach folgendem Schema:

X. XX XX(XX)

X.:	Werkstoffhauptgruppennummer
0.:	Roheisen, Ferrolegierungen, Gusseisen
1.:	Stahl und Stahlguss
2.:	Schwermetalle außer Eisen
3.:	Leichtmetalle
4. bis 8.:	Nichtmetallische Werkstoffe
9.:	freie Kennzahl für innerbetriebliche Kennzeichnung

XX: Stahlgruppennummer

Grund- und Qualitätsstähle

00:	Handels- und Grundgüten
01, 02:	Allgemeine Baustähle
03 ... 07:	Qualitätsstähle unlegiert
08, 09:	Qualitätsstähle legiert
90 ... 99:	Sondersorten

Unlegierte Edelstähle

10:	Stähle mit besonderen physikalischen Eigenschaften
11, 12:	Baustähle
15 ... 18:	Werkzeugstähle

Legierte Edelstähle

20 ... 28:	Werkzeugstähle
32, 33:	Schnellarbeitsstähle
34:	Verschleißfeste Stähle
35:	Wälzlagerstähle
36 ... 39:	Eisenwerkstoffe mit besonderen physikalischen Eigenschaften
40 ... 45:	Nichtrostende Stähle
47, 48:	Hitzebeständige Stähle
49:	Hochtemperaturwerkstoffe
50 ... 84:	Baustähle
85:	Nitrierstähle

XX(XX): Zählnummern. In Klammern Nummern für möglichen zukünftigen Bedarf

Beispiel: 1.0570
Stahl. Qualitätsstahl unlegiert. Zählnummer 70 festgelegt für St 52-3.

10.5 Nicht-Eisen-Metalle (NE-Metalle)

Bezeichnung nach DIN 1700 (veraltet)

G: Guss (allgemein)
GD: Druckguss
GK: Kokillenguss
GZ: Schleuder- (Zentrifugal-) Guss
V: Vor- und Verschnittlegierung
Gl: Gleit- (Lager-) Metall
L: Lot
S: Schweißzusatzwerkstoff

Die Kurzbezeichnung für unlegierte Metalle erfolgt durch das chemische Symbol und seinen Gehalt.
Bei Legierungen folgen die chemischen Symbole für Haupt- und Nebenbestandteile aufeinander. Zur näheren Kennzeichnung wird der Gehalt des Legierungsbestandteiles seinem chemischen Symbol angefügt. Bei Legierungsgehalten unter 1% wird das chemische Symbol nachgestellt.
Beispiel: GD - CuZn 15 Si 4
Druckgusslegierung aus 81% Kupfer (Gehalt nicht angegeben), 15% Zink und 4% Silicium

Die Werkstoffe werden ansonsten mit Werkstoffnummern nach
DIN EN 10027 (Teil 2) bezeichnet (siehe entsprechender Abschnitt)

Ausgewählte NE-Metalle

Kupfer (Cu)

Dichte $\rho = 8{,}93\ \frac{\mathrm{kg}}{\mathrm{dm}^3}$

Schmelzpunkt $T_\mathrm{S} = 1083\ °\mathrm{C}$

Zugfestigkeit $R_\mathrm{m} = 200\ ...\ 360\ \frac{\mathrm{N}}{\mathrm{mm}^2}$; kaltverfestigt bis $600\ \frac{\mathrm{N}}{\mathrm{mm}^2}$

Bruchdehnung $A = 50\ ...\ 35\%$; kaltverfestigt 2%

Legierungen:
mit Zink (Messing), Zinn (Zinnbronze), Aluminium, Blei, Nickel ...

Nickel (Ni)

Dichte $\rho = 8{,}9\ \frac{\text{kg}}{\text{dm}^3}$

Schmelzpunkt $T_S = 1455\ °\text{C}$

Zugfestigkeit $R_m = 400 \dots 500\ \frac{\text{N}}{\text{mm}^2}$; kaltverfestigt $700 \dots 800\ \frac{\text{N}}{\text{mm}^2}$

Dehnung $A = 50 \dots 40\%$; kaltverfestigt 2%

Legierungen:
mit Mangan, Aluminium, Kupfer, Eisen ...

Zink (Zn)

Dichte $\rho = 7{,}1\ \frac{\text{kg}}{\text{dm}^3}$

Schmelzpunkt $T_S = 419\ °\text{C}$

Zugfestigkeit: gegossen $R_m = 30\ \frac{\text{N}}{\text{mm}^2}$; gepreßt $R_m = 110\ \frac{\text{N}}{\text{mm}^2}$

Dehnung: bei Raumtemperatur: $A = 1\%$; bei 90 ... 160 °C: $A = 25\%$

Legierungen:
mit Aluminium, Kupfer ...

Blei (Pb)

Dichte $\rho = 11{,}3\ \frac{\text{kg}}{\text{dm}^3}$

Schmelzpunkt $T_S = 327\ °\text{C}$

Zugfestigkeit $R_m = 15 \dots 20\ \frac{\text{N}}{\text{mm}^2}$

Dehnung $A = 50 \dots 30\%$; über 100 °C spröde

Legierungen:
mit Antimon, Zinn ...

Zinn (Sn)

Dichte $\rho = 7{,}3 \ \frac{\text{kg}}{\text{dm}^3}$

Schmelzpunkt $T_S = 232$ °C

Zugfestigkeit $R_m = 40 \ldots 50 \ \frac{\text{N}}{\text{mm}^2}$

Dehnung $A = 40\%$

Legierungen:

mit Blei, Kupfer, Silber, Antimon ... (Weichlote)

Aluminium (Al)

Dichte $\rho = 2{,}7 \ \frac{\text{kg}}{\text{dm}^3}$

Schmelzpunkt $T_S = 658$ °C

Zugfestigkeit: gegossen $R_m = 90 \ldots 120 \ \frac{\text{N}}{\text{mm}^2}$; weich geglüht 65 $\frac{\text{N}}{\text{mm}^2}$;

hart gewalzt 150 ... 230 $\frac{\text{N}}{\text{mm}^2}$

Dehnung $A = 25 \ldots 3\%$

Legierungen:

mit Magnesium, Kupfer, Silicium, Zink, Mangan, Blei ...

Eigenschaften des Aluminiums durch Legierungszusätze weit gehend beeinflussbar.

Magnesium (Mg)

Dichte $\rho = 1{,}75 \ \frac{\text{kg}}{\text{dm}^3}$

Schmelzpunkt $T_S = 650$°C

Zugfestigkeit: gegossen $R_m = 100 \ldots 130 \ \frac{\text{N}}{\text{mm}^2}$; gewalzt 195 ... 245 $\frac{\text{N}}{\text{mm}^2}$

Dehnung $A = 10 \ldots 5\%$

Legierungen:

mit Aluminium, Zink, Silicium ...

Titan (Ti)

Dichte $\rho = 4{,}5 \dfrac{\text{kg}}{\text{dm}^3}$

Schmelzpunkt $T_S = 1650 \ldots 1700$ °C

Zugfestigkeit $R_m = 290 \ldots 740 \dfrac{\text{N}}{\text{mm}^2}$

Dehnung $A = 30 \ldots 15\%$

Legierungen:

mit Aluminium, Vanadium, Molybdän, Zinn, Zirkonium, Kupfer, Eisen ...

Mechanische Eigenschaften des Titan werden durch Zulegierungen wesentlich verändert.

Dichte $\rho = 4{,}37 \ldots 4{,}8 \dfrac{\text{kg}}{\text{dm}^3}$

Schmelztemperatur $T_S = 1550 \ldots 1700$ °C

Zugfestigkeit $R_m = 540 \ldots 1320 \dfrac{\text{N}}{\text{mm}^2}$

Dehnung $A = 16 \ldots 4\%$

10.6 Kunststoffe

Synthesereaktionen

Polymerisation

Makromoleküle entstehen durch die Aneinanderreihung der ungesättigten Moleküle einer einzigen Monomerart unter Aufhebung der Doppelbindung.

Beispiel: Die Bildung von Polyethylen aus Ethylen

Polykondensation

Moleküle zweier gleichartiger oder zweier verschiedenartiger Monomere verbinden sich zu Makromolekülen unter Abspaltung eines niedermolekularen Stoffes (H_2O, NH_3).

Beispiel: Die Bildung von Polyesterharz

Polyaddition

Zwei verschiedenartige Monomermoleküle verbinden sich ohne Anspaltung eines Nebenproduktes zu Makromolekülen.

Beispiel: Die Bildung von Polyurethan

Technologische Einteilung

Thermoplaste — warmumformbar, schweißbar; Struktur: unverknüpfte, lineare oder verzweigte Makromolekülketten

Beispiele: PE, PP, PVC, PS, PA, PMMA, PTFE, PC

Duroplaste — spröde, nicht umformbar, nicht schweißbar; Struktur: dreidimensional eng verknüpfte Makromoleküle

Beispiele: PF, MF, UF, UP, EP

Elastomere — nicht warm umformbar, nicht schweißbar, gummiartig; Struktur: räumlich verknüpfte Makromoleküle

Beispiele: BR, NBR, SBR, PUR, SI

Kunststoffprüfung

Zugversuch nach DIN 53455 führt zu einem Spannungs-Dehnungs-Diagramm

Festigkeits- und Verformungsgrößen

Zugfestigkeit:

$$\sigma_B = \frac{F_m}{S_0}$$

F_m: maximale Kraft

S_0: Ausgangsquerschnitt

Reißfestigkeit:

$$\sigma_R = \frac{F_R}{S_0}$$

F_R: Kraft, die zum Reißen führt

Streckspannung:

$$\sigma_S = \frac{F_S}{S_0}$$

F_S: Kraft, die zu beginnendem Verstrecken führt

Wenn eine Streckspannung auftritt, tritt diese an Stelle der Zugfestigkeit.

Dehnung bei Höchstkraft

$$\varepsilon_B = \frac{\Delta L_{Fm}}{L_0}$$

ΔL_{Fm}: Längenausdehnung, die durch die maximale Kraft *Fm* bewirkt wird

L_0: Ausgangslänge

Reißdehnung

$$\varepsilon_R = \frac{\Delta L_R}{L_0}$$

ΔL_R: Längenausdehnung bis zum Riss

Dehnung bei Streckspannung

$$\varepsilon_S = \frac{\Delta L_S}{L_0}$$

ΔL_S: Längenausdehnung, die durch Streckspannung bewirkt wird

Elastizitätsmodul
(wird nach DIN 53457 aus Zug-, Druck-, oder Biegeversuch bestimmt)

$$E = \frac{\sigma}{\varepsilon} = \frac{F \cdot L_0}{S_0 \cdot \Delta L}$$

Zeitstandverhalten
(erfasst durch Relaxationsversuch DIN 53441 oder Zeitstand-Zugversuch DIN 53444)
Zeitstanddehnung $\varepsilon_{\frac{\sigma}{t}}$ ist die Dehnung, bei der sich nach der Zeit t die Spannung σ einstellt.

Relaxationsmodul: $$E_r(t) = \frac{\sigma(t)}{\varepsilon}$$

Zeitstandfestigkeit $\varepsilon_{\frac{B}{t}}$ ist die Spannung, die nach Ablauf der Zeit t zum Bruch der Probe führt.

Kriechmodul: $$E_c(t) = \frac{\sigma}{\varepsilon(t)}$$

Schubmodul
(bestimmt duch Torsionsschwungversuch DIN 53445)
Schubmodul:

$G = J \cdot f^2 \cdot F_g \cdot F_d - S_E$

J: Trägheitsmoment der an der Probe hängenden Schwungmasse
f: gemessene Schwungfrequenz
F_g: Faktor, der die Probenabmessungen enthält
F_d: Faktor, der den Einfluss der Dämpfung enthält
S_E: Korrekturglied, das den Einfluss der Schwerkraft berücksichtigt

Mechanische Dämpfung:

$$\Lambda = \ln \frac{A_n}{A_{n+1}}$$

A_n, A_{n+1}: Amplituden aufeinander folgender Schwingungen

Beziehung Schubmodul G und Elastizitätsmodul E:

$E = 2 \cdot G \cdot (1 + \nu)$ ν: Poisson-Zahl

Dämpfung und Schubmodul sind von der Temperatur abhängig.

11. Maschinenelemente

11.1 Schweißverbindungen

Nahtdicke

Stumpfnähte: $a = s$

bei verschiedenen Blechdicken: $a = s_{min}$

Kehlnähte: $a \approx \frac{s}{2} + l$ mm

$a_{max} = 0{,}7 \cdot s$

$a_{min} = 3$ mm

a: Nahtdicke
s: Blechdicke
l: rechnerische Nahtlänge
L: tatsächliche Nahtlänge

Schweißnahtquerschnitt: $A = \sum a \cdot l$

Für den statischen Nachweis kann $l = L$ angenommen werden.
Für den Zeit- und Dauerfestigkeitsnachweis gilt $l = L - 2a$.
Die Trägheitsmomente I und Widerstandsmomente W werden mit den entsprechenden Formeln der Technischen Mechanik berechnet.
Die Nahtdicke a wird bei Kehlnähten in die Anschlussebene umgeklappt.

Nennspannungen in den Schweißnähten

Zug- (Druck-) spannung: $\sigma = \frac{F}{A}$

Schubspannung: $\tau = \frac{F}{A}$

Biegespannung: $\sigma_b = \frac{M_b}{W_b}$

M_b: Biegemoment
W_b: Widerstandsmoment der Schweißnaht gegen Biegung

Torsionsspannung: $$\tau_t = \frac{M_t}{W_t}$$

M_t: Torsionsmoment

W_t: Widerstandsmoment der Schweißnaht gegen Torsion

Zusammengesetzte Beanspruchungen

Biegung und Zug (Druck):

σ_1: Spannung aus Zug- (Druck-) Kraft

σ_2: Spannung aus Biegemoment

Wenn beide Spannungen an der gleichen Stelle ermittelt werden, gilt:

$$\sigma = \sigma_1 + \sigma_2$$

Biegung und Schub:

Für den Festigkeitsnachweis muss eine Vergleichsspannung berechnet werden.

Normalspannungshypothese: $\sigma_v = 0{,}5 \cdot (\sigma + \sqrt{\sigma^2 + 4 \cdot \tau^2})$

(Siehe dazu auch Technische Mechanik, Festigkeitslehre.)

Ermittlung zulässiger Spannungen (nach Niemann)

Die ermittelten Nennspannungen bzw. Vergleichsspannungen werden mit den zulässigen Nahtspannungen verglichen.

Statische Beanspruchung, Rechnung gegen Gewaltbruch:

Normalspannung	$\sigma \le \sigma_{zul}$
Vergleichsspannung	$\sigma_v \le \sigma_{zul}$
Schubspannung	$\tau \le \tau_{zul}$

Dynamische Beanspruchung, Rechnung gegen Dauerbruch:

$$\sigma_a = \frac{\sigma_{max} - \sigma_{min}}{2} \le \sigma_{a_{zul}}$$

$$\tau_a = \frac{\tau_{max} - \tau_{min}}{2} \le \tau_{a_{zul}}$$

Zulässige Nahtspannungen:

bei statischer Beanspruchung $\sigma_{zul}, \tau_{zul} = v \cdot v_2 \cdot \frac{R_e}{S}$

bei dynamischer Beanspruchung $\sigma_{a_{zul}}, \tau_{a_{zul}} = v_1 \cdot v_2 \cdot \frac{\sigma_A}{S}$

S: Sicherheit

Der Beiwert v (bei statischer Belastung) ist einer entsprechenden Tabelle zu entnehmen.

Der Beiwert v_1 (bei dynamischer Belastung) ist ebenfalls einer entsprechenden Tabelle zu entnehmen.

Der Beiwert v_2 richtet sich nach der Nahtgüte:

Güteklasse I	$v_2 = 1$
Güteklasse II	$v_2 = 0{,}8$
Güteklasse III	$v_2 = 0{,}5$

Die Werte für R_e und σ_A sind den entsprechenden Dauerfestigkeitsschaubildern zu entnehmen.

Festigkeitsberechnung für Punktschweißverbindungen

Berechnung auf Abscheren:

$$\tau_s = \frac{F}{A \cdot n \cdot z}$$

F: zu übertragende Kraft (Scherkraft)

A: rechnerischer Querschnitt eines Schweißpunktes

n: Anzahl der Schweißpunkte

z: Zahl der Verbindungsebenen

11.2 Lötverbindungen

Möglichst nur Schubbeanspruchung zulassen.

$F = \tau_{zul} \cdot A = \tau_{zul} \cdot b \cdot l$

mit $\tau_{zul} = \frac{\tau_B}{S}$

F: Schubkraft
S: Sicherheitsbeiwert
R_m: Zugfestigkeit
b: Überlappungslänge
d: Zapfenlänge
l: Breite der Lötfugenfläche
l_{erf}: erforderliche Überlappungslänge
s: Blechdicke
τ_B: Schubfestigkeit
τ_{zul}: zulässige Schubspannung

Werte für τ_B einer entsprechenden Tabelle entnehmen.

Dimensionierung:
Lötverbindung sollte genauso fest sein wie die zu verbindenen Bleche.
$b \cdot l \cdot \tau_B = b \cdot s \cdot R_m$

Daraus ergibt sich folgende erforderliche Länge der Überlappung:

$$l_{erf} = \frac{s \cdot R_m}{\tau_B}$$

Übertragbares Moment: $M_t = 0{,}5 \cdot b \cdot \pi \cdot d^2 \cdot \pi_{zul}$

11.3 Klebeverbindungen

Bindefestigkeit (= Zug-Scherfestigkeit): $\tau_B = \frac{F_m}{A_{Kl}} = \frac{F_m}{l \cdot b}$

analog: Binde-Zugfestigkeit σ_{zB}
Binde-Verdrehfestigkeit τ_{tb}

A_{Kl}: Klebefugenfläche
F: Schälkraft
F_m: Zerreißkraft in Längsrichtung
S: Sicherheitsbeiwert
b: Klebefugenbreite
l: Überlappungslänge
s: Blechdicke
σ': Schälfestigkeit
σ_{zB}: Binde-Zugfestigkeit
τ_B: Bindefestigkeit
τ_{dyn}: Dauerfestigkeit
τ_{tB}: Binde-Verdrehfestigkeit
τ_{zul}: zulässige Spannung

Bindefestigkeiten sind abhängig von:
Klebstoff,
Temperatur,
Klebeflächenbeschaffenheit,
Korrosionseinflüssen,
Fugendicke,
Verbindungsart,
Werkstoff der zu verbindenden Teile.

Mittelwerte für Bindefestigkeit (allgemeine Richtwerte):

$\tau_B \approx 15 \;....\; 30$ N/mm² bei kalt abbindenden Klebstoffen

$\tau_B \approx 30 \;....\; 50$ N/mm² bei warm abbindenden Klebstoffen

Schälfestigkeit: $\sigma' = \frac{F}{b}$

Anreißen erfordert ca. 3 - 4fache Kraft gegenüber fortlaufender Schälung.

Dauerfestigkeit: $\tau_{dyn} \approx 0{,}2 \;...\; 0{,}6 \quad \tau_B$

Zulässige Spannung:

$$\tau_{\text{zul}} = \frac{\tau_{\text{B}}}{S}$$ statische Belastung

$$\tau_{\text{zul}} = \frac{\tau_{\text{dyn}}}{S}$$ dynamische Belastung

$S = 1{,}5 \ldots 2{,}5$

11.4 Nietverbindungen

Folgendes gilt für kalt eingeschlagene Nieten:

Abscherspannung eines Nietes:

$$\tau_{\text{S}} = \frac{F}{A \cdot n \cdot m} \leq \tau_{\text{zul}}$$

A: Querschnittsfläche

F: äußere Kraft

F_N: Normalkraft

F_R: Reibungskraft

d: Nietdurchmesser

n: Anzahl der kraftübertragenden Nieten

m: Anzahl der Scherfugen

p: Lochleibungsdruck

p_{zul}: zulässige Flächenpressung

s_{min}: kleinste Summe der Bauteildicken

τ_{s}: Scherspannung

τ_{zul}: zulässige Scherspannung

μ_0: Haftreibungszahl

Lochleibungsdruck eines Nietes:

$$p = \frac{F}{d \cdot s_{\text{min}} \cdot n} \leq p_{\text{zul}}$$

Zulässige Spannungen sind den entsprechenden Normen zu entnehmen.

Erforderliche Nietanzahl:

$$n = \frac{F}{A \cdot m \cdot \tau_{\text{zul}}}$$ auf Abscheren

$$n = \frac{F}{d \cdot s_{\text{min}} \cdot p_{\text{zul}}}$$ auf Lochleibung

Warmgeschlagene Nieten schrumpfen während des Abkühlens und erzeugen dadurch eine Vorspannkraft. Dies führt zum Reibschluss zwischen den zu verbindenden Blechen. Die Reibung wird in der Berechnung mit berücksichtigt:

$F_R = F_N \cdot \mu_0 \geq F$

11.5 Welle-Nabe-Verbindungen

Kegelsitze

Erforderliche axiale Aufpresskraft F_a, um das äußere Moment M_t zu halten:

$$F_a \approx \frac{2 \cdot M_t \cdot \sin\left(\frac{\alpha}{2} + \rho\right)}{\mu \cdot D_m}$$

M_t: Torsionsmoment

$\frac{\alpha}{2}$: Kegelsteigungswinkel

$\tan \rho = \mu$: Gleitreibungszahl

D_m: gemittelter Kegeldurchmesser

L: Kegellänge

Flächenpressung:

$$P = \frac{F_A}{D_m \cdot \pi \cdot L \cdot \tan\left(\frac{\alpha}{2} + \rho\right)}$$

Ringfeder-Spannelemente

Hier ist es sinnvoll, mit den Angaben der Hersteller zu rechnen.

für zähe Werkstoffe:

$$f_p = \frac{0{,}9 \cdot R_{p0,2}}{p_{(100)}}$$

$R_{p0,2}$: 0,2-Dehngrenze

für spröde Werkstoffe:

$$f_p = \frac{0{,}6 \cdot R_m}{p_{(100)}}$$

R_m: Zugfestigkeit

$M_{t(100)}$: übertragbares Torsionsmoment bei einer Fugenpressung von 100 Mpa

$F_{a(100)}$: übertragbare Axialkraft bei einer Fugenpressung von 100 MPa
F_0: Kraft zur Überbrückung des Passungsspieles
$F_{(100)}$: Kraft zur Erzeugung der Fugenpressung $p_{(100)}$
f_p: Pressungsfaktor

Übertragbares Torsionsmoment bei 1 Element $M_{t1} = M_{t(100)} \cdot f_p$
Übertragbare Axialkraft bei 1 Element $F_{a1} = F_{a(100)} \cdot f_p$

Übertragbares Moment bei
1 Element: M_{t1}
2 Elementen: $1{,}5 \cdot M_{t1}$
3 Elementen: $1{,}75 \cdot M_{t1}$
4 Elementen: $1{,}875 \cdot M_{t1}$
∞ Elementen: $2 \cdot M_{t1}$

Erforderliche Spannkraft: $F_S = F_0 + F_{(100)} \cdot f_p$

Pressverbindungen
Kleinste erforderliche Fugenpressung:

$$p_{Fmin} = \frac{2 \cdot M_t \cdot S_R}{D_F^2 \cdot \pi \cdot L_F \cdot \mu}$$

M_t: Torsionsmoment
S_R: Rutschsicherheit
D_F: Fügedurchmesser
L_F: Fügelänge
μ: Gleitreibzahl

Kleinstes erforderliches Haftmaß:
$Z_{min} = p_{Fmin} \cdot D_F \cdot (K_I + K_A)$

K_I und K_A: Elastizitätskennzahlen, Bestimmung siehe unten

Kleinstes erforderliches Übermaß:
$U_{min} = Z_{min} + G$

Glättung $G \approx 0{,}8 \cdot (R_{zIa} + R_{zAi})$

R_{zIa}: gemittelte Rautiefe Innenteil außen

R_{zAi}: gemittelte Rautiefe Außenteil innen

Größte zulässige Fugenpressung:

$$p_{Fmax} = R_e = \frac{1 - Q_I^2}{1 + Q_I^2} \quad \text{bzw.} \quad p_{Fmax} = R_e \cdot \frac{1 - Q_A^2}{1 + Q_A^2}$$

R_e: Streckgrenze

Q_I und Q_A: Durchmesserverhältnisse, Bestimmung siehe unten

Für weitere Berechnungen ist der kleinere Wert von p_{Fmax} maßgebend.

Größtes zulässiges Haftmaß: $Z_{max} = p_{Fmax} \cdot D_F \cdot (K_I + K_A)$

Größtes zulässiges Übermaß: $U_{max} = Z_{max} + G$

Durchmesserverhältnisse:

Innenteil: $$Q_I = \frac{d_{Ii}}{D_F}$$

Außenteil: $$Q_A = \frac{D_F}{d_{Aa}}$$

Elastizitätskennzahlen:

Innenteil: $$K_1 = \frac{(1 - \nu_I) + (1 + \nu_I) \cdot Q_I^2}{E_I \cdot (1 - Q_I^2)}$$

Außenteil: $$K_A = \frac{(1 + \nu_A) + (1 - \nu_A) \cdot Q_A^2}{E_A \cdot (1 - Q_A^2)}$$

ν: Querdehnzahl (Poisson'sche Zahl), 0,3 für St, 0,25 für GG

E_I und E_A: Elastizitätsmodule Innenteil/Außenteil, Werte finden sich in einer entsprechenden Tabelle

Die Elastizitätskennzahlen K_I für das Innenteil und K_A für das Außenteil können auch einem entsprechenden Schaubild entnommen werden.

Passtoleranz: $T_P = U_{max} - U_{min}$
Toleranz der Bohrung: $T_B = (0{,}5 \ldots 0{,}6) \cdot T_P$
Toleranz der Welle: $T_W = T_P - T_B$
Siehe auch ISO-Toleranzsystem

Erforderliche Temperaturdifferenz zur Herstellung eines Schrumpfsitzes (Querpressverband):

$$\Delta\vartheta = \frac{U_{max} + U_F}{\alpha \cdot D_F}$$

U_{max}: größtes Übermaß
U_F: Fügespiel (Erfahrungswert $U_F \approx D_F \cdot 10^3$)
α: Längenausdehnungskoeffizient (entsprechender Tabelle entnehmen)
D_F: Fügedurchmesser

Einpresskraft für eine Längspressverbindung:

$$F_e = p_{Fmax} \cdot L_F \cdot D_F \cdot \pi \cdot \mu$$

p_{Fmax}: größtmögliche Fugenpressung
L_F: Fügelänge
μ: Haftreibzahl

Passfederverbindung

Flächenpressung:

$$p = \frac{4 \cdot M_t}{d \cdot h \cdot l_t}$$

M_t: Torsionsmoment
d: Wellendurchmesser
h: Passfederhöhe
l_t: tragende Länge der Passfeder

Keilwellenverbindung

Flächenpressung:

$$p = \frac{2 \cdot M_t}{\varphi \cdot i \cdot h_t \cdot d_m \cdot L}$$

d_m: Mittel aus Wellendurchmesser d_2 und Nabengrunddurchmesser d_1, $d_m = 0{,}5 \cdot (d_1 + d_2)$
i: Anzahl der Keile

L: Nabenlänge
h_t: tragende Keilhöhe, $h_t = 0{,}5 \cdot (d_2 - d_1)$
φ: Traganteil

bei Innenzentrierung: $\varphi = 0{,}75$
bei Flankenzentrierung: $\varphi = 0{,}9$

11.6 Bolzen, Stiftverbindungen

Bolzenverbindung Stange-Gabel

Biegespannung im Bolzen: $\sigma_b = \dfrac{8 \cdot F \cdot \left(1 - \frac{L}{2}\right)}{d^3 \cdot \pi}$

Flächenpressung im Stangenkopf: $p_s = \dfrac{F}{L \cdot d}$

Flächenpressung in den Laschen der Gabel: $p_G = \dfrac{F}{2 \cdot s \cdot d}$

F: äußere Kraft
L: Breite des Stangenkopfes
s: Breite einer Lasche der Gabel
d: Durchmesser des Bolzens

Stiftverbindungen

Biegespannung im Steckstift:

$$\sigma_b = \frac{32 \cdot F \cdot h}{d^3 \cdot \pi}$$

F: äußere Kraft
d: Durchmesser des Stiftes

Maximale Flächenpressung am Steckstift

$$p_{max} = \frac{F \cdot (6 \cdot h + 4 \cdot s)}{d \cdot s^2}$$

h: überstehende Stifthöhe
s: festsitzende Stiftlänge

Scherspannung im Querstift unter Torsionsmoment:

$$\tau_s = \frac{4 \cdot M_t}{D_W \cdot \pi \cdot d^2}$$

Flächenpressung in der Nabenbohrung:

$$p_N = \frac{4 \cdot M_t}{d \cdot (D_N^2 - D_W^2)}$$

Flächenpressung in der Wellenbohrung:

$$p_W = \frac{6 \cdot M_t}{d \cdot D_W^2}$$

Mittlere Flächenpressung in Welle und Nabe für einen Längsstift (Rundkeil):

$$p = \frac{4 \cdot M_t}{d \cdot D_W \cdot l_t}$$

M_t: Torsionsmoment
D_W: Durchmesser Welle
D_N: Durchmesser Nabe
d: Durchmesser Stift
l_t: tragende Länge des Stiftes

11.7 Schraubverbindungen

Mechanik der Schraube

$F_U = F_{MV} \cdot \tan(\alpha + \rho')$ Anziehen der Schraube
$F_U = F_{MV} \cdot \tan(\alpha - \rho')$ Lösen der Schraube

F_U: Umfangskraft
F_{MV}: Montagevorspannkraft
α: Steigungswinkel
ρ': effektiver Reibungswinkel

Fiktiver Reibwert: $\mu' = \dfrac{\mu}{\cos\frac{\beta}{2}} = \tan\rho'$

μ: Reibungszahl
β: Flankenwinkel

Beispiel: mit $\mu = 0{,}10$ und $\beta = 60°$ => $\mu' = 0{,}1155$ und $\rho' = 6°36'$

Selbsthemmung einer Schraube bei $\alpha \leq \rho'$

Vorspannkraftverlust durch Setzen:

$$\Delta F_V = f \cdot \frac{c_S \cdot c_B}{c_S + c_B}$$

V: Vorspannkraft
Montagevorspannkraft $F_{MV} = F_V + \Delta F_V$

c_S: Federsteife der Schraube

c_B: Federsteife des Bauteils

f: Setzbetrag, den Angaben der Hersteller entnehmen

Anziehdrehmoment: $M_{Tges} = \frac{1}{2} \cdot F_{MV} \cdot (d_2 \cdot \tan(\alpha \pm \rho') \pm \mu_A \cdot d_A)$

μ_A: Reibungszahl für Auflagepaarung (0,08 ... 0,3)

d_A: mittlerer Durchmesser der Auflagefläche, $\approx 1{,}4 \cdot d_n$ (Nenndurchmesser)

d_2: Flankendurchmesser

Beanspruchungsarten

Zugspannung im Schraubenbolzen: $\sigma_Z = \frac{4 \cdot F}{\pi \cdot d_2^{\,2}}$

Torsionsspannung im Schraubenbolzen: $\tau = \frac{8 \cdot F \cdot d_2 \cdot \tan(\alpha + \rho')}{\pi \cdot d_S^{\,3}}$

Scherspannung im Schraubenschaft: $\tau = \frac{4 \cdot F_Q}{\pi \cdot d_{Sch}^{\,2}}$

Flächenpressung in den Gewindegängen: $p = \frac{F}{i \cdot \pi \cdot d_2 \cdot H}$

Bei überlagerten Zug- und Schubspannungen => Vergleichsspannung

Vergleichsspannung nach GE-Hypothese: $\sigma_v = \sqrt{\sigma^2 + 3 \cdot \tau^2}$

d_s: Spannungsdurchmesser

d_2: Flankendurchmesser

α: Steigungswinkel

ρ': effektiver Reibungswinkel

F_Q: Querkraft
d_{Sch}: Schaftdurchmesser
H: Flankentragtiefe
i: Anzahl der tragenden Gewindegänge

Längsbelastete Schrauben ohne Vorspannung
Optimierung durch richtige Festlegung der Mutternhöhe: $m = i \cdot p$
Zulässige Zugspannung im Schraubenbolzen: $\sigma_{zul} = 0{,}8 \cdot R_e$
Zulässige Flächenpressung in den Gewindegängen: $p_{zul} = 0{,}35 \cdot \sigma_{zul} = 0{,}28 \cdot R_e$
R_e: Mindeststreckgrenze

Schrauben unter Last drehend angezogen
Aus Zug- und Torsionsspannung Vergleichsspannung bilden.
Zulässige Spannung bei ruhender Beanspruchung $\sigma_{zul} = 0{,}9 \cdot R_e$

Querbelastete Schrauben
Passschrauben

Flächenpressung: $p = \dfrac{F_Q}{d_{Sch} \cdot s_1 \cdot z}$

Schubspannung: $\tau = \dfrac{4 \cdot F_Q}{\pi \cdot d_{Sch}^2 \cdot z}$

F_Q: Gesamtquerkraft
d_{Sch}: Schaftdurchmesser
s_1: Schaftlänge im Bauteil 1 (Bauteil, an dem die Mutter aufsitzt)
z: Anzahl der Schrauben

Zulässige Spannungen:	p_{zul}	τ_{zul}
ruhend	$0{,}90 \cdot R_e$	$0{,}42 \cdot R_e$
schwellend	$0{,}70 \cdot R_e$	$0{,}30 \cdot R_e$
wechselnd	$0{,}35 \cdot R_e$	$0{,}16 \cdot R_e$

R_e: Mindeststreckgrenze

Durchsteckschrauben

$F_Q \leq z \cdot F_R$

F_Q: Gesamtquerkraft
F_R: Reibungskraft
z: Anzahl der Schrauben
S_R: Sicherheit gegen Rutschen
μ: Reibungszahl
d_s: Spannungsdurchmesser

Erforderliche Vorspannung: $F_V = \dfrac{F_Q \cdot S_R}{z \cdot \mu}$

Zugspannung in der Schraube: $\sigma = \dfrac{4 \cdot F_Q \cdot S_R}{z \cdot \mu \cdot \pi \cdot d_s^2}$

Zulässige Spannung: $\sigma_{zul} = 0{,}8 \cdot R_e$

Vorgespannte Schraubenverbindungen

Verspannungsschaubild

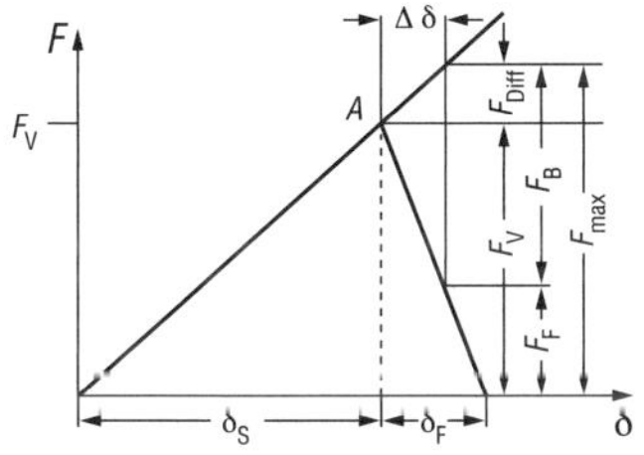

F_V: Vorspannkraft
F_{Diff}: Differenzkraft
F_F: Flanschkraft
F_B: Betriebskraft
F_{max}: maximale Schraubenkraft
F_a: Ausschlagskraft
δ: Dehnung, Stauchung
δ_F: Flanschstauchung
δ_S: Schraubendehnung
$\Delta\delta$: Schraubendehnung infolge F_B

11.8 Federn

Geschichtete Blattfeder

F: äußere Kraft
l: Länge der Feder
b: Breite der Federblätter
h: Dicke eines Federblattes
i: Anzahl der Federblätter

Biegespannung

$$\sigma_b = \frac{6 \cdot F \cdot l}{i \cdot b \cdot h^2}$$

Federweg

$$f = q \cdot \frac{4 \cdot F \cdot l^3}{E \cdot i \cdot b \cdot h^3}$$

E: Elastizitätsmodul, aus entsprechender Tabelle entnehmen

i	1	2	3	4	5	6
q	1	1,16	1,24	1,28	1,31	1,34

Federsteifigkeit: $c = \frac{F}{f}$

Drehfeder, Schenkelfeder (gewundene Biegefeder)

Spannung im Federdraht: $\sigma_b = q \cdot \frac{F \cdot r}{W_b}$

$$q = l + \frac{5}{4 \cdot w} + \frac{7}{8 \cdot w^2} + \frac{1}{w^3}$$

Wickelverhältnis $w = \frac{D_m}{d}$

Verdrehwinkel $\alpha = \frac{180}{\pi} \cdot \frac{F \cdot r \cdot L}{E \cdot I}$

F: Kraft
r: Hebelarm des freien Schenkels
L: gestreckte Länge
I: Flächenträgheitsmoment

W_b: Widerstandsmoment des Federdrahtquerschnittes, nach entsprechender Formel aus der Technischen Mechanik

Spiralfeder

Biegespannung

$$\sigma_b = \frac{6 \cdot F \cdot r_a}{b \cdot h^2}$$

F: äußere Kraft

r_a: Abstand des äußeren Endes der Spirale von ihrem Mittelpunkt

b: Breite des Federbandes

h: Dicke des Federbandes

Verdrehwinkel

$$\alpha = \frac{180}{\pi} \cdot \frac{M_t \cdot L}{E \cdot I}$$

M_t: Torsionsmoment

L: gestreckte Federlänge

E: Elastizitätsmodul

I: Flächenträgheitsmoment des Federbandquerschnittes, nach entsprechender Formel aus der Technischen Mechanik

Tellerfedern (DIN 2093)

Die theoretisch exakte Berechnung einer Tellerfeder ist aufwändig. Es empfiehlt sich, Spannung und Federweg bzw. Federkraft den Angaben der Hersteller oder der entsprechenden DIN-Norm zu entnehmen.

Federpaket: gleichsinnige Schichtung = Parallelschaltung → große Reibungsarbeit

Gesamtfederkraft: $F_{ges} = n \cdot F$ ohne Reibung

Federweg: $f_{ges} = \frac{F_{ges}}{n \cdot c}$

Federsteifigkeit: $c_{ges} = n \cdot c$

n: Anzahl der Tellerfedern

Federsäule: wechselsinnige Schichtung = Hintereinanderschaltung → geringe Reibungsarbeit

Gesamtfederkraft: $F_{ges} = F$

Federweg: $f = \mathrm{i} \cdot f = \mathrm{i} \cdot \frac{F}{c}$

Federsteifigkeit: $c_{ges} = \frac{c}{i}$

i: Anzahl der wechselsinnig angeordneten Tellerfedern

Federweg und Federsteifigkeit lassen sich durch entsprechende Kombinationen von Tellerfedern beeinflussen:
Anzahl der Tellerfedern,
verschiedene Schichtungsarten kombinieren (Federpaket, Federsäule),
Tellerfedern mit verschiedener Steifigkeit verwenden.
So ergeben sich für verschieden kombinierte Gruppen von Tellerfedern unterschiedliche Federlinien.

Federkennlinien versch. Tellerfederkombination

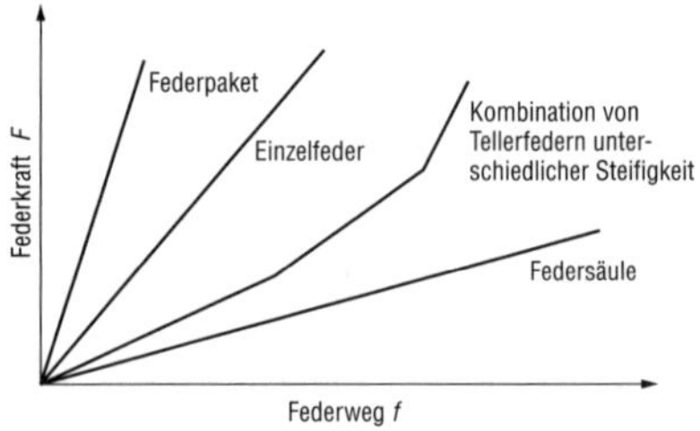

Dämpfung bei Tellerfedern

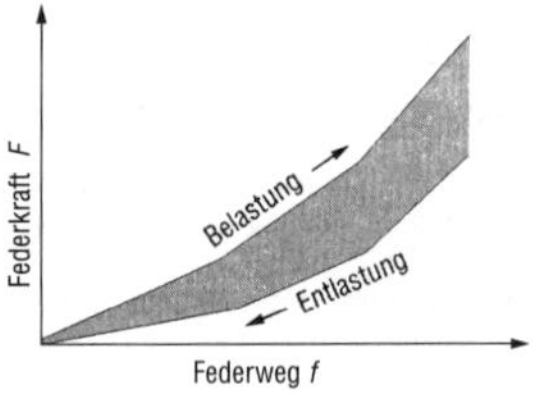

Die Reibung zwischen den Tellerfedern wirkt als Dämpfung => Hysterese in der Federkennlinie

Drehstabfeder (2091)

Torsionsspannung:

$$\tau = \frac{F \cdot r}{W_t}$$

W_t: Widerstandsmoment des Federstabquerschnittes, Formel aus der Technischen Mechanik

Verdrehwinkel: $\varphi = \frac{M_t \cdot L}{G \cdot I_t}$

L: Länge des Federstabes

G: Schubmodul, Wert einer entsprechenden Tabelle entnehmen

I_t: Flächenträgheitsmoment des Federstabquerschnittes

M_t: Torsionsmoment

Federsteifigkeit: $c = \frac{M_t}{\varphi}$

Zylindrische Schraubenfeder (Zug: DIN 2097, Druck: DIN 2095/2096)

Torsionsbeanspruchung im Drahtquerschnitt:

$$\tau_t = k \cdot \frac{8 \cdot F \cdot D_m}{\pi \cdot d^3}$$

F: äußere Kraft

D_m: mittlerer Windungsdurchmesser

d: Durchmesser des Federdrahtes

Korrekturwert:

$$k = f \cdot \left(\frac{D}{d}\right)$$

Federweg:

$$f = \frac{8 \cdot F \cdot i_f \cdot D_m^3}{G \cdot d^4}$$

i_f: Anzahl der federnden Windungen

G: Schubmodul

Federsteifigkeit:

$$c = \frac{F}{f}$$

Federabmessungen Druckfedern

Gesamtzahl der Windungen: $i = i_f + 2$ bei kaltgeformten Federn

$i = i_f + 1{,}5$ bei warmgeformten Federn

Summe der Mindestabstände zwischen den federnden Windungen:

	statisch	dynamisch
kaltgeformt:	$S_a = \left(0{,}0015 \cdot \frac{D^2}{d} + 0{,}1 \cdot d\right) \cdot i_f$	$S_a{}' = 1{,}5 \cdot S_a$
warmgeformt:	$S_a = 0{,}2 \cdot (D + d) \cdot i_f$	$S_a{}' = 1{,}5 \cdot S_a$

Blocklänge der zusammengedrückten Feder $L_1 \approx i \cdot d$
(von der Bearbeitung der Federenden abhängig)
Minimale Länge (bei F_{max}) $L_{min} = L_{bl} + S_a$
Länge der unbelasteten Feder $L_0 = L_{bl} + f + S_a$
f: Federweg bei F_{max}

Federabmessungen Zugfedern
Gesamtzahl der Windungen: $i = i_f$
Länge des unbelasteten Federkörpers: $L_K = (i + 1) \cdot d$
Länge der unbelasteten Feder: $L_0 = L_K + 2 \cdot L_H$
Länge der Hakenöse: $L_H = k_H \cdot D_i$
D_i: Innendurchmesser der Feder
k_H: Hakenbeiwert, nach Angabe

Federn aus Gummi
Schub-Hülsenfedern
Federweg:

$$F = \frac{F \cdot \ln\left(\frac{D}{d}\right)}{2 \cdot \pi \cdot h \cdot G}$$

D: Außendurchmesser der Hülse
d: Bohrungsdurchmesser der Hülse
h: Höhe der Hülse
G: Schubmodul, Wert aus entsprechender Tabelle

Drehschub-Feder
Verdrehwinkel:

$$\varphi = \frac{M_t}{4 \cdot \pi \cdot h \cdot G} \cdot \left(\frac{1}{r^2} - \frac{1}{R^2}\right)$$

M_t: Torsionsmoment
h: Höhe der Hülse

G: Schubmodul
r: Bohrungsradius der Hülse
R: Außenradius

Druckfeder

$$f = \frac{4 \cdot F \cdot h}{\pi \cdot d^2 \cdot E}$$

h: Höhe des Federblocks
d: Durchmesser des Federblocks
E: Elastizitätsmodul, Wert siehe Tabelle

11.9 Achsen und Wellen

Auflagerkräfte, Quer- und Längskräfte, Biege- und Torsionsmomente werden mit den entsprechenden Formeln aus der Technischen Mechanik ermittelt.

Achsen werden nur hinsichtlich Biegung dimensioniert.
Biegespannung:

$$\sigma_b = \frac{32 \cdot M_b}{\pi \cdot d^3}$$

M_b: Biegemoment
d: Durchmesser

Bei Wellen wird zusätzlich beachtet:

M_t: Torsionsmoment

Torsionsspannung: $$\tau_t = \frac{16 \cdot M_t}{\pi \cdot d^3}$$

Vergleichsspannung: $$\sigma_v = \sqrt{\sigma_b^2 + 3 \cdot (\alpha_0 \cdot \tau_t)^2}$$

α: Anstrengungsverhältnis
bei gekerbten Bauteilen α_{0K} statt α_0 verwenden

α_{0K}: Anstrengungsverhältnis für gekerbte Bauteile

Zulässige Spannung: $$\sigma_{zul} = \frac{K}{S}$$

K: Werkstoffkennwert, je nach Beanspruchungsart verschieden, Wert einer entsprechenden Tabelle entnehmen

S: Sicherheit, je nach Beanspruchungsart verschieden, Wert einer entsprechenden Tabelle entnehmen

σ_{max}: maximale Spannung

$\sigma_{max} \leq \sigma_{zul}$

Bei gekerbten Bauteilen und statischer Belastung: $\sigma_{max} = \sigma_n \cdot C_B \cdot \alpha_K$

Bei gekerbten Bauteilen und dynamischer Belastung: $\sigma_{max} = \sigma_n \cdot C_B \cdot \beta_K$

σ_n: Nennspannung

C_B: Betriebsfaktor, Wert einer entsprechenden Tabelle entnehmen

α_K: Formzahl, abhängig von der Geometrie der Kerbe, der Bauteilform und der Beanspruchungsart; Wert einer entsprechenden Tabelle entnehmen

β_K: Kerbwirkungszahl, zusätzlich abhängig von der Zugfestigkeit des Werkstoffes, wenn experimentell bestimmt, Wert aus Tabelle entnehmen oder nach folgendem Beispiel berechnen:

Kerbwirkungszahl für Biegung

$$\beta_{Kb} = \frac{\sigma_{bW}}{\sigma_{bWK}}$$

σ_{bW}: Biegewechselfestigkeit der ungekerbten Probe, Wert aus Smith-Diagramm oder über Werkstoffzugfestigkeit R_m aus entsprechenden Tabellen

σ_{bWK}: Biegewechselfestigkeit der gekerbten Probe, Wert aus Tabelle

Zulässiger Verdrehwinkel

$$\varphi = \frac{M_t \cdot L}{I_t \cdot G}$$

Mt: Torsionsmoment

L: Länge der Welle

I_t: polares Flächenträgheitsmoment

G: Schubmodul

Torsionskritische Drehzahl

$$n_{\mathrm{kt}} = \frac{30}{z \cdot \pi} \cdot \sqrt{\frac{I_{\mathrm{t}} \cdot G}{L \cdot J}}$$

z: Zahl der Impulse pro Wellenumdrehung
J: Massenträgkeitsmoment, Berechnung siehe Technische Mechanik

Bei einer Welle mit zwei Massen gilt:

$$J = \frac{J_1 \cdot J_2}{(J_1 + J_2)}$$

Biegekritische Drehzahl:

$$n_{\mathrm{kb}} = \frac{30}{\pi} \cdot \sqrt{\frac{g}{f}}$$

g: Ortsfaktor
f: Auslenkung

11.10 Wälzlager

Linienberührung zweier paralleler Zylinder

Ersatzkrümmungsradius: $R = \dfrac{R_1 \cdot R_2}{R_1 + R_2}$

Elastizitätsmodul: $E = \dfrac{2 \cdot E_1 \cdot E_2}{E_1 + E_2}$

Halbe Druckbreite (Hertz): $b = \sqrt{\dfrac{8 \cdot F \cdot R \cdot (1 - \nu^2)}{\pi \cdot E \cdot L}}$

F: äußere Kraft
ν: Poisson-Zahl

Mittlere Hertz'sche Pressung: $p_{\mathrm{m}} = \dfrac{F}{2 \cdot b \cdot L}$

Maximale Hertz'sche Pressung: $p_{\max} = 1{,}27 \cdot p_{\mathrm{m}}$

Wenn zusätzlich Stribeck'sche Wälzpressung: $k = \dfrac{F}{2 \cdot R \cdot L}$

dann ist: $p_{max} = \sqrt{\frac{k \cdot E}{2{,}86}}$

Punktberührung (Kugel - Ebene)

Radius der Aufstandfläche:

$$a = \sqrt[3]{\frac{1{,}5 \cdot F \cdot R \cdot (1 - \nu^2)}{E}}$$

F: äußere Kraft

R: Kugelradius

Mittlere Hertz'sche Pressung: $p_m = \frac{F}{a^2 \cdot \pi}$

Maximale Hertz'sche Pressung: $p_{max} = 1{,}5 \cdot p_m$

Größte Schubspannung: $\tau_{max} = 0{,}304 \cdot p_{max}$

Statische Belastung

Statisch äquivalente Lagerbelastung:

$$F_0 = \frac{C_0}{S_0}$$

C_0: statische Tragzahl, aus dem Wälzlagerkatalog

S_0: Sicherheitsbeiwert (0,5 ... 2, je nach Anforderungen)

Tritt neben einer Radialbelastung F_r eine Axialbelastung F_a auf, gilt:

$$F_0 = X_0 \cdot F_r + Y_0 \cdot F_a$$

X_0, Y_0: Beiwerte, abhängig von der Lagerbauart, dem Katalog entnehmen

Dynamische Tragfähigkeit

Lagerlebensdauer in Umdrehungen:

$$L_U = \left(\frac{C}{F}\right)^p \cdot 10^6$$

C: Dynamische Tragzahl eines Lagers, experimentell ermittelt, dem Katalog entnehmen

F: äquivalente dynamische Lagerbelastung

p: Faktor (= 3 für Kugellager; = $\frac{10}{3}$ für Rollenlager)

Lagerlebensdauer in Stunden:

$$L_h = \frac{10^6}{60 \cdot n} \cdot \left(\frac{C}{F}\right)^p$$ *n:* Drehzahl in 1/min

dynamisch äquivalente Lagerbelastung:

$F = X \cdot F_r + Y \cdot F_a$ *X, Y:* Beiwerte, dem Katalog entnehmen

Äquivalente Lagerbelastung bei veränderlicher Belastung und Drehzahl

F_i: äquivalente Lagerbelastung aus Axial- und Radiallast

q_i: Laufzeitanteil der Last F_i

n_m: mittlere Drehzahl

$$F_r = \sqrt[p]{\sum_{i=1}^{n} F_i^{\,p} \cdot \frac{n_i \cdot q_1}{n_m \cdot 100}}$$

Erweiterte Lebensdauer: $L_{Ua} = a_1 \cdot a_2 \cdot a_3 \cdot L_U = a_1 \cdot a_{23} \cdot L_U$

bzw.: $L_{ha} = a_1 \cdot a_2 \cdot a_3 \cdot L_h = a_1 \cdot a_{23} \cdot L_h$

a_1: Beiwert für Überlebenswahrscheinlichkeit

a_2: Beiwert für Werkstoff

a_3: Beiwert für Betriebsbedingungen

a_2 und $a3$ sind voneinander abhängig, daher nicht explizit ermittelbar: a_{23}, sämtliche Beiwerte sind den Angaben der Hersteller zu entnehmen

Drehzahlgrenzwert bei Radiallager: $d_m \cdot n$

d_m: mittlerer Lagerdurchmesser

D: Lageraußendurchmesser

Drehzahlgrenzwert bei Axiallager: $\sqrt{D \cdot H} \cdot n$

H: Bauhöhe

11.11 Radialgleitlager

Trockengleitlager

Flächenpressung:

$$p = \frac{F}{b \cdot d} \leq p_{zul}$$

b: Lagerschalenbreite
d: Lagernenndurchmesser
F: äußere Kraft

Reibleistung: $P_R = F_R \cdot u \Rightarrow \dot{Q}_R$ (Reibungswärmestrom)

F_R: Reibungskraft
u: Umfangsgeschwindigkeit

Hydrodynamische Gleitlager

Breitenverhältnis: $0{,}5 < \frac{b}{d} < 1$

Spezifische Lagerbelastung bzw. mittlere Flächenpressung:

$$p_m = \frac{F}{b \cdot d} < p_{zul}$$

F: Lagerbelastung
n: Betriebsdrehzahl
ϑ_u: Umgebungstemperatur
d: Wellendurchmesser
b: Lagerbreite
$p_{m\,zul}$: zulässiger mittlerer Lagerdruck

Relatives Lagerspiel:

$$\psi = \frac{D - d}{d}$$

D: Durchmesser der Schalenbohrung

Die Wahl des relativen Lagerspieles ψ ist abhängig von der Gleitgeschwindigkeit u und der Lagerbelastung p_m. Anhaltswerte sind einem entsprechenden Schaubild zu entnehmen.

Mittlere Lagertemperatur: $60°C < \vartheta_m < 85°C$

Aus einem Viskositäts-Temperaturverlauf-Diagramm kann die Betriebsviskosität η bei Temperatur ϑ entnommen werden.

Sommerfeldzahl:

$$S_0 = \frac{p_m \cdot \psi^2}{\eta \cdot \omega}$$

η: Betriebsviskosität eines Öles
ω: Winkelgeschwindigkeit

$0{,}3 < S_0 < 10$

Relative Exzentrizität:

$$\varepsilon = \frac{2 \cdot e}{D - d} = \frac{2 \cdot e}{d \cdot \psi}$$

e: Exzentrizität

Relative Schmierschichtdicke: $\delta = 1 - \varepsilon$
Die relative Schmierschichtdicke δ ist abhängig von der Sommerfeldzahl S_0 und dem Breitenverhältnis $\frac{b}{d}$ und wird einem entsprechenden Diagramm entnommen.

Kleinste Schmierfilmdicke: $h_0 = \delta \cdot \psi \cdot \frac{d}{2}$

Mindestdrehzahl:

$$n_{min} = \frac{h_{min}}{h_0} \cdot n$$

h_{min}: Mindest-Schmierfilmdicke (10 ... 15 μm)
$h_0 > h_{min}$

Der Reibungsfaktor $\frac{\mu}{\psi}$ ist abhängig von der Sommerfeldzahl S_0 und wird einem entsprechenden Diagramm entnommen.

Reibungszahl: $\mu = \psi \cdot \left(\frac{\mu}{\psi}\right)$

Reibungsleistung: $P_R = \mu \cdot F \cdot u$

u: Umfangsgeschwindigkeit

Sich einstellende mittlere Lagertemperatur:

$$\vartheta_m{}' = \frac{P_R}{\alpha \cdot A_G} + \vartheta_u$$

α: Wärmeübergangszahl
A_G: wärmeabgebende Oberfläche des Lagers
ϑ_u: Umgebungstemperatur

Der Schmierstoffdurchsatz $\dot{V}$ ist abhängig von der relativen Exzentrizität ε und kann einem entsprechenden Diagramm entnommen werden.
Weitere Einzelheiten zu Gleitlagern und ihrer Schmierung können den entsprechenden Bestimmungen der DIN und den VDI-Richtlinien entnommen werden.

11.12 Kupplungen

Kupplungsdrehmoment für das Anfahren ohne Last:

$$M_{tK} = \frac{J_L}{J_A + J_L} \cdot M_{tA}$$

M_{tA}: Drehmoment der Antriebsmaschine
J_L: Massenträgheitsmoment der Arbeitsmaschine (Formeln siehe Technische Mechanik)
J_A: Massenträgheitsmoment der Antriebsmaschine

Kupplungsdrehmoment für das Anfahren unter Last:

$$M_{tK} = \frac{J_L}{J_A + J_L} \cdot M_{tA} + \frac{J_A}{J_A + J_L} \cdot M_{tL}$$

M_{tL}: Lastmoment

Berechnung von Mt_K bei reibschlüssigen Kupplungen

bei Konuskupplungen: $$M_{tK} = \frac{\pi \cdot \mu_0 \cdot p}{\sin\alpha} \cdot r_m \cdot (r_a{}^2 - r_i{}^2)$$

μ_0: Haftreibungszahl
α: Kegelneigungswinkel
p: Flächenpressung der Reibfläche
r_m: mittlerer Radius
r_a: äußerer Radius
r_i: innerer Radius

bei Scheibenkupplungen ($\alpha = 90°$): $M_{tK} = \pi \cdot \mu_0 \cdot p \cdot r_m \cdot (r_a^2 - r_i^2)$

bei Lamellenkupplungen: $M_{tK} = z \cdot \pi \cdot \mu_0 \cdot p \cdot r_m \cdot (r_a^2 - r_i^2)$

n: Anzahl der Lamellen
z: Anzahl der Reibpaarungen
$z = n - 1$

Torsionskritische Drehzahl: $n_{tK} = \frac{1}{2 \cdot \pi \cdot i} \cdot \sqrt{c_t \cdot \frac{J_A + J_L}{J_A \cdot J_L}}$

c_t: Torsionsfedersteife der elastischen Kupplung
i: Anzahl der Schwingungen pro Umdrehung

Weiterführende Angaben sind den entsprechenden Bestimmungen der DIN bzw. den VDI-Richtlinien zu entnehmen.
Maximaldrehmomente für diverse Beanspruchungsarten sind den Angaben der Hersteller zu entnehmen.

11.13 Stirnradgetriebe

Verzahnungsgeometrie und -kinematik

Übersetzung

$$i = \frac{\omega_1}{\omega_2} = \frac{z_2}{z_1} = \frac{n_1}{n_2}$$

n_1, n_2: Drehzahl des treibenden bzw. des getriebenen Rades
ω_1, ω_2: Winkelgeschwindigkeit des treibenden bzw. des getriebenen Rades
z_1, z_2: Zähnezahl des treibenden bzw. des getriebenen Rades

Zähnezahlverhältnis

$$u = \frac{z_{Rad}}{z_{Ritzel}}$$

Bezeichnung am Stirnrad

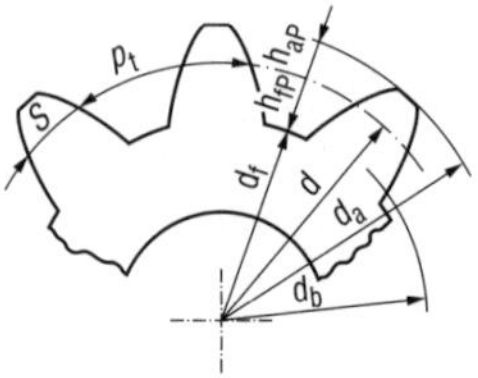

Teilkreisdurchmesser: $d = \dfrac{z \cdot m_n}{\cos\beta} = z \cdot m_t$

β: Schrägungswinkel

m_n: Normalmodul

Stirnmodul: $m_t = \dfrac{m_n}{\cos\beta}$

Teilkreisteilung: $p_t = \pi \cdot m_t$

Normalteilung: $p_n = \pi \cdot m_n$

Normaleingriffswinkel: $\alpha_n = 20°$ (Bezugsprofil)

Grundkreisdurchmesser: $d_b = d \cdot \cos\alpha_t = z \cdot m_t \cdot \cos\alpha_t$

Stirneingriffswinkel: $\tan\alpha_t = \dfrac{\tan\alpha_n}{\cos\beta}$

Zahnkopfhöhe: $h_{aP} = m_n$

Zahnfußhöhe: $h_{fP} = m_n + c$

c: Kopfspiel

Profilhöhe: $h_P = h_{aP} + h_{fP} = 2 \cdot m_n + c$

Nullachsenabstand: $a_d = \dfrac{d_1 + d_2}{2} = \dfrac{m_n}{\cos\beta} \cdot \dfrac{z_1 + z_2}{2}$

Praktische Grenzzähnezahl: $z'_{gt} \approx 14 \cdot \cos^3\beta$

Mindestprofilverschiebungsfaktor: $x = \dfrac{14 - z_n}{17}$

Zähnezahl des Ersatzstirnrades: $z_n \approx \dfrac{z}{\cos^3\beta}$

Evolventenfunktion: $\text{inv}\,\alpha = \tan\alpha - \alpha$

Summe der Profilverschiebungsfaktoren:

$$x_1 + x_2 = \frac{inv\,\alpha_{wt} - inv\,\alpha_t}{2 \cdot \tan\alpha_n} \cdot (z + z2)$$

α_{wt}: Betriebseingriffswinkel

Achsabstand: $a = a_d \cdot \dfrac{\cos\alpha_t}{\cos\alpha_{wt}}$

a_d: Nullachsabstand

α_t: Stirneingriffswinkel

α_{wt}: Betriebseingriffswinkel

Kopfkreisdurchmesser: $d_a = d + 2 \cdot m_n \cdot (1 + x)$

Fußkreisdurchmesser: $d_f = d - 2 \cdot (h_{a0} - x \cdot m_n)$

h_{a0}: Werkzeugzahnkopfhöhe

Vorhandenes Kopfspiel: $c = a - \dfrac{d_a - d_f}{2}$

Kopfkürzung: $k \cdot m_n = a_d + (x_1 + x_2) \cdot m_n - a$

k: Kopfkürzungsfaktor

Kopfkreisdurchmesser bei Kopfkürzung: $d_a = d + 2 \cdot m_n\,(1 + x) - 2 \cdot k \cdot m_n$

Profilüberdeckung:

$$\varepsilon_\alpha = \frac{\sqrt{d_{a1}^2 - d_{b1}^2}}{2 \cdot \pi \cdot m_t \cdot \cos\alpha_t} + \frac{\sqrt{d_{a2}^2 - d_{b2}^2}}{2 \cdot \pi \cdot m_t \cdot \cos\alpha_t} - \frac{a \cdot \sin\alpha_{wt}}{\pi \cdot m_t \cdot \cos\alpha_t}$$

Sprungüberdeckung: $\varepsilon_\beta = \dfrac{b \cdot \sin\beta}{\pi \cdot m_n}$

Gesamtüberdeckung: $\varepsilon_\gamma = \varepsilon_\alpha + \varepsilon_\beta$

11.14 Geradkegelradgetriebe

Verzahnungsgeometrie

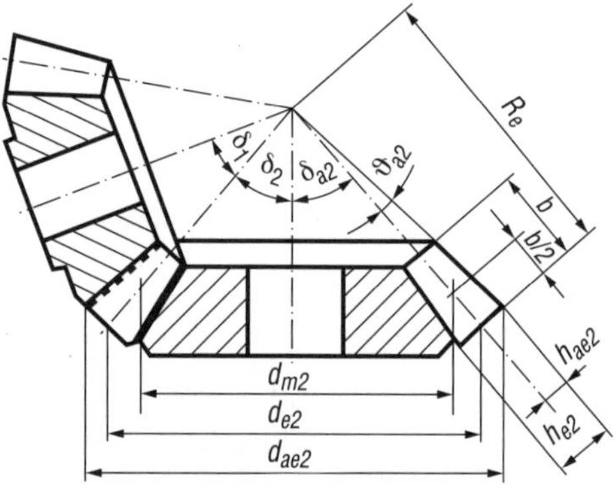

Achsenwinkel: $\Sigma = \delta_1 + \delta_2$

Teilkegelwinkel: $\delta_1 = \dfrac{\sin\Sigma}{\dfrac{z_2}{z_1} + \cos\Sigma}$

Äußerer Teilkreisdurchmesser: $d_e = z \cdot m_e$

m_e: Normalmodul

Mittlerer Teilkreisdurchmesser: $d_m = d_e - b \cdot \sin\delta$

Zahnbreite: $b \leq b_{max} = \dfrac{R_e}{3}$

Äußere Teilkegellänge: $R_e = \dfrac{d_e}{2 \cdot \sin\delta}$

Mittlerer Teilkreisdurchmesser des Ersatzstirnrades: $d_{vm} = \dfrac{d_m}{\cos\delta}$

Zähnezahl des Ersatzstirnrades: $z_v = \dfrac{z_v}{\cos\delta}$

Modul des Ersatzstirnrades $m_{vm} = m_m = \dfrac{d_{vm}}{z_v} = \dfrac{d_m}{z}$

Kopfkreisdurchmesser: $d_{ae} = d_e + 2 \cdot h_{ae} \cdot \cos\delta$

Äußere Zahnhöhe: $h_{ae} = m_e$

Kopfwinkel: $\tan\vartheta_a = \dfrac{h_{ae}}{R_e}$

Kopfkegelwinkel für Nullverzahnung: $\delta_a = \delta + \vartheta_a$

11.15 Bewegungsschrauben

Zug-Druck-Spannung:

$$\sigma_{z,d} = \frac{F}{A_3}$$

F: äußere Kraft
A_3: Kernquerschnitt

Torsionsspannung:

$$\tau_t = \frac{16 \cdot M_t}{d_3^{\,2}}$$

M_t: Torsionsmoment
d_3: Kerndurchmesser

Vergleichsspannung:

$$\sigma_v = \sqrt{\sigma_{z,d}^{\,2} + 3\tau_t^{\,2}}$$

Sicherheit gegen Fließen: $S_F = \dfrac{\sigma_F}{\sigma_v}$

σ_F: Fließspannung

Flankenpressung:

$$p = \frac{F}{\pi \cdot d_2 \cdot H \cdot n}$$

d_2: Flankendurchmesser
H: Flankentragtiefe
n: Anzahl der Gewindegänge

11.16 Keilriemengetriebe

Übersetzung:

$$i = \frac{n_1}{n_2} = \frac{d_2}{d_1}$$

d_1: Wirkdurchmesser der treibenden Scheibe
d_2: Wirkdurchmesser der getriebenen Scheibe
n_1: Drehzahl der treibenden Scheibe
n_2: Drehzahl der getriebenen Scheibe

Riemengeschwindigkeit:

$$v = \pi \cdot d_1 \cdot n_1 = \pi \cdot d_2 \cdot n_2$$

Achsabstand:

$$a = p + \sqrt{p^2 - q}$$

$$p = \frac{L_R}{4} - \frac{\pi \cdot (d_2 - d_1)}{8}$$

$$q = \frac{(d_2 - d_1)^2}{8}$$

$$0{,}7 \cdot (d_1 + d_2) < a < 2 \cdot (d_1 + d_2)$$

Riemenwirklänge:

$$L_R \approx 2 \cdot a + \frac{\pi}{2} \cdot (d_2 + d_1) + \frac{(d_2 - d_1)^2}{4 \cdot a}$$

L_R: Riemenwirklänge

11.17 Zahnriemengetriebe

Übersetzung: $i = \frac{n_1}{n_2} = \frac{z_2}{z_1}$

n_1, n_2: Antriebs-Drehzahl, Abtriebs-Drehzahl

z_1, z_2: Zähnezahlen

Riemengeschwindigkeit:

$$v = d_1 \cdot \pi \cdot n_1 = d_2 \cdot \pi \cdot n_2$$

d_1, d_2: Teilkreisdurchmesser

Teilung:

$p = \pi \cdot m$ — m: Modul

Teilkreisdurchmesser:

$d = m \cdot z$

Kopfkreisdurchmesser:

$d_a = d - 2 \cdot u$ — u: Abstand Zuglitzenachse – Kopfkreisdurchmesser

Trumneigungswinkel:

$$\sin \delta = \frac{d_2 - d_1}{2 \cdot a}$$

Umschlingungswinkel:

$$\beta = 180° - 2 \cdot \delta$$

Riemenlänge:

$$L = 2 \cdot a \cdot \cos \delta + \frac{\pi}{2} \cdot (d_1 + d_2) + \delta \cdot (d_2 - d_1)$$

a: Achsabstand

Riemenzähnezahl: $z_R = \frac{L}{p}$

12. Energietechnik

12.1 Grundlagen

Verbrennung

1 kg Brennstoff (fest, flüssig) im Normzustand enthält:

c	Kohlenstoff	in kg/kg
h	Wasserstoff	
s	Schwefel	
n	Stickstoff	
o	Sauerstoff	
w	Wasser	
a	Asche	

1 m^3 Brenngas im Normzustand enthält:

CO	Kohlenstoffmonoxid	in m^3/m^3
H_2	Wasserstoff	
C_nH_m	Kohlenwasserstoffgase	
O_2	Sauerstoff	
N_2	Stickstoff	
CO_2	Kohlendioxid	

H_o: Verbrennungswärme, oberer Heizwert

H_u: Heizwert, unterer Heizwert

Heizwert für feste und flüssige Brennstoffe:

$$H_u = H_0 - 2{,}45(9h + w)\frac{MJ}{kg}$$

$$H_u = 34{,}04c + 101{,}74h + 6{,}28n + 19{,}09s - 9{,}84w - 2{,}45a\frac{MJ}{kg}$$

Heizwert für Gasgemische:

$$H_u = H_u' \cdot H_2 + H_u' \cdot CO + \sum(H_u' \cdot C_nH_m)$$

Heizwert H_u' für Gase im Normzustand:

Gasart	H_u' in MJ/m^3
H_2	10,76
CO	12,64
CH_4	35,80
C_2H_4	59,96
C_2H_6	64,35
C_3H_6	88,22
C_3H_8	93,58
C_4H_8	113,84
C_4H_{10}	123,56

Für feste und flüssige Brennstoffe:
Luftverhältnis

$$n = \frac{(CO_2)_{max}}{CO_2}$$

$(CO_2)_{max}$: maximaler Kohlendioxidgehalt (einer entsprechenden Tabelle entnehmen)

CO_2: tatsächlicher Kohlendioxidgehalt der Rauchgase

Für gasförmige Brennstoffe:
Luftverhältnis

$$n = \frac{L}{L_{min}}$$

L: tatsächlich zugeführte Luftmenge

L_{min}: theoretisch erforderliche Luftmenge (einer entsprechenden Tabelle entnehmen)

Kernspaltung

OZ: Ordnungszahl eines Elementes
MZ: Massenzahl eines Elementes

Beispiel: Uran mit der Massenzahl 238 und der Ordnungszahl 92 hat einen Kern mit 92 Protonen und 146 Neutronen. Das Atom besteht aus dem Kern und 92 Elektronen.

Isotope sind Elemente mit gleicher Ordnungszahl, aber mit verschiedenen Massenzahlen. (Uran mit MZ 238 und OZ 92, Uran mit MZ 235 und OZ 92)

Äquivalenzbeziehung Masse-Energie (nach Einstein)

$E = m \cdot c^2$ — c: Lichtgeschwindigkeit

m_H: Masse der Protonen

m_n: Masse der Elektronen

Massendefekt — $\Delta m = OZ \cdot m_H + (MZ - OZ) \cdot m_n - m$

$E = 931 \cdot m$

Bindungsenergie — $E = 931 \cdot [OZ \cdot m_H + (MZ - OZ) \cdot m_n - m]$

Die Bindungsenergie von schweren Kernen ist geringer als die von mittelschweren, d. h. die Kerne zerfallen mit der Zeit unter Ausstoßung von Teilchen, sie sind radioaktiv. Zerfällt ein solcher Kern, wird seine Bindungsenergie frei.

Beispiel: Spaltung von Uran in Krypton und Barium.

$$^{235}_{92}U + ^{1}_{0}n \rightarrow ^{236}_{92}U(\text{instabil}) \rightarrow ^{89}_{36}Kr + ^{144}_{56}Ba + 3\,^{1}_{0}n + 200\ \text{MeV}$$

(Megaelektronenvolt)

Dampferzeugung, Wärmeleistung

H_u = Heizwert des Brennstoffes

$\dot{m}_B$ = zugeführte Brennstoffmenge

Feuerungswärmeleistung oder Wärmeleistung des Dampferzeugers:

$$\dot{Q}_B = \dot{Q}_{t\ h,DE} = \dot{m}_B \cdot H_u$$

Wärmezufuhr der gesamten Kesselanlage:

$$\dot{Q} = \dot{m}_D \cdot (h_ü - h_0) = \eta_K \cdot \dot{Q}_B$$

$\dot{m}_D$: Dampfdurchsatz

$h_ü$: Enthalpie des Heißdampfes

h_0: Enthalpie des zugeführten Speisewassers

η_K: Wirkungsgrad der Kesselanlage

Wirkungsgrad der Kesselanlage:

$$\eta_K = \frac{\dot{m}_D \cdot \Delta h}{\dot{m}_B \cdot H_u}$$

12.2 Kolbenmaschinen

Allgemein

Schubstangenverhältnis:

$$\lambda = \frac{r}{l}$$

$$F = p \cdot A_K$$

$$F_s = \frac{F}{\cos\beta}$$

$$F_N = F \cdot \tan\beta$$

$$F_T = F_S \cdot \sin(\alpha + \beta)$$

$$F_R = F_S \cdot \cos(\alpha + \beta)$$

l: Schubstangenlänge
r: Radius
α: Kurbelwinkel
p: Druck
A_K: Kolbenquerschnittsfläche

Kolbendruckkraft:

$$F = p_ü \cdot \frac{\pi}{4} \cdot d^2$$

$p_ü$: Überdruck
d: lichte Weite des Zylinders, Kolbendurchmesser bei Tauchkolben

Kolbenmaschinen arbeiten periodisch. Daher ist ein Schwungrad erforderlich, um die Tangentialkräfte aus der Kolbendruckkraft und der Massenwirkung der hin- und hergehenden Masse auszugleichen.

$$\omega = \frac{\omega_{max} + \omega_{min}}{2}$$

$$\delta = \frac{\omega_{max} - \omega_{min}}{2}$$

$W_ü$: Arbeitsüberschuss
ω: mittlere Winkelgeschwindigkeit
δ: Ungleichförmigkeitsgrad

Massenträgheitsmoment des Schwungrades:

$$J = \frac{W_ü}{\omega^2 \cdot \delta} = m \cdot i^2$$

m: Schwungradmasse
i: Trägkeitshalbmesser

Zu „Trägheitsmomente“ siehe auch Kapitel 3.4 Kinetik, Seite 158

Kolbenpumpen (Verdrängerpumpen)

Theoretischer Durchsatz:

$$\dot{V}_{th} = A_K \cdot s \cdot n$$

A_K: Kolbenquerschnitt

s: Hub

n: Drehzahl

Volumetrischer Wirkungsgrad:

$$\eta_V = \frac{\dot{V}}{\dot{V}_{th}}$$

$\dot{V}$: tatsächlicher Lieferstrom

Effektive Förderleistung der Pumpe:

$$P_e = \dot{V} \cdot \rho \cdot w_F$$

w_F: spezifische Förderarbeit (Energie, die benötigt wird, um das Arbeitsmedium aus der Ruhelage zu beschleunigen, die Strömungswiderstände in den Leitungen und den örtlichen Höhenunterschied zu überwinden, die gewünschte Druckerhöhung zu erreichen)

ρ: Dichte des Arbeitsmediums

Arbeitsleistung an der Pumpe:

$P_a = P_e$ + Leistungsverluste

Effektiver Pumpenwirkungsgrad:

$$\eta_e = \frac{P_e}{P_a}$$

Beschleunigungsdruckhöhe:

$$z_b = \frac{l_s \cdot A_k}{g \cdot A_s} \cdot a_k$$

l_s: Länge der Wassermasse in der Saugleitung

A_s: Querschnitt der Wassermasse in der Saugleitung

A_k: Kolbenquerschnitt

g: Ortsfaktor

a_k: Beschleunigung des Kolbens

mit Windkessel

λ: Schubstangenverhältnis

l': konstruktiv verkleinerte Länge der Wassermasse in der Saugleitung

Beschleunigungsverlust:

$$z_b' = \frac{l' \cdot A_k}{g \cdot A_s} \cdot (1 + \lambda) \cdot r \cdot \omega^2$$

Druckkolbenpumpe

d_a: Außenradius des Zahnrades

d_i: Innenradius des Zahnrades

b: Radbreite

n: Drehzahl

Theoretisches Fördervolumen: $\dot{V}_{th} \approx \frac{\pi}{4} \cdot (d_a^2 - d_i^2)$

Kolbenverdichter

Volumetrischer Wirkungsgrad:

$$\eta_V = \frac{V_a}{V_h} \approx 0,96 \cdot \varepsilon \cdot \left[\left(\frac{p_2}{p_1}\right)^{\frac{1}{\kappa}} - 1\right]$$

p_1: Druck des Saugraumes

p_2: Druck im Druckstutzen

V_a: Ansaugvolumen

V_h: Hubvolumen

ε: Verdichtungsverhältnis

κ: Adiabatenexponent

Indizierter Wirkungsgrad:

$$\eta_i = \frac{W_{ad}}{W_i} = \frac{1}{1 + 1,2 \cdot \frac{\kappa - 1}{\kappa} \cdot \frac{\Delta p}{p_1} \cdot \frac{1 + \left(\frac{p_1}{p_2}\right)^{\frac{1}{\kappa}}}{\left(\frac{p_2}{p_1}\right)^{\frac{\kappa - 1}{\kappa}} - 1}}$$

W_{ad}: adiabate Verdichtungsarbeit

W_i: indizierte Verdichtungsarbeit

Mechanischer Wirkungsgrad: $\eta_m = \frac{W_i}{W_a}$

W_a: Antriebsarbeit

Mehrstufige Kolbenverdichter:

Stufendruckverhältnis für i Stufen: $\frac{p_2}{p_1} = \sqrt[i]{\frac{p_{i+1}}{p_i}}$

Rotationsverdichter

Rootsgebläse

Theoretisches Fördervolumen je Umdrehung, Hubvolumen:

$V_h = 2 \cdot l \cdot (\pi \cdot R^2 - A_k)$

l: Kolbenlänge

A_k: Kolbenquerschnitt

R: innerer Krümmungsradius des Gehäuses

Förderstrom:

$\dot{V} = V_h \cdot n \cdot \lambda$

λ: Liefergrad

n: Drehzahl

Indizierte Leistung:

$$P_i = \frac{\dot{V}_a}{\eta_i} \cdot p_1 \cdot \frac{\kappa}{\kappa - 1} \cdot \left[\left(\frac{p_2}{p_1} \right)^{\frac{\kappa - 1}{\kappa}} - 1 \right]$$

$\dot{V}_a$: Ansaugvolumenstrom ≈ Förderstrom $\dot{V}$

η_i: innerer Wirkungsgrad

Drehkolbenverdichter

Hubvolumen:

$V_h = 2 \cdot e \cdot l \cdot (\pi \cdot D - z \cdot s)$

e: Exzentrizität

l: Länge des Druckkolbens

D: Zylinder-Innendurchmesser

z: Zahl der Schieber

s: Wandstärke der Schieber

Förderstrom:

$V = V_h \cdot n \cdot \lambda$

n: Drehzahl
λ: Liefergrad

Indizierte Leistung:

$$P_i = \frac{\dot{V}_a \cdot w_p}{v_1 \cdot \eta_i}$$

$\dot{V}_a$: Ansaugstrom ≈ Förderstrom $\dot{V}$
w_p: spezifische Gasarbeit
v_1: spezifisches Volumen im Ansaugstutzen
η_i: innerer Wirkungsgrad

Kolbenmotoren

Hubraum:

$$V_h = z \cdot \frac{\pi}{4} \cdot d^2 \cdot s$$

d: lichter Durchmesser des Zylinders, Bohrung
s: Hub
z: Anzahl der Zylinder

Verdichtung:

$$\varepsilon = \frac{V_h + V_c}{V_c}$$

V_c: Verdichtungsraum, Restraum zwischen Kolben in oberer Totlage und Zylinderdeckel

Liefergrad:

$$\eta_l = \frac{m_f}{m_{th}}$$

m_f: Fördermasse im Zylinder vor der Verbrennung
m_{th}: theoretische Masse, die das Hubvolumen im Ansaugzustand ausfüllen würde

Luftaufwand:

$$\eta_a = \frac{m_a}{m_{th}}$$

m_a: Ansaugmasse, die in den Zylinder beim Ansaugen einströmt

Durchsatzgrad:

$$\eta_d = \frac{m_f}{m_a}$$

$$\Rightarrow \eta_l = \eta_d \cdot \eta_a$$

Füllungsgrad:

$$\eta_f = \frac{V_D}{V_h}$$

V_D: dem Indikatorendiagramm entnehmen

Aufheizungsgrad:

$$\eta_a = \frac{V_a}{V_D}$$

V_a: angesaugtes Volumen

Luftverhältnis:

$$\lambda = \frac{m_f}{m_B \cdot L_{min}}$$

m_B: Kraftstoffmasse je Arbeitsspiel
L_{min}: erforderliche Luftmasse pro Masseneinheit Kraftstoff (stöchiometrische Verbrennung)

Spezifischer Kraftstoffverbrauch:

$$b_e = \frac{\dot{m}_B}{P_e} = \frac{1}{\eta_e \cdot H_u}$$

H_u: Heizwert
P_e: effektive Leistung

Spezifischer Wärmeverbrauch:

$$q_e = \frac{\dot{m}_B \cdot H_u}{P_e} = b_e \cdot H_u = \frac{1}{\eta_e}$$

Mittlerer indizierter Druck:

$$p_i = \frac{\eta_l \cdot \rho_a \cdot H_u \cdot \eta_i}{\lambda \cdot L_{min}}$$

ρ_a: Dichte der Ansaugmasse

Indizierte Leistung:

$$P_i = p_i \cdot n_a \cdot V_h = p_i \cdot \dot{V}_h = \eta_i \cdot \dot{m}_B \cdot H_u$$

$$n_a = \frac{2n}{a} = \frac{2 \cdot \text{Drehzahl}}{\text{Taktzahl}}$$

$$\dot{m}_B = \frac{\eta_l \cdot \rho_a \cdot V_h \cdot n_a}{\lambda \cdot L_{min}}$$

Mittlerer effektiver Druck, Nutzdruck:

$$p_e = \frac{\eta_l \cdot \rho_a \cdot H_u \cdot \eta_e}{\lambda \cdot L_{min}}$$

Effektive Leistung:

$$P_e = p_e \cdot n_a \cdot V_h = \eta_e \cdot \dot{m}_B \cdot H_u$$

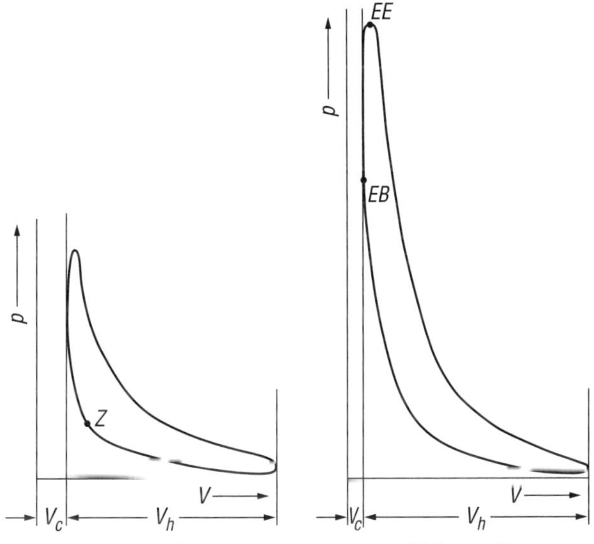

Arbeitsdiagramme Ottomotor Dieselmotor

Betriebsverhalten von Motoren

Nutzleistung:

$P_e = 2 \cdot M_t \cdot \pi \cdot n$ M_t: Drehmoment

n: Drehzahl

Kraftstoffverbrauch:

$$b_e = \frac{\dot{m}_B}{P_e} = \frac{V_B \cdot \rho_B}{t \cdot P_e}$$

$\dot{m}_B$: Massenstrom Kraftstoff
V_B: Volumen Kraftstoff
ρ_b: Dichte Kraftstoff
t: Verbrauchszeit

12.3 Strömungsmaschinen

Allgemein

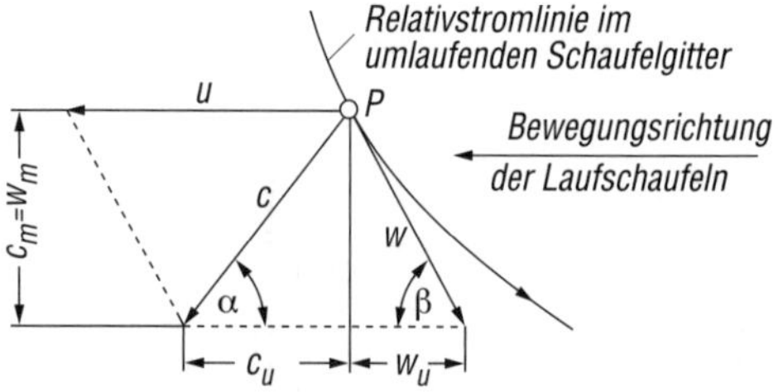

Geschwindigkeitsplan

$$u = \pi \cdot d \cdot n$$

$$w^2 = c^2 + u^2 - 2 \cdot u \cdot c \cdot \cos \alpha$$

$$c^2 = w^2 + u^2 - 2 \cdot u \cdot w \cdot \cos \beta$$

u: Umfangsgeschwindigkeit des Punktes P
n: Drehzahl
w: Relativgeschwindigkeit des Punktes P
c: Absolutgeschwindigkeit des Punktes P

Spezifische Schaufelarbeit:

$$Y_{sch} = \frac{P_{th}}{\dot{m}} = \int_1^2 u \cdot d\, c_u$$

P_{th}: theoretische Leistung der Strömungsmaschine
$\dot{m}$: Massenstrom durch die Strömungsmaschine

Hydraulischer Wirkungsgrad:

$$\eta_h = \frac{Y_F}{Y_{Sch}}$$

Y_F: spezifische Förderarbeit

Strömungsarbeitsmaschinen

Kreiselpumpen

Spezifische Förderarbeit:

$$Y_F = \frac{p_D - p_S}{\rho} + g \cdot y$$

p_D: Druck auf der Druckseite der Pumpe
p_S: Druck auf der Saugseite der Pumpe
g: Ortsfaktor
y: Höhenunterschied in der Pumpe

Förderleistung:

$$P_e = \dot{V} \cdot \rho \cdot Y_F$$

$\dot{V}$: Durchsatz
ρ: Dichte

Wirkungsgrad der Pumpe:

$$\eta_e = \frac{P_e}{P_a}$$

P_a: effektive Antriebsleistung der Pumpe

Turboverdichter

Wirklich aufzuwendende, spezifische Schaufelarbeit:

$$Y_{Sch} = \int v \cdot \mathrm{d}p + q_r = c_{pm} \cdot (T_2 - T_1) = h_2 - h_1$$

q_r: spezifische Reibung durch Wärme
c_{pm}: absolute Geschwindigkeit bei mittlerem Druck
v: spezifisches Volumen
p: Druck
T: Temperatur
h_2 - h_1: isentrope Enthalpiedifferenz

Diese Vorgänge können auch in einem p, v - Diagramm oder T, s - Diagramm dargestellt werden.

$$Y_{Sch} = Y_{pol} + Y_r$$

Y_{pol}: polytrope Verdichtungsarbeit
Y_r: Arbeit durch Gasreibung

Spezifische Förderarbeit:

$Y_F = \eta_h \cdot k \cdot u_2 \cdot c_{2u}$

η_h: hydraulischer Wirkungsgrad

k: Wärmedurchgangszahl

u_2, c_{2u}: Umfangsgeschwindigkeiten und Absolutgeschwindigkeiten aus dem entsprechenden Geschwindigkeitsplan entnehmen

Effektive Leistung:

$P_e = \dot{V} \cdot \rho \cdot Y_F = \dot{m} \cdot Y_F$

Verdichtungsarbeit:

$$Y_s = \frac{W}{m}$$

Isentroper Wirkungsgrad:

$$\eta_s = \frac{Y_s}{Y_{pol} + Y_r}$$

Propeller

Schubkraft:

$$F_s = \frac{\pi}{4} \cdot d_p^2 \cdot \Delta p$$

d_p: Propellerdurchmesser

Δp: Drucksprung vor und hinter dem Propeller

Nutzleistung:

$P_e = F_s \cdot w_f$

w_f: Relativgeschwindigkeit des vom Propeller bewegten Fahrzeuges gegenüber dem Medium

Schubzahl:

$$k_s = \frac{F_s}{\rho \cdot n^2 \cdot d_p^4}$$

ρ: Dichte des Mediums

n: Drehzahl

Leistungszahl:

$$k_p = \frac{P_e}{\rho \cdot n^3 \cdot d_p^5}$$

Kenngrößen Strömungsarbeitsmaschinen

Spezifische Drehzahl: $n_y = n \cdot \frac{\dot{V}^{0,5}}{Y_F^{0,75}}$

Druckzahl: $\psi = \frac{2 \cdot Y_F}{u_2^2}$

Geschwindigkeit u_2 aus dem Geschwindigkeitsplan

Lieferzahl, Durchflusszahl: $\varphi = \frac{4 \cdot \dot{V}}{\pi \cdot d_2^2 \cdot u_2}$

Radformzahl: $\sigma = 2 \cdot \sqrt{\pi} \cdot n \cdot \frac{\dot{V}^{0,5}}{(2 \cdot Y_F)^{0,75}}$

$\sigma = 2,108 \cdot n_y$

Spezifischer Durchmesser: $\delta = \frac{\sqrt{\pi}}{2} \cdot d_2 \cdot \frac{(2 \cdot Y_F)^{0,25}}{\dot{V}^{0,5}}$

Erforderliche Stufenzahl: $i = \frac{2 \cdot Y_F}{\psi \cdot u_2^2}$

Strömungskraftmaschinen

Allgemein

$g \cdot H_0 = Y_{Sch} + h_{Le} + h_{La} + h_A$

H_0: Nutzfallhöhe
g: Ortsfaktor
Y_{Sch}: spezifische Schaufelarbeit
h_{Le}: Strömungsverluste im Leitapparat
h_{La}: Strömungsverluste im Laufradkanal
h_A: Austrittsverluste

Spezifische Schaufelarbeit (nach Euler): $Y_{\text{Sch}} = \Delta(u \cdot c_{\text{u}})$
Geschwindigkeiten u und c_{u} aus dem Geschwindigkeitsplan

bei Wasserturbinen:

$$H_0 = \Delta H - \frac{c^2}{2 \cdot g} \cdot \Sigma\zeta$$

ΔH: Ortshöhenunterschied zwischen Ober- und Unterwasser
c: Strömungsgeschwindigkeit in der Druckleitung
$\Sigma\zeta$: Gesamtwiderstandszahl aus Rohrreibung und Einbauwiderständen

bei Gas- und Dampfturbinen:

$$g \cdot H_0 \mathrel{\hat{=}} \Delta h_{\text{s}}$$

Δh_{s}: zur Verfügung stehendes isentropes Wärmegefälle

Energieumwandlung im Leitapparat

r: Reaktionsgrad

Theoretische Leitkanal-Austrittsgeschwindigkeit:

$$c_{\text{s}} = \sqrt{2 \cdot g \cdot H_0(l - r)} \quad \text{Wasserturbinen}$$

$$c_{\text{s}} = \sqrt{2 \cdot \Delta h_{\text{s}}(l - r)} \quad \text{Gas- und Dampfturbinen}$$

Tatsächliche Austrittsgeschwindigkeit:

$$c_1 = \sqrt{\eta_{\text{D}}} \cdot c_{\text{s}}$$

η_{D}: Düsenverlustzahl

Energieverlust im Leitapparat:

$$h_{Le} = \frac{c_s^2}{2} \cdot (1 - \eta_D)$$

Energieumwandlung im Laufrad (radial)

$Y_{\text{Sch}} = u_1 \cdot c_{1\text{u}} - u_2 \cdot c_{2\text{u}}$ (sämtliche Geschwindigkeiten aus dem Geschwindigkeitsplan)

Mittlere Austrittsgeschwindigkeit:

$c_2 = \sqrt{2 \cdot g \cdot H_0 \cdot \varepsilon^2}$

ε: Auslasszahl (nach Pfleiderer), Werte einer Tabelle mit Kennwerten für Turbinen zu entnehmen

η_s: Schaufelverlustzahl

w_1: relative Austrittsgeschwindigkeit Leitapparat

Relative Austrittsgeschwindigkeit:

$w_2 = \sqrt{\eta_s} \cdot \sqrt{2 \cdot g \cdot H_0 \cdot r + w_1^2}$ Wasserturbinen

$w_2 = \sqrt{\eta_s} \cdot \sqrt{2 \cdot \Delta h_s \cdot r + w_1^2}$ Gas- und Dampfturbinen

Energieumwandlung im Laufrad (axial)

$Y_{Sch} = u \cdot \Sigma w_u$

d_m: mittlerer Raddurchmesser

n: Drehzahl

Umfangsgeschwindigkeit:

$u = \pi \cdot d_m \cdot n$

w_u: Relativgeschwindigkeit aus dem Geschwindigkeitsplan

Bei Gleichdruckrädern Reaktionsgrad $r = 0$

$c_1 = \sqrt{\eta_D} \cdot \sqrt{2 \cdot g \cdot H_0}$ Wasserturbinen

$c_1 = \sqrt{\eta_D} \cdot \sqrt{2 \cdot \Delta h_s}$ Gas- und Dampfturbinen

$w_2 = \sqrt{\eta_s} \cdot w_1$

Bei Überdruckrädern in mehrstufigen Dampfturbinen:

$c_1 = \sqrt{\eta_D} \cdot \sqrt{2 \cdot \Delta h_s \cdot (1 - r) + c_2^2}$

$w_2 = \sqrt{\eta_s} \cdot \sqrt{2 \cdot \Delta h_s \cdot r + w_1^2}$

Verluste, Wirkungsgrade, Leistungsbegriffe

Verlust beim Durchströmen der Laufschaufelkanäle: $h_{La} = \frac{w_1^2}{2} - \frac{w_2^2}{2}$

bei Gleichdruck: $w_2 = \sqrt{\eta_s} \cdot w_1$

Austrittsverlust: $h_A = \frac{c_2^2}{2}$

bei diffusorartigen Saugrohren (Kaplan-, Francis-Turbinen):

$h_A = \sqrt{1 - \eta_D} \cdot \frac{c_2^2}{2}$ η_D: Diffusorwirkungsgrad

Spezifische Schaufelarbeit:

$Y_{Sch} = g \cdot H_0 - (h_{Le} + h_{La} + h_A)$ Wasserturbinen

$Y_{Sch} = \Delta h_s - (h_{Le} + h_{La} + h_A)$ Gas- und Dampfturbinen

Umfangswirkungsgrad: $\eta_u = \frac{Y_{Sch}}{\Delta h_s} = \frac{Y_{Sch}}{g \cdot H_0}$

bei Überdruck: $\Delta h_s = \Delta h_{s,\,Le} + \Delta h_{s,\,La}$

Radreibungsverlust:

$P_R = k \cdot \rho_m \cdot d_1 \cdot u_1$ *k:* Wärmedurchgangszahl

ρ_m: mittlere Dichte

d_1: Durchmesser

u_1: Umfangsgeschwindigkeit

Verlustenergie durch Reibung: $h_R = \frac{P_R}{\dot{m}}$

In Gas- und Dampfturbinen entsteht durch die Wirbelung des Arbeitsmediums eine Ventilatorwirkung und damit ein Ventilationsverlust h_V.

$$P_v = 0{,}73 \cdot \rho_m \cdot (l - \varepsilon) \cdot l_m^{1,5} \cdot d_m^{3,8} \cdot n^{2,8}$$

$$h_v = \frac{P_v}{\dot{m}}$$

ε: Beaufschlagungsgrad

l_m: mittlere Schaufellänge

d_m: mittlerer Schaufeldurchmesser

n: Drehzahl

Spaltverlust:

$$h_s = \frac{\dot{m}_s}{\dot{m}} \cdot Y_{Sch}$$

$\dot{m}_s$: Massenstrom durch Spalt

bei Wasserturbinen:

$$h_s = \left(\frac{1}{\eta_v} - 1\right) \cdot Y_{Sch}$$

η_v: volumetrischer Wirkungsgrad

Nutzbare Arbeit an der Maschinenwelle:

$$Y_i = Y_{Sch} - h_R - h_V - h_S$$

Innerer Wirkungsgrad:

$$\eta_i = \frac{Y_i}{\Delta h_s} = \frac{Y_i}{g \cdot H_0}$$

Effektiver Wirkungsgrad:

$$\eta_e = \eta_i \cdot \eta_m$$

η_m: mechanischer Wirkungsgrad

Effektive Kupplungsleistung:

$$P_e = \dot{m} \cdot g \cdot H_0 \cdot \eta_e = \dot{V} \cdot \rho \cdot g \cdot H_0 \cdot \eta_e$$ Wasserturbinen

$$P_e = \dot{m} \cdot \Delta h_s \cdot \eta_e$$ Gas- und Dampfturbinen

$$P_e = \dot{m} \cdot Y_i \cdot \eta_m$$

$\dot{V}$, $\dot{m}$: Arbeitsmitteldurchsatz

Kenngrößen Strömungskraftmaschinen

Spezifische Drehzahl: $n_y = n \cdot \frac{\dot{V}_m^{0,5}}{(g \cdot H_0)^{0,75}} = n \cdot \frac{\dot{V}_m^{0,5}}{\Delta h_s^{0,75}}$

Radformzahl: $\sigma = 2 \cdot \sqrt{\pi} \cdot n \cdot \frac{\dot{V}_m^{0,5}}{(2 \cdot g \cdot H_0)^{0,75}} = 2 \cdot \sqrt{\pi} \cdot n \cdot \frac{\dot{V}_m^{0,5}}{(2 \cdot \Delta h_s)^{0,75}}$

Spezifischer Durchmesser:

für Radialturbinen: $\delta = \frac{\sqrt{\pi}}{2} \cdot d_1 \cdot \frac{(2 \cdot g \cdot H_0)^{0,25}}{\dot{V}_m^{0,5}}$

für axiale Dampfturbinen: $\delta = \frac{\sqrt{\pi}}{2} \cdot d_m \cdot \frac{(2 \cdot \Delta h_s)^{0,25}}{\dot{V}_m^{0,5}}$

bei Gas- und Dampfturbinen:

$\dot{V}_m = \frac{\dot{V}_1 + \dot{V}_2}{2} = \dot{m} \cdot \frac{v_1 + v_2}{2}$

$\dot{V}$: Volumenströme
v: spezifisches Volumen
$\dot{m}$: Massenstrom

Laufzahl: $\frac{1}{\sqrt{\psi}} = \frac{u_1}{\sqrt{2 \cdot g \cdot H_0}}$

für axial durchströmte Gleich- und Überdruck-Dampfturbinen:

$\frac{u}{\sqrt{2 \cdot \Delta h_s}} = 0,38 \ldots 0,47 \cdot (1 + 0,8\, r)$

Einheitswerte (Wasserturbinen)

Einheitsdrehzahl: $n_1' = n \cdot \frac{d}{(g \cdot H_0)^{0,5}}$

Einheitsdurchfluss: $V_1' = \frac{\dot{V}}{(g \cdot H_0)^{0,5} \cdot d^2}$

Einheitsleistung: $P_1{}' = \dfrac{P}{(g \cdot H_0)^{1,5} \cdot d^2}$

für Radialturbinen: d_{1a} für d

für Axialturbinen: d_m für d

Einheitswerte (Dampfturbinen)

Leistungszahl: $\lambda = \dfrac{Y_{Sch}}{\dfrac{u^2}{2}} = \dfrac{\eta_u}{\eta_D \cdot (1-r)} \cdot \left(\dfrac{c_1}{u}\right)^2$

Durchsatzzahl: $\varphi' = \dfrac{c_{1m}}{u}$

Sämtliche Geschwindigkeiten aus dem Geschwindigkeitsplan

Windkraft

Kupplungsleistung des Windrades:

$$P_e = \rho_L \cdot A \cdot \frac{c_W^3}{2} \cdot \varphi \cdot \eta$$

ρ_L: Dichte der Luft

A: wirksame Fläche = $\dfrac{\pi}{4} \cdot d^2$

d: Windraddurchmesser

c_W: Windgeschwindigkeit

φ: Leistungszahl

η: Wirkungsgrad

Register

A

F

G

H

I

J

K

L

M

N

O

P

S

Z